EXPOSITION UNIVERSELLE DE 1851.

TRAVAUX

DE

LA COMMISSION FRANÇAISE

SUR L'INDUSTRIE DES NATIONS.

EXPOSITION UNIVERSELLE DE 1851.

TRAVAUX

DE

LA COMMISSION FRANÇAISE

SUR L'INDUSTRIE DES NATIONS,

PUBLIÉS

PAR ORDRE DE L'EMPEREUR.

TOME IV.

PARIS.

IMPRIMERIE IMPÉRIALE.

M DCCC LIV.

EXPOSITION UNIVERSELLE DE 1851.

TRAVAUX DE LA COMMISSION FRANÇAISE.

IIIe GROUPE.

JURYS RÉUNIS.

Ire Section. — Fils et Tissus.

XIe, les cotons;
XIIe, les lainages;
XIIIe, les soieries;
XIVe, les lins et les chanvres;
XVe, les cachemires et tissus mixtes.

IIIe GROUPE.

PRÉSIDENT DU GROUPE:

M. LE COLONEL GEORGES ANSON,

MEMBRE DU PARLEMENT.

1re Section.

JURYS.		PRÉSIDENTS DES JURYS.
XIe.	Cotons	Sir James ANDERSON.
XIIe.	Lainages	Le D^r VON HERMANN.
XIIIe.	Soieries	M. George TAWK KEMP.
XIVe.	Lins et chanvres	Le Comte VAN HARRACH.
XVe.	Cachemires	M. Charles VAN HOEGAERDEN.

TABLE

DES MATIÈRES PRINCIPALES

CONTENUES DANS LE IVe VOLUME.

HOMMAGE[1]

A SA MAJESTÉ

L'EMPEREUR DES FRANÇAIS.

SIRE,

Nous payons à Votre Majesté la moitié de notre dette, en vous offrant le travail historique de quinze

[1] Présenté par Son Excellence le Ministre de l'agriculture, du commerce et des manufactures, en remettant à Sa Majesté les IVe, V^{e} et VIe volumes.

jurys sur trente, dans le jugement général de l'industrie des nations. Nous faisons voir comment la France, mettant à profit la paix universelle et son propre génie, a conquis pour ses produits, dans les échanges du monde, une part qui s'est élevée de quatre cents à treize cents millions par année.

De 1814 à 1854, entre deux guerres de Russie, voici quel est l'accroissement de cette partie spéciale des arts qui met en œuvre seulement quelques minéraux, quelques métaux et les filaments : elle a fait augmenter notre production annuelle d'un demi-milliard pour la vente à l'extérieur, et d'un milliard pour la consommation intérieure !

De plus modestes bienfaits iront au cœur de Votre Majesté bien autrement que ces miracles de richesse.

Dans l'immense déploiement de la fortune nationale, grâce aux découvertes combinées des sciences et des arts, il n'a pas suffi que l'ouvrier reçût à la fois l'instruction, et le salaire qu'elle élève; son mobilier, ses vêtements et ses outils, de plus en plus améliorés, sont devenus moins coûteux d'un tiers, de moitié, et, pour quelques objets, des trois quarts ! C'est par là que son bien-être s'est accru, et qu'il a pris sa large part dans le flot montant de la richesse nationale.

Et voyez, Sire! Quand vous frappez du pied la terre française, ainsi fécondée par les arts, l'épargne du moindre producteur en sort aussitôt : les bureaux n'y peuvent suffire; et la moitié d'un milliard, en huit jours, vous est offerte par le peuple, qui fait pour vous ce nouvel acte de suffrage universel.

C'est un digne résultat de cette paix générale de quarante années dont nous approfondissons et dont nous écrivons l'histoire industrielle.

Vous avez tout entrepris, Sire, et tout supporté, pour ne pas faire succéder la gloire des armes à l'honneur modeste de la paix. Vous vouliez vaincre uniquement par la longanimité, par la modération, et la complète loyauté, qui sied à tout empire; par ces trois forces morales, qui rallient infailliblement autour d'elles et les peuples et les rois.

L'industrie française a triplé depuis un demi-siècle sa puissance productive; elle est heureuse aujourd'hui de mettre à la disposition de votre règne protecteur sa force immense, et son génie national auquel sont dues tant de merveilles.

Désormais, l'État ne saurait rien demander pour équiper, armer, approvisionner ses flottes et ses armées, que notre industrie ne soit prête et prompte à l'exécuter; elle est debout, à ses métiers, comme vos canonniers sont à leurs pièces! Quelles que soient les difficultés à vaincre, vous pouvez, Sire, lui commander des victoires; elle est à vos ordres! Nous le disons, et notre voix n'a jamais rien promis en vain pour elle...

Nous espérons que notre œuvre, en éclairant les producteurs français, leur donnera des moyens nouveaux pour ajouter à la splendeur de l'Exposition universelle qui doit, en 1855, rallier sous vos auspices l'industrie de toutes les nations.

Pour sa part, Votre Majesté présentera, produit immortel, la capitale transformée : l'air et la lumière, promis par vous à l'Hôtel de Ville, rendus à l'antique Paris, jusque dans les marchés du peuple; des rues étranglées et tortueuses, remplacées par des voies appiennes, bordées de monuments et d'édifices que nous envierait l'Italie; les souillures du temps et des révolutions, effacées des murailles de nos temples; afin de rappeler à la patrie ses quinze siècles de puissance et d'unité, vos mains relevant les statues de soixante monarques, tous fils aînés de la même Église, pour les ranger sur le portail de la basilique nationale, où la victoire a porté les drapeaux conquis à Bouvines, à Rocroy, à Austerlitz; enfin les palais et la chapelle merveilleuse de saint Louis, de François Ier, de Henri II, de Henri IV et de Louis XIV, restaurés et terminés par Napoléon III. Voilà ce qui fera de vous le premier de nos exposants.

Le Président de la Commission,

BARON CHARLES DUPIN,

SÉNATEUR.

Sa Majesté, en ordonnant l'impression de cet hommage dans le *Moniteur,* a témoigné combien elle était touchée des sentiments et satisfaite des travaux de la Commission, qui remplissent son attente.

XIE JURY.

INDUSTRIE DES COTONS,

PAR M. MIMEREL,

SÉNATEUR, PRÉSIDENT DU CONSEIL GÉNÉRAL DES MANUFACTURES DE FRANCE, ETC.

COMPOSITION DU XIe JURY.

Sir James ANDERSON, Lord-Prévôt de Glascow et manufacturier en coton, Président	Angleterre.
MM. Philippe ELLISEN, commerçant, Vice-Président	Zollverein.
Thomas ASHTON, filateur de coton	Angleterre.
Charles BRYHECK, président de la commission autrichienne	Autriche.
le colonel R. E. COXE, planteur de cotons	États-Unis.
W. GRAY, maire de Bolton, filateur de coton Georges JACKSON, filateur de coton près Carlisle	Angleterre.
Paul KIRCHOFER	Suisse.
Aug. MIMEREL, président du conseil général des manufactures de France	France.
J. ASPINAL-TURNER, filateur de coton à Manchester	Angleterre.

ASSOCIÉS.

Thomas COATH, marchand de cotons Robert JOHNSON, entrepositeur John PITMAN, marchand de la Cité	Angleterre.

EXPOSÉ.

L'industrie du coton prit naissance dans l'Inde : elle date des siècles les plus reculés, et de bien longtemps avant l'ère chrétienne.

Elle ne s'introduisit que lentement en Europe.

D'abord par les Maures, qui, dès le xe siècle, voulurent la naturaliser en Espagne ;

Puis, dans le xive et le xve siècle, elle fut successivement essayée en Italie et dans les Pays-Bas.

Ces essais n'eurent ni importance ni suite.

En 1569, la première balle de coton arriva en Angleterre;

En 1641, la fabrication du coton était définitivement établie à Manchester; en 1678, on y filait et tissait manuellement, 900,000 kilogrammes;

Dès lors on demandait la prohibition des tissus de coton de l'Inde:

Elle fut décrétée en 1700.

L'industrie du coton, est aujourd'hui la plus considérable de l'Angleterre[1], la plus considérable peut-être de la France[2].

Quelle était son importance à la fin de l'Empire, alors que la guerre allait cesser de ruiner l'Europe? Quels progrès a-t-elle successivement accomplis depuis trente-cinq années de paix? Quelle est enfin sa situation générale actuelle?

Première et importante question dont je devais chercher la solution à l'Exposition universelle de Londres.

Quel rang, dans l'industrie du coton, la France a-t-elle tenu à ce grand concours?

Seconde question à résoudre.

Examinons-les l'une et l'autre successivement.

Ire PARTIE.

ÉTAT DE L'INDUSTRIE DU COTON À LA FIN DE L'EMPIRE.

Au moment où la paix, venant rendre au travail toute son énergie, apprenait au monde que la puissance ne serait plus désormais dans les masses armées, mais dans la création, dans le développement des forces productives des nations, la mull-jenny[3], cette admirable machine qui, révolutionnant

[1] 700 millions de francs d'exportation, 600 millions de consommation intérieure.

[2] 580 millions de francs de consommation, 50 millions d'exportation.

[3] Machine à filer qui remplace le rouet, inventée par Hargrave en 1767, vulgarisée en France de 1800 à 1802.

la filature de coton, remplaçait plus de deux cents fileuses à la main [1] par trois ouvriers, la mull-jenny, disons-nous, était depuis longtemps le seul moyen adopté par l'industrie.

Par elle, la fabrication manuelle, frappée de mort, laissait une vaste carrière aux recherches de la science, à l'activité intellectuelle.

La Russie, l'Amérique, n'avaient pas encore pris rang parmi les nations industrielles ; la plupart des peuples de l'Europe, livrés aux chances des batailles, ravagés par les armées qui s'étaient succédé sans interruption sur leur territoire, n'avaient pu songer à s'approprier le travail manufacturier, qui ne vit et ne prospère qu'au sein de la paix ou chez les nations dont la puissance semble au moins garantir l'avenir.

L'Angleterre et la France étaient seules debout ; seules, et, depuis longues années, prévoyantes de l'avenir, elles avaient lutté pour la conquête du travail moderne, et la lutte avait surtout pour but l'industrie du coton ; les autres fabrications étaient encore presque entièrement soumises aux anciens procédés.

L'Angleterre, maîtresse des mers, avait tenu nos flottes captives, bloqué nos ports et prohibé, sous peine de mort, la sortie de ses machines; tandis que la France, ordonnant par la voix de Napoléon, avait fait brûler partout les produits manufacturés de sa rivale et s'était épuisée en efforts d'un succès incomplet pour leur fermer l'accès du continent.

Telle était la situation, et voilà pourquoi, en redisant l'histoire industrielle de cette époque, nous ne pouvons parler d'abord que de l'Angleterre et de la France; plus tard, et après avoir rapidement suivi la marche industrielle des deux nations rivales, nous examinerons la situation des autres peuples par rapport à l'industrie du coton.

Ainsi, tout d'abord, un coup d'œil rétrospectif, ramené jusqu'à l'époque présente, qui résume la marche et les progrès accomplis chez les deux peuples le plus anciennement

[1] Les métiers mull-jenny avaient alors 216 broches; aujourd'hui ils en ont jusqu'à 500.

entrés en lutte; puis, l'étude de l'état actuel, chez toutes les nations, de l'industrie qui nous occupe. Voilà la marche que nous allons suivre.

L'INDUSTRIE DU COTON EN ANGLETERRE ET EN FRANCE.

Vers 1790, et avec les moyens primitifs, la France fabriquait annuellement 4,000,000 de kilogrammes de coton en laine;

Elle recevait de l'Inde pour 27 millions de francs de cotons fabriqués.

Et, comme le tissu commun, le seul, pour ainsi dire, connu et consommé alors, valait 17 francs le kilogramme, on peut dire que la France introduisait 1,500,000 kilogrammes de coton, et qu'elle en consommait en tout 5,500,000 kilogr.

C'était environ un cinquième de kilogramme pour chacun, puisque la population était de 26,000,000 d'habitants.

A cette même date, l'Angleterre manufacturait 12,000,000 de kilogramme : 1 kilogr. 1/2 par chacun de ses 8,000,000 d'habitants.

A la fin de 1813, la filature française, usant des moyens mécaniques et agissant sur une population de 40,000,000 d'habitants, mettait en œuvre un peu plus de 8,000,000 de kilogrammes.

Mais vint fondre bientôt sur la France l'invasion étrangère : derrière elle arrivèrent les étoffes de l'Angleterre; au même moment, le droit énorme dont l'Empereur avait frappé à l'entrée chaque kilogramme de coton en rame était brusquement levé par le lieutenant général du royaume. Ces diverses circonstances écrasèrent les prix de nos fabrications : tel de nos tissus qui se vendait 3 francs en avril ne valait plus que 1 fr. 50 cent. en mai, 1 fr. 20 cent. en juin; ce fut la complète ruine de nos industriels [1], ce fut un nouvel élan donné à la prospérité des manufactures anglaises.

[1] Le plus célèbre d'entre eux, qui possédait 7 filatures et occupait 11,000 ouvriers, ne résista pas à cette tempête. Il mourut dans la misère il y a peu

Survint l'orage de 1815.

On comprit, bientôt après, toute l'importance que le travail manufacturier avait prise et devait conserver pour la puissance et l'indépendance nationales. On comprit que, privée de protection, la création industrielle de Napoléon, la plus précieuse et la principale cause de ses conquêtes, la seule désormais populaire, la seule qui restât debout, allait bientôt être anéantie.

La loi du 28 avril 1816 fut rendue; elle réservait la consommation de la France, en fils et tissus de coton, à la fabrication française.

En 1817, les manufactures françaises, privées des marchés que la conquête leur avait ouverts, restreintes à la consommation d'une population peu supérieure à celle de 1790, mettaient pourtant en œuvre, non plus 4 millions de kilogrammes comme à cette même époque de 1790, non plus même 8 comme en 1813, mais 12 millions de kilogrammes, dont 1 million était exporté en tissus.

En Angleterre, à cette même date, on fabriquait 45 millions de kilogrammes de coton.

Ainsi, le résultat constaté à la fin de l'Empire est celui-ci:

La France avait triplé sa production depuis 1790;

L'Angleterre avait presque quadruplé la sienne.

Sur 80 millions de kilogrammes de coton venus en Europe de tous pays,

L'Angleterre consommait......	45 millions.
La France..................	12
Restaient pour les autres États..	23

Cette dernière quantité était surtout mise en œuvre par la Belgique, les provinces Rhénanes et la Suisse, nations qui, incorporées à l'Empire ou protégées et garanties par ses armes, avaient pu, comme nous-mêmes, fonder et développer leurs manufactures.

d'années; on peut le regarder comme le fondateur de la filature mécanique du coton en France. On sait assez que je parle ici de M. Richard Lenoir.

Dès ce moment, on le voit, l'Angleterre avait dans l'industrie du coton une incontestable suprématie.

PROGRÈS DEPUIS LA PAIX.

Quatre ans plus tard, en 1820, on fabriquait en France 20 millions de kilogrammes de tissus : 1,200,000 étaient exportés, ayant une valeur de 21 millions de francs.

A cette même date, l'Angleterre, dont pour la première fois nous saisissons avec quelques détails les résultats, produisait 68 millions de kilogrammes de tissus et en exportait 31 millions, valeur déclarée de 400 millions de francs.

Les filatures anglaises fonctionnaient alors à l'aide de la machine à vapeur. Cet instrument si merveilleux commençait à peine à être utilisé chez nous pour le même usage; il ne fut universellement employé qu'après 1830. Il devait remplacer, partout où il n'y avait pas de moteur hydraulique, la force des chevaux, qu'on attelait à un manége pour faire mouvoir les machines de préparation dans les filatures, et la force de l'homme, qui seul alors mettait en mouvement les mull-jenny.

La machine à vapeur diminua de près de moitié le nombre des ouvriers dans les ateliers de filature. Grâce à elle, les fileurs eurent à dépenser beaucoup moins de force corporelle, et l'atmosphère des ateliers ne fut plus viciée par les miasmes délétères qu'engendrait cette dépense de force; la machine à vapeur rendit sa valeur à l'homme intelligent, que sa débilité empêchait d'arriver au salaire : voilà les bienfaits dont elle dota l'humanité. L'abaissement des 6/7 dans le prix de la mise en mouvement des machines, la possibilité de fonder partout de grands établissements, voilà les avantages qu'elle apporta à l'industrie.

De 1820 à 1833, les progrès furent incessants, quoique contrariés par plus d'une crise difficile à traverser, en France, et pour satisfaire au besoin d'élégance qui se manifestait, on s'attachait à perfectionner les filatures et à produire, chaque jour, des tissus plus fins et d'un prix relativement plus élevé. L'enquête de 1834 constate que 34 millions de kilogrammes étaient alors manufacturés dans nos établissements et arrivaient au consommateur pour une valeur de 600 millions de francs.

Dans la même année, l'industrie anglaise avait mis en œuvre 125 millions de kilogrammes; elle en exportait 72 millions, valeur déclarée de 450 millions de francs. C'était surtout vers l'accroissement de l'exportation que se portaient les efforts de l'Angleterre, conséquemment vers le produit commun, d'un débouché d'autant plus considérable que le prix en était plus réduit.

Ainsi, c'est à cette époque qu'il faut placer la spécialité devenue propre à chaque nation dans l'industrie cotonnière; désormais, c'est vers le développement de cette spécialité que l'une et l'autre vont diriger leurs efforts. A la France le tissu fin, à l'Angleterre le commun; à la France la vente de luxe et de beaucoup la plus rare, à l'Angleterre la vente de consommation générale et de beaucoup la plus considérable. Nous verrons plus tard que cette spécialité n'était pas librement choisie, mais qu'elle était imposée par la nature même des choses.

Mais, quoique obéissant fatalement à des tendances différentes, les deux nations arrivaient à un même résultat : je veux dire que l'une et l'autre abaissaient considérablement le prix des fabrications.

En effet, en France, le prix du kilogramme de coton filé n° 30 était, en 1816, de........................ 12f

En 1833, il était de.......................... 6

L'Angleterre, en 1816, exportait ses tissus à raison de.......................... 12 francs le kilogramme.

En 1833.................. 6

De sorte que, depuis la paix, chacune des deux nations avait triplé sa fabrication et abaissé ses prix de moitié.

Pendant que ces progrès s'accomplissaient, la législation commerciale subissait aussi de notables modifications.

En 1825, les tissus de coton, si sévèrement prohibés en

Angleterre depuis l'année 1700, sont déclarés libres à l'entrée, moyennant un droit équivalent à 20 p. o/o.

En 1832, ce droit est réduit à 10 p. o/o.

En 1833, et pour faciliter la fabrication des tulles et mousselines, dans laquelle elle excelle, la France lève sa prohibition sur les fils du n° 143 m/m et au-dessus[1]; un droit protecteur la remplace.

A cette époque vient se rattacher encore une nouvelle et importante innovation, dont la mise en pratique, généralisée depuis, a beaucoup ajouté à la puissance de la production.

J'indique ici le tissage mécanique substitué au tissage à bras.

Dès 1833, l'Angleterre était familiarisée avec ce perfectionnement, que la France commençait elle-même à appliquer. Nous comptions, lors de l'enquête de 1834, à peine 5,000 métiers mécaniques à tisser; depuis, ce nombre s'est incessamment accru. En 1846, il était de 31,000. Les années qui se sont écoulées depuis n'ont pas été favorables à la création de nouveaux établissements; néanmoins, on peut dire qu'en France le cinquième à peine de ce qui pourrait se tisser aujourd'hui mécaniquement reste livré au tissage à bras, qui n'obtient plus qu'un misérable salaire. En Angleterre, on étend chaque jour l'emploi du tissage mécanique; chaque jour on lui trouve une nouvelle application, chaque jour le tissage manuel est déshérité. Aussi le nombre des métiers mus par la vapeur est-il, dans ce pays, approximativement de 250,000.

Tisser mécaniquement, c'est abaisser le prix en réduisant le nombre des ouvriers, mais non pas en réduisant le salaire de chacun; c'est donner au tissu plus de perfection, à la production plus de régularité. Voilà les avantages. Mais c'est rompre, au détriment de nos campagnes, l'alliance des travaux

[1] On sait que cette mesure fit renoncer la France, pendant deux ans, à la filature du coton fin. Mais, en 1837, le coton filé fin baissa sensiblement de prix et, le droit restant absolument le même, il devint efficacement protecteur; il était non plus de 30, mais de 40 p. o/o. Cette circonstance permit à l'industrie française de se relever.

agricoles et industriels; c'est détruire cette intermittence dans les occupations qui, au temps des moissons, doublait le nombre des bras pour soustraire, dans les contrées industrielles, les richesses de la terre aux intempéries des saisons; c'est ravir au cultivateur tisserand les salaires de l'industrie dans la saison d'hiver, qui lui refuse les salaires de l'agriculture. A ne considérer les choses que sous le rapport moral, peut-être le travail sorti de la famille pour se concentrer dans l'atelier, dépeuplant les campagnes pour encombrer les villes, devrait-il laisser des regrets; mais les spéculations de l'industrie laissent au Gouvernement l'initiative de moraliser les populations par le travail. Le bon marché, voilà le but unique vers lequel elles tendent, et, sous ce rapport, le seul que nous ayons à examiner, le tissage mécanique est un progrès réel, incontestable. Sans lui, d'ailleurs, les moyens auraient manqué à la fabrication des tissus de coton, et la consommation n'aurait pu être satisfaite. En effet, si nos 31,000 métiers mécaniques n'existaient pas, au lieu de 25,000 ouvriers qui suffisent à les servir, c'est 125,000 qu'il aurait fallu trouver et rétribuer.

A peine le tissage mécanique était-il généralisé, que les Anglais, vers 1840, dotèrent la filature d'un nouveau perfectionnement : je parle du métier automate, plus généralement appelé *métier renvideur.* Jusqu'ici, les mull-jenny déployaient le coton qu'elles filaient; mais, pour placer l'aiguillée filée sur la broche qui la doit recevoir, la main de l'homme était indispensable. Une fois de plus, la mécanique se substitua à l'intelligence et à la force musculaire de l'homme, et le fil est aujourd'hui renvidé par le métier avec autant de sûreté, autant et plus de perfection que par le fileur le plus habile.

Nous dirons plus tard ce qui entrave, chez nous, la propagation de ce remarquable perfectionnement.

Un autre et dernier progrès est indiqué à l'Exposition de Londres : c'est le métier à la Jacquart, avec les mille dessins dont il enrichit nos étoffes, mis en mouvement par la vapeur, de telle sorte que, l'adoption de ce moyen se généralisant, le métier à bras disparaît presque entièrement.

Cette innovation, encore à l'état d'essai en Angleterre, appelle la sérieuse attention de nos industriels; dès à présent elle est étudiée dans quelques-unes de nos villes manufacturières[1].

Nous avons vu que, de 1816 à 1833, le prix des tissus de coton s'était abaissé de moitié; aujourd'hui, nous constatons que 34 millions de kilogrammes de ces mêmes tissus coûtaient, en France, en 1834, presque le même prix que coûtent aujourd'hui les 64 millions que nous fabriquons maintenant: voilà donc encore une fois le produit abaissé de moitié, et réduit au quart de ce qu'il valait en 1816, et cela en même temps que le salaire est augmenté d'un cinquième. En Angleterre, où la fabrication est arrivée à 277 millions de kilogrammes, on exportait, nous l'avons déjà dit, à 12 francs en 1816 et à 6 francs en 1834; aujourd'hui, l'exportation n'excède guère le prix de 4 fr. 50 cent. le kilogramme.

Ajoutons que la France, qui livrait avec perte à ses colonies et à l'étranger 1 million de kilogrammes en 1834, exporte aujourd'hui avec avantage près de 6 millions de kilogrammes, et que de 72 millions en 1834, l'Angleterre, en 1850, était arrivée à 174 millions de kilogrammes de fils et tissus exportés.

Tels sont les résultats acquis, tels sont les progrès accomplis en France et en Angleterre depuis 1816, tels sont les fruits de l'étude, de l'expérience et surtout de la paix qui seule permet leur développement aux créations industrielles; et maintenant que nous avons dit la marche corrélative de la France et de l'Angleterre, établissons par période décennale la marche de la fabrication du coton, prise dans son ensemble, depuis le retour de la paix,

[1] Nous ne relatons pas, dans ce travail, les perfectionnements successifs qui, en faisant avancer l'art, n'étaient cependant pas de nature à le révolutionner: ainsi le banc à broche substitué au métier en gros; ainsi même le peignage de M. Nicolas Schlumberger, qui doit considérablement améliorer le cardage et conséquemment la filature du coton, surtout dans les numéros fins.

En 1816, l'industrie manufacturière réclamait à peine 80 millions de kilogrammes de matière première;

En 1826, c'était............ 140 millions de kilogr.
En 1836................. 246
En 1846................. 500
En 1849, dernière année connue. 540

Tel est le résumé des progrès accomplis.

ÉTAT GÉNÉRAL ACTUEL DE L'INDUSTRIE DU COTON.

Le moment arrive de rendre compte de la situation générale actuelle et de l'état d'avancement de chaque peuple dans l'industrie du coton; mais, avant d'aborder cet examen, une réflexion importante doit arrêter notre attention.

Au moment où la paix appelait tous les peuples au travail, si l'industrie du coton avait été laissée à son libre cours, si la législation n'était pas intervenue pour régler sa marche, nul doute que cette industrie ne fût devenue le partage exclusif de la nation anglaise : seule armée de la mécanique, cette nation eût hérité du monopole que tant de siècles avaient attribué à l'Inde, et qui donnait à cette lointaine contrée le privilége de vendre ses produits au monde entier; seule, l'Angleterre, en renversant le travail opéré par la main de l'homme, et qu'exécutaient d'ailleurs si habilement les peuples de l'Asie, aurait été appelée, à son tour, à vêtir tous les peuples des produits de ses manufactures.

C'est que, pour exercer l'industrie moderne, l'Angleterre possède seule les éléments du bon marché.

Elle les doit à la nature; elle les doit à sa vieille et immobile législation sur l'état de la propriété.

L'une lui a donné le fer, le charbon et surtout des transports faciles et économiques; l'autre y a joint l'accumulation des capitaux, qui seule met en valeur et vivifie les richesses naturelles.

En présence de ces avantages, quand presque tout était à

créer, les nations européennes devaient-elles accepter les tissus de l'Angleterre et le bon marché qu'ils présentent, ou bien, au prix de quelques sacrifices, devaient-elles les repousser pour s'approprier le travail que nécessite leur création et le salaire inhérent à ce travail?

Telle était l'alternative qui s'offrait à elles.

Le dernier système fut partout successivement adopté, mais dans des vues, et conséquemment dans des limites différentes.

Les faits qui vont se dérouler sous nos yeux feront comprendre quelle a été, sur chaque nation, l'influence de la législation économique appliquée par elle.

Toujours est-il qu'en vertu de cette influence, l'Exposition de Londres l'a prouvé, chaque peuple manufacturier a été mis en situation de produire des étoffes régulières, solides, suffisant parfaitement à la consommation des masses.

Le tableau qui suit indique quelle part chaque nation prend aujourd'hui à la filature mécanique du coton.

Mais chacune d'elles ne consomme pas tout ou seulement ce qu'elle produit.

Les unes font de l'exportation le but principal de leurs efforts et vendent au dehors bien plus qu'elles ne conservent pour elles-mêmes.

Les autres, au contraire, soit qu'elles empruntent à l'étranger des fils ou des tissus, soit qu'elles les repoussent, n'exportent pas ou ne mettent l'exportation qu'en seconde ligne, la consommation intérieure restant toujours le principal aliment de leurs manufactures.

Jetons d'abord un coup d'œil sur les opérations des nations qui exportent.

L'Angleterre paraît au premier rang; voici ce que nous apprennent ses publications officielles

TABLEAU DE LA MISE EN ŒUVRE DES COTONS.

NATIONS.	POPULATION, EN MILLIONS d'habitants.	CONSOMMATION, EN MILLIONS de kilogrammes.
Angleterre	28	277
France	36	64
Russie	65	31
Autriche	38	30
Zollverein	30	18
Espagne	15	10
Belgique	4	10
Suisse	3	9
États-Unis	25	110
	244	559

Dans cet état, la fabrication manuelle des peuples asiatiques n'est pas comprise : son importance est inconnue, sauf pour la Chine.

L'ANGLETERRE.

Les 277 millions de kilogrammes de coton que l'Angleterre livre à ses machines lui rendent, en fils et tissus, 247 millions de kilogrammes.

L'exportation se compose de :

100,315,200^k [1]	de tissus pour	469,682,000^f
6,400,000	de tulle et tricot pour	34,902,050
67,407,000	de fil pour	167,602,225
174,122,200		672,186,275

73,000,000^k sont conservés pour la consommation : c'est le tiers en poids; en valeur, c'est 400,000,000^f [2].

[1] 12 mètres au kilogramme.

[2] L'exportation est faite au prix de fabrique. La consommation intérieure est de tissus plus beaux, qui se trouvent surenchéris par les intermédiaires.

Pour suffire à cette immense exportation, l'Angleterre a des ateliers plus considérables que nombreux et des apprêts qui transforment, en leur donnant un aspect séduisant, les produits même les plus communs.

Ce sont presque exclusivement des fils et tissus à très-bas prix qu'elle vend aux étrangers; les fils sont, en moyenne, à 2 fr. 50 cent. le kilogramme; les tissus, même teints et imprimés, sont à 39 centimes le mètre.

Cette fabrication, toujours la même, toujours imperturbablement suivie, amène chaque ouvrier à produire chaque jour un peu plus, et conséquemment à meilleur marché. Le bas prix du combustible et du fer excite à des recherches incessantes de nouvelles machines : une fois lancée dans cette carrière, une fois bien en avant de ses rivaux, l'Angleterre a pu défier tous les efforts. Il était bien difficile de la suivre, bien plus encore de l'atteindre, et en effet, l'exportation réunie de toutes les nations est à peine le tiers de celle de l'Angleterre, et, si, de ces nations, nous exceptons les États-Unis, nous trouvons que toutes les autres ensemble n'exportent pas la dixième partie de ce qu'exporte l'Angleterre[1].

ÉTATS-UNIS D'AMÉRIQUE.

L'exportation des États-Unis atteint un chiffre considérable.

Ce pays compte 25 millions d'habitants.

Ses premiers établissements datent de 1824 : presque chacun d'eux est de même importance que les plus grands établissements anglais, et, sous ce rapport, Lowell est loin de le céder à Manchester.

[1] En voici le détail :

6 millions pour la France;
7 ——— pour la Suisse;
1 ——— pour la Belgique;
1 ——— pour la Russie.

15 millions de kilogramme contre 174.

C'est la même nature de fabrication, le même but à atteindre: la grande production et le bon marché.

Les États-Unis retiennent de leur récolte en coton, pour l'alimentation de leurs fabriques, 110 millions de kilogrammes: ce chiffre ne saurait être contesté.

Ces 110 millions rendent en tissus......	100,000,000k
L'Angleterre, la France et la Suisse en envoient pour.........................	10,000,000
C'est en tout et en étoffes....	110,000,000

La consommation de cette contrée fût-elle par habitant aussi considérable que celle de l'Angleterre, elle aurait peine à atteindre 60 millions de kilogrammes.

Restent donc pour l'exportation 50 millions de kilogrammes, soit 250 millions de francs au moins.

Cette exportation est beaucoup moins considérable, si l'on consulte les publications du congrès. Mais ce qui est vrai, ce que le congrès reconnaît comme tel, c'est le nombre de broches à filer le coton mises en mouvement en Amérique, c'est encore le nombre de kilogrammes livrés aux établissements, c'est enfin le chiffre de la population. Ce sont ces éléments combinés qui ont fixé nos appréciations. L'exportation dénoncée par le congrès ne paraît pas avoir même de probabilité; il est vrai que les documents publiés ne parlent que de valeurs, et nullement de quantités : or les valeurs sont loin d'être un moyen d'exacte appréciation[1].

L'Amérique du Sud donne aux États-Unis d'abondants débouchés; l'Inde et la Chine lui en offriront bientôt de nouveaux. Cette dernière contrée a déjà acheté, dans une seule année, pour plus de dix millions de francs de tissus américains : ce sont particulièrement des étoffes écrues et fortes, qu'aux États-Unis on excelle à fabriquer.

Mais cette exportation et le bon marché auquel elle s'obtient

[1] Voir à la page 18 le droit d'entrée sur les étoffes de coton.

ne laissent pas de causer de grandes souffrances aux jeunes et colossaux établissements de l'Amérique[1]: la main-d'œuvre est plus élevée qu'en Europe dans cette immense contrée[2] où les bras manquent toujours, où le travail, jusqu'ici, n'avait pas été prolongé au delà de douze heures[3]; or, quels que soient les avantages résultant de la possession de la matière première et de la navigation la plus économique du monde, toujours est-il que les manufacturiers américains, gênés à l'intérieur par les marchandises étrangères qui viennent se joindre à la production exubérante des manufactures locales, gênés au dehors par le bas prix de l'Angleterre, avec laquelle l'Amérique seule ose entrer en lutte directe, les manufacturiers, disons-nous, se plaignent et réclament des tarifs plus élevés qui leur garantissent au moins leur marché. Cependant le tarif actuel est, en moyenne, de 25 p. o/o de la valeur. Mais, comme le reconnaît dans son message le Président des États-Unis, les déclarations en douane ne sont pas contrôlées : ainsi, d'après les documents américains, les droits sur les tissus de coton sont perçus annuellement sur une valeur totale de 103 millions de francs, et les documents de l'Angleterre prouvent que ce pays fournit à l'Amérique pour 62 millions de francs, valeur prise au port d'embarquement. La France, de son côté, fournit une autre valeur de 6 millions et demi; la Suisse et le Zollverein apportent leur contingent : tout démontre ainsi que le droit de 25 p. o/o et la grande distance de l'Europe aux États-Unis ne suffisent pas encore pour réduire à de justes termes une énorme importation.

SUISSE.

On ne peut avoir sur la Suisse de renseignements qui pré-

[1] En 1826, ces établissements réclamaient 14 millions de kilogrammes, aujourd'hui 90.

[2] La journée de l'homme, 6 fr. 25; de la femme, 2 fr. 50 cent.

[3] On commence à prolonger la journée jusqu'à 13 heures pour abaisser le prix de revient et mieux lutter avec l'Angleterre.

cèdent 1850, puisque c'est de cette année seulement que date dans ce pays l'établissement d'un tarif et d'un système de douanes.

Voici les faits constatés :

La Suisse reçoit de 11 à 12 millions de kilogrammes de coton brut ; elle en réexporte une partie et conserve pour elle........................... 9,500,000 k.

Ce qui représente en tissus environ...	8,500,000
La Suisse reçoit en tissus étrangers....	2,500,000[1]
Elle dispose donc de...............	11,000,000
Elle livre à sa consommation........	4,000,000 k.
Il lui reste pour l'exportation.......	7,000,000

Tel est, en effet, le chiffre constaté par la douane[2].

Cette exportation consiste :

1° En tissus teints avant la fabrication, et qui, conséquemment, ne peuvent être tissés mécaniquement ;

2° En étoffes que la Suisse imprime, mais qu'elle reçoit toutes fabriquées de l'Angleterre ;

3° Enfin et surtout, en broderies généralement renommées, soit à cause de leur beauté, soit à cause de la modicité de leur prix. La main-d'œuvre entre pour beaucoup dans la valeur de ces différentes marchandises[3].

Pour filer 9,500,000 kilogrammes, la Suisse possède 960,000 broches : chaque broche file donc par année un peu moins de 10 kilogrammes ; en France, c'est 14 kilogrammes ; en Angleterre, 15 ; 20 en Allemagne, 25 en Belgique : c'est donc la Suisse qui file une moins grande

[1] Ces tissus payent, à l'entrée en Suisse, environ 3 p. 0/0 *ad valorem*.

[2] 6,062,500 kilogrammes pour les onze premiers mois de 1850.

[3] La Suisse fait broder chez elle à très-bas prix, 60 centimes par jour, et, dans les États autrichiens, à plus bas prix encore, 30 centimes : c'est dans le Vorarlberg, le Tyrol et le Bregenzwald.

quantité par chaque broche, c'est-à-dire que, recevant de l'étranger ses tissus communs[1], la Suisse s'occupe exclusivement à filer les numéros fins (40 à 300).

Et il en doit être ainsi : en effet, la Suisse est loin du marché où se vend la matière première, loin du port d'où s'acheminent ses exportations; elle a donc contre elle des charges de transport qui lui rendent impossible la lutte quand il s'agit de marchandises communes et lourdes par rapport à leur prix.

Les tissus fins, ou ceux qui ne supportent pas le tissage mécanique voilà, dans l'industrie du coton, les seuls moyens de travail réservés à la Suisse.

Ils lui sont rendus possibles par trois éléments de bon marché :

1° Les capitaux, qui s'offrent à Bâle à 4 p. 0/0 ;

2° Les chutes d'eau qui suppriment l'achat du combustible : elles sont, en Suisse, nombreuses et puissantes ;

3° La modicité de la main-d'œuvre, qui abaisse la journée de travail à moitié prix de ce qu'elle est aujourd'hui en France[2].

De sorte que, dans l'industrie du coton, la Suisse n'est pas rivale de l'Angleterre, puisqu'elle laisse à celle-ci les produits communs et lourds, les tissus mécaniques, les seuls, en quelque sorte, dont cette puissante nation poursuive le monopole.

Elle ne saurait craindre la France, puisque, si, mieux que la Suisse encore, la France produit avec perfection, elle n'a pas à son aide et au même degré les capitaux, les chutes d'eau, et surtout la modicité de la main-d'œuvre.

[1] Voir l'Annexe.

[2] La *Gazette nationale suisse*, numéro du 7 avril 1852, contient ce qui suit : « Il y a en Suisse 120,000 ouvriers en coton, gagnant ensemble plus de « 17 millions. » 18 millions partagés entre 120,000 ouvriers donnent à chacun 150 francs; en France, le salaire annuel des ouvriers en coton de toute classe et de tout âge, qui était, en 1834, de 330 francs, est aujourd'hui de 400 francs.

On le voit donc, toutes les fois que les transports contribuent d'une manière notable au bas prix de la marchandise la Suisse, impuissante à lutter, s'efface devant l'Angleterre, et, grâce au bas prix du salaire, elle l'emporte sur la France quand la valeur du produit vient du travail manuel.

Voilà ce qui explique la situation industrielle de la Suisse, situation qui, sans un examen approfondi, paraît problématique, précaire, parce qu'elle est en dehors des règles générales partout admises.

C'est, nous le répétons, c'est surtout à la modicité du salaire, à la sobriété des ouvriers, qui leur fait trouver bonne une existence que nos ouvriers regarderaient comme trop voisine de la misère, c'est à cette cause que la Suisse doit surtout de voir se maintenir l'activité de son travail.

Ces salaires si modiques, et que nos ouvriers de filature n'accepteraient certainement pas, suffisent cependant à l'existence des travailleurs suisses, et les ateliers qui les payent s'agrandissent chaque année, moins pour filer une plus grande quantité de coton que pour ne plus filer que des cotons fins. Dans cette spécialité, à laquelle l'Angleterre semble attacher chaque jour moins de prix, parce qu'elle la détourne de ses habitudes de fabrication incessamment dirigées vers la production de grande consommation, la Suisse trouve un élément de prospérité.

Il n'en est pas de même dans le tissage, qui emploie cependant bien plus d'ouvriers que la filature; le tissage à bras, le seul que connaisse la Suisse, est si misérablement payé, que, sans les allégements qu'il reçoit de la commune qu'il habite, le pauvre tisserand ne pourrait vivre. On dit que, pour reconquérir la fabrication des produits communs, les industriels suisses vont monter le tissage mécanique et essayer d'approvisionner eux-mêmes de nouveau leurs ateliers d'impression, alimentés aujourd'hui par les tissus de l'Angleterre. Nous avons dit les difficultés qui les attendent : les vaincront-ils? obtiendront-ils le succès? L'avenir seul le révélera.

Telle est la situation des peuples qui se livrent surtout à

l'exportation. Voyons maintenant celle des nations pour lesquelles l'exportation n'est pas le premier besoin, et mettons en regard de leurs productions et de leur système économique l'importance des emprunts qu'elles font à la production étrangère.

FRANCE.

La France se présente la première. Sa position était difficile : incapable de lutter avec l'Angleterre dans les objets de grande consommation, ne pouvant, en raison des salaires, lutter avec la Suisse dans la production des tissus fins, il lui fallait, ou renoncer à l'industrie du coton, ou vivre de sa propre vie en se créant un marché à part et réservé. La France en possède un considérable, sa population est énergique ; elle se sent assez forte pour accomplir tous les progrès. Son gouvernement sait le prix du travail et du salaire ; il sait de quelle importance il est de développer toutes les forces productives du pays, et, pour s'assurer ces avantages, qui seuls constituent la véritable indépendance d'une nation, nous l'avons dit, la France fit ce que cent ans auparavant avait fait l'Angleterre : elle réserva pour ses manufacturiers l'approvisionnement complet du marché français.

Cette législation ne pardonne pas à la fraude, elle la poursuit partout et toujours : aussi, et sauf quelques exceptions, la France voit son territoire et sa production respectés par la production étrangère[1].

Elle n'admet de l'étranger que les cotons filés fins et quelques nankins de l'Inde : ces deux objets n'excèdent guère en introduction 2 millions de francs. Car aujourd'hui la France rivalise avec l'Angleterre dans l'art de filer le coton : la suite de ce rapport le prouvera.

[1] On ne connaît guère d'importation en France que les broderies de la Suisse. Cette importation est considérable : elle est approximativement, assure-t-on, de 10 millions de francs. Nous avons dit ailleurs à quelles conditions de main-d'œuvre les broderies de la Suisse s'exécutaient.

La France, après avoir vêtu toute sa population à l'aide de 52 millions de kilogrammes de tissus, exporte dans ses colonies 2,800,000 kilogrammes pour 20 millions de francs, et en concurrence, 3,300,000 kilogrammes pour 30 millions de francs.

Cette exportation est supérieure en valeur à celle de la Suisse[1].

RUSSIE.

La Russie devait être, dans son système économique, moins absolue que la France, car, sous plus d'un rapport, elle n'était pas prête à se suffire à elle-même.

L'entrée des marchandises étrangères fût permise, mais des droits de 50 et 100 p. o/o protégèrent le travail national : à l'aide de cette protection, la Russie manufacture chaque année.......................... 31,000,000 de kil.
elle en obtient en tissus.............. 28,000,000

Elle reçoit de l'Angleterre, et en bien moins grande proportion de la France :

172,863	kilogrammes de tissus pour...	1,628,400f
4,200,000	de coton filé pour.	12,832,275
4,372,863		14,460,675

De sorte que la Russie reçoit en poids l'équivalent du septième de sa production : c'est du coton filé à 3. 10, du tissu à 7, c'est-à-dire tout ce qui ne trouble pas son travail tel qu'il est

[1] En 1851, cette exportation a été de 7,619,492 kilogrammes, dont la valeur est de 62,297,272 francs. L'Algérie entre pour plus du tiers dans cette exportation, soit en kilogrammes :

2,649,198
1,221,922 (autres colonies),

3,871,120; soit 1 million de kilogrammes en augmentation, ce qui laisse la moitié en poids total à la navigation réservée, et ne donne que 500,000 kilogrammes en plus à la navigation de concurrence.

constitué, tout ce qui n'élève pas une concurrence fâcheuse à ses manufactures.

Les filatures de la Russie réunissent un million de broches : presque toutes travaillent le jour et la nuit[1].

La Russie exporte environ un million de kilogrammes des tissus qu'elle fabrique. Elle pénètre dans la Perse par des caravanes; le nord de la Chine lui est accessible, et 300,000 kilogrammes de tissus de coton sont dès à présent livrés par la Russie au Céleste Empire[2].

LA BELGIQUE.

La Belgique a une population plus considérable que celle de la Suisse; son industrie en coton est de même importance en poids, non en finesse. Son système de douane est rigoureux; les droits à l'entrée sont :

Pour les fils, de 25, à 40 p. 0/0;

Pour les tissus, de 50.

La Belgique reçoit, chaque année, 10 millions de kilogrammes à manufacturer, à l'aide de 400,000 broches seulement. Elle les convertit ensuite en 9 millions de kilogrammes de tissus : elle reçoit de l'étranger environ 300,000 kilogrammes en fils de tissus fins.

La France fournit presque seule les tissus fins qui manquent à la Belgique[3].

Sur les 9,300,000 kilogrammes de tissus dont ce petit royaume dispose, plus d'un million de kilogrammes est exporté;

[1] On ne compte en Russie que 270 jours de travail par année.

[2] Les renseignements ci-dessus sont recueillis à Londres de la bouche du président des manufactures de Russie : ce sont ceux de 1849. Ils ne concordent pas avec les documents publiés par le ministère du commerce, n° 595 des avis divers : mais ces avis disent, p. 21, qu'en 1850, la Russie recevait 16,380 kilogrammes de coton brut; puis, p. 22, qu'en 1849, elle disposait de 25,657,500 kilogrammes; puis, même page, que les filatures russes produisent 11,550,000 kilogrammes. Ces avis si contradictoires paraissent ne pas mériter entière confiance.

[3] 200,000 kilogrammes pour 2,700,000 francs.

Huit millions restent donc pour la consommation.

La Belgique a la houille et le fer à des conditions moins favorables que l'Angleterre, mais bien plus favorables que la France. Les capitaux pour mettre ces richesses en valeur ne lui manquent pas ; l'État possède une navigation facile et un réseau complet de chemins de fer : ce double moyen permet d'opérer les transports à très-bas prix.

Ainsi dotée, ne produisant que des fils et tissus communs, il semblerait que, pour exporter, la Belgique dût se mesurer avec l'Angleterre. Son ambition n'est pas si grande et sa sagesse n'accepte pas une semblable lutte. Sans doute, pour justifier cette lutte, on pourrait dire que la journée est de treize heures dans les ateliers belges, quand elle n'est que de dix heures et demie en Angleterre ; on pourrait ajouter que, dans le Hainaut, les filatures travaillent à un salaire réduit d'un tiers sur celui de la France[1] : rien de cela ne suffirait pour niveler les prix belges avec les prix anglais ; mais l'Angleterre, on le sait, ne se livre qu'au tissage mécanique, et la Belgique trouve dans le tissage manuel, et surtout dans les étoffes épaisses pour pantalons, à si bas prix de main-d'œuvre dans les malheureux villages des Flandres, un moyen qui lui est propre. Telle est la source qui peut alimenter et qui alimente les exportations de la Belgique. C'est quelque chose de bien moins considérable que l'exportation suisse ; mais, comme celle-ci, l'exportation belge trouve sa force et sa garantie d'avenir dans les bas prix du salaire.

AUTRICHE ET ZOLLVEREIN.

L'Autriche et le Zollverein mettent en œuvre 48 millions de kilogr. de coton, qui leur rendent 43 millions de fil à tisser.

Ces nations protégent leur filature par des droits de 7 à 12 p. 0/0[2].

[1] Voir l'Annexe.

[2] 3 thalers (9 fr. 75 cent.) par 56 kilogrammes, d'une valeur de 135 fr. dans le Zollverein ; 16 francs par 56 kilogrammes en Autriche.

Elles reçoivent de l'Angleterre 40 millions de kilogrammes de fil, ayant valeur de 100 millions de francs[1].

Et, si l'on joint à cette introduction étrangère 8 millions de kilogrammes de tissus, ayant valeur de 39 millions de francs, et que fourniraient l'Angleterre, la France et la Suisse, il sera constant que l'Autriche et le Zollverein achètent à l'étranger à peu près la moitié de leur consommation.

Et ici, ce n'est plus du coton à 3. 10, comme celui qu'importe la Russie, mais à 2. 50; ce n'est plus du tissu à 7 francs, mais à 5: en un mot, c'est la concurrence la plus directe à l'industrie allemande.

Remarquons, en passant, que, pour 70 millions d'habitants, l'Autriche et le Zollverein ne fabriquent que 48 millions de kilogrammes de coton, tandis que, pour suffire à ses besoins, la France en fabrique 64 millions, et cependant les machines à filer le coton ont été connues et importées en Autriche en même temps qu'en France, c'est-à-dire en 1801.

Ajoutons que le Zollverein, avec une population bien moins nombreuse que celle de l'Autriche, prend la part la plus considérable dans l'introduction des marchandises étrangères: c'est 26 millions de kilogrammes de fil sur 40 millions d'introduction; total, presque un kilogramme par habitant du Zollverein: disons aussi que ce fait tient peut-être moins encore à la différence dans les droits d'entrée qu'à l'organisation industrielle des deux contrées,

En Autriche, en effet, les filatures sont aux mains de capitalistes qui ne se sont lancés dans l'industrie qu'alors que des lois fortement répulsives du produit étranger les y excitaient. Aujourd'hui que ces filatures existent, il faut, avant tout et malgré le changement survenu dans le système économique, sauver autant que possible le capital considérable qu'elles représentent; pour cela, il faut que ces filatures produisent et vendent

[1] Ce chiffre ressort des documents officiels anglais. Les relevés officiels allemands ne sont pas en rapport avec lui; mais le chiffre anglais comprend l'entrée régulière et l'introduction en fraude; le chiffre allemand ne comprend que l'introduction régulière.

toujours, ce qui veut dire qu'il faut qu'elles produisent bien : ainsi, on fait aux établissements les réparations utiles, on leur donne quelque extension pour amoindrir les frais généraux ; on compte avec la perte, mais on la subit, et cependant l'atelier s'améliore et marche, parce qu'agir autrement, ne voir que le revenu, serait la perte d'un capital dont avec raison on veut avant tout conserver la valeur.

Dans le Zollverein, au contraire, il n'y a guère de fortune engagée : les établissements ne réunissent souvent pas 1,000 broches ; sans capitaux, médiocrement outillés, ces établissements ont grand'peine à supporter le poids de la concurrence étrangère.

Ainsi, en Autriche, l'industriel peut s'appauvrir, mais l'industrie existe, résiste et conserve sa force, qu'elle entretient encore, bien que le revenu lui fasse défaut. Dans le Zollverein, l'industrie languit, mais il n'y a pas de victimes ; il n'y a, pour ainsi dire, pas de capitaux compromis.

Si les capitaux arrivaient chez nous à l'industrie du coton, me disait mon collègue du Zollverein, homme d'étude et de haute intelligence, il n'est pas de contrée qui fabriquât avec plus d'avantage que la nôtre : comme la Suisse, plus qu'elle peut-être, nous avons des chutes d'eau, donc pas de houille à acheter ; le prix de la journée de travail est tellement abaissé dans nos différents États, que ce prix *vînt-il à doubler,* serait encore bien loin de l'élévation du vôtre[1].

Avait-il raison ? Son désir pouvait-il se réaliser ? Les capitaux se donnent-ils sans certitude d'avenir ? Et, quand on voit ce que la concurrence anglaise a fait de l'industrie en coton dans le Zollverein, ne se demande-t-on pas s'il y a sécurité pour les capitaux à se livrer, sous l'empire d'une législation semblable à celle adoptée par cette réunion d'États ?

[1] On annonçait dernièrement dans les journaux la vente aux enchères de la filature de coton située à Sarrebrouck (Prusse rhénane), et, parmi les avantages qu'on lui attribuait, on insistait sur celui-ci, que la journée des ouvriers *hommes* n'excédait pas *un franc dix centimes.* (Voir l'Annexe.)

ESPAGNE.

Les filatures de l'Espagne se sont établies sous l'empire de la prohibition absolue; le nombre de broches que possède ce pays est de 700,000. Depuis que la prohibition a été levée à partir du n° 60, 217,000 broches, soit le tiers de ce qui existe est et demeure au repos.

Comme la Russie, comme la Suisse, et surtout comme le Zollverein, l'Espagne pourrait peut-être rendre la vie à ses établissements en usant de l'abaissement du salaire. Mais le Catalan ne se prête pas à cette combinaison : ou le travail bien payé, ou le repos, telle est la condition qu'il impose, et l'Espagne, dont le climat appelle si énergiquement la consommation des tissus de coton, ne met en œuvre, pour vêtir une population de 15 millions d'habitants, que 10 millions de kilogrammes de matière première.

Les Anglais par Gibraltar, la France par les Pyrénées, se chargent du reste : c'est le quart de sa consommation que l'Espagne reçoit aujourd'hui de l'étranger.

Est-ce bien au système économique de l'Espagne qu'il faut attribuer cette situation? N'est-il pas vrai que les étoffes introduites chez cette nation par l'Angleterre sont précisément celles qu'elle prohibe encore? Le peuple espagnol est-il, peut-il être un peuple manufacturier? A-t-il cette énergie, cette constance au travail, qu'exige l'industrie moderne? Le climat n'est-il pas un obstacle à cette vie si laborieuse, si uniforme de l'atelier? De tout temps l'Espagnol n'a-t-il pas préféré, même à l'aisance et au bien-être, l'indépendance, la vie errante et le repos? Voyons-nous, même dans les contrées méridionales de la France, les populations s'agglomérer facilement pour s'assujettir au travail? Ce travail assidu, il n'est possible que dans les régions tempérées.

Si cette réflexion est sanctionnée par les faits, n'est-elle pas un enseignement pour le législateur, et l'économie par laquelle un peuple prospère peut-elle s'appliquer avec le même succès à tous les autres peuples? Ce qui convient, par exemple, à l'Angleterre, à la France, à l'Allemagne, convient-il à l'Espagne, à l'Italie, au Portugal?

ITALIE ET PORTUGAL.

Non, sans doute, et, en effet, l'Italie et le Portugal n'ont pas de filatures.

C'est de l'Angleterre que viennent les fils de coton employés dans ces contrées; c'est de l'Angleterre, de la France et de la Suisse que vient une partie des tissus. Remarquons, cependant, plus de dispositions au travail industriel en Italie qu'en Portugal. L'Italie demande, relativement, beaucoup moins de tissus; elle emploie beaucoup plus de fils [1]. On voyait à l'exposition de très-bons produits en tissus brillantés, provenant d'un tissage mécanique établi près de Pise. Nous signalons avec plaisir ce progrès, et nous avons regretté que les produits exposés, aperçus trop tard, n'aient pu être récompensés.

Ce n'est pas seulement le climat qui détermine l'emploi des tissus de coton : la civilisation exerce aussi son empire sur cette partie de la consommation publique. En effet, si le bas prix fait que le vêtement de coton soit le premier que se donne le peuple, la souplesse, l'élégance du tissu, l'éclat, la délicatesse des couleurs qui le peignent, le rendent propre aussi à la consommation des classes aisées. On pourrait en induire que le bien-être et la richesse d'une nation se mesurent aussi, et jusqu'à un certain point, sur l'importance de sa consommation en tissus de coton.

Voici la consommation, par habitant, de chacune des nations de l'Europe :

[1] Italie	8,225,763[k]	de fil.
	5,534,134	de tissus.
Portugal	416,257	de fil.
	3,387,088	de tissus.

Angleterre................	2^{k} 1/2
Belgique................	2
France................	1 1/2[1]
Zollverein et Autriche........	1 1/2
Suisse................	1 1/4
Espagne................	1
Russie................	1/2

Faisons remarquer que, plus élégante dans ses habitudes, la France porte des tissus de coton plus fins, et conséquemment d'une plus grande superficie pour un même poids. Si la France avait les habitudes de vêtement de l'Angleterre et de la Belgique, sa consommation excéderait 2 kilogrammes.

Voici l'état des moyens possédés par chaque nation pour filer le coton :

Angleterre...	18,000,000 de broches[2].	10^{h} 1/2 de travail.
États-Unis...	5,500,000.........	12
France.....	4,500,000.........	12
Autriche....	1,400,000.........	La journée de travail n'est pas limitée.
Zollverein...	900,000.........	
Espagne....	700,000.........	
Suisse......	960,000.........	
Belgique....	400,000.........	

PART DES SALAIRES.

La masse des cotons annuellement fabriqués représente 485 millions de kilogrammes en tissus, ayant une valeur de

[1] En Angleterre, chaque habitant consomme pour 4 fr. 50 cent. de toile par an; en France, c'est 6 fr. 25 cent. soit un tiers en plus.—Toiles et tissus réunis, les deux peuples auront donc la même consommation en poids; mais la consommation française aurait une valeur plus élevée et indiquerait une aisance plus universellement répandue. (Voir le rapport de M. Legentil sur les lins.)

[2] La statistique anglaise porte ce chiffre à 21 millions, mais, sans doute, en y comprenant les broches à retordre. Le chiffre de 18 millions de broches à filer est extrait des documents commerciaux.

plus de 6 francs l'un, ce qui fait en totalité au moins trois milliards.

La valeur des matières premières et des matières tinctoriales est approximativement de 800 millions.

Le loyer des capita x peut être évalué à 300 millions au plus :

Reste donc en salaires deux milliards.

En France, où la consommation des tissus de coton s'élève à 630 millions de francs, la part des salaires directs et indirects est de 378 millions.

Cette abondance de rémunération, eu égard au prix de la matière employée, fait rechercher partout la fabrication des tissus, de coton : c'est une riche proie, et chacun en veut sa part.

RÉSULTAT DES PROGRÈS MÉCANIQUES.

Ce n'est pas le lieu de discuter les causes qui rendent plus chère en France qu'en Angleterre la fabrication des tissus de coton [1]; certes, elles ne viennent ni du défaut d'intelligence de nos producteurs, ni de leur manque d'assiduité au travail : loin de là, et, tandis qu'en Angleterre six heures au plus par jour sont données par le chef à la direction de l'établissement, en France c'est douze heures de surveillance assidue et de soins minutieux, c'est-à-dire que le travail du chef est aussi prolongé que celui de l'ouvrier : avec cet amour du travail, les Français assurément prospéreraient en Angleterre, et les Anglais n'ont pas fait fructifier la plupart des établissements qu'ils ont fondés chez nous. La cause réelle du plus bas prix de l'Angleterre tient aux avantages que la nature a départis à cette nation. Nous les avons indiqués, nous n'y reviendrons pas. Mais nous devons faire remarquer que chaque progrès

[1] Le coton filé n° 34 anglais, n° 28 français, vaut, à Manchester, 2 fr. 20 c. le kilogramme; à Rouen, 3 fr. 10 cent. : 40 pour 100 de différence. Le calicot 15 fils en chaîne, 15 en trame, pour impression, vaut, en Angleterre, 19 centimes le mètre; en France, 25 centimes. Différence, 6 sur 19, soit 33.

accompli chez nos voisins, vinssions-nous à nous l'approprier, a pour résultat final d'augmenter encore la distance qui nous sépare d'eux.

En effet, tout progrès en Angleterre consiste à substituer la houille, le fer et les capitaux au travail de l'homme : or, chez nous, houille et fer sont, par les transports, beaucoup plus chers qu'en Angleterre ; les capitaux surtout se trouvent difficilement, tandis qu'en France le travail de l'homme est à plus bas prix qu'en Angleterre, en raison du meilleur marché des denrées alimentaires [1].

Ainsi, par exemple, l'emploi du métier renvideur est le plus grand progrès accompli depuis vingt ans : il n'altère ni n'améliore la qualité du produit, mais il supprime un homme par métier à filer de 500 broches et le remplace par une force motrice équivalant à celle d'un cheval [2].

Ce changement nécessite tout d'abord, la dépense d'un nouveau métier: c'est un capital dont il faut retrouver l'intérêt et l'amortissement.

Or, en Angleterre, un fileur coûte, à 3 fr. 50 cent. par jour	1,050^f
La force d'un cheval et les frais du capital représentés par le nouveau métier font	366
Économie à l'adoption du renvideur	684

A Rouen et à Mulhouse, où se trouvent réunis les trois quarts de nos broches à filer le coton, un homme coûte annuellement, à 3 francs par jour	900^f
Frais de la force d'un cheval et du capital du métier	875
L'économie n'est plus que de	25

[1] La différence est d'un tiers sur le pain et la viande.

[2] Il faut 3 kilogrammes de charbon par heure, 11 tonnes par an, pour la force d'un cheval ; ainsi,

De sorte que, dans nos deux chefs-lieux industriels [1], vous ne ferez jamais que le métier renvideur offre une notable économie, ni qu'il ait jamais, en France, les effets utiles qu'il a en Angleterre.

Aussi le renvideur, est-il partout en Angleterre; il ne se propage que bien difficilement en France, et nous payons un plus grand nombre d'ouvriers pour faire mouvoir une filature de même importance.

Il est bon de remarquer encore qu'en France le goût change vite: il faut toujours du nouveau. Grâce à cette mobilité, un rouleau pour impression, par exemple, doit être payé par 300 pièces. En Angleterre rien ne change; le même dessin se reproduit toujours sans fatigue pour le consommateur, de sorte que, l'exportation aidant, 2,000 pièces viennent payer le rouleau.

EXPORTATIONS COMPARÉES DE L'ANGLETERRE ET DE LA FRANCE.

Ce sont ces causes qui font que, pour l'exportation, l'article bon marché, celui qui convient aux masses, et dont

A Manchester, 11 tonnes à 6 schellings, c'est....		66f
A Mulhouse et à Rouen, 11 tonnes à 25f c'est....	275f	
Un métier renvideur, à Manchester, coûte 3,000f. Intérêt, 4 p. o/o; dépréciation, 6 p. o/o : en tout, 10 p. o/o : c'est..........................		300
En France, un métier coûte 5,000f. Intérêt, 6 p. o/o; dépréciation, 6 p. o/o : en tout, 12 p. o/o : c'est....	600	
	875	366

[1] Sur 4,200,000 broches à filer le coton que la France possédait en 1846, on en comptait :

Rayon de Rouen......	1,800,000	pour le rayon industriel.
Rayon de Mulhouse....	1,000,000	
	2,800,000	

presque tout le prix consiste, après la matière première, en houille et en fer, cet article, disons-nous, appartiendra toujours à l'Angleterre, sans que nous ayons aucune chance raisonnable de lui ravir cet avantage; tandis que l'article de goût, les tissus fins, sur lesquels les prix de la houille, du fer, des transports, des capitaux, ont peu d'influence, mais qui tirent leur valeur de l'intelligence et de la main de l'homme, ces articles, poussés aux dernières limites de la perfection, appartiennent à la France.

Mais ces articles si beaux ne conviennent qu'aux classes aisées, rares partout, et leur emploi ne saurait suffire à alimenter des maisons semblables à celles que l'Angleterre a fondées sur tous les marchés étrangers; ainsi, quand, au moyen de ces maisons, elle arrive directement aux consommateurs les plus éloignés, c'est par mains tierces et au grave détriment de notre production que nous voyons vendre au dehors nos nouveautés, nos articles de goût.

Heureusement, pour assurer et soutenir cette fabrication qui fait l'honneur de nos manufactures, nous avons à alimenter notre propre consommation en tissus communs, qui représentent plus des 4/5 en poids de notre production[1] totale. Sans cette base, qui seule fait la vie de nos établissements, nos ateliers ne pourraient exister et nos tissus fins ne seraient plus produits, car par eux-mêmes, nous l'avons dit, ils ne sont pas susceptibles d'un grand développement.

Redisons un seul chiffre pour prouver cette assertion.

L'Angleterre est sans rivale pour le tissu mécanique commun, et elle exporte 174 millions de kilogrammes pour 680 millions.

La France est sans rivale pour les tissus fins, et elle exporte en tout 6 millions de kilogr. pour 60 millions de francs[2].

[1] Sur 4,500,000 broches que possède la France, 600,000 à peu près filent le coton fin : elles sont à Lille, Mulhouse et Paris.

[2] On a beaucoup parlé de nos exportations de tissus de coton en Angleterre, et surtout de nos tissus imprimés. En 1849, nous y avons vendu en totalité 165,189 kilogrammes, pour 2,176,391 francs; il faut comprendre

SORT DES OUVRIERS.

Mais, si nos exportations s'effacent devant celles de l'Angleterre, au moins le sort de nos ouvriers est aussi bon et presque toujours meilleur que chez les autres nations d'Europe.

En Angleterre, un fileur de coton gagne, dans les numéros communs, et en dix heures et demie de travail, 3 fr. 50 cent., et dans les numéros fins, de 5 à 8 francs.

En France, et pour douze heures de travail, c'est, pour tous les numéros, de 3 à 4 francs et quelquefois 5 francs.

En Autriche, en Allemagne, en Suisse, c'est, pour treize heures, 1 fr. 25 cent. et à grand'peine 1 fr. 50 cent.

En Russie, c'est 1 franc.

En Angleterre, une femme gagne par journée 2 francs;

En France, 1 fr. 50 cent.

Ailleurs ce prix descend de 80 à 40 centimes et même 30.

Le jeune garçon que nous payons 75 centimes reçoit 20 centimes en Saxe et en Bohême.

Aussi voit-on, chaque année, de nombreuses populations quitter l'Allemagne; ces pauvres gens vont chercher ailleurs l'existence que leur refuse la patrie.

Le sort des ouvriers belges n'est pas beaucoup plus heureux; on sait combien sont nombreux ceux qui viennent chercher le travail et le salaire dans nos fabriques du Nord. Le seul arrondissement de Lille compte jusqu'à 20,000 de ces malheureux expatriés, sans que nos régnicoles soient jamais tentés d'aller prendre la place qu'ils laissent libre chez eux.

dans ce chiffre 83,000 kilogrammes de toile peinte, valeur de 900,000 francs; ajoutons qu'en 1850 ce dernier article a été exporté en Angleterre pour 124,045 kilogrammes, ayant une valeur de 1,488,540 francs. Mais disons aussi que, depuis le retrait de l'acte de navigation, une partie notable de nos exportations pour tous pays prend la route d'Angleterre; de sorte que les expéditions qui paraissent faites pour ce pays ne font souvent que transiter.

RÉSULTATS SOCIAUX ET ÉCONOMIQUES.

Ne verrons-nous dans ces faits qu'une question économique? l'homme politique n'y trouvera-t-il pas un grave enseignement, surtout s'il rapproche ces faits de ce qui a été dit sur la constitution industrielle de l'Angleterre et de la France?

Ces établissements anglais que plusieurs millions suffisent à peine à constituer, où l'ouvrier, quels que soient ses efforts, sa bonne conduite, son intelligence, ne deviendra jamais chef, ne sont-ils pas un véritable domaine aristocratique? Ces chefs, qui donnent cinq à six heures par jour à la direction d'un établissement, qui s'en reposent, d'ailleurs, sur quelques ouvriers d'élite, toujours ouvriers cependant, pour faire produire tout ce qu'il peut rendre au capital que représentent les machines, seul moyen de prospérité de la manufacture, est-ce autre chose qu'une aristocratie constituée?

Y a-t-il rien de semblable en France? Là les établissements ont une importance généralement accessible aux modestes fortunes, mais ils exigent du chef un travail, une surveillance assidus : il doit tout voir, car ce n'est pas seulement le capital et la machine qui amènent la prospérité; l'intelligence en reste l'élément le plus précieux : la variété exigée dans les dessins, la perfection dans les produits, ces soins, cette économie indispensable dans tous les instants, toutes ces nécessités font apprécier l'ouvrier qui, plus utile par son savoir que la machine elle-même, se dévoue au succès de l'entreprise; bientôt cet ouvrier trouve un patron qui le commandite, qui le grandit, qui lui procure l'instrument de travail, qui le fait chef à son tour; et, tandis qu'en Angleterre les chefs se succèdent et se perpétuent dans la possession des manufactures comme dans un domaine féodal, en France ce sont d'anciens ouvriers qui dirigent pour leur propre compte la plupart de nos établissements industriels. Comme la propriété, l'industrie en se divisant s'est démocratisée, et les mœurs nationales ont triomphé, chez nous, de l'obstacle que la constitution manufacturière de nos voisins semble devoir rendre infranchissable chez eux.

Est-ce un bien, est-ce un mal? Nous répondrons : C'est un fait. Il fait produire plus chèrement à la France, mais l'impatience si énergique des populations trouve au moins un but à atteindre; mais l'ouvrier est encouragé, mais les plus intelligents trouvent place dans cette bourgeoisie qui, par ses lumières, sa vivacité d'intelligence, son amour du beau, maintient la France à la tête de la civilisation européenne. Le bon marché de l'Angleterre vaut-il ce prix? La réponse ne saurait nous appartenir; nous nous bornons à constater les faits.

N'aurons-nous pas une autre remarque à présenter?

Ne ferons-nous pas ressortir cet autre fait, qu'une crise commerciale bouleverse instantanément ces établissements si considérables? Esclaves de la consommation de l'étranger, le moindre ralentissement, le moindre chômage dans la demande les arrête; tandis que la même crise, nos modestes établissements la supportent et y résistent. Il a suffi de la bourrasque commerciale causée par la disette de 1847 pour accumuler les sinistres commerciaux dans les villes manufacturières des trois royaumes : ils se succédaient chaque jour avec une effrayante rapidité; la bourrasque de 1847, la tempête même de 1848, n'ont pu ébranler nos manufactures. N'est-ce donc pas une bien meilleure et plus rassurante situation que celle qui ne détruit pas les existences, qui ne jonche pas le sol de ruines, et qui entretient ce sentiment d'honneur commercial tellement inhérent à nos mœurs, que le délire révolutionnaire de 1848 l'a respecté, en éloignant de l'urne électorale les commerçants que la faillite aurait flétris.

Quoi qu'il en soit de ces considérations, toujours est-il que de ce qui précède les résultats suivants semblent sortir inévitablement :

1° Tous les pays qui, dans l'industrie du coton, entrent en lutte avec l'Angleterre ne perfectionnent pas leur fabrication; la Suisse seule doit être exceptée de cette règle générale;

2° Plus une nation admet pour ses consommations en

tissus de coton la concurrence de l'Angleterre, plus elle est amenée à prolonger le travail et à abaisser les salaires. Les États-Unis commencent à subir eux-mêmes cette fatale influence : le travail assure-t-on est aujourd'ui prolongé chez eux jusqu'à treize heures, sans aucune augmentation de salaire.

PRIX DES TISSUS DE COTON A LONDRES ET A PARIS.

Un mot maintenant sur le prix des tissus de coton à Londres et à Paris.

J'étais étonné de voir dans l'immense capitale de l'Angleterre tant de navires en mouvement, tant de franchises d'entrée, tant de fabrication à bon marché, et cependant chaque chose d'un prix relativement si élevé, que la vie à bon marché était loin d'être un fait, pour moi du moins. Je m'imaginai de bien constater d'abord le prix des tissus de coton à Londres et à Paris, sauf ensuite à rechercher les causes de ce prix. Voici ce que je trouvai :

Chez un détaillant de la Cité, en face de la Bourse, j'achetai du calicot : il contenait au quart de pouce 24 fils en chaîne et 25 en trame; cette étoffe me coûta 8 pence le yard, ce qui remet le prix du mètre à 92 centimes.

Peu de temps après j'achetai dans un magasin de blanc, rue de la Ferme-des-Mathurins, 1 mètre de même étoffe : je le payai 90 centimes. L'étoffe était de 5 centimètres plus étroite que le calicot anglais, 86 centimètres au lieu de 91 ; mais, au lieu de 25 fils en trame, elle en avait 28 ; la chaîne restant de même compte, c'était, en définitive, la parité de valeur.

Une chemise faite avec l'étoffe de Londres coûtait, dans cette ville, et dans le même magasin, 3 sch. 6 pences, soit 4f 35c

En France et rue de la Ferme, c'était 3m à 90c	2 70	3 95
Façon	1 25	

Je portai mon investigation sur les tissus imprimés : je vis égalité de prix.

De ces faits, d'autres encore, j'ai été amené à conclure que le consommateur payait, en France, le tissu de coton au même prix, sinon meilleur marché, qu'en Angleterre; et cependant il était toujours vrai que la fabrication était à bien meilleur prix dans ce dernier pays.

Quelle était la cause de cette anomalie?

En Angleterre, les manufactures ont en moyenne au moins cinq fois l'importance des nôtres; elles font toujours la même chose et presque jamais la filature n'est séparée du tissage.

Ces vastes établissements absorbent de gros capitaux : un établissement très-ordinaire coûte 2 millions, beaucoup représentent 4, 5 et jusqu'à 10 millions[1].

Ces manufactures si vastes absorbent l'entière fortune des fondateurs : les moyens de commercer, il faut les devoir au crédit.

Pour faire mouvoir avec aisance ces masses productives, pour assurer le placement de tant de produits toujours les mêmes, le manufacturier s'entend avec deux ou trois maisons qui achètent sa fabrication et la monopolisent.

Les livraisons se font toutes les semaines : c'est de 400 à 1,000 pièces, le produit de 40,000 à 100,000 broches: ces livraisons sont réglées de suite en papier à 90 jours, et moyennant l'intérêt de 3 p. o/o l'an, ce règlement est instantanément converti en espèces par le banquier. Ainsi le fonds de roulement n'est en quelque sorte pas utile : il est à peine le cinquième du chiffre d'affaires; en France, c'est plus que moitié. Cet avantage est très-considérable; ajoutons-y l'économie du temps que réclamerait une vente plus détaillée.

Les spéculateurs qui monopolisent le produit d'un établissement revendent par 50 à 100 pièces aux marchands en gros, ceux-ci aux détaillants par 1 ou 2 pièces : c'est chez le détaillant qu'est le véritable prix de consommation.

[1] Renseignements de MM. Devaux et Cie, banquiers, à Londres. (Voir au surplus, dans le journal *le Constitutionnel* du 5 octobre 1852, un article extrait du *Times* intitulé: *Les manufactures en Angleterre*. (Voir l'Annexe.)

Voilà donc trois intermédiaires placés entre le producteur et le consommateur, et, comme le commerçant anglais, à quelque rang qu'il appartienne, n'accepterait pas la vie si parcimonieusement modeste de nos boutiquiers, on devine qu'après avoir payé tant de détenteurs la marchandise ne soit plus précisément recommandable par son bas prix.

Chez nous il n'en est pas de même : nos producteurs de tissus de coton sont en Alsace et en Normandie.

Nos détaillants de Paris ou de province trouvent rue du Sentier le dépôt de nos fabricants alsaciens, et à la halle de Rouen celui des manufacturiers normands.

Ils traitent directement avec eux, et, si, entre le petit détaillant et le producteur, un intermédiaire parvient à trouver place, c'est à un si mince bénéfice, que le prix du produit n'en est, pour ainsi dire, pas affecté :

De cet état de choses il résulte qu'en France le prix de consommation n'est pas très-distant du prix de production.

Ainsi, moins d'intermédiaires, moins de bénéfices pour chacun d'eux, voilà ce qui fait que, produit à bien plus haut prix à Rouen qu'à Manchester, le tissu de coton ne se consomme pas à plus haut prix en France qu'en Angleterre.

C'est donc l'étranger, l'étranger seul, qui profite du bas prix de l'Angleterre.

Et l'avantage que nous donnons en France au consommateur en le rapprochant du producteur, l'Angleterre à son tour, comme nous l'avons dit, l'offre au consommateur étranger.

CONCURRENCE QUI MENACE L'ANGLETERRE.

Et il le faut bien, car l'Angleterre doit lutter contre l'abaissement du prix de la main-d'œuvre, que sa concurrence provoque partout;

Et il le faut bien, car, outre la France, la Suisse et la Belgique, qui çà et là la harcèlent, elle voit se dresser devant elle l'Amérique et bientôt la Russie, qui la menacent d'une concurrence sérieuse.

Sans doute, pour nous prouver que les Anglais conservent toujours leur supériorité, on nous cite ce fait, que les Américains achètent à Manchester les tissus imprimés avec lesquels ils payent leur thé aux Chinois; mais, si cela est, ce que l'Exposition démontre de reste, que, dans leurs impressions, les Américains n'ont encore rien de complet, il n'en reste pas moins vrai que, dans les tissus non imprimés, les Américains ont vendu pour 10 à 12 millions en Chine dans une même année, et que, dans l'Inde, les Anglais, pour se garantir des tissus de l'Amérique, les imposent à l'entrée de 10 p. o/o, tandis que les tissus anglais ne payent que 5 pour être admis.

Qu'il soit donc bien compris que la Russie, par le bas prix de sa main-d'œuvre[1], l'Amérique, parce que, entre autres avantages, elle possède la matière première, sont appelées l'une et l'autre, après une lutte plus ou moins longue, plus ou moins coûteuse, à faire, chez les peuples dont ils sont plus rapprochés que l'Angleterre, une concurrence redoutable aux tissus de cette dernière nation.

CULTURE DU COTON.

L'Angleterre comprend ce danger; elle comprend combien est précaire l'alimentation de ses manufactures laissée au bon plaisir d'une nation rivale: aussi veut-elle, après avoir imposé ses tissus de coton à l'Inde, s'approprier par l'Inde la matière première qui lui manque, et fait-elle, dans ces contrées, des essais successifs pour y naturaliser les cotons d'Amérique, bien supérieurs, pour le travail mécanique, à ceux que cultivent les peuples de l'Asie.

Jusqu'ici, ces essais ont été infructueux. Les longues soies

[1] Un ouvrier russe gagne moyennement 220 francs par an; dans les filatures, c'est 270 francs. (*Note du commissariat russe.*)

d'Amérique ne donnent, dans l'Inde, qu'un duvet[1] si court, que les machines les plus perfectionnées ne peuvent utilement le transformer, et si fin, cependant, que, sous les doigts des femmes indiennes, il produit, en fil, le n° 540 anglais, et, malgré quelques imperfections de filature, donne ces tissus si déliés, si moelleux, si transparents, si doux d'aspect, que nos merveilles d'Écosse ou de Tarare sont bien loin d'égaler, et qui, dans le monde élégant, maintiennent toujours, en faveur des provenances orientales, une préférence parfaitement justifiée.

Comme si la nature voulait garantir ces contrées, où le climat commande le repos, où l'industrie s'exerce en plein air, contre le travail à heure fixe, prolongé, énervant, qu'impose l'industrie moderne en agissant par la mécanique et en y soumettant les ouvriers, qu'elle agglomère dans les ateliers.

Malgré son insuccès, l'Angleterre poursuit ses recherches. Des inspecteurs spéciaux sont, assure-t-on, envoyés dans l'Inde pour étudier, diriger, surveiller la culture du coton, suivre ses développements successifs et saisir la cause qui, dans ces contrées, laisse aussi court le brin de ce textile.

Ce n'est pas tout. Les Anglais sentent si vivement cette situation, de devoir à d'autres qu'eux-mêmes la matière première qui alimente leurs manufactures de coton, ils voient un si énorme danger dans leur chômage possible et dans l'inactivité que ce chômage imposerait à plus de trois millions d'ouvriers, qu'ils ont, à l'aide de moyens chimiques, essayé de transformer le lin, et en ont fait un produit qui a tout à fait l'aspect du coton, et qu'ils exposent sous le nom de *british-cotton*. Que résultera-t-il de cette tentative? L'avenir seul peut le révéler. Pour nous, et dès aujourd'hui, nous pouvons dire que le *british-cotton* nous a paru sec, dur, et tout au plus propre aux tissus les plus communs; mais la carrière des perfectionnements scientifiques est ouverte, et leur limite est inconnue.

[1] Ce duvet paraît à l'exposition indienne sous le nom de *Sea-Island*, nom donné au Géorgie longue soie d'Amérique.

Cé qu'essaye l'Angleterre dans l'Inde, la Russie l'essaye, de son côté, dans ses provinces du Caucase. Celles d'*Iméréthie* et d'*Érivan* ont reçu, l'une, des graines cueillies sur les lieux, l'autre, des graines venues de notre île de la Réunion. La graine indigène donne un coton dur, sec, très-commun; le produit des graines de Bourbon est de beaucoup préférable. Nous avons la pensée que bien mieux encore réussiraient les semences venues de la Louisiane. Quoi qu'il en soit, 2,560,000 kilogrammes de ces cotons ont été filés à Moscou en 1849; c'est presque la dixième partie de ce que consomme l'empire russe, et on peut prévoir que bientôt la Russie récoltera le coton qu'elle sera appelée à fabriquer. Serait-il donc vrai, en voyant ces essais de l'Angleterre et de la Russie, qu'une industrie textile ne soit véritablement acquise que lorsqu'on en possède tous les éléments, matière première, filature et tissage?

Plus heureuse que l'Angleterre, la France a l'espoir de posséder, dans sa colonie d'Alger, les plus belles ressources pour produire le coton.

Dans notre rapport au Jury français, en 1844, nous disions, en parlant des cotons de l'Algérie :

« Prions le Gouvernement d'appeler l'attention des colons « sur la culture du coton. Qu'aux graines de la Louisiane, qui « ont produit, dit-on, les essais envoyés, on substitue, en « partie, les graines de Géorgie longue soie, qu'enverra facile- « ment le commerce de Charleston ou de Savannah; qu'on con- « naisse le climat et la nature du terrain, les moyens de cultiver, « de préparer et d'emballer, et nul doute que le Gouvernement « n'ait bientôt à annoncer à la France une conquête agricole et « industrielle qui devra se payer de bien des sacrifices. »

Ces paroles ont été entendues. Le Géorgie longue soie de l'Algérie est exposé à Londres, par

M. Hardy, qui l'a cultivé;
M. Cox, qui l'a filé.

La matière première est admirable; l'Amérique ne produit rien de plus beau. Netteté, force, longueur et finesse du brin, tout est réuni; et quant au coton filé, il défie toutes les comparaisons.

Si ces faits se généralisaient, la France posséderait une colonie qui pourrait lui fournir la matière première la plus précieuse; elle pourrait trouver là, un jour, pour sa marine un aliment et un moyen d'échange pour son commerce; elle trouverait là, en un mot, ce qui manque à la marine et au commerce français, *un fret*, seule possibilité de relever nos armateurs de la gêne et de l'infériorité que nous déplorons, et dont en vain nous chercherions le remède ailleurs que dans la création, sur notre sol, d'un produit encombrant.

Puissent nos colons être encouragés successivement à donner d'abord à la mère-patrie une partie des 64 millions de kilogrammes qu'elle consomme, puis aux autres nations une partie de leur approvisionnement. Et pourquoi ne le pourraient-ils pas? L'Exposition de Londres n'a-t-elle pas montré des spécimens, venant de l'Algérie, comprenant toutes les sortes que cultivent l'Amérique et l'Égypte, et les cotons algériens ne soutiennent-ils pas avantageusement la comparaison avec quelque autre que ce soit? Ils sont de beaucoup supérieurs aux plus beaux qu'envoyaient autrefois nos colonies des Antilles, de beaucoup supérieurs à ceux qu'on cultive encore dans l'île de la Réunion[1].

FABRICATION DU COTON EN ORIENT.

Pour terminer cet exposé sur la situation générale de l'industrie du coton, nous dirons que la Turquie, l'Égypte, Malte, l'Inde et la Chine, montrent à l'Exposition leurs tissus; ils les manufacturent, soit avec les produits qu'ils cueillent à Smyrne, dans la haute Égypte, dans l'Inde et dans la Chine, soit avec les cotons filés de l'Angleterre. L'importance de leur fabrication n'est révélée, la Chine exceptée, par aucun docu-

[1] Le coton *bourbon*, très-français par son nom, est exposé à Londres comme produit de l'Inde, c'est-à-dire comme produit de domination anglaise.

ment. Cette fabrication, soit pour la filature, soit pour le tissage, est entièrement manuelle, excepté peut-être en Égypte, où quelques filatures mécaniques ont été fondées, mais où le climat rend difficile leur existence.

Si, comme nous l'avons dit plus haut, la fabrication du coton et son emploi sont un des moyens d'apprécier l'état de civilisation des peuples, l'aspect des tissus de coton orientaux indiquerait que, dans l'Orient, la classe moyenne, celle qui, élevant incessamment à elle l'élite des classes laborieuses, fait par cela même la vie et la richesse des nations, cette classe moyenne n'existe pas. Ce sont, en effet, ou des tissus brodés de perles, d'or et d'argent, d'un goût et d'une magnificence incomparables, mais sans emploi dans nos mœurs européennes, ou des tissus grossiers[1], rudes d'aspect, sans coloris, tels enfin que nos consommateurs les moins aisés ne voudraient pas les accepter. Aussi ces contrées, qui possèdent la matière première, qui ont des siècles d'expérience dans la fabrication manuelle, ne peuvent-elles plus suffire aux besoins si variés de nos populations, et ont-elles été amenées à rechercher elles-mêmes les produits de l'industrie moderne.

Le bon goût n'a pas été la seule cause de ce changement; l'abaissement des prix y a eu sa grande part.

Comparer, sous le rapport des prix, l'Inde à l'Europe, c'est fermer toute discussion sur les avantages et les inconvénients des découvertes modernes.

Citons un seul chiffre, il suffira.

Dans l'Inde, les ouvriers employés à la fabrication de la mousseline gagnent 30 cent. par jour, et ils vivent misérablement.

Chez nous, fileurs et tisserands à la mécanique gagnent presque toujours dix fois autant, de 2 à 4 francs.

L'Exposition montre une mousseline fine de l'Inde, indiquée de deuxième qualité, mesurant 20 yards de long sur un

[1] La Turquie mérite une exception : elle présente quelques indiennes qui ont de la couleur et de la netteté.

yard de large, et qui coûterait 80 roupies, soit 200 francs la pièce.

C'est la parité de 11 francs le mètre.

Les belles mousselines françaises de l'Exposition coûteraient 1 fr. 50 cent. le mètre.

Filer et tisser à la main, c'est donc, en réduisant l'ouvrier à la misère, faire payer sept fois la valeur de la marchandise filée et tissée mécaniquement.

Voilà pourquoi l'Inde et les peuples orientaux offrent aux produits d'Europe de si larges débouchés.

L'Angleterre seule leur envoie 62,837,405 kilogrammes de fils et de tissus pour 233,838,275 francs.

Notre exportation dans ces contrées n'est que de 40,500 kilogrammes, dont la valeur est de 324,000 francs[1].

La Chine a vu moins que les autres peuples échapper de ses mains la fabrication du coton; mais, chaque jour, cependant, elle fait un pas de plus dans la voie qu'ont franchie avant elle les peuples asiatiques.

La Chine récolte 500,000 balles de coton, soit	65,000,000k
Elle reçoit par l'Inde et l'Amérique	45,000,000
Et en même temps elle reçoit en tissus étrangers	10,000,000
Total	120,000,000

RÉSUMÉ.

Ce chiffre termine l'exposé de l'état actuel de l'industrie du coton, prise dans son ensemble.

Cet état se résume ainsi :

35 millions de broches à 30 francs l'une représentent un milliard de capital engagé dans la filature;

[1] Le kilogramme exporté par l'Angleterre a valeur de 3 fr. 75 cent., celui de la France vaut 8 francs.

Les machines de tissage, teinture et apprêt ont coûté environ moitié de cette somme :

Soit en tout 1 milliard 500 millions.

La production par les procédés modernes est de plus de trois milliards.

Nous ne pouvons rien préciser sur la valeur et l'importance de la fabrication manuelle.

Cinq millions d'ouvriers sont nécessaires pour mettre en valeur l'industrie que nous avons appréciée.

Trois millions d'entre eux sont directement rétribués par elle.

L'Angleterre, la France et l'Amérique rémunèrent bien ceux qu'elles emploient.

C'est les six septièmes de la totalité.

Regrettons que l'autre septième ne trouve pas dans le travail les moyens d'existence qu'une bonne politique doit toujours s'efforcer d'assurer à l'ouvrier.

IIe PARTIE.

L'INDUSTRIE DU COTON À L'EXPOSITION DE LONDRES.

Maintenant quel rang l'industrie française a-t-elle tenu à Londres dans l'art de manufacturer le coton?

C'est la deuxième question à résoudre.

Une exposition industrielle est un concours. Un concours suppose un jugement; un jugement, une classification de mérite : il n'en fut pas ainsi à Londres.

L'Exposition universelle était bien loin d'être sympathique aux manufacturiers de Manchester et de Glasgow.

Ils répugnaient non-seulement à indiquer la prééminence d'une nation sur l'autre, mais encore à signaler cette prééminence entre nationaux.

« Nous sommes jaloux les uns des autres, me disait-on à « Londres, et tout ce qui établit prééminence ou infériorité « nous déplaît. »

Le Jury auquel j'appartenais se composait de cinq manufacturiers anglais, à la tête desquels était le Lord-Prévôt de Glasgow.

Venaient ensuite cinq étrangers à la nation anglaise; mais de ces cinq, deux s'étant continuellement abstenus, la majorité appartint toujours aux manufacturiers anglais.

S'ils en ont usé pour faire prévaloir leurs vues dans les questions générales, au moins ont-ils été d'une parfaite impartialité dans les récompenses à décerner, et les procédés ont adouci ce que les opinions avaient de trop absolu.

Le sentiment de répugnance à classer les exposants était si unanime, si manifeste, que le rapporteur de ma section crut devoir terminer l'œuvre qu'il lut au jury par cette phrase :

« Dans l'accomplissement de nos devoirs, nous croyons avoir « évité de faire des distinctions qui pussent exciter l'envie. Nous « croyons n'avoir employé aucune expression qui blessât les « intérêts ou froissât la susceptibilité d'aucun exposant. »

Aussi, dans mon jury, ne voulut-on pas graduer les récompenses. Aucun nom ne fut prononcé que lorsqu'une médaille était accordée, et l'éloge donné à une fabrication tout entière, comme à la filature du coton par exemple, ne se traduisit jamais par le nom des exposants.

La crainte, la défiance des Anglais, les manufacturiers en coton de la France l'avaient, pour d'autres causes, éprouvée avant eux; ils s'étaient abstenus de prendre part à l'Exposition ou ils y étaient venus en si petit nombre, que cette représentation de la France dans une aussi grande industrie passait à juste titre pour très-incomplète.

Je dois faire remarquer ici que ma section n'avait, dans ses attributions, ni les tissus teints après tissage, ni les tissus imprimés[1]. J'eus beau chercher dans le vaste Palais de cristal,

[1] Cette circonstance m'a privé, malgré mes efforts, de faire récompenser M. Tricot, de Rouen, dont l'exposition était très-remarquable. La section des cotons renvoya cet exposant à la section des impressions; celle-ci déclara son incompétence, et, malgré tout son mérite, peut-être même à cause de son mérite, M. Tricot resta sans juges. Il avait eu la médaille d'or à l'Exposition française de 1849.

je ne trouvai en tout que 23 exposants français dont j'eusse à faire valoir les droits.

L'Angleterre en comptait 62; la Suisse, 41.

Les industriels français étaient répartis de la manière suivante :

Filateurs...........................	6
Fabricants de tissus épais, écrus ou blancs.	7
——— de tissus de couleur.........	5
——— de tissus légers.............	5

J'indique toutefois que le nombre des filateurs eût été plus considérable, s'il n'avait été décidé dans le jury qu'on ne compterait pas comme tels ceux qui, exposant à la fois le fil et le tissu, devaient être jugés sur le dernier produit seulement, décision juste en soi, puisque la récompense donnée au tissu prouve la supériorité de la filature.

Quoi qu'il en soit, cette décision m'enleva l'examen des produits de filature de quatre exposants: je veux parler de MM. Gros, Odier, Roman, de Wesserling; Hartmann, de Munster; Vaussard, de Rouen; la compagnie d'Ourscamp (Oise), qui avaient exposé à la fois des fils et des tissus.

Une circonstance vint encore diminuer les chances de récompenses que j'aurais à faire décerner.

On posa pour première question dans le jury celle-ci :

Le prix de vente sera-t-il, en filature, un élément de comparaison, et la médaille, à mérite égal, arrivera-t-elle au bon marché?

L'affirmative nous mettait hors de concours : je demandai que le prix, si variable de sa nature, si difficile à bien connaître, ne fût pas un élément du jugement à rendre; on convint qu'il en serait ainsi.

Vint ensuite cette autre question :

L'importance de l'établissement serait-elle un avantage dans le concours?

Nous étions encore inférieurs sous ce rapport, et sur quelle donnée constater, à Londres, l'importance des filatures d'Amérique, par exemple?

Cette seule observation fit abandonner l'importance des établissements comme indication de supériorité.

Mais alors on se demanda quel mérite il y avait à filer du coton : avec de belles matières et de bonnes machines, on arriverait toujours à exposer de beaux produits; je combattis cette opinion ; je fis remarquer que la filature anglaise n'était pas du tout semblable à la filature française, à la filature suisse. On décida qu'aucune médaille ne serait donnée à la filature que pour des numéros exceptionnels, et qui jusque-là n'avaient pas encore été produits : je n'avais dans cette exception qu'un seul filateur français ; en dehors de cette exception je ne pouvais montrer que des nos 86/107, chaîne d'Alsace : ce n'était assurément pas là un produit exceptionnel. Je voulus faire valoir le fil no 300m/m exposé par M. Cox en coton d'Alger : on m'objecta que l'exposition de M. Cox, n'ayant eu pour but que de faire apprécier un produit naturel, c'était à la section chargée de ces produits qu'il appartenait de juger le fil dont je voulais à tort que la commission se saisît; j'échouai encore sur ce point; bref, on arrêta que le numéro anglais 600 serait seul admis à concourir aux médailles.

MM. Houldsworth et Bezelay, de Manchester, Louis Mallet aîné, de Lille, avaient seuls exposé un produit aussi fin; on décerna trois médailles à ces habiles manufacturiers.

Plus la médaille avait été rendue difficile à obtenir, plus je voulais qu'elle fût significative. M. Houldsworth présentait une mousseline tissée avec son produit filé, M. Mallet aîné montrait son fil converti en dentelle; j'étais fondé à demander que l'un et l'autre reçussent une médaille de première classe. Quant à M. Bezelay, son fil no 600 étant resté en fil, rien n'en précisait d'une manière évidente la perfection et je le laissais à la médaille ordinaire : ma demande et mes observations n'eurent aucun succès.

Je voulus alors que le procès-verbal contînt trace de la discussion, et qu'on y insérât la rédaction suivante :

« Un membre avait demandé que de grandes médailles fussent décernées à MM. Houldsworth et Mallet aîné, pour avoir,

« l'un et l'autre, justifié de l'emploi du coton n° 600, « filé par eux, l'un, M. Houldsworth, dans une mousseline, « l'autre, M. Mallet, dans une dentelle mécanique, d'irrépro- « chable exécution.

« Il appuyait sa demande sur ce que le fil n° 600, rendu « propre au tissage, ouvrirait, dans la dentelle mécanique « surtout, une nouvelle et large voie à l'industrie.

« Mais le jury a considéré que, puisque le fil n° 600 était « produit à la fois par l'Angleterre et par la France, si nouveau, « si réel que fût ce progrès, il ne constituait pas le produit « d'invention auquel seul la médaille de première classe est « destinée; en conséquence, il n'a pas admis la proposition. »

La mention au procès-verbal de cette rédaction ne fut pas consentie, et il fut décidé que le rapport contiendrait cette autre phrase, dont j'extrais le texte :

« Dans les produits que le jury avait à examiner, quoique « beaucoup d'articles soient vraiment supérieurs pour le goût et « l'exécution, et prouvent l'incontestable talent du producteur, « nous n'avons pourtant rien trouvé d'un mérite assez supérieur « pour justifier la demande d'une grande médaille. »

Que fallait-il donc faire pour obtenir la médaille de première classe, si le fil n° 600, converti en dentelle ne suffisait pas?

L'industrie anglaise pourra s'applaudir de ce voile jeté sur le mérite des producteurs, mais les hommes spéciaux trouveront le jugement rendu d'une excessive sévérité. En France, on se souviendra qu'en 1834 on demandait l'entrée du n° 170, parce que nos filateurs, prétendait-on, étaient incapables de le produire; et voilà qu'après bien des déceptions et de cruelles luttes, l'un d'eux produit aujourd'hui le n° 600 et se voit, par le jury international, déclaré l'égal de M. Houldsworth, le premier des filateurs anglais. Même sans première médaille, c'est là un grand résultat obtenu; c'est quelque chose d'entendre, dans ce concours solennel, la France déclarée l'égale de l'Angleterre dans l'art de filer le coton; et M. Mallet aîné, qui a conquis ce résultat, aura, du moins, pour récompense les sympathies et les applaudissements de ceux qui ont pu mesurer ses efforts et constater son succès.

Le sort des trois filateurs du n° 600 réglé, je ne voulus pas essayer de faire revenir le jury sur la décision qu'il avait prise de ne pas faire concourir les producteurs de numéros inférieurs. Nos filateurs français étaient tous en possession de nos premières médailles; l'un d'eux portait la croix: pourquoi s'exposer à substituer à ces récompenses une mention honorable? pourquoi déflorer d'aussi honorables positions?

Mais si, par prudence, j'abandonnais les personnes, je ne pouvais abandonner l'industrie; j'exprimai donc le désir que chaque nation vît sa filature mise en évidence par les qualités qui lui sont propres, et cette opinion trouva place dans le rapport dont j'extrais les phrases suivantes :

« Les cotons filés exposés par l'Angleterre et l'Écosse sont « presque exclusivement de qualité secondaire, propre à met« tre en évidence le caractère de la fabrication qui donne « l'habillement à une partie si considérable de la population « ouvrière du monde.

« Les cotons filés, français et suisses, sont généralement « de qualité supérieure, convenables à la production qui ré« clame à la fois de la souplesse dans le tissu, de l'éclat dans « la couleur; la préparation dans les filatures a été conduite « avec autant de talent que de succès. »

Il m'a semblé que cette justice rendue à la filature française satisferait les exposants qui lui avaient valu un si beau témoignage, et je ne croirais pas m'acquitter envers eux si je ne citais leur nom au Gouvernement, qui sans doute, voudra les féliciter lui-même de leurs efforts et les exciter ainsi à de nouveaux succès; ce sont :

MM. Fauquet-Lemaître, à Bolbec (Seine-Inférieure);
Picquot-Deschamp, à Rouen;
Henri Hoffer, à Kaisersberg (Haut-Rhin);
Motte-Bossut, à Roubaix (Nord);
Schwartz-Trappe et Cⁱᵉ, à Mulhouse.

Sur sept exposants dans la section des tissus serrés, nous

avons deux médailles : l'une arrive à MM. Hartmann et fils, de Munster, l'autre à la compagnie d'Ourscamp; c'est-à-dire que, dans cette section, nous sommes récompensés à la fois pour le produit fin en Alsace, pour le commun en Picardie.

Dans les tissus fins, personne ne se présentait pour concourir avec la France, qui comptait deux exposants.

Dans les qualités communes, l'Angleterre et la Belgique ont chacune une médaille pour des produits semblables à ceux de la compagnie d'Ourscamp.

Dans cette même section, l'Amérique en reçoit une pour les toiles à voile en coton; elle en reçoit une autre pour les tissus croisés et les futaines. Une même médaille dans ce genre de tissu ne pouvait nous échapper si les fabricants de Troyes avaient exposé.

En piqué, nous n'avions qu'un exposant; l'Angleterre en avait plus de 20. Le nôtre est habile, puisqu'il nous a affranchis du tribut longtemps payé à l'étranger. Cependant, malgré la perfection des tissus exposés, nous n'avons pas été, pour les enluminures, à la hauteur des Anglais; leurs dessins étaient plus complets, plus variés que les nôtres. Dans les piqués communs, le Zollverein fait à bien plus bas prix que nous; nous n'avons donc pu prétendre à aucune des deux médailles données à ce genre de fabrication.

Nous aurions dû être plus heureux dans les tissus légers de couleur, connus sous le nom de *guingamp*. Sainte-Marie-aux-Mines et Mulhouse ont, en effet, une fabrication dans ce genre qui ne rencontre pas de supérieure et qui, je l'espérais, n'aurait pas trouvé d'égale; mais, de Sainte-Marie-aux-Mines, personne n'était venu, et de Mulhouse un seul fabricant avait en tout exposé deux pièces pour robes et une seule pour cravates; le reste, composé de tissus mélangés de soie, n'était pas dans notre inspection. Les pièces exposées étaient assurément très-belles; mais l'assortiment des dessins, mérite si important dans cette sorte de fabrication, manquait tout à fait. Nous étions au premier rang si nous avions paru à Londres, comme nous l'avions fait à Paris en 1849; mais comment lutter sans combattants? C'est l'Autriche et l'Angleterre qui ont eu les récompenses; l'Autriche, parce que *ses dessins étaient de goût français :* ce sont les termes du rapport.

Après les guingamps viennent les pantalons. Sur trois exposants de Roubaix, un a obtenu la médaille : c'est M. Dubar Delespaul et le jury la mentionne en ces termes : *pour d'excellentes étoffes de coton pour pantalons de très-bon goût et de très-bonne exécution.*

Roubaix est, en effet, le centre d'une fabrication très-importante en tissus pour pantalons. Les manufacturiers ont une facilité admirable pour inventer de nouvelles combinaisons et créer de nouveaux dessins ; mais les Belges, leurs voisins, ont une facilité plus admirable encore pour reproduire tout aussitôt les dessins créés par Roubaix, et, comme (nous l'avons démontré dans la première partie de ce rapport) on travaille, en Belgique, à main-d'œuvre réduite, il arrive que ce sont les créations de Roubaix qui alimentent les exportations de la Belgique.

Quelques étoffes en couleur rouge très-vif, ou noires à très-longs poils, exposées par la Suisse et le Zollverein ont valu des récompenses à leurs auteurs. La France n'a aucun intérêt à introduire ces fabrications chez elle : elles ne peuvent être de sa consommation.

La mousseline est le dernier produit sur lequel notre attention ait été appelée.

Dans cette section, il y a mousseline unie, mousseline brochée.

Dans la mousseline unie, la lutte devait être vive, puis que la France et la Suisse concouraient.

L'Angleterre était juge du camp.

Cette nation, en effet, ne produit pas de mousseline qui ressemble aux nôtres. Elle tisse en Écosse des organdis très-clairs, il est vrai, mais qui, n'ayant pourtant pas la limpidité et la transparence de nos tarlatanes, ne conviennent pas à la consommation européenne.

Aussi, la Suisse et la France vendent-elles des tarlatanes à l'Angleterre.

Les organdis d'Écosse fournissent à l'exportation anglaise un élément assez considérable; ils sont, comme presque tous les produits anglais, moins remarquables par la perfection du tissu que par celle de l'apprêt et surtout par le bas prix.

J'ai vu à l'Exposition une pièce d'organdi qui contenait 20 yards sur 45 pouces de large et qui pesait 4/16.

En compensant les mesures par le poids, ce serait 5 mètres de long sur 120 centimètres de large, pesant une once française, la 32e partie du kilogramme.

Je reviens aux mousselines unies. Tarare est la ville de France qui fait le mieux le tissu clair; elle exporte ses tarlatanes un peu partout: c'est pour 6 millions de valeur en 1849, et, dans ce chiffre, l'Angleterre en prend pour 700,000 francs. J'avais donc espoir dans le triomphe de Tarare: à la vérité, une seule maison exposait: mais son nom devait être une garantie de succès.

Malheureusement elle avait eu trop de confiance en ses forces, et, quand son représentant nous offrit ses pièces à l'examen, une lisière arrachée, un tissu çà et là éraillé, des défauts d'apprêt, bien des bagatelles réunies, rendirent Tarare inférieur à la Suisse: tel fut le prononcé du jury.

Je ne comprenais pas cette situation, et mes amis du jury français ne la comprenaient pas plus que moi.

J'appelai de la décision rendue et demandai d'user du droit que j'avais d'introduire dans le jury un expert spécial. J'appelai, à cet effet, mon collègue M. Bernoville, dont la spécialité est connue et dont le zèle n'a jamais fait défaut.

Il vint, il examina, il ne voulait pas se soumettre; mais enfin, les mêmes faits se reproduisant, il fallut une deuxième fois passer condamnation.

Heureusement l'Alsace était là pour relever mes espérances.

M. Jourdain a monté à Altkirch un tissage mécanique dont

les produits lui ont valu la médaille d'or à l'Exposition de 1849.

Il exposait à Londres des tarlatanes n° 200 $^m/_m$, soit 250 anglais en chaîne, 250 soit 310 en trame. Jamais, jusqu'ici, on n'avait confié au tissage mécanique des fils simples d'une aussi grande ténuité, et cependant on ne voyait dans le tissu aucun fil cassé, aucun défaut. Les fils sortis des ateliers de M. Nicolas Schlumberger étaient parfaits. Les tissus de M. Jourdain reçurent approbation complète, et cet industriel obtint une médaille en même temps que le fabricant suisse qui l'avait emporté sur Tarare.

Il est donc établi en fait que la France est loin d'être inférieure à la Suisse dans la production des mousselines.

Le perfectionnement introduit par M. Jourdain mérite de fixer un moment l'attention.

On peut constater d'abord que les Anglais n'ont pas encore essayé la fabrication mécanique d'un tissu aussi frêle, aussi léger, que celui de M. Jourdain ; et son succès est tel, que si, la mousseline fine était ou devenait d'un grand débouché, et permettait le développement et la continuité que les procédés mécaniques réclament toujours, M. Jourdain aurait puissamment contribué à abaisser d'une manière notable le prix de cette fabrication. Tarare se verrait par là ravir son industrie, toute disséminée dans les montagnes et toute exercée manuellement, et un grand nombre de pauvres ouvriers regretteraient leurs salaires et maudiraient le progrès qui, pour donner la mousseline fine à 25 centimes de moins au mètre, aux classes aisées qui l'emploient, les condamnerait, eux, à mourir de faim. Je ne crois pas qu'il en soit jamais ainsi. Je ne crois pas que la mousseline se consomme jamais de telle sorte, que l'existence actuelle de cette fabrication puisse être sérieusement troublée ; mais, enfin, il y a un progrès accompli, et c'est à M. Jourdain qu'il est dû. Il est le fruit de patientes recherches, de laborieuses observations, et ces recherches, ces observations, lorsqu'elles amènent un succès, ne peuvent pas ne pas être connues, appréciées, encouragées.

Après l'examen de la mousseline unie, venait celui de la mousseline brochée.

Dans cette section il y avait en tout 18 exposants :

6 d'Angleterre;
4 de la Suisse;
4 du Zollverein;
3 de la France;
1 de l'Autriche.

La France a eu 3 médailles; l'Angleterre, 3; la Suisse, 3.

Ce partage indiquerait assez où se trouvait la supériorité; mais elle sera bien mieux marquée encore par la manière dont les médailles ont été décernées.

Dès la première visite, le jury reconnut que M. Alphonse Dandeville, de Saint-Quentin, brillait parmi ses concurrents. Un store allégorique, chef-d'œuvre d'exécution, mais hors de prix dans le commerce, fixa d'abord l'attention : ce rideau offre à la fois du fini et de l'effet, de la douceur d'aspect, de l'harmonie et de la perspective; deux autres, d'exécution charmante et de prix modérés, entraînèrent la résolution du jury, et, avant de nous séparer il fut unanimement convenu que M. Dandeville serait récompensé.

MM. Ferouelle et Rolland, de Paris, furent classés dès la seconde visite; M. Duranton, aussi de Paris, à la troisième.

Ainsi, en France, sur trois exposants, trois lauréats, et en Angleterre, trois sur six.

Telles sont les récompenses obtenues par notre industrie.

Je résume ce travail :

En France, 23 exposants, 8 médailles; en Angleterre, 62 exposants, 17 médailles; en Suisse, 41 exposants, 9 médailles.

La France, déclarée l'égale de l'Angleterre dans l'art de filer le coton;

Ne connaissant pas de supérieur dans la fabrication des tissus serrés;

Égale, sinon supérieure, dans les tissus de couleur;

Inférieure encore dans l'art d'enluminer le piqué;

Ne connaissant que la Suisse qui puisse concourir avec elle pour la mousseline claire unie ;

La première pour la mousseline brochée :

Voilà le bilan qu'il m'est donné de présenter ; je le livre sans hésitation à l'appréciation de tous.

Maintenant, et s'il faut classer les nations dans cette immense industrie, je dirai :

Pour le bon marché, l'Angleterre ; après elle, les États-Unis et la Suisse ;

Pour l'importance des valeurs créées, l'Angleterre ; bien loin après elle, la France et les États-Unis ;

Pour la perfection, la France, l'Angleterre et la Suisse.

Ces appréciations ressortent des faits. Elles sont incontestables comme eux.

Je terminerai par cette seule réflexion.

Pour prospérer et progresser en France, l'industrie du coton n'a pas eu besoin de ce qu'on appelle le stimulant de la concurrence étrangère : l'émulation nationale lui a suffi. Respectons, encourageons, activons cette émulation : elle laisse à nos ouvriers leurs salaires, et, par ce moyen, elle développe leurs instincts de perfectionnement. Et la perfection en toutes choses, c'est le patrimoine, c'est la richesse, c'est la vie de la France.

ANNEXES.

I.

Albert-Terrace, Knightsbridge, Londres, 8 août 1851.

Monsieur, vous m'avez prié de vous envoyer à Paris quelques documents sur l'industrie du coton en Suisse ; je ne les avais pas ici : j'ai dû les demander en Suisse et la réponse m'arrive seulement, c'est ce qui vous expliquera le retard de ma lettre.

La Suisse n'a point eu de douanes jusqu'en 1850 : les documents manquent encore, ou, du moins, ils n'ont qu'un certain degré de certitude ; je devais vous présenter cette observation, qui s'applique aux chiffres que j'ai l'honneur de vous transmettre.

La consommation annuelle du coton brut dépasse 60,000 balles de 250 environ par année ; la majorité pour les numéros mi-fins et fins vient du Levant. La quantité de broches approche d'un million : on file des nos 40 à 60, et même jusqu'au no 250 dans quelques filatures en fins.

La quantité exportée est impossible à préciser, parce qu'il n'y a pas de vérification possible ; en général, l'exportation se fait plutôt pour les tissés que pour les filés.

Le coton brut paye de droit d'entrée 2/7 de franc par 50 kilogrammes.

Les cotons filés, un peu plus de 2 francs par 50 kilogrammes.

Les tissés blancs, *idem ;*

Les tissés teints, 7 francs.

Le prix de la journée est, en général, pour les ouvriers cardeurs, de 1 franc ou même au-dessous, pour les fileurs, 1 fr. 50 cent., les enfants, demi à tiers de franc.

Le prix du combustible est fort variable, parce que les moyens de transport, canaux, chemins de fer, manquent ; les combustibles employés sont, en général, le bois et la tourbe, quelquefois la houille. La houille suisse coûte, en général, de 3 à 4 francs les 200 kilogrammes dans un rayon de quelques lieues des centres de production.

La Suisse ayant une grande quantité de chutes et de cours d'eau, les usines n'emploient presque pas de moteurs à vapeur.

En 1845, on a importé de France en Suisse :

Coton écru pour 20 millions de francs;

Fils coton, 570,000 francs;

Toiles coton, 12 millions de francs.

L'Autriche et le Zollverein en importent aussi un peu.

Veuillez agréer, Monsieur, l'expression de ma très-haute et respectueuse considération.

DL. COLLADON.

II.

Tournay, 7 juillet 1851.

Monsieur, j'ai reçu la lettre que vous m'avez fait l'honneur de m'adresser de Londres, en date du 2 courant. Les divers renseignements dont vous avez besoin étant du domaine de la statistique, j'ai pensé que le moyen le plus simple de vous les procurer était de m'adresser à M. le ministre de l'intérieur : c'est ce que j'ai fait, et voici les documents que M. Ed. Romberg, secrétaire général au ministère pour l'industrie, s'est empressé de m'envoyer. Ils sont donc authentiques, et je vous les transmets en original, afin que vous puissiez, au besoin, pour gagner du temps, correspondre directement avec M. Romberg.

Aux chiffres ci-contre j'ajouterai quelques observations : d'abord, je crois que, depuis 1849, l'exportation des produits coton teint pour pantalons a considérablement augmenté; puis, je remarque que M. Romberg s'est tu sur les prix de façon de filature, et cela, parce que probablement il n'avait pas de renseignements positifs à établir. En effet, j'estime que la filature de Gand, la mienne à Tournay, sont soumises à des façons qui rapprochent de celles de Roubaix en temps ordinaire, sans les égaler pourtant. Nos fileurs, suivant leurs forces et leur activité, gagnent chaque semaine de 18 à 26 francs nets. Il doit en être à peu près de même à Gand; mais, dans toutes les filatures du Hainaut et du Brabant, posées sur de petites rivières aux environs de Mons, Braine-le-Comte, Wavre, filatures travaillant particulièrement les grosses trames, les façons y sont, je crois, à un tiers plus basses que les nôtres, et ce sont ces établissements qui alimentent particulièrement Mouscron, Courtray, Tournay. Ici, nos petits rattacheurs gagnent de 4 à 5 francs par semaine, à retordre de 5 à 7 francs, et nos ouvriers teinturiers, manouvriers, de 95 centimes à 1 fr. 15 cent. par jour.

La journée de filature commence à cinq heures et demie du matin, jusqu'à huit heures le soir; demi-heure pour le déjeuner et goûter, une heure pour dîner.

Quant aux tisserands, ils sont les mêmes que pour Roubaix, établis tout le long des frontières, et si parfois ils nous donnent la préférence à 1 ou 2 centimes, c'est pour travailler chez eux en Belgique et éviter les frais d'ouvroir sur la France. Je dois dire pourtant qu'en remontant en Belgique vers les Flandres, les anciens et malheureux tisserands de toiles à la main adoptent de plus en plus le tissage d'étoffes à pantalons, pour compte de maisons de Courtray ou de villages environnants, et cela, à des prix plus bas que ceux que nous sommes forcés de payer à Tournay.

Tels sont à peu près, Monsieur, tous les renseignements que vous me demandiez; s'ils ne vous suffisaient pas, vous pouvez recourir à moi de nouveau : je tâcherais de les compléter.

Veuillez recevoir l'assurance de ma considération distinguée.

L. Bossut.

III.

VENTE PUBLIQUE,

POUR CAUSE DE DISSOLUTION DE SOCIÉTÉ,

DE LA FILATURE DE COTON DE SARREBRUCK,

SITUÉE À SARREBRUCK (PRUSSE RHÉNANE).

Le vendredi 31 octobre 1851, à trois heures de l'après-midi, il sera procédé à la vente aux enchères publiques de la filature de Sarrebruck.

L'usine est située sur un terrain d'une contenance de 3 jours, qui est bordé, d'un côté, par la Sarre, et, de l'autre, par la route de Sarrebruck à Sarreguemines, et se trouve à une distance de 1,500 mètres de la station du chemin de fer de Paris à Manheim et Francfort-sur-Mein.

L'établissement a été fondé en 1846 et a commencé à fonctionner en 1847; il a coûté près de 300,000 francs; il produit 400 kilogrammes de filés n°s 4 à 20 par jour, dont la qualité est très-estimée dans le commerce; il est parfaitement situé à tous les points de vue :

1° Pour l'achat de la matière première, on tire du Havre, par chemin de fer, à raison de 7 à 9 francs les 100 kilogrammes;

De Liverpool, à raison de 9 fr. 60 cent.;

De Londres, à raison de 7 francs;

De Rotterdam et Anvers, à raison de 6 francs.

2° Pour les frais de fabrication :

Houille à 12 fr. 50 cent. pour 1,000 kilogrammes, rendue dans l'usine.

Prix moyen de la journée pour les femmes... 0f 75c
Pour les hommes........................ 1 10

	n° 4.	n° 8.	n° 12.	n° 16.	n° 20.
	—	—	—	—	—
Tarif de la filature....	4f 50c	6f 25c	8f 80c	11f 10c	13f 20c
De la dévidérie.......	2 00	3 00	4 00	4 30	4 50

pour 100 kilogrammes.

3° Pour les débouchés :

Demi de la fabrication se vend sur place,

Deux tiers sur le Rhin. Le prix moyen de transport est de 4 fr. 50 cent. par 100 kilogrammes.

La vente se fera dans la demeure du gérant, en face de la fabrique.

On peut voir la fabrique tous les jours, de deux à quatre heures de l'après-midi, excepté les dimanches et les jours de fête.

Pour savoir les conditions de la vente et du payement, et pour les renseignements désirés, on s'adresse à M. Ernil-Bourhotte fils et compagnie, à Sarrebruck, ou au notaire soussigné.

Sarrebruck, 15 août 1851.

VAHRENKAMZEL, notaire.

IV.

LES MANUFACTURES EN ANGLETERRE.

Le *Journal de Rouen* emprunte au journal anglais *le Times* un article qui, dit-il, pourra donner matière à de sérieuses réflexions de la part des manufacturiers de ce département. Nous croyons que les renseignements fournis par cet article sur l'état de la fabrique en général peuvent avoir une portée plus générale; ils montrent ce que le continent aurait à craindre de l'abandon tant préconisé par quelques-uns du régime de protection pour le travail national :

« Pendant ces derniers mois, la principale branche de l'industrie manufacturière de ce pays a fait, sans qu'on y prêtât attention, un plus grand progrès que jamais. Nous appelons ce mouvement un progrès, car ce n'est pas une réaction après un état de torpeur, mais une nouvelle amélioration succédant à une prospérité antérieure.

« 81 nouvelles manufactures ont été construites ou mises en activité dans le cours de l'année dernière, jusqu'à la fin d'octobre, dans le district dont Manchester est le chef-lieu; elles emploient la force de 2,240 chevaux de vapeur, sans compter 1,477 chevaux consacrés, pendant la même période, à l'augmentation d'établissements déjà existants. L'accroissement total de la force de vapeur, pendant cette seule année, a été, en conséquence, égale à 3,717 chevaux, et doit donner de l'occupation à un surcroît d'environ 14,000 ouvriers.

« Cet immense progrès peut être expliqué par plusieurs causes, telles que la grande abondance des capitaux, le bon marché des constructions, les perfectionnements de la mécanique, et enfin la prospérité sans exemple dont jouit universellement le monde commercial.

« Mais, depuis la date ci-dessus mentionnée du 31 octobre de l'année dernière, le progrès paraît avoir été encore plus grand. Quelque appréhension que l'on puisse éprouver sur le succès des spéculations actuellement engagées, il n'en est pas moins vrai que beaucoup d'entre elles ont fait ou doublé la fortune de leurs auteurs.

« Voici quelques-unes des indications qui nous sont parvenues :

« A Blackburn, beaucoup de nouvelles filatures et manufactures s'élèvent, et l'une d'elles est estimée devoir coûter 100,000 livres sterling; une autre, une filature, a une force motrice de 60 chevaux. Un tissage mécanique doit contenir 300 métiers, indépendamment de vastes ateliers et d'autres constructions accessoires. A Chorley, on construit un tissage qui contiendra 600 métiers pour la production des étoffes de couleurs, un autre de 500 métiers, et une immense filature de 120 chevaux de force et de 60,000 broches.

« A West-Houghton, Kirkham, Croston, Ratcliffe, Whittefield, Farnworth, Ramsbottem, s'élèvent de semblables constructions. A Wigan, il y a un nouvel établissement de filature et de tissage de 200 chevaux de force. A Rochdale, une seule maison fait élever des ateliers pour la filature et le tissage qui, dit-on, couvriront trois acres de terrain. Dans la petite et rapidement prospère ville de Lees, où beaucoup de petites filatures et de manufactures sont en construction, tous les bras sont complétement occupés, et il y a à la fois pénurie d'ouvriers et de logements pour les classes travailleuses. Un filateur annonce qu'il a en main des ordres qui lui assurent de l'ouvrage pour trois mois; mais il ne peut se procurer un assez grand nombre d'ouvriers, ce qui le force à laisser inactive une partie de son matériel.

« A Mossley, Hurst, Ashton, Staleybridge, Glossop, Mottram, Tintwisle, Stockport, Hulme, Blackley, Oldham, Hollingwood, Accrington, Swinton, Adelington, Preston, Tyldesley, de semblables travaux sont en cours d'exécution, soit pour l'établissement de nouvelles fabriques, soit pour des augmentations considérables de celles qui existent déjà et s'exécutent sur une très-large échelle.

« Un établissement qui s'élève près de Bradford mérite une mention particulière; il doit être consacré à la fois à la mise en œuvre de l'alpaga et du coton, et doit couvrir six acres. Le principal bâtiment sera en pierre de taille, d'un caractère architectural très-élevé; il contiendra une salle de cinq cent quarante pieds de long, c'est-à-dire presque aussi longue que l'intérieur de la cathédrale de Saint-Paul.

« Les machines qui mettront en mouvement l'immense masse de métiers nécessaires seront de la force de 1,200 chevaux. L'appareil d'éclairage sera égal à celui d'une petite ville; il alimentera 5,000 becs consommant 100,000 pieds cubes de gaz par jour. Le propriétaire fait construire 700 maisons pour ses ouvriers dans le voisinage de sa manufacture. Comme celle-ci est placée sur les bords d'une rivière, on y arrivera par un pont tubulaire d'une élégante construction. La dépense a été évaluée à plus de 500,000 livres sterling.

« On annonce qu'on se propose de construire à Bolton une filature de coton de pareille dimension.

« Nous avons omis, dans l'énumération qui précède, plusieurs villes importantes où de semblables travaux s'exécutent, et le même esprit d'entreprise se fait remarquer, nous en sommes certains, dans d'autres districts manufacturiers. Dans le comté de Sommerset, à Belfast, et nous pouvons ajouter dans le West-Riding, le Nottingham et le Derby, enfin partout où existent des manufactures, elles sont maintenant en progrès avec la plus belle perspective de succès.

« Seulement, un point de difficulté se présente à nous à l'aspect de ce grand mouvement en avant. Il n'y a pas le moindre doute quant à l'accroissement de la demande, et, par conséquent, du profit des manufacturiers. Nos doutes sont d'une autre nature et sont justifiés par les faits que nous venons de relater; ils se rapportent au nombre des ouvriers. C'est de ce côté que commence à apparaître le point faible des entreprises britanniques. Dans chaque branche de l'industrie, la pénurie de bras a été éprouvée cette année à un degré jusqu'à présent inconnu et inconcevable.

« Les manufacturiers du Lancashire n'avaient pas, jusqu'ici, éprouvé de difficultés à cet égard, parce que, même lorsque les ouvriers agricoles ne venaient pas se présenter à eux, l'Irlande était là, leur fournissant des populations inépuisables. Mais aujourd'hui toute l'Irlande émigre en Amérique, et toute l'Angleterre semble vouloir se diriger vers l'Australie. L'émigration des deux îles a été, l'année dernière, d'environ 350,000 personnes, et, cette année, nous devrons y ajouter 100,000 hommes qui, probablement, sont partis pour les champs aurifères de l'hémisphère austral.

« Si les machines à vapeur et les broches des ateliers du Lancashire sont presque inactives par suite du manque de forces humaines, quelle chance y a-t-il que l'Angleterre et l'Irlande leur en fournissent davantage l'année prochaine, et, à plus forte raison, l'année suivante? L'avenir se présente plus menaçant d'année en année.

« Le danger est trop nouveau pour pouvoir encore être bien apprécié; car nous avons été accoutumés depuis longtemps à nous préoccuper de la surabondance de population, de paupérisme, de prix de travail, de constructions de route et de bien d'autres sujets paraissant faire partie de la constitution britannique et être inséparables du sol de ce pays.

« Cependant, il s'est accompli, jusqu'ici, de grandes révolutions sociales, et nous en voyons s'accomplir une à notre époque, par suite de la décroissance extraordinaire de l'offre du travail et de l'augmentation de son prix. Où nous adresserons-nous pour trouver un remède? Nous répondrons sans hésitation : aux lieux où nous en avons souvent trouvé auparavant et où nous en trouvons actuellement, au continent de l'Europe, à la population de la Belgique, de l'Allemagne et même de la France. Qu'il soit une fois bien connu que les bras manquent dans notre pays, soit pour la charrue, soit pour la filature, soit pour le tissage, et des millions d'hommes seront prêts à accourir de villes et de villages situés presque en vue de nos côtes. Nous verrons de nouveau les Saxons, les Normands et les Flamands nous envahir, mais cette fois dans des dispositions pacifiques, et n'excitant de jalousie que parmi ces êtres paresseux et immoraux qui revendiquent le monopole du travail dans la pensée réelle de ne pas travailler du tout. Il existe près de 20,000 Allemands dans notre capitale, et leur nombre s'accroît tous les jours. C'est là un avantage pour les capitalistes et les manufacturiers, et nous ajouterons pour les institutions de notre pays, qui seraient certainement mises en péril par une excessive diminution du travail et le renchérissement qui en serait la conséquence. Si nous devons éprouver chez nous cet inconvénient, nous ne pouvons redouter de voir les bras manquer dans le vieux monde. Nous avons et nous aurons encore nos difficultés, mais celle-ci ne nous menace pas encore. »

FIN.

TABLE DES MATIÈRES.

XIIe JURY.

LAINAGES.

COMPOSITION DU XIIe JURY.

Membres	Pays
MM. le Dr Von Hermann, conseiller privé de Bavière, Président	Zollverein.
Henry Forbes, négociant à Bradford, Vice-Président. Samuel Addington, négociant en lainages à Stroud. Henry Bres, négociant à Huddersfield	Angleterre.
C. C. Carle[1], manufacturier	Zollverein.
John Cooper, fabricant et nég^t^ en lainages à Leeds	Angleterre.
J. Randoing, manufacturier, membre du Jury central	France.
Leon Somaïloff, président du conseil des manufactures de Moscou	Russie.
Philippe Schollen[2]	Autriche.
Armand de Simonis, président de la chambre de commerce de Verviers	Belgique.

ASSOCIÉS.

Membres	Pays
MM. John Barnes, priseur à Leeds. John Batefor, négociant à Leeds. Thomas Dewhurst, filateur de laines à Bradford. Benjamin Harrison, manufact. en tricot à Bradford. Henry Jennins, négociant à Leeds. Henry Kelsall, fabricant de flanelle à Rochdale. Emilius Betler, marchand de fils à Bradford. Georges Tetley, négociant à Bradford	Angleterre.

PREMIÈRE PARTIE.

INDUSTRIE DES LAINES FOULÉES,

PAR M. J. RANDOING,

MANUFACTURIER, MEMBRE DU CORPS LÉGISLATIF.

Bien que le programme qui nous a été tracé indique l'époque de 1814 comme le point de départ des recherches dont

[1] Avec M. Luxins pour suppléant.

[2] Avec M. Charles Offermann pour suppléant.

chacun de nous a été chargé, j'ai reconnu que, pour apprécier à sa vraie valeur l'importance de l'industrie des draps et des tissus de laine foulés en France, il ne serait peut-être pas sans intérêt de jeter un coup d'œil rapide sur le développement de cette industrie avant l'époque désignée : aussi ai-je pensé à commencer par un historique succinct le travail d'ensemble que j'ai l'honneur de présenter.

Jusqu'à Henri IV, la fabrication des draps en France ne constituait pas une véritable industrie : elle était concentrée entre les mains d'un petit nombre de familles qui conservaient fidèlement des traditions extrêmement restreintes, et ne pensaient pas qu'il pût être apporté de modifications aux procédés qu'elles mettaient en usage.

Il n'y avait pas, à vrai dire, de manufactures ; c'étaient là comme autant de secrets qu'on se transmettait précieusement et intacts de génération en génération, sans y ajouter ni progrès ni développements.

La France, jusqu'à cette époque, demeura tributaire, pour la plus grande partie de sa consommation des pays circonvoisins, tels que l'Angleterre, l'Espagne, les Pays-Bas, chez lesquels l'industrie des draps avait pris une rapide extension, alors qu'elle n'était encore, chez nous, que dans l'enfance.

Il faut dire aussi qu'au moment où nos voisins, perfectionnant leurs procédés, augmentaient leurs moyens de fabrication, les conditions intérieures de notre pays n'étaient guère favorables au développement d'une industrie quelconque. Les guerres civiles de religion désolaient le sol de la France; les persécutions de toute espèce anéantissaient les ressources et paralysaient les tendances industrielles qui naissaient des besoins des populations, joints à cet esprit actif et créateur qui a toujours été le propre de la nation française.

Mais, vers 1594, l'anéantissement de la Ligue ayant ramené une tranquillité inconnue depuis trop longtemps, chacun commença à apprécier les douceurs du repos ; en peu de temps, par la force même des choses, l'aisance et la consommation, qui en est la conséquence directe, devinrent plus générales; les diverses industries se relevèrent de leur ruine, et notamment celle des tissus de laine acquit une consistance réelle : elle prit bientôt un essor auquel les sages mesures du Gouvernement ne tardèrent pas à donner une grande rapidité.

En effet, le célèbre édit de Nantes ramena la confiance dans une importante classe de la population, dont la fortune avait été, jusqu'à ce jour, soumise à de nombreuses péripéties. Les protestants étaient devenus, dans ce siècle, les négociants et les industriels les plus éclairés et les plus habiles de l'Europe, malgré la contrainte qui pesait sur eux et l'incertitude de leur avenir, qui les forçaient à restreindre le cercle de leurs opérations.

Tranquilles désormais et débarrassés de toute crainte, ils ne tardèrent pas à donner une libre carrière à leur esprit entreprenant; leurs nombreuses ressources, épuisées jusqu'alors en partie par leur lutte contre les catholiques, se reportèrent en entier sur le commerce et sur l'industrie, et bientôt le pays fut enrichi par leurs soins d'une foule d'établissements remarquables. L'industrie des tissus de laine appela très-particulièrement leur attention; ils voyagèrent dans les pays voisins, en Allemagne, dans les Pays-Bas, s'instruisant à l'école des manufactures qui florissaient en ces pays, et apportèrent en France les procédés dont ils avaient acquis une connaissance approfondie, mettant de côté l'ancienne manière, remplie d'imperfections, devenue désormais hors d'usage et tombée en désuétude. De cette époque datent les premiers établissements importants, et la fabrication des tissus de laine est établie en France sur le pied d'une véritable industrie.

A peu près dans le même temps, Philippe III ayant chassé d'Espagne le petit nombre de familles maures tolérées jusque-là dans le royaume de Grenade, ces étrangers, accueillis en France, dotèrent nos provinces méridionales de plusieurs branches d'industrie : ils établirent notamment les principales fabriques de draps à Carcassonne et dans plusieurs autres localités.

Sully lui-même, qui plaçait toute la prospérité de la France dans *le labourage et le pastourage*, pour me servir de ses expressions, Sully imprima à l'industrie des tissus de laine une vive impulsion; d'abord, en favorisant la production des bestiaux en France, en y introduisant plusieurs races ovines de qualité supérieure, bien qu'en vue de l'agriculture seulement, il augmenta dans une notable proportion la quantité de laines que nos fabricants peuvent tirer du pays même. Cette mesure fut complétée par la création d'un réseau de routes et par l'établissement du canal de Briare, dont le résultat fut de faciliter les communications de nos provinces entre elles et avec les pays voisins. Certes il était loin d'avoir en vue la seule industrie des draps; mais ses créations n'en permirent pas moins à nos fabricants de se pourvoir avec plus de commodité des matières premières, que sans cela ils n'auraient pu se procurer qu'à grand'peine. Ce qu'il avait entrepris dans le but principal de favoriser l'agriculture en ouvrant des débouchés nouveaux, l'industrie en sut habilement profiter, et vit bientôt son domaine s'accroître d'une manière inconnue jusqu'alors.

La funeste mort du roi Henri IV et la crise qui en fut la conséquence pour la France, vint brusquement arrêter les progrès de la fabrication des tissus de laine, commencée sous de si heureux auspices. Le règne de Louis XIII fut loin d'être favorable à cette industrie. Richelieu, dont le génie politique sut si bien relever la maison de France aux dépens d'une maison rivale et devait plus tard conquérir des provinces à la France, ne fit rien pour favoriser l'esprit industriel de la nation. Le coup qui frappa le protestantisme sous les murs de la Rochelle porta à l'industrie, et à celle dont nous nous occupons en particulier, une atteinte qui fut presque mortelle, dont elle ne put pas se relever, tant que dura le pouvoir de ce ministre, et à laquelle la parcimonie de Mazarin, sous la minorité de Louis XIV, n'était pas de nature à porter un remède efficace.

Enfin, après les guerres de la Fronde, un homme que Mazarin, à son lit de mort, avait en quelque sorte légué à

Louis XIV, comme le plus beau présent qu'il pût lui faire, Colbert, vint ranimer, en l'excitant au plus haut point, cette ardeur industrielle qu'avaient développée les années heureuses du règne de Henri IV. Sous l'administration vigilante et éclairée de ce ministre, on vit surgir de toutes parts des manufactures de produits nouveaux créées par les industriels de l'Allemagne, de la Hollande et de l'Italie, que des offres séduisantes avaient amenés sur notre sol. L'industrie des tissus de laine attira très-particulièrement son attention. Il prit des mesures pour relever ceux des anciens établissements dont quelques années de négligence administrative avaient amené la ruine; il favorisa la fabrication par un grand nombre de priviléges qui éveillèrent l'émulation des nationaux et des étrangers. Entre autres noms d'une grande importance dans les annales de l'industrie des tissus de laine, je citerai d'abord Nicolas Cadeau, à qui les manufactures de Sedan doivent leur origine, leur perfection et leur prospérité; puis Gosse Van Robais, que Colbert attira de Hollande à Abbeville, en 1665, par d'énormes concessions, pour y fabriquer, disent les lettres patentes de fondation, signées de la main de Louis XIV, des draps fins façon d'Espagne et de Hollande, ce qui prouve jusqu'à la dernière évidence qu'avant cette époque la France était tributaire de ces nations pour ce genre de produits.

Enfin plus tard, vers 1681, la maison Ricard, Langlois et Cie, de Louviers, obtint aussi un certain nombre de priviléges, qui lui furent accordés pour une fabrication analogue. Alors aussi on voit sortir de l'ombre une bourgade sans grande importance jusqu'à ce jour, mais dans laquelle, depuis longues années, l'industrie des tissus de laine de qualités inférieures était pratiquée dans des proportions relativement assez fortes. Elbeuf, situé à trois ou quatre lieues de Louviers, s'émut des concessions que les manufactures de cette ville avaient obtenues de Colbert pour les draps fins; une émulation, qui à la longue devint une vraie concurrence, s'établit entre les fabricants de ces deux centres, devenus bientôt très-importants.

Elbeuf ne se borna plus à sa spécialité d'étoffes communes; il réunit peu à peu dans ses ateliers tous les genres de tissus de laine foulés, et entreprit la fabrication sur une échelle qui, diminuant ou grandissant suivant les péripéties diverses que l'industrie a dû subir depuis cette époque, l'a conduite à l'état de splendeur où nous la voyons aujourd'hui.

Les progrès réalisés dans la fabrication des draps fins à la suite de ces créations se maintint jusqu'au delà de 1723, car voici ce que je lis dans l'ouvrage, publié à cette époque par les frères Jacques et Philémon-Louis Savary des Brulons, in-f° 1740 à 1754 :

« L'on peut dire sans prévention que les manufactures de « France sont parvenues à un si haut degré de perfection « pour les draperies, principalement pour les draps façon « d'Espagne et d'Angleterre, que le royaume se trouve pré« sentement à l'état de se pouvoir passer absolument de ceux « des Anglais et des Hollandais. »

Il résulte de ce passage que la révocation de l'édit de Nantes arrachée à Louis XIV en 1685, après la mort de Colbert, et qui fut si funeste aux progrès de l'industrie générale en France, n'atteignit pas la fabrication des draps fins : c'est que cette industrie, comme celle des tissus de laine ordinaires, n'était pas exclusivement exploitée par les protestants si cruellement frappés par cette révocation.

La plupart des établissements nouvellement créés pour ces produits purent traverser cette crise sans en être sensiblement ébranlés.

Mais, il faut bien le reconnaître, la mort de Louis XIV, en 1715, ouvrit pour la France une ère qui, pendant près d'un siècle, fut loin d'être favorable à l'industrie des draps; l'époque de la régence, le règne de Louis XV, impriment à certaines fabrications un grand essor aux dépens de toutes les autres.

Les largesses du pouvoir, les prodigalités des courtisans, les fantaisies de tous genres, naissant d'une vie insouciante, avide de plaisirs et à la recherche de toutes les satisfactions, reportent alors presque exclusivement sur les industries de luxe, le mouvement que les sages mesures du grand administrateur de Louis XIV avaient également réparti sur toutes les industries, et notamment sur celles de consommation générale. Ces industries de luxe grandement alimentées par la cour, par tous ceux qui l'approchaient, et aussi par quelques cours étrangères, atteignent alors l'apogée de leur splendeur; mais nos manufactures de Louviers, de Sedan, d'Abbeville, etc., sont obligées de restreindre leur fabrication; elles résistent à grand'peine à ce temps d'arrêt que tous leurs efforts ne peuvent pas empêcher.

A l'avénement de Louis XVI, en 1774, nos manufacturiers reprennent courage, car tels sont les éléments de force et de prospérité de notre belle France, telle est l'activité de notre esprit, qu'alors comme de nos jours, où nous avons eu si souvent occasion de la constater, peu de temps, quelques encouragements, quelque confiance dans l'avenir, devaient suffire pour réparer les fautes du passé et relever d'une ruine imminente nos établissements épuisés. Mais une fausse mesure administrative, prise cependant consciencieusement et dans un intérêt tout national, ne tarda pas à renouveler la période inactive et stationnaire que nous venions de traverser.

La France, par les soins de M. de Vergennes, conclut avec l'Angleterre un traité d'échanges qui anéantit de nouveau toutes les espérances de nos manufacturiers. Cet homme d'État, qu'un long séjour en Orient ne pouvait pas avoir préparé à une négociation de cette nature, avec une nation qui sait toujours si bien défendre les intérêts de son commerce et de son industrie, croyait avoir fait preuve d'habileté en obtenant l'entrée chez nos voisins de toutes nos productions de luxe et de goût en échange d'une concession analogue de notre part pour des objets d'une valeur minime en apparence, mais qui, par cela même qu'ils sont à des prix modiques, conviennent en tout temps à toutes les classes et sont en réalité la base essentielle de l'industrie d'une nation. C'était pourtant un pareil traité, conclu dans un moment d'aveuglement, qui devait porter à notre industrie des tissus de laine le coup le plus fatal qu'elle eût jamais reçu.

L'Angleterre, depuis un siècle, avait habilement profité de nos fautes, et son industrie, favorisée par les sages et prévoyantes mesures de son gouvernement, avait fait des progrès immenses dans l'art de produire à bas prix au moyen de la bonne division du travail. Aussi ne tarda-t-elle pas à couvrir nos places de tissus de toute espèce en laine, coton, etc., et d'une foule d'autres articles d'une consommation universelle et quotidienne; tandis que nous placions à grand'peine chez elle quelques meubles de luxe et de fantaisie d'une valeur considérable, sans doute, mais d'une appréciation difficile et notamment d'un écoulement très-restreint. Comment nos manufactures de draps établies avec tant de peine, dont les nombreux priviléges avaient seuls pu, dans l'origine, maintenir l'existence, et qui venaient de traverser une si longue période d'inaction, auraient-elles pu résister à un pareil état de choses?

Le mécontentement général et les réclamations qui s'élevèrent de toutes parts ouvrirent enfin les yeux à M. de Vergennes, qui, entrevoyant l'abîme dans lequel il avait précipité notre industrie, voulut le fermer par une prompte rupture; mais il était déjà trop tard : l'habileté des Anglais avait mis le temps à profit; la France était inondée d'une telle surabondance de leurs produits, que, pendant longues années encore, notre consommation intérieure en fut exclusivement alimentée, et lorsque encore étourdie de cette secousse, notre industrie des tissus de laine suivant le mouvement de diverses autres, allait sortir de son inaction forcée, la révolution éclatant tout à coup l'y fit tomber de nouveau.

Je traverse, sans m'y arrêter, une période trop connue pour qu'il soit besoin de m'appesantir sur les causes qui mirent des obstacles infranchissables au développement de l'industrie française.

Lorsque, après l'immortelle campagne d'Italie, si dignement couronnée par les traités de Leoben et de Campo-Formio, la

France crut un instant à la paix, l'activité industrielle, alors presque éteinte par six années de guerres et de convulsions intérieures, sembla éveiller la sollicitude des Directeurs de la République. L'un d'eux plus particulièrement, Larévellière-Lépaux, essaya de lui rendre son essor en encourageant les établissements qui avaient résisté à la tourmente. Il fit décréter la première Exposition publique des produits de notre industrie qui eut lieu au Louvre en 1797. Mais, comme il est facile de le supposer, les résultats en furent bien peu satisfaisants. Les tissus de laine n'y furent que bien faiblement représentés; et certes, si les frères Savary des Brulons eussent vécu à cette époque, ils n'auraient pu dire de nos manufactures ce qu'ils en écrivaient en 1723. Cette mesure n'en sema pas moins des germes qui devaient plus tard porter d'heureux fruits.

En effet, à peine le premier consul Bonaparte eut-il saisi d'une main ferme les rênes de l'État, que son vaste génie mesurant l'abîme dans lequel avait failli s'engloutir la nation, apprécia d'un coup d'œil tout ce qu'avait d'avenir le pays qu'il était appelé à gouverner.

Profitant des faibles lueurs de paix que l'éphémère traité d'Amiens jeta un instant sur l'Europe, il s'appliqua à faire jaillir de la surface du sol de la France tous les éléments de richesse enfouis dans son sein.

Au milieu de ces éléments dont pas un ne lui échappa, il distingua cette industrie qui, depuis deux siècles qu'à peine elle était née en France, n'avait trouvé qu'à de rares intervalles de vrais protecteurs et avait dû employer toutes ses ressources, tout son courage, à lutter contre une incessante mauvaise fortune qui pourtant n'avait pas pu parvenir à l'abattre entièrement.

Préludant déjà à cette suite non interrompue d'actes par lesquels il éleva notre patrie à un degré inouï de prospérité, il voulut d'abord connaître ses besoins et ses ressources; dans ce but il décréta l'Exposition publique de 1802.

Mais, cette fois, répondant à l'appel d'un homme qui avait

tout fait pour la gloire de la France, et s'associant à toutes ses conceptions, savants, artistes, industriels, tous s'empressèrent d'orner de leurs productions les vastes salles du vieux Louvre.

Les étrangers admis dans cette brillante enceinte, les Anglais surtout, ne surent qu'admirer le plus ou de nos ressources et de notre intrépidité pendant la guerre, ou de notre intelligence et de notre activité pendant la paix.

A partir de cette époque une ère nouvelle fut ouverte à l'industrie, dont l'importance longtemps contestée était enfin hautement reconnue par le chef de l'État. Sous sa main puissante, elle devint un levier qui, ayant pour point d'appui l'énergique mesure du blocus continental, rendit imminente la ruine de cette Angleterre, le seul État de l'Europe où nos armées ne se fussent pas promenées victorieuses, grâce à la profonde et orageuse ceinture de ses mers.

Le règne de Napoléon fut pour l'industrie une longue série de découvertes et de progrès.

Chargés de pourvoir aux besoins de la France, que tous les jours de nouvelles conquêtes enrichissaient en l'agrandissant, et à une partie de ceux des peuples coalisés avec nous contre l'Angleterre, nos établissements industriels, pour se mettre au niveau d'une consommation presque européenne, se multiplièrent et prirent des proportions de plus en plus considérables. Ils firent mieux; ils abandonnèrent les sentiers battus de la routine, pour se jeter dans la voie nouvelle et féconde des essais et des perfectionnements.

Il était indispensable d'y entrer pour remplacer, en les imitant, les produits anglais auxquels étaient habitués les peuples que nous en privions. Nos progrès devinrent d'autant plus faciles que, quittant cette fois le vaste champ des abstractions pour pénétrer dans le domaine plus borné, mais plus positif, des faits et de la pratique, la science prêta son concours aux recherches des intelligences industrielles; elle montra dans l'invention ou le perfectionnement des machines, et dans l'introduction des procédés simples et peu dispendieux, tout ce qu'on peut attendre d'un travail opiniâtre fécondé par le génie.

Hâtons-nous de rendre justice aux sentiments qui animaient les Français de cette époque; l'intérêt n'était pas le seul mobile de l'activité générale qui se manifestait; le patriotisme y avait aussi sa part; il avait présidé à l'alliance de la science et de l'industrie, il les avait unies dans un but commun : la lutte courageuse avec la moderne Carthage.

Napoléon, à qui rien n'échappait, avait senti combien les résultats de cette alliance pouvaient servir ses projets contre l'Angleterre; aussi y avait-il applaudi, comme il savait le faire, par quelques-uns de ces mots dont la profondeur est relevée par le charme et le pittoresque de l'expression : *Nous faisons tous deux la guerre à l'Angleterre*, avait-il dit au célèbre Oberkampf, en visitant sa manufacture de toiles peintes, *mais je crois que la meilleure est encore la vôtre.* Ces paroles, aussi flatteuses que justes, se répétaient d'un bout de la France à l'autre; elles enflammaient tellement les imaginations, que le plus mince industriel, se croyant appelé à être l'auxiliaire du grand homme, n'eut plus qu'une pensée, qui ne devait être qu'un rêve : la ruine de l'Angleterre.

Le concours de toutes ces circonstances amena promptement l'industrie à un degré de prospérité qui dépassa de beaucoup les florissantes années du règne de Louis XIV; et, comme, en toutes choses, un premier succès est un moyen d'en obtenir un second, les immenses bénéfices réalisés par les industriels les plus habiles ou les plus entreprenants furent immédiatement appliqués à la création de vastes ateliers qui rendirent importantes certaines localités jusque-là ignorées ou obscures : de ce nombre furent Mulhouse, Saint-Quentin, Tarare, Roubaix, et une foule d'autres qui dûrent à cette brillante époque les éléments de mouvement et de richesse qu'elles n'ont cessé de développer depuis.

On me pardonnera, sans doute, cette digression au seuil de laquelle je n'ai pas su m'arrêter; mais elle comprend en elle-même mon sujet; car, qui ne devinera que, dans cette guerre industrielle si hardiment entreprise, si habilement conduite par Napoléon contre l'Angleterre, l'industrie des tissus de laine fut une de celles qui se développèrent dans les plus vastes proportions? Ces noms presque oubliés, Elbeuf, Sedan, Louviers, Abbeville, etc., brillèrent alors d'un plus vif éclat que jamais; une révolution complète s'accomplit dans la fabrication, obligée de suffire à elle-même dans les diverses parties qu'elle comporte.

Toutes ces branches furent l'objet de nombreuses recherches, dont les féconds résultats permirent à nos manufacturiers de répondre dignement à la pensée et à l'appel du grand homme pour lequel rien n'était impossible; sans parler des machines dont l'importance des perfectionnements a été effacée par ceux bien supérieurs qu'elles ont reçus depuis cette époque et de nos jours, nous rappellerons l'immense progrès que fit alors la teinture dans le choix des matières premières comme dans les procédés de préparation, dans la richesse, la variété et la solidité des nuances, et dans les procédés d'application. L'essor que prit alors cette importante branche de la fabrication des draps fut si rapide et la fit atteindre à un si haut degré de perfection, que, depuis lors, les seuls progrès qu'elle ait faits ont consisté dans quelques modifications de détails, sans que les procédés généraux en aient été altérés.

Les pays producteurs des laines dont la France était auparavant tributaire étant devenus français ou alliés de la France, les manufactures purent abondamment se pourvoir.

L'étendue des débouchés étant devenue, pour ainsi dire, illimitée, la mesure de la production put augmenter dans une proportion semblable; dès lors, les souvenirs de la splendeur primitive, qui seuls, avec l'espérance de l'avenir, avaient soutenu les établissements aux jours de la mauvaise fortune, s'évanouirent en regard de la prospérité actuelle, que rien ne semblait plus pouvoir atteindre.

Et cependant, cette ardeur si générale, cette activité si soutenue, cette fortune si croissante, tout cela devait encore venir se heurter et se briser contre un funeste écueil.

La fatale issue de la campagne de Russie vint déjouer tous les plans de l'Empereur; la défection de nos alliés, en rompant les conventions qui avaient créé le blocus continental, rompit aussi l'harmonie qui existait entre la production et la consommation, et cette cause aggravée plus tard par le fait bien autrement important de l'envahissement de notre territoire, eut pour résultat la complète inactivité de l'industrie, que n'alimentait même plus la consommation intérieure.

L'histoire, dans son impartialité, a pu reprocher de graves erreurs à Napoléon; mais il reste à l'industrie un devoir d'équité plus doux à remplir envers la mémoire de ce grand homme : ce devoir est celui de la reconnaissance.

L'industrie pourrait-elle oublier, en effet, celui qui la tira de l'atonie où l'avaient plongée des actes antérieurs à la révolution et la révolution elle-même; celui dont la constante sollicitude lui donna le mouvement et la prospérité qu'elle répandit à son tour sur toute la France; celui, en un mot, qui l'éleva à une importance politique dont les périodes suivantes ont montré qu'elle ne pouvait plus déchoir.

Non, l'industrie ne saurait rester ingrate envers le grand homme qui fit pour elle ce qu'il disait d'un de ses plus dévoués compagnons d'armes : « Je l'ai trouvé pygmée, j'en ai « fait un géant. »

La période de 1812 à 1815 fut donc pour l'industrie une époque de crise et d'inaction, pendant laquelle elle s'arrêta brusquement au moment même où elle paraissait être arrivée à l'apogée de son développement. Mais c'en était fait : durant ces dix années de splendeur et de progrès de tous genres, l'esprit industriel s'était si profondément enraciné dans le cœur de la nation que les secousses politiques ou les fausses mesures de l'administration ne pouvaient plus que l'ébranler sans l'abattre.

De 1815 à 1830, la fabrication des tissus de laine subit encore trois rudes épreuves, à travers lesquelles cependant on la voit s'acheminer dans cette voie non interrompue de progrès et d'améliorations que la marche du siècle comportait avec elle. Chaque fois elle s'est relevée plus courageuse que jamais : c'est que les priviléges seuls, comme à l'époque de Louis XIV, ne constituaient pas la vraie force; elle était désormais un des besoins de la nation, un de ses éléments de prospérité.

L'usage des étoffes de laine était devenu général en France et en Europe; depuis la classe la plus indigente jusqu'à la classe la plus aisée, chacun devait s'adresser à nos manufacturiers, en mesure de ses besoins. Le costume des hommes, suivant le mouvement des idées de la révolution avait mis de côté toute frivolité et toute démarcation blessante; les étoffes de soie et de velours avaient été répudiées, et à l'élégance féminine du dernier siècle avait succédé l'élégance plus sévère que comportent les étoffes de laines foulées: il n'était donc plus permis à l'industrie des draps de disparaître dans une tourmente ou dans une crise sans atteindre un des premiers besoins de toutes les classes de la nation.

L'abdication de Napoléon amena la paix générale, paix onéreuse à la France, il est vrai, mais qui ne tarda pas à faire succéder le repos, la confiance et quelque bien-être à l'inquiétude et aux privations des trois dernières années qui l'avaient précédée. Dès lors, l'industrie se vit appeler à produire tout ce qu'une consommation longtemps comprimée avait fait naître de besoins. Par suite du déplacement des frontières amené par le traité de 1814, bien des industries créées dans les provinces conquises dûrent être reportées sur le sol de l'ancienne France; cette situation, se joignant au besoin de nous suffire à nous-mêmes et aux éléments que nous possédions déjà, fit naître et se développer cette fièvre industrielle ardente qui tourmenta pendant plusieurs années les esprits intelligents et actifs, la carrière des armes, jusque-là si brillante, n'offrant plus, dans l'avenir, d'aliment à leur activité.

Mais l'industrie des tissus de laine fut généralement à l'abri de ce déplacement: nos plus belles manufactures de création ancienne, situées sur le vrai sol français, étaient plus que suffisantes pour satisfaire à toutes les demandes de l'intérieur; bien plus, les relations pacifiques rétablies par le traité de 1814 eurent sur la civilisation européenne une immense influence; elles établirent entre les peuples des échanges commerciaux basés sur les produits de leurs industries respectives, aussi bien que sur ceux de leur sol. Nos manufactures de draps trouvèrent de grands débouchés dans les lieux principalement riches des dépouilles de leurs troupeaux; ces mêmes dépouilles introduites chez nous, moyennant de faibles droits, permirent à nos fabricants de livrer leurs produits à des prix réduits de moitié d'abord et bientôt des deux tiers de leur valeur primitive: de là une action puissante sur la consommation.

Ici il serait nécessaire, pour bien comprendre la crise qui, en 1818, atteignit de nouveau l'industrie des tissus de laine comme toutes les autres, de jeter un coup d'œil sur les causes qui tendirent à augmenter la consommation générale dans une proportion jusqu'alors inconnue; sans m'y appesantir, je ferai remarquer qu'à ce bas prix de la matière première, provenant de la facilité des échanges, vint s'ajouter une importante diminution dans la main-d'œuvre.

Jusqu'alors les machines, si ce n'est dans quelques parties de la fabrication, avaient été d'un usage fort restreint.

En général, l'homme était appelé, à l'aide de ses bras et de son intelligence, à suffire aux détails si nombreux et si compliqués de la préparation des étoffes de laine foulées; on comprend que, malgré la réduction de prix des matières premières, un pareil état de choses maintenait la main-d'œuvre à un taux si élevé, que la diminution de prix des produits ne put d'abord atteindre la proportion qui était dans les désirs de tous les fabricants.

Mais l'Angleterre, qui pousse le génie de la spéculation à ses limites les plus élevées, et qui, il faut bien le reconnaître, est notre modèle en trop de choses, l'Angleterre, qui depuis longtemps avait pour principes de son industrie et de ses échanges la production à bon marché, avait senti la nécessité de parer péremptoirement à cette cherté de la main-d'œuvre; elle s'était appliquée à la recherche, à l'invention des machines, et s'était emparée de toutes les idées, nationales comme étrangères, qui devaient lui permettre d'atteindre bientôt ce but.

Elle vint nous apprendre à suppléer par des machines à ces bras qui coûtaient si cher, et retardaient seuls la production avec laquelle il était à craindre que leur nombre ne fût bientôt plus en proportion; dès lors cette production et le bon marché ne connurent plus de bornes, et la consommation suivant ce mouvement, trois années s'étaient à peine écoulées qu'une activité industrielle plus que triplée était devenue insuffisante.

Nos manufacturiers auraient dû alors chercher dans une prévoyante enquête où devait se trouver enfin l'équilibre entre la consommation et la production : ils auraient ainsi évité un choc d'autant plus terrible qu'il était moins attendu; mais la crise elle-même de 1818 vint seule les avertir que cet équilibre était rompu.

Cette crise fut amenée par l'introduction des machines sur une grande échelle dans la fabrication et par leur substitution générale à la force et à l'intelligence de l'homme. On doit reporter à cette époque l'adoption dans nos fabriques de la machine à carder et à filer la laine de John Cockerill, de la tondeuse de Collier, des machines à fouler, et d'un grand nombre d'autres.

Cette révolution, qui devait plus tard amener de si heureux résultats, commença par jeter le désordre et la perturbation; il fallut alors ne plus se contenter d'arriver à la perfection dans les produits, mais on dut renoncer à la hardiesse des opérations, et la remplacer par une grande prudence dans les combinaisons.

Les chefs d'établissements qui comprirent les exigences de cette nouvelle position purent louvoyer entre de nombreux écueils sans s'y abattre, et obtenir un dédommagement raisonnable aux efforts qu'ils venaient de tenter. Parmi ceux qui suivirent cette marche prudente, je suis heureux d'avoir à citer, dans l'industrie spéciale des draps, MM. Guibal-Anne-Veaute, à Castres, et Victor Grandin, à Elbeuf. Intelligents, actifs, hardis quelquefois, tous les deux firent faire des progrès aux manufacturiers leurs collègues, soit par des améliorations obtenues sur les lieux mêmes, soit par quelques découvertes enlevées aux étrangers. Ils sont morts l'un et l'autre, laissant dans l'industrie qu'ils représentaient si noblement des traces ineffaçables de leur amour du progrès, de leur sincère désir d'y faire participer les villes dont ils étaient les glorieux citoyens. Beaucoup d'autres, au contraire, s'obstinèrent à suivre la routine; ils firent fausse route et laissèrent le champ libre à leurs émules plus clairvoyants.

La ruine d'un grand nombre d'établissements débarrassa l'industrie des tissus de laine d'un surcroît de productions dont l'écoulement était devenu impossible : elle put alors reprendre son activité première. Mais, avertie par un terrible exemple, elle sut, pendant quelque temps du moins, se renfermer dans des limites raisonnables, et elle n'eut pas de sinistres à déplorer. Cependant, à mesure que l'époque de la crise s'éloignait, les froids calculs de la prudence perdaient de leur valeur, les espérances d'une fortune rapide offraient plus de charmes : aussi cet état, que l'on pouvait considérer comme prospère, ne put-il se maintenir au delà d'une période de cinq années. Une nouvelle crise eut lieu de 1823 à 1824, moins forte, il est vrai, que la première, parce qu'elle était moins inattendue, assez grave cependant pour porter le découragement dans un grand nombre d'établissements. Depuis lors jusqu'en 1830, la fabrication des tissus foulés demeura dans un état d'anxiété et de malaise qu'il est difficile de bien définir, mais qui avait pour principale cause cette rupture de l'équilibre entre la consommation et la production. Une mesure funeste de l'Administration supérieure vint mettre le comble à cette incertitude, à travers laquelle il ne devenait plus possible de se guider qu'à l'aide d'une prévoyance constamment en éveil. Par une déduction facile à concevoir, l'agriculture avait reçu le contre-coup des deux crises précédentes ; elle s'en émut, et, ne considérant la question que sous le côté qui la frappait le plus directement, elle en attribua la cause à la facilité des introductions en France; dès lors, nombreusement représentée dans les chambres par les grands propriétaires, influente auprès des ministres, elle sollicita et obtint, en 1825, une loi de douanes par laquelle les bestiaux, les laines et autres produits que nous tirions de nos voisins du midi ou de l'est, ne nous arrivèrent plus ou ne nous arrivèrent qu'à grand'peine, frappés d'un droit presque équivalent à la prohibition.

Je n'examinerai pas si l'agriculture retira de cette loi tous les avantages qu'elle s'en était promis ; une simple constatation des faits suffirait pour démontrer que l'agriculture et l'industrie étant solidaires l'une de l'autre, la première s'était grandement méprise en faisant adopter une mesure qui atteignit si fortement la seconde. Ici l'industrie des tissus de laine foulée se trouva dans une position inverse à celle de 1815: le prix de la main-d'œuvre était de beaucoup réduit, mais les matières premières, que le sol de la France ne produisait pas en quantité suffisante, ne nous arrivaient plus des pays où nous avions l'habitude de nous en pourvoir, et le prix s'en était élevé dans une si forte proportion, qu'il ne devenait plus possible à nos fabricants de se maintenir avec assurance dans une route déjà signalée par tant de naufrages.

Cet état de choses se maintint jusqu'à la dernière et rude épreuve de la révolution de 1830, qui vint brusquement frapper l'imprudente inactivité d'un grand nombre de nos manufacturiers.

Cependant une ère nouvelle s'était levée pour la France. Le régime de la paix semblait plus que jamais être assuré; le commerce et l'industrie, espérant d'un pareil ordre de choses la protection la plus efficace, retrouvèrent peu à peu leur ancienne confiance et reprirent un essor qui sembla ne plus avoir de limites. Déjà l'industrie des draps, comme tant d'autres, s'était fortifiée au milieu des luttes de la concurrence intérieure. Instruite à l'école de l'expérience, rudement éprouvée par les crises de 1818 et de 1823, elle avait dû apprendre à ses dépens la mesure exacte de ses besoins et de ses ressources. Désormais elle connaissait bien les causes de la rupture de l'équilibre entre la production et la consommation qui l'avait bouleversée tout d'un coup, et, dans ses calculs, elle comprit qu'elle ne devait jamais perdre cet équilibre de vue.

En dehors de la concurrence intérieure qui existait toutes choses égales d'ailleurs, il y en avait une extérieure et d'une haute importance pour les tissus d'exportation arrivant à des peuples qui pouvaient faire leur choix entre les divers pays producteurs. Or, pour celle-ci, les conditions étaient bien loin d'être les mêmes. La plupart de ces pays avaient des avantages que jusqu'alors nous ne pouvions que difficilement réaliser en France. L'Angleterre nous dominait par la supériorité de ses machines, qu'elle inventait elle-même ou dont elle s'appropriait les inventions, qu'elle construisait sans le secours des autres nations, et que, bien plus, elle leur expédiait à des conditions telles, que les manufacturiers de ces pays, contraints de s'en servir, ne pouvaient livrer les produits de même nature qu'à des prix bien supérieurs à ceux des Anglais.

La Belgique et l'Allemagne l'emportaient sur nous par la nature de leurs laines, et, dans les qualités supérieures, elles pouvaient donner à leurs tissus un moelleux et un brillant auxquels nous ne savions arriver par le seul emploi de nos propres laines, malgré tous les efforts de notre agriculture pour leur amélioration.

La France possédait bien cependant cette précieuse race de moutons mérinos dont les troupeaux constituent aujourd'hui la principale richesse de quelques contrées de l'Allemagne. L'Espagne fut le berceau commun dans lequel les autres nations purent venir apprécier la valeur d'une race que l'on y cultivait depuis des siècles et se l'approprier enfin. Le règne de Louis XVI, auquel nous devons rendre cette justice, nous en avait dotés, et, depuis lors, les soins incessants qui lui furent donnés, la constante sollicitude avec laquelle on procéda à l'élève de ces bestiaux, ne tardèrent pas à nous permettre d'obtenir des qualités de laines bien supérieures à celles de l'Espagne, déchue, sous ce rapport, de son antique supériorité. Ce pays, jusque vers la fin du siècle dernier, avait eu l'heureux privilége de fournir à l'Europe les plus belles laines propres à la fabrication des draps fins. Les désordres intérieurs, les longues guerres qu'elle eut à soutenir, joints à la négligence qui en fût la suite directe, firent peu à peu perdre à l'Espagne un des plus riches monopoles qu'elle eût jamais possédés. Néanmoins la France n'hérita pas de cette succession. Bientôt on avait vu la Belgique et les provinces rhénanes livrer, à la fabrication des draps, des laines, qui à finesse égale de brins avaient cependant l'inappréciable avantage de donner à l'étoffe plus de moelleux et plus de brillant : de ce nombre étaient et sont encore les laines de la Silésie, de la Saxe, de la Hongrie et de la Moravie; ces laines ont avec les nôtres des différences que les résultats de la fabrication forcent bien à constater : aussi en sont-elles venues aujourd'hui à jouir de l'immense réputation qui autrefois était le partage exclusif des laines espagnoles.

On comprend que ces avantages, possédés, d'un côté, par l'Angleterre, et, de l'autre, par les provinces allemandes, dussent exercer une grande influence sur l'importance de nos débouchés. Cette concurrence étrangère éveilla fortement la sollicitude de nos manufacturiers : il s'agissait de conserver notre rang comme pays producteur et de ne pas laisser péricliter une de nos branches d'exportation les plus fructueuses.

L'essor avec lequel s'était alors élevé notre génie d'invention vint nous prêter un grand secours. L'industrie métallurgique avait pris la plus rapide extension; des fonderies de tous métaux s'élevaient en grand nombre, de tous côtés se créaient des établissements de constructions dans lesquels des machines de tous genres et de toutes formes étaient produites. On sentait la nécessité, en France, de s'arracher à cet assujettissement envers les Anglais, de ne plus être leurs tributaires pour une industrie qui nous devait le plus grand nombre de ses inventions, et l'on était grandement entré dans cette voie, que peu d'années suffirent pour rendre des plus prospères. Dès lors, nos manufacturiers purent commander et obtenir en France toutes les machines que comportent les détails de leur fabrication; ce mouvement, dignement complété par une application habile de la vapeur au dernier apprêt des draps, fut pour la France la source d'améliorations dont les résultats ne tardèrent pas à se faire sentir.

D'un autre côté, quelques-uns de nos établissements, voulant avoir une connaissance exacte des motifs qui constituaient une différence si appréciable entre nos produits et ceux de l'Allemagne, firent d'importants achats de laines de ces pays et purent ainsi étudier leur emploi avec plus de fruit; ils n'hésitèrent pas à payer pour cela le droit considérable de 33 p. o/o, lequel, à la vérité, était compensé, à la sortie des produits, par un drawback correspondant, et ils purent reconnaître que, si l'Allemagne arrivait à l'emporter quelquefois sur nous, c'était par la qualité de ses laines et nullement par la supériorité de ses procédés.

Peu à peu notre fabrication en vint à ne pouvoir plus se passer d'une matière autrement avantageuse que la matière analogue française, et qui avait précisément le degré de finesse convenable pour les belles et gracieuses étoffes de tissus feutrés que la France exporte en plus grande quantité que les autres espèces.

Lorsqu'un peu plus tard l'Administration, comprenant la grande importance qu'avait acquise cette matière, réduisit le le droit de 33 p. o/o et le porta à 22 p. o/o, elle accomplit une mesure féconde en résultats, qui nous permit d'entrer avec plus de confiance et de certitude dans la lutte entre les pays producteurs. Dès lors rien ne vient plus mettre d'entraves à l'ère des perfectionnements, tout se fait mieux et avec plus d'économie: moteurs, machines, matières, procédés, tout, en France, peut marcher parallèlement avec des progrès égaux et même supérieurs à ceux des autres nations, que des conditions particulières avaient seules pendant quelque temps favorisées.

Mais ce que ni leurs machines ni leurs qualités de laines n'avaient su donner aux Anglais ou aux Allemands, ce qui, depuis plus de deux siècles déjà, donnait à la France une suprématie vainement contestée, le *goût*, qui constitue une des parties essentielles de notre esprit national, qui partout où nous l'avons appliqué, littérature, arts, industrie, nous a fait rencontrer des nuances inconnues aux autres peuples, ce goût auquel notre si belle industrie des soies doit une partie de ses merveilles, ne devait pas tarder à prêter à l'industrie des tissus de laine le secours le plus puissant, le plus efficace, pour leur donner une supériorité empreinte d'un caractère essentiellement français, et dont il n'était guère possible de nous dérober les éléments.

Déjà les progrès de la teinture, dont j'ai constaté le rapide essor dans le commencement du siècle nous avaient permis d'obtenir, dans la composition des couleurs, des nuances dont la solidité venait compléter la richesse; nos draps noirs, entre autres ceux de Sedan, l'emportaient de beaucoup, quant à la beauté et à la solidité de la nuance, sur les draps noirs étrangers anglais ou allemands. Notre exportation de ces étoffes était considérable, et ce grand débouché provenait uniquement de cette supériorité de teinture. Un grand nombre d'autres nuances jouissaient du même avantage; mais, jusqu'à 1834 environ, l'on n'avait guère fabriqué que des étoffes unies, et la variété des nuances était le seul élément que nos manufacturiers eussent à leur disposition pour satisfaire à ce goût de changement si vif en France, et qui, sous le nom de *mode*, impose aux producteurs des obligations qui viennent se renouveler à chaque saison.

Vers cette époque, un de nos plus grands fabricants de Sedan, celui qui a laissé l'un des noms les plus célèbres que l'industrie des tissus de laine ait dû inscrire dans ses annales, M. Bonjean, ancien élève de l'École polytechnique, enlevé trop tôt à une ville dans laquelle il a laissé de vifs regrets et de dignes imitateurs, préoccupé depuis longtemps de cette idée d'arriver à une grande variété dans la production, imagina de marier sur une même étoffe les diverses nuances entre elles dans une certaine mesure et à l'aide de procédés de tissage que les machines dont il pouvait disposer lui permirent d'exécuter sans trop de difficultés. On comprend ce qu'une pareille idée avait de fécond. Le domaine de la production devenait illimité comme celui de la fantaisie, qui donna son nom à la catégorie d'étoffes issues de cette invention. Chaque année, chaque saison, pouvait apporter des nouveautés dans le vrai sens du mot, capables de satisfaire à tous les goûts, à tous les caprices, et c'est ce qui eut lieu en effet. Le nom de M. Bonjean ne tarda pas à devenir universel. D'abord limitée aux étoffes de qualités supérieures comme celles exclusivement fabriquées dans les ateliers de M. Bonjean, la fantaisie descendit bientôt dans les domaines inférieurs ; presque toutes les manufactures de France reconnaissant les avantages qu'elles pouvaient retirer d'une semblable fabrication, l'adoptèrent, sans changer pour cela la nature de leurs qualités de tissus, ce qui rendit ces étoffes abordables pour toutes les classes.

Maintenant, je dois constater que le nouveau genre, dont l'usage s'accrut avec une prodigieuse rapidité, dut son entier développement à une heureuse application du métier à la Jacquart, ce précieux outil jusqu'alors uniquement réservé à la fabrication des soieries. La fécondité des combinaisons dont ce métier donne la possibilité aida puissamment à obtenir cette grande variété d'étoffes, ce but si longtemps cherché, en permettant l'adoption d'un grand nombre de dessins que sans cela on aurait dû entièrement rejeter.

C'est ici que le goût français, entier dans ses prétentions, pénétré de sa supériorité, vint imposer sa loi aux autres nations sans rien subir de la leur; celles qui voulurent nous suivre dans cette nouvelle carrière ne trouvèrent pas, dans les éléments qu'elles possèdent, les moyens de la parcourir avec le même élan, la même rapidité que nous. Les résultats qu'elles obtinrent sont venus ouvertement démontrer leur infériorité, et ils laissent aux *nouveautés* françaises une suprématie suffisamment reconnue par l'imitation dont elles sont constamment l'objet.

C'est avec de pareils éléments de prospérité, que notre industrie des tissus de laine foulés vint aborder les expositions quinquennales des produits de l'industrie française instituées par le gouvernement de juillet. A chacune d'elles on peut reconnaître la marche progressive que je viens de vous signaler. Dans les trois expositions de 1834, 1839 et 1844, les tissus de laine, par leurs perfectionnements croissants, par le fini de leur fabrication, par le nombre des exposants, par la finesse, la richesse et la variété des produits, attestent hautement que nous sommes bien loin de cette première exposition de 1797 qui avait si tristement dévoilé à tous les yeux notre état de faiblesse, et témoignent d'une manière irrécusable que, pour cette industrie, comme pour tant d'autres, nous n'avons absolument rien à envier aux autres nations.

Messieurs, en approchant du terme de ce travail, au moment où je vais aborder l'examen de ce grand concours universel où pour la première fois notre industrie des tissus de laine se trouva en présence immédiate des produits analogues des autres nations, alors qu'une comparaison impartiale a pu s'établir entre nos rivaux et nous, j'éprouve un sentiment assez pénible, car je vais me trouver dans l'obligation de constater un résultat qui semble impossible après la brillante période que nous venions de parcourir, et qui cependant n'a que trop frappé nos yeux de sa réalité.

Alors que la plus belle occasion semblait offerte à notre industrie des draps, pour montrer les chefs-d'œuvre de tous genres qu'il lui était possible de soumettre à l'appréciation universelle, elle n'aborda la lutte qu'avec des échantillons en trop petit nombre, à raison de l'importance avec laquelle la même industrie s'était fait représenter par les deux nations qui revendiquent leur supériorité sur nous. C'est là un fait qu'il faut sincèrement regretter; mais ne craignons pas trop de l'avouer, car il n'est pas besoin d'une étude approfondie pour reconnaître que le moment choisi pour cette solennité nous plaçait, vis-à-vis de ces nations, dans des conditions industrielles si peu favorables, qu'il n'est pas étonnant que quelques-unes de nos industries les plus importantes n'aient pu y être que très-infidèlement représentées.

Nous sortions de l'une des plus violentes crises politiques que la France ait eu à traverser. Encore émue de la révolution de 1848 et de la perturbation qui en fut la suite, plus que jamais incertaine de son avenir, elle ne s'était pas encore relevée des désastres que la tourmente avait entraînés avec elle dans une époque où un si grand nombre de capitaux se trouvaient engagés. Il n'y avait de confiance que ce qui est inhérent à notre esprit national, incapable d'être jamais entièrement abattu. Comment un pareil état de choses n'aurait-il pas exercé son influence sur une lutte que l'industrie ne pouvait aborder qu'avec toutes ses forces?

Déjà notre exposition quinquennale de 1849 avait montré un temps d'arrêt sur la marche des expositions précédentes. Il avait été question, pour cette même année, d'un concours universel dans Paris, analogue à celui dont nous venons d'avoir le brillant spectacle dans la capitale de l'Angleterre; mais on sentait que, le lendemain d'une révolution, nous ne pouvions pas être suffisamment préparés à une épreuve aussi solennelle. Cette idée toute française fut abandonnée, et l'on se borna à l'exposition quinquennale, dont le résultat, quoique satisfaisant en raison des circonstances, vint pourtant démontrer combien nos craintes étaient fondées. Mais, comme tant d'autres, elle avait été recueillie par nos voisins d'outre-Manche.

L'hésitation, la terreur même de quelques-uns de nos manufacturiers furent grandes, lorsque la renommée vint leur apprendre la résolution et l'époque de ce concours arrêté par le gouvernement anglais.

Certaines industries se trouvèrent placées dans des conditions si peu favorables, que l'amour-propre national, joint à la certitude d'une supériorité de fabrication, ne put suffire à les décider d'aborder franchement et courageusement l'épreuve. Dans ce nombre, il faut ranger celle des draps, dont la représentation à l'exposition de Londres n'a pu donner qu'une très-imparfaite idée de nos ressources et de notre valeur dans cette industrie. N'allons pas en conclure qu'elle fût tombée en décadence; loin de là; il y avait crise, temps d'arrêt; mais le fruit des vingt dernières années de travaux et de progrès de tous genres qui avaient fait arriver, pour ainsi dire, à la perfection, ne pouvait pas être perdu en aussi peu de temps. Nous avons peu exposé, il est vrai; mais nos produits, bien qu'en petit nombre, et par-dessus tout nos nouveautés, étaient empreints d'un cachet de supériorité digne du nom français, qui fait présumer de ce que nous aurions pu faire si le moment n'eût pas été aussi critique, ou si la confiance de nos manufacturiers s'était trouvée à la hauteur des circonstances. D'ailleurs, un sentiment avait surgi qui était venu s'ajouter aux autres causes pour diminuer le nombre de nos exposants.

La plupart des fabricants de nouveautés craignirent que le fruit de leur imagination, de leurs travaux, ne leur fût enlevé par la copie qui aurait pu être faite de leur spécialité ainsi exposée à tous les examens, à tous les yeux intéressés. Ils ne songeaient pas qu'un pareil larcin, s'il eût eu lieu, n'aurait pu avoir qu'un résultat douteux, et tout au moins peu durable, par suite de la mobilité du goût en pareille matière, laquelle fait trouver quelquefois bien vieux ce qui n'a qu'une année d'existence. Ces copies seraient bientôt passées, et leur goût à eux, leur imagination qui fait leur force, leur seraient restés fidèles.

Toutefois, dans l'énumération qu'à la suite de cet exposé je vais présenter, il me sera doux de citer quelques-uns des noms chers à cette branche de notre industrie nationale. Ils ont, si je puis m'exprimer ainsi, soutenu dignement l'honneur du pavillon; et, à ce titre, ils méritent toute la reconnaissance de leurs confrères trop défiants.

Aujourd'hui que les temps sont changés, aujourd'hui que l'industrie des draps peut à bon droit reprendre toute sa confiance et répudier les terreurs du passé, espérons qu'elle réserve ses forces pour une prochaine épreuve tout aussi solennelle, et qu'alors, entrant dans la lutte avec tous ses moyens, pénétrée du sentiment de sa valeur, ayant mis de côté toutes craintes frivoles, elle saura donner aux nations la vraie mesure de sa supériorité, et conserver la place qui lui revient à juste titre dans l'industrie de l'univers.

Cet historique, que je me suis efforcé de traverser le plus rapidement possible, en faisant ressortir les parties saillantes, peut se résumer en quatre périodes, qui marquent les quatre grandes phases de l'industrie des tissus de laine foulés.

La première, celle de la fondation de l'industrie en France vers la fin du XVIe siècle, et de la création des grands établissements dont la principale force consiste dans les nombreux priviléges qui leur sont concédés. Elle se termine à la révolution de 1789.

La seconde, celle de la période de l'Empire, au commencement du XIXe siècle, dans laquelle la situation de la France en regard de l'Europe entière impose au génie qui la gouverne l'obligation de faire de l'industrie un de ses leviers d'action. La fabrication des draps, secondée par les soins donnés à l'agriculture et par l'esprit d'invention qui commence à caractériser le siècle, suit l'impulsion générale. Elle sort de l'ancienne ornière, ne se repose plus sur des priviléges, mais bien sur les besoins du pays, et elle en devient un des éléments de prospérité.

La troisième commence vers 1818, à l'époque où les manufacturiers adoptent sur une grande échelle l'emploi des machines, en les substituant à la force matérielle de l'homme. Il en résulte dans la main-d'œuvre, et partant dans les prix de production, une diminution si importante, que la consommation en est augmentée dans une proportion imprévue. De là, désordre et rupture de l'équilibre entre la consommation et la production, jusqu'au moment où l'industrie éprouvée et avertie par deux fortes crises, peut sainement apprécier les causes de cette rupture, et graduer sa marche de manière à s'y moins exposer.

La quatrième, enfin, à partir de 1830, est celle du développement complet et sans limites de toutes les branches de la fabrication. Les progrès de la teinture et l'influence du goût viennent se joindre au perfectionnement des outils, et permettre de compléter toutes les autres qualités de nos produits par une richesse, une variété inépuisables et inattendues. Nous arrivons ainsi jusqu'au moment du concours universel de Londres avec l'espérance d'un avenir qui n'aura d'autres limites que celles de l'existence même de la nation.

Il ne me reste plus qu'à présenter les termes mêmes du rapport du jury de la XIIe classe dont j'avais l'honneur de faire partie[1]; ce qui forme le tableau des récompenses décernées aux manufacturiers qui ont exposé les produits les plus remarquables. J'aurais pu n'y comprendre que ce qui concerne la France; mais, afin de présenter un travail complet dans lequel il sera loisible de puiser tous les renseignements désirables, j'ai pensé qu'il serait mieux de donner l'énumération entière de toutes les nations qui ont été récompensées.

DRAPERIES, TISSUS DE LAINES OU LAINAGES FABRIQUÉS.

« Le jury, nommé pour juger des qualités des échantillons variés de lainages et de tissus fabriqués, a trouvé nécessaire de partager son travail et de constituer quatre sous-jurys, à cause de la variété des sujets requérant leur attention. Aussi ce rapport présentera-t-il quatre sujets ou matières différentes : les draps, les flanelles et les couvertures, les laines à fils tordus et de fabrication mélangée et les laines filées.

Au milieu de ses travaux, le jury a été forcé d'appeler des adjoints; il a dû reconnaître le concours estimable qui lui

[1] Le rapporteur du jury anglais était M. Arlington.

était offert par les nombreux jurés associés, lequel a eu pour effet de simplifier des travaux d'une appréciation peu ordinaire, puisque la grande masse d'articles soumis à leur examen rendait leur devoir aussi pénible que la responsabilité en était grande, surtout en raison de la grande similitude et de l'égalité de mérite dans les produits de presque tous les pays.

Le jury a soigneusement examiné toutes les marchandises de laines de l'exposition. Cet examen a été beaucoup prolongé par suite de l'absence des aides-jurés du Zollverein, de la Russie et de l'Autriche qui, par conséquent, ne pouvaient donner aucune explication ni aucun renseignement sur les prix. Ce fut une cause de grandes difficultés; mais, après de longues et patientes investigations, le jury a pris la résolution d'adjuger des médailles de prix aux manufacturiers et exposants suivants :

LEEDS ET SES ENVIRONS.

GOTT et fils, manufacturiers à Leeds, pour la supériorité de leur fabrication dans une grande et belle variété de couleurs (produits d'exportation).

PAWSON fils et MARTIN, manufacturiers à Leeds, pour la perfection générale de leurs produits, leur fini et la solidité de leur teinture.

A. HENRY et fils, manufacturiers à Leeds, pour la supériorité, le prix économique de revient et la régularité de leurs produits.

J. WALKER et fils, manufacturiers au moulin de Millshaw-Leeds, pour la supériorité et le bon marché de leurs produits.

William EYERS et fils, à Leeds, pour la supériorité et le bon marché de leurs produits.

John SNELL, à Leeds, n'est pas manufacturier, mais apprêteur de draps, et on ne le récompense que pour la beauté du fini.

THORNTON firth et RANSDEN, à Leeds, pour la supériorité et le fini de leurs produits et la grande variété de leurs marques.

D. Sykes et fils, apprêteurs à Leeds, pour la beauté du fini.

Samuel Gray, manufacturier à Calverly, près Leeds, pour la supériorité générale de ses produits.

Hargreaves et Nusseys, manufacturiers aux bas moulins de Farnley, pour la supériorité générale de leurs produits et leur grande habileté dans l'application de nouvelles matières.

John Sykes et fils, à Leeds, pour la régularité du travail et la supériorité générale de leur fini.

York et Sheepshanks, manufacturiers, teinturiers et apprêteurs à Leeds, pour l'excellence générale de leurs produits.

John Wilkinson, inventeur et manufacturier à Leeds, pour ses draps de feutre employés au doublage des navires, aux usages de la médecine et à une foule d'autres objets.

La Cie de Victoria, pour la supériorité de son drap feutré destiné aux parquets et aux tapis.

Hagues, Cooke et Wormald, à Dewsbury, pour la supériorité de leurs étoffes rayées d'Espagne.

D. et J. Cooper, à Leeds, sont dignes d'une mention honorable; un de leurs associés étant juré, cette maison ne peut recevoir la médaille.

HUDDERSFIELD.

J. et T. C. Wrigley, manufacturiers à Huddersfield, pour la supériorité générale de leurs produits et leur habileté dans l'application de matières nouvelles.

Barnicot et Hirst, manufacturiers à Huddersfield, pour la grande supériorité de leurs produits.

J. W. et H. Shaw, manufacturiers au moulin de Victoria, près Huddersfield, pour l'excellence de leurs produits et de leur teinture.

J. et A. Bennet, à la colline de Bradley, près Huddersfield, pour invention dans l'emploi des matières premières.

Les frères Armitage, manufacturiers à Huddersfield, pour l'excellence et le bon marché de leurs produits.

James Tolson et fils, manufacturiers à Dalton, à Huddersfield, pour la supériorité de leurs produits et leur genre particulier en étoffes pour pantalons.

Isaac Beardsell et Cie, manufacturiers au pont de Thongs, près d'Huddersfield, pour la supériorité de leurs produits et la beauté de leurs dessins.

Charles Beardsell, manufacturier au pont d'Holme, pour la beauté de ses produits et son goût supérieur.

John Brooke et fils, manufacturiers à Honley, près Huddersfield, pour la supériorité générale de leurs produits, de leurs apprêts et de leur teinture.

Joseph Walker et fils, à Lindley, pour la supériorité de leurs produits et leur fini dans les étoffes de poils de chèvre.

Lockwood et Keighey, manufacturiers à Huddersfield, pour la supériorité de leurs produits dans les tissus de laine et de velours.

La Cie Astorian, à Huddersfield, pour une variété d'articles fabriqués avec le poil de lièvre commun..

OUEST DE L'ANGLETERRE.

S. S. Marling et Cie, manufacturiers au moulin d'Ebley, à Stroud, pour la supériorité générale de leurs produits et de leur teinture.

W. Palling, manufacturier à Painswick, pour la supériorité de ses produits en draps de billard et en draps écarlates de chasseurs.

R. S. Davies et fils, manufacturiers à Stonehouse, près de Stroud, pour l'excellence de leurs produits en beaux draps écarlates.

C. Hooper et Cie, manufacturiers au moulin d'Eastington, près Stroud, pour le mérite supérieur, le fini et la teinture résistante de leurs draps fins, ainsi que pour une belle production de draps élastiques pour gants.

W. Helme, manufacturier au nouveau moulin, à Stroud, pour une grande variété de casimirs et cachemirettes ornées avec une grande variété de couleurs délicates.

J. et D. Apperley, à Stroud, pour les beaux échantillons

de draps noirs exposés par MM. Bull et Wilson, de Saint-Martin's-lane, à Londres. Le jury constate que le mérite de la production est dû au manufacturier et non à l'exposant, et par conséquent accorde la médaille à MM. J. et D. Apperley, dont on voit les noms écrits sur le drap.

WILTSHIRE.

Pocock et Rawlings, à Chippenham, pour une variété de très-beaux draps noirs, bleus et mélangés, tous d'un très-rare mérite de fabrication, d'une grande solidité de teinture et d'une grande beauté d'apprêts. Ils ont été exposés par MM. Barber, House et Mead, du cimetière de Saint-Paul, à Londres.

Le jury, en accordant la médaille au manufacturier, de préférence à l'exposant, agit ainsi conformément au principe émis plus haut. Dans ce cas, cependant, il s'est joint des circonstances qui ont guidé le jury dans sa décision. Ainsi une demande d'emplacement faite par MM. Pocock et Rawlings avait été examinée; mais cet emplacement leur étant arrivé trop tard, ils avaient vendu leurs draps destinés à l'Exposition à MM. Barber, House et Mead, pour lesquels MM. Pocock et Rawlings avaient fabriqué, sur leur ordre, d'autres draps compris dans la récompense.

J. et T. Clark, manufacturiers à Trowbridge, dans le Wiltshire, pour la supériorité de leur fabrication, la solidité de leur teinture et leurs apprêts dans une variété d'articles.

Salter, Samuel et Cie, manufacturiers à Trowbridge, dans le Wiltshire, pour la supériorité de leurs produits, ainsi que pour la qualité et la variété de leurs étoffes de fantaisie et de pantalons.

W. Stancomb et J. Jun, manufacturiers à Trowbridge, dans le Wiltshire, pour la supériorité de leurs produits dans une grande variété d'étoffes pour pantalons.

SOMERSETSHIRE.

T. et W. Carr, manufacturiers à Tiverton, près de Bath, dans le Somersetshire, pour la supériorité, la solidité de teinture et les apprêts de leurs draps fins, ainsi que pour leurs castors, qui sont d'une qualité supérieure et d'une remarquable nouveauté de productions.

IRLANDE.

J. Reid, à Dublin, pour de très-beaux échantillons de draps de frise et de tweeds foulés, exposés par M. R. Allen, rue de Sackville, à Dublin. Le jury a accordé la médaille, comme encouragement, pour cette branche d'industrie en Irlande.

ÉCOSSE.

W. Roberts et Cie, manufacturiers à Galashiels, pour la supériorité générale et la distinction de leurs produits.

Inglis et Brown, manufacturiers à Galashiels, pour la supériorité générale et la distinction de leurs produits.

James Crondie et Cie, manufacturiers à Aberdeen, pour la supériorité de la fabrication et la beauté du tissu.

Dicksons et Laings, manufacturiers à Hawick et Glasgow, pour une fabrication supérieure et des qualités extraordinairement belles.

J. et H. Brown, manufacturiers à Selkirk, en Écosse, pour la supériorité générale de leur fabrication.

FRANCE.

Paul Bacot et fils, de Sedan, pour leur supériorité de fabrication en noirs et satins de fantaisie, et pour de belles pièces de draps noirs remarquables par le fini du travail, la solidité de la teinture et les apprêts.

Bertèche, Chesnon et Cie, de Sedan, pour la supériorité de leur fabrication et la beauté de leurs dessins en étoffes de fantaisie.

Parnuit, Dautresme et fils, d'Elbeuf, pour la supériorité de leur fabrication, de leurs tissus et pour le bon marché de leurs produits.

Théodore Chennevière, d'Elbeuf, pour le mérite extraordinaire de leur fabrication et pour la nouveauté de leurs tissus ; ils offrent une collection d'une grande variété.

P. Signoret-Rochas, de Vienne, pour le bon marché dans la production.

Juhel, Desmares, de Vire, pour la supériorité de leur fabrication, le bon marché et l'utilité de leurs produits.

Fortin, Boutillier et Cie, de Beauvais, pour une belle production de draps de feutre pour pianos.

Le jury désire faire une mention honorable des produits de M. J. Randoing, d'Abbeville, qui, en qualité de juré, ne peut obtenir la médaille. Sa fabrique de draps est l'une des plus anciennes établies en France. »

En ce qui touche cette section, bien que le nombre des médailles obtenues par nos nationaux soit dans de belles proportions eu égard au petit nombre de nos exposants, il est juste cependant de signaler une omission regrettable qu'a faite le rapporteur anglais ; c'est celle de M. Lenormand, de Vire, à qui la beauté de ses produits et leurs prix modérés avaient mérité une médaille dite de prix. J'ai réclamé aussitôt que les premières épreuves du rapport m'ont été soumises ; mais, soit négligence, soit tout autre motif, on n'a pas tenu compte de ma réclamation. Il est de mon devoir de déclarer que le nom de M. Lenormand, comme ayant été désigné par le jury pour la médaille de prix, doit être compris dans la liste ci-jointe.

BELGIQUE.

« Biolley et fils, de Verviers, pour la supériorité de leur fabrication dans les draps fins et noirs destinés à l'exportation, pour la solidité de leur teinture et pour leurs apprêts.

G. Dubois et Cie, de Verviers, pour la supériorité générale de leur fabrication en étoffes de pantalons.

Le jury désire faire une mention honorable des produits de M. de Simonis, particulièrement pour un superbe assortiment de pièces teintes en noir, destinées à l'exportation, remarquables par leurs apprêts et la solidité de la teinture. La supériorité de ces produits eût été reconnue par une médaille; mais, en sa qualité de juré, l'exposant ne peut recevoir de récompense.

ZOLLVEREIN, NON COMPRIS LA SAXE.

Hendricks, Francis, d'Eupen, près d'Aix-la-Chapelle, pour la supériorité et les apprêts de leurs produits.

J. H. Kesselkaul, d'Aix la-Chapelle, pour la supériorité dans la fabrication et les apprêts.

Braun frères, d'Horsfeld, en Hesse, pour la supériorité de leurs produits.

Lutze frères, de Cottbus, en Silésie, pour la supériorité de leur fabrication et de leurs teintures.

C. S. Geissler, de Görlitz, en Silésie, pour la supériorité de leur fabrication, la solidité de leur teinture et leurs apprêts.

Schürman et Schröder, de Lennep, pour la supériorité de leur fabrication, la teinture et les apprêts.

Gevers et Schmidt, de Görlitz, en Silésie, pour la supériorité de leur fabrication, la teinture et les apprêts.

G. A. Haberland, de Finsterwalde, pour la supériorité générale de leur fabrication.

Marcus, Strigsohn, de Neudamon, pour la supériorité de leur fabrication en étoffes à la fois solides et à bon marché.

E. W. Offermann, de Muntzou, pour la supériorité de leur fabrication en étoffes de fantaisie pour pantalons.

Schoeller et fils, de Düren, pour la supériorité de leur fabrication en draps fins, la solidité de la teinture et les apprêts.

Peill et Cie, de Düren, pour la supériorité générale de leur fabrication, la teinture et les apprêts.

J. T. Haas et fils, de Borcette, pour la supériorité générale de leur fabrication.

SAXE.

G. C. Grossmann, de Bischofswerda, pour l'excellence de la fabrication, la teinture et les apprêts en produits d'exportation.

J. W. Hermann, de Leisnig, pour la supériorité générale de la fabrication.

W. Bernhard, de Leisnig, pour la supériorité générale de la fabrication.

C. J. Spengler, de Crimmitzchau, pour la supériorité générale de la fabrication.

F. T. Meissner, de Grossenhain, pour la supériorité de la fabrication et les apprêts en produits d'exportation.

RUSSIE.

A. G. Fiedler, d'Upatowka, près Kalisch, pour la supériorité de la fabrication et la teinture.

J. Aksenoff, de Klintzon, gouvernement de Tchernigoff, pour la supériorité de la fabrication et les apprêts.

Tchetverikoff, près de Moscou, pour la supériorité de la fabrication et les apprêts.

P. Isaïeff, de Klintzon, gouvernement de Tchernigoff, pour la supériorité générale de la fabrication.

AUSTRALIE DU SUD.

Nous désirons faire une mention honorable de trois pièces de drap fabriquées par M. J. Walker, de Sydney, et d'un grand mérite pour une si jeune colonie.

AUTRICHE.

W. Siegmund, de Reichenberg, pour la supériorité générale de la fabrication.

A. Schoell, de Brünn, pour la supériorité de la fabrication en étoffes solides pour habits et pour pantalons.

Moro frères, de Kagînfort. Nous désirons faire une mention honorable de cette maison pour la beauté de ses couleurs.

Nous désirons faire une mention honorable des produits de B. C. Ginzel, de Ruchenberg. »

Dans cette énumération, l'on ne peut s'empêcher de remarquer l'absence complète d'un pays qui pourtant, il y a deux siècles, jouait en Europe un rôle de premier ordre dans l'industrie des draps fins. La Hollande, qui, longtemps avant les autres nations, rivalisant avec l'Angleterre, possédant une si puissante marine, joignait, à un si haut degré, l'esprit commercial à l'esprit industriel, a vu peu à peu ce dernier s'évanouir en grande partie de son sol, absorbé qu'il a été par les grandes conceptions purement commerciales et maritimes. Aussi sa représentation au concours universel de Londres n'était-elle pas de grande importance. Mais nous ne devons pas oublier que ce pays fut le berceau où la France a puisé la source de sa richesse actuelle dans l'industrie des draps fins. Quand Colbert, voulant introduire cette industrie en France et l'y établir sur des bases durables, eut à faire un choix entre les divers pays où elle existait déjà, c'est à la Hollande qu'il s'adressa comme devant lui fournir les meilleurs éléments et les meilleures garanties d'une prospérité à venir, c'est le Hollandais Van-Robais qu'il fit venir à Abbeville. La direction de la manufacture créée à cette époque m'est aujourd'hui échue en partage; c'est pour moi un devoir de reconnaissance que de rendre un légitime tribut d'hommages à la nation qui a été la cause première de notre prospérité. Je ne saurais mieux terminer qu'en citant cette phrase de M. Thiers, prononcée, le 27 juin 1851, à la tribune de l'Assemblée nationale :

« Lorsque, plus tard, Louis XIV abattait la puissance espa-

« gnole, Colbert, à côté de lui, exécutait des conquêtes plus « importantes : il introduisait les draps en France; il donnait à « Van-Robais la faculté de fabriquer exclusivement dans un « espace déterminé, et personne ne pouvait faire du drap à « côté de lui à Abbeville. »

FIN.

TABLE DES MATIÈRES.

XIIe ET XVe JURYS[1].

SECONDE PARTIE.

INDUSTRIE DES LAINES PEIGNÉES,

PAR M. BERNOVILLE[2],

MANUFACTURIER.

INTRODUCTION.

La laine a été la première matière appropriée aux vêtements de l'homme.

On a commencé par la feutrer : l'idée du feutrage put venir aux premiers pasteurs en observant la manière naturelle dont cette opération s'effectue sur le dos même du mouton qu'on ne tond pas et qui n'est l'objet d'aucun soin. Les anciens la perfectionnèrent bientôt ; ils employèrent les acides à faciliter le feutrage, et ils composèrent des feutres qui résistaient au fer et au feu, tandis que ceux de nos jours

[1] Les Anglais ayant mis quelque confusion dans le classement des matières qui composaient les XIIe et XVe jurys, le travail de M. Bernoville, qui s'étend aux sujets mixtes, reçoit l'indication ci-jointe des deux jurys.

[2] La grande expérience, les vastes connaissances et le zèle exemplaire de M. Bernoville l'ont fait appeler à remplir les fonctions de juré titulaire dans le XXe jury, celui des tissus immédiatement appliqués à l'usage pour le vêtement des personnes, et les fonctions d'associé dans les jurys affectés aux industries dont la laine est la matière première. Voilà comment l'un des plus beaux travaux de la Commission française, applicable aux XIIe et XVe classes, se trouve être fait par un associé de ces jurys.

Charles Dupin.

résistent à peine à l'eau [1]. On sait que les soldats samnites portaient des cuirasses de feutre.

Plus tard, vint le filage et le tissage de la laine.

Les Égyptiens possédaient d'abondants troupeaux, que l'on tondait deux fois l'an, grâce à l'excellence des pâturages. La laine en était blanche et fine et servait principalement à faire des étoffes pour manteaux. Le lin était en usage pour les vêtements de dessous.

Les Hébreux pratiquaient les mêmes industries et tissaient les mêmes étoffes que les Égyptiens, mais ils n'étaient pas aussi avancés. Ils possédaient cependant un nombre de moutons fort considérable.

En Grèce, comme partout ailleurs, la laine formait la matière principale des habillements des deux sexes. On y prenait donc un très-grand soin des moutons; et l'on alla jusqu'à imaginer de les revêtir d'une sorte de camisole pour les empêcher de salir leur toison ou de l'accrocher aux épines des buissons, procédé qui, de nos jours, est encore fréquemment mis en pratique chez les Anglais.

La production des tissus était considérable : il s'en faisait, pour l'habillement des femmes, de très-fins et de très-légers, que l'on peignait de fleurs et d'ornements. Les Grecs avaient des teintures de nuances vives, et à la richesse desquelles la nature de leurs laines contribuait beaucoup. L'or était mêlé aux étoffes, mais seulement par le moyen de la broderie, et l'on ne voit pas que les Grecs aient connu d'autres manières de façonner ou de brocher leurs produits. Leurs diverses industries, déjà soumises aux règles des corporations, restèrent d'ailleurs stationnaires, livrées qu'elles étaient aux esclaves qui n'avaient aucun intérêt à les faire progresser.

Chez les Romains, la laine entrait également dans presque tous les vêtements : aussi, de tous les animaux domestiques, le mouton y fut-il le plus multiplié. La Pouille en était peuplée

[1] Les Abkhases et les Ossètes, paysans russes, font encore des feutres possédant les mêmes qualités que le feutre des anciens.

plus encore qu'aujourd'hui; le pays des Tarentins en élevait une belle race. La Sicile nourrissait des troupeaux innombrables, et l'on peut dire que les moutons pullulaient en Italie, quand on voit un patricien en léguer à Auguste deux cent mille par son testament[1].

La pourpre romaine, à l'usage des sénateurs, se faisait avec des laines de l'Italie méridionale, qui valaient 90 francs la livre de 12 onces (Pline), et l'on évaluait à 834 francs le même poids en laine teinte de Tyr.

L'industrie fit, du reste, peu de progrès chez les Romains, qui la dédaignaient et qui, comme les Grecs, l'abandonnaient en grande partie aux esclaves. Le peuple-roi tirait toutes ses étoffes riches de la Phénicie, de l'Égypte, de l'Inde, etc.; cependant l'on faisait à Rome des draps tissus d'or pur ou mélangés de fils d'or formant dessins.

Du temps de Pline, le prix des étoffes de laine était fort élevé, et la teinture en augmentait énormément le prix, suivant la nuance employée. Ainsi, telle étoffe valait 72 francs la mesure du temps, qui en coûtait 720, teinte d'une certaine couleur. Pline cite quelques triclinaires (sorte de coussins garnissant les lits) qui valaient 450,000 francs, et d'autres jusqu'à trois fois plus; l'or, les pierreries, la soie, devaient jouer un rôle important dans cette énorme valeur du mobilier d'une salle à manger.

La Gaule fournissait déjà aux Romains, sous les empereurs, des tissus rayés ou à carreaux, servant de manteaux aux soldats, qu'on nommait saies, et qui ressemblaient par le dessin aux plaids écossais. Parmi nos villes manufacturières, Arras était en première ligne, et se distinguait dans la fabrication de draps rouges que l'on comparait à la pourpre d'Orient.

Langres et Saintes faisaient des étoffes à longs poils. La fabrication des lainages était, d'ailleurs, répandue sur toute la surface du pays, et chaque famille, depuis celle du monarque jusqu'à celle de l'esclave, produisait les étoffes nécessaires à

[1] *Statistique des peuples de l'antiquité*, par M. Moreau de Jonnès.

sa consommation. Les femmes étaient plus particulièrement occupées à faire ces étoffes de laine à raies blanches et bleues, serrées et durables, servant aux braies, dont le nom et l'usage existent encore en Bretagne.

L'industrie de la laine, comme les autres industries, dépérit à partir des invasions des barbares. La civilisation recula après la chute de l'empire Romain. Le lien qui unissait les peuples se brisa, le commerce fut interrompu, les arts furent négligés, et, pour suppléer au vide qui en résulta dans les échanges, les propriétaires furent réduits à établir chez eux des manufactures domestiques, pourvoyant aux besoins journaliers de leurs maisons; la plupart des abbayes, à cette époque, joignaient aux travaux agricoles les travaux manufacturiers.

Cet état de décadence dura jusqu'à l'époque des croisades, qui opérèrent une véritable révolution dans le commerce et dans l'industrie. Les croisés retrouvèrent dans l'Asie les débris des sciences et des arts oubliés. L'Italie profita d'abord de ces connaissances, qui équivalaient à des découvertes. Les Pays-Bas, qui étaient en relations suivies avec les villes italiennes, les lui empruntèrent à leur tour; ils s'approprièrent surtout la fabrication des lainages, et ils fournirent presque seuls pendant longtemps aux besoins, au luxe et aux fantaisies de l'Europe. Mais bientôt l'Angleterre, à laquelle les Pays-Bas achetaient une partie de la laine qu'ils mettaient en œuvre, entreprit de la manufacturer, et elle conquit la prééminence sur les Flamands.

Enfin, la France intervint à son tour dans cette renaissance de l'industrie. En 1646, Nicolas Cadeau fondait à Sedan cette célèbre fabrication de draps fins, façon de Hollande, dont la réputation ne s'est pas un instant démentie depuis son origine. Quelques années plus tard, Colbert faisait venir le célèbre Van Robais et l'installait à Abbeville. Le mouvement, une fois donné, se propagea dans toute la France, et l'on vit surgir les manufactures d'Elbeuf, du Languedoc, de Tours, de Paris, de Lyon, du Beaujolais, d'Amiens et de

Vienne, dont la manufacture de draps est presque une tradition romaine.

Cependant, quelque florissante qu'ait été l'industrie des lainages en Europe pendant cette période, il n'avait été, jusqu'à la fin du dernier siècle, apporté aucun perfectionnement essentiel dans les procédés des manufactures de laines. Tous les changements portaient sur la variété des couleurs ou des combinaisons qui suivaient les caprices de la mode. La grande révolution qui s'opéra dans cette industrie date du moment où les inventions d'Arwrightt pour le filage du coton furent appropriées au filage de la laine. C'est à partir de cette époque que la fabrication de la laine, s'exerçant par des procédés mécaniques, fit des progrès rapides et prit le plus vaste développement.

C'est principalement sur les progrès de l'industrie durant les soixante dernières années, que nous avons dû porter nos investigations; mais, pour nous conformer à la pensée et au désir de notre honorable président, nous avons essayé, en rendant compte de l'exposition de chaque pays, de retracer la situation générale de la fabrication pendant le siècle qui a précédé les grandes découvertes destinées à changer toute la face du monde industriel.

La fabrication de la laine se distingue, comme on sait, en deux grandes divisions, celle de la laine cardée et celle de la laine peignée. C'est de cette dernière que nous avons reçu mission de nous occuper spécialement, et si, dans le cours de ce rapport, nous parlons quelquefois des deux ensemble, c'est que cette division entre l'industrie de la laine cardée et celle de la laine peignée ne se retrouve pas toujours dans les statistiques officielles ou dans les documents que nous avons pu nous procurer. Nous avons, d'ailleurs, réuni dans le même rapport tout ce qui concerne la XIIe et la XVe classe de l'Exposition, dont l'examen nous avait été confié, parce que les tissus des deux classes sont en laine ou matières peignées, et, fabriqués par des procédés analogues, donnent lieu à des observations du même genre.

La statistique de la production était nécessaire pour donner une idée nette du développement de l'industrie dans les divers pays. Nous avons donc cherché à obtenir des chiffres exacts. Nous avons entretenu dans ce but une correspondance étendue, et consulté tous les auteurs qui pouvaient nous éclairer, notamment :

Pour l'Angleterre, MM. Porter, Mac-Culloch, les archives de Norwich et de Bradford;

Pour le Zollverein, MM. Dieterici, Ch. Legentil, président de la chambre de commerce de Paris, et une nombreuse correspondance avec des industriels de l'Union;

Pour l'Autriche, MM. le baron de Reden, traduit par M. Alexandre Legentil, de Czœrnig, S. Poerling, Peligot, Dervieu et Mayer d'Avemann;

Pour la Russie, MM. Fleury, ancien secrétaire général du ministère du commerce, Samoïloff, le baron de Haxthausen et Kaminsky;

Pour la Belgique, M. Natalis Rondot;

Pour la France, MM. Savary, Peuchet, Rolland de la Platière et le comte Chaptal.

ANGLETERRE.

APERÇU HISTORIQUE ET STATISTIQUE.

Le climat de l'Angleterre convient merveilleusement à l'élève des bêtes ovines. Il est donc probable que, possédant la matière première, elle a dû s'occuper de la fabrication des lainages dès les premiers pas qu'elle a faits dans la carrière de l'industrie et de la civilisation. Toutefois, au XIe siècle, elle ne produisait guère que les étoffes communes nécessaires à la consommation de ses habitants, et elle exportait au moins la moitié de ses laines dans les Flandres, qui alimentaient alors une grande partie de l'Europe en tissus ras ou foulés. Selon Anderson, cette exportation montait à 45 ou 46 millions de livres de marc, soit environ 23 millions de kilogrammes.

C'est vers la fin du XIVe siècle que l'industrie de la laine commença à prendre un grand essor. Ce mouvement se manifesta sous l'influence de la protection toute spéciale que le Gouvernement lui accorda. On ne recula devant aucune mesure, quelque rigoureuse qu'elle fût, pour arriver à une supériorité de fabrication qui pût exclure toute concurrence. Édouard III commença par attirer en Angleterre un grand nombre de familles flamandes, initiées aux procédés les plus perfectionnés : c'était en 1331. Quelques années après, il prohibait l'exportation des béliers, afin d'assurer à l'agriculture la production de la matière première, et il prohibait l'importation des étoffes de laine étrangère, afin d'assurer à l'industrie le monopole de la consommation intérieure. Les souverains qui régnèrent pendant les siècles suivants s'attachèrent presque tous à renforcer ce système de protection. La sortie de la laine, après avoir été plusieurs fois suspendue, fut définitivement prohibée et même qualifiée de crime par un acte de Charles II rendu en 1660 ; on alla jusqu'à défendre l'exportation de la terre à foulon. Les peines les plus sévères, la confiscation, l'amende, la prison, étaient prononcées contre les délinquants.

Ajoutons que le Gouvernement anglais, en prohibant la sortie de la laine pour la réserver à ses fabriques, prenait des mesures destinées à en améliorer la qualité. Il sollicita et obtint de l'Espagne, à diverses reprises, l'exportation de troupeaux de béliers et de brebis appartenant aux meilleures races : on cite notamment une introduction de 3,000 moutons espagnols qui eut lieu sous Édouard IV, et une autre qui fut faite sous Henri VIII. La différence du climat et du pâturage fit changer leur nature; mais les croisements réussirent de la manière la plus complète. Si la laine perdit en finesse, elle gagna en longueur, en blancheur et en netteté. De là l'origine des belles qualités de laines longues, lisses, qui forment aujourd'hui une production particulière à la Grande-Bretagne.

Pendant que l'on favorisait ainsi les manufactures en empêchant l'exportation de la laine, en améliorant les troupeaux, en repoussant les tissus fabriqués à l'étranger, on cherchait à stimuler la consommation intérieure, et l'on rendait, par exemple, ce bill singulier qui prescrivait d'enterrer les morts dans des étoffes de laine. On encourageait, d'un autre côté, l'exportation des tissus en l'exemptant de tout droit de sortie. La balle de laine sur laquelle le chancelier d'Angleterre siége, depuis des siècles, dans le parlement semble être, ainsi qu'on l'a fait remarquer, une tradition symbolique de l'importance que la Grande-Bretagne a toujours attachée à cette grande industrie.

Une circonstance politique contribua encore à féconder le système de protection établi en Angleterre. La persécution du duc d'Albe contre les protestants des Pays-Bas décida, vers le milieu du XVIᵉ siècle, un grand nombre de manufacturiers et d'ouvriers flamands à passer dans la Grande-Bretagne. La reine Élisabeth leur fit le meilleur accueil; ils obtinrent la permission de s'établir à Warwick et dans différentes villes du Kent et de l'Essex. Ce sont ces réfugiés qui importèrent en Angleterre la fabrication des tissus légers et ras.

A partir de cette époque, les manufactures de tissus de laine autres que les draps prirent un grand développement en Angleterre. L'impulsion fut donnée par Gresham, qui avait étudié cette industrie à Anvers, et qui, richement récompensé par Élisabeth, fit bâtir plus tard la bourse de Londres. Norwich profita plus que toute autre ville de cette nouvelle conquête : elle s'éleva au premier rang des cités industrielles de l'Angleterre. Elle produisait, outre les draps, les étoffes rases ou mi-rases, elle employait la laine pure ou mélangée avec la soie ; enfin, elle commençait à pratiquer l'impression sur étoffe de laine, importée par un Flamand du nom de Solen, qui obtint, en récompense, le droit de cité.

Cependant les Anglais ne jouissaient pas encore d'une supériorité solidement établie : les manufactures de la Hollande et des Flandres s'étaient relevées vers le commencement du XVIIᵉ siècle, et faisaient une concurrence très-grande aux manufactures britanniques sur les marchés du Midi et dans le commerce de l'Orient. Mais l'Angleterre redoubla d'efforts, et la révocation de l'édit de Nantes, en France, fit pour elle ce qu'avait fait, pendant le siècle précédent, la persécution du duc d'Albe dans les Flandres. Il lui vint une émigration d'ouvriers français, presque tous habiles et intelligents, comprenant, dit-on, 50,000 personnes avec leurs familles. Ce sont ces ouvriers qui leur apportèrent l'industrie de la soie, et qui contribuèrent à ranimer la prospérité de ses fabriques de lainages.

Cette prospérité alla toujours croissant. Il n'y eut d'interruption dans la marche ascensionnelle des manufactures anglaises qu'à l'époque de la guerre d'Amérique, où la laine tomba à moitié prix. Nous trouvons, à la fin du XVIIIe siècle, l'Angleterre (non compris l'Écosse et l'Irlande) récoltant 94 millions de livres de laine et en important 8 millions, ce qui fait en tout 102 millions de livres (47,216,000 kilos) qu'elle mettait en œuvre.

Décrirons-nous maintenant les étoffes de tous genres qu'elle fabriquait? C'était dans le West-Riding du Yorkshire, et notamment à Leeds, de la grosse draperie commune, que l'on faisait en mélangeant les laines de cette province avec les laines d'Espagne, les premières employées en chaîne et les secondes en trame; à Halifax, à Bradford, à Wakefield et à Huddersfield, dans l'Yorckshire; à Londres, à Norwich, des camelots de toutes espèces et de toutes largeurs, poil et mi-soie unis, rayés, mélangés, à fleurs, des callemandes unies ou façonnées, des bombasines à chaîne de soie et trame de laine, des crêpes en chaîne de laine et soie et trame de laine simple; aux environs de Coventry, en Warwickshire et aux environs d'Exeter, dans le Devonshire, des serges, des pannes, des tamises, des chalons, des sempiternes; à Salisbury, des flanelles; à Colchester, en Essex, des bayettes, qui tiraient leur nom de celui des manufacturiers flamands, appelés Bays.

On calcule que l'Angleterre exportait, en 1783, pour 50 millions de francs de fils et tissus de laine; elle les envoyait dans toutes les parties du monde, sur le continent européen, en Asie, aux États barbaresques d'Afrique, dans les deux Amériques, etc.

Nous touchons à l'époque où les découvertes de Watt et d'Artwright opérèrent dans l'industrie cette grande révolution qui a fait la fortune de l'Angleterre. Artwright venait d'inventer le mécanisme automatique propre à étirer et à tordre le coton en un fil continu, et il avait substitué aux efforts musculaires, toujours irréguliers, la force d'un moulin à eau qu'il avait établi à Cromford, dans la vallée du Derwent. Le principe, appliqué à la filature du coton, ne tarda pas à l'être également à la filature de la laine, et nous voyons en effet, dans les ouvrages publiés sur l'industrie britannique, que les Anglais filaient déjà, vers 1788, la laine cardée au moyen de procédés mécaniques, principalement à Nottingham et à Manchester.

Ici commence une nouvelle ère pour les manufactures anglaises. L'emploi de la jenny, joint à celui de la vapeur, leur permit de fabriquer à un bon marché inconnu jusqu'alors. La consommation des tissus de laine s'accrut en raison même de leur bas prix, et la production marcha à pas de géant.

Nous avons dit plus haut que l'Angleterre tirait, à la fin du XVIIIe siècle, 94 millions de livres de laine de son territoire et 8 millions de l'étranger; il faut, pour se faire une idée des progrès de l'industrie anglaise, suivre l'accroissement des quantités de matières premières qu'elle a mises en œuvre. Les chiffres suivants parleront d'eux-mêmes.

Un homme compétent, dont M. Porter a cité l'opinion dans son livre sur les progrès de la Grande-Bretagne, déclarait, en 1828, que le nombre des moutons s'était accru d'un cinquième depuis le commencement du siècle, et que le poids moyen des toisons s'était également augmenté dans une proportion considérable. Ce mouvement s'est continué sans interruption. M. Porter affirmait quelques années après que la production de l'Angleterre devait être d'environ 180 millions de livres. De nombreux renseignements s'accordent à la porter actuellement à 208 millions de livres (94 millions de kilos), de telle sorte qu'elle aurait plus que doublé depuis le commencement du XIXe siècle.

Cet accroissement de la production de la laine en Angleterre tient à deux causes : à l'augmentation du nombre des bêtes ovines, mais surtout à l'augmentation du poids des toisons. Il s'est opéré, depuis cinquante ans, une véritable transformation dans les races anglaises : on a, dans le but d'obtenir une plus grande quantité en viande, poussé à une nourriture plus forte ; le mouton rapporte aux fermiers anglais 42 à 44 shellings sans la laine, dont ils s'occupent trop peu maintenant ; mais ce n'est pas seulement le rendement en viande, c'est aussi le rendement en laine qui s'est accru. Si la laine est devenue plus commune, elle a gagné en vigueur, en longueur et en brillant ce qu'elle a perdu en finesse, en douceur et en moelleux. Cette laine longue, lisse, est surtout employée comme laine à peigner, et elle sert à la fabrication des tissus variés qui pénètrent chaque jour davantage dans les habitudes de la consommation.

Pendant que la production de la laine faisait des progrès si remarquables, l'importation suivait une marche encore bien autrement rapide : elle fournissait surtout les laines courtes, mérinos et autres que l'Angleterre ne produisait pas. De 8 millions de livres en 1801, elle s'est élevée successivement à 16 millions de livres en 1821, à 56 millions en 1841, et elle a atteint 83 millions de livres en 1851, c'est-à-dire qu'elle a décuplé dans l'espace des cinquante dernières années. On verra par un tableau intéressant, que nous reproduisons ci-contre, les changements profonds qui se sont opérés dans le commerce des laines.

IMPORTATION DES LAINES COLONIALES ET ÉTRANGÈRES [illegible] LA GRANDE-BRETAGNE DANS LES ANNÉES SUIVANTES.

ANNÉES.	SYDNEY.	TERRE DE VAN-DIÉMEN.	PORT-PHILLIP et PORTLAND-BAY.	ADÉLAÏDE.	SWAN-RIVER et NOUVELLE-ZÉLANDE.	CAP DE BONNE ESPÉRANCE.	INDES ORIENTALES.	CONFÉDÉRATION GERMANIQUE.	ESPAGNE.	PORTUGAL.	RUSSIE.	ITALIE.	TURQUIE, SYRIE, ÉGYPTE.	MOUTONS ET ALPAGAS DU PÉROU.	BUÉNOS-AYRES, CORDOVA, ETC.	ÉTATS-UNIS.	DANEMARK.	PROVENANCES DIVERSES.	POILS DE CHÈVRE.	NOMBRE DE BALLES.
1796	»	»	»	»	»	»	»	41	16,699	[illegible]	21	7	8	17	Les chiffres de ces provenances jusqu'en 1845 sont annexés au Pérou.	»	7	32	Les chiffres de ces provenances jusqu'en 1840 sont annexés à la Turquie.	17,244
1797	»	»	»	»	»	1	»	304	24,330	[illegible]	19	41	42	»		»	5	380		25,281
1798	»	»	»	»	»	»	»	622	10,219	[illegible]	»	»	»	»		»	»	130		11,512
1799	»	»	»	»	»	»	»	2,342	14,752	[illegible]	»	30	28	1		»	»	320		23,839
1800	658	»	»	»	»	»	»	1,170	30,318	[illegible]	25	84	76	»		»	14	473		42,440
1801	1,302	»	»	»	»	85	»	598	26,089	[illegible]	»	108	187	73		»	»	221		34,668
1802	353	»	»	»	»	146	»	1,217	28,237	[illegible]	1	186	174	210		»	»	1,326		34,601
1803	18	»	»	»	»	78	»	680	21,778	[illegible]	211	940	880	126		»	112	700		26,833
1804	164	»	»	»	»	7	»	62	34,062	[illegible]	482	627	605	24		»	205	230		37,508
1805	1,203	»	»	»	»	»	»	67	34,208	[illegible]	728	126	101	132		»	257	121		38,146
1806	564	»	»	»	»	»	»	1,953	27,228	[illegible]	207	60	58	110		»	57	64		31,967
1807	74	»	»	»	»	7	»	548	51,158	[illegible]	[illegible],048	54	52	307		»	305	334		55,832
1808	128	»	»	»	»	10	»	225	9,808	[illegible]	27	130	124	407		»	6	22		11,056
1809	14	»	»	»	»	3	»	1,753	21,418	[illegible]	267	515	508	1,060		»	85	811		31,828
1810	83	»	»	»	»	15	»	2,221	2,976	[illegible]	868	683	676	601		»	207	142		25,244
1811	9	»	»	»	»	11	»	102	12,951	[illegible]	29	351	345	447		»	4	11		24,206
1812	3	»	»	»	»	10	»	»	10,735	[illegible]	259	6	4	261		»	92	12		37,352
1813	»	»	»	»	»	»	»	»	»	»	»	»	»	»		»	»	»		»
1814	70	40	»	»	»	9	»	9,807	33,622	[illegible]	[illegible],031	426	421	112		»	307	3,801		63,599
1815	151	92	»	»	»	11	»	8,064	24,649	[illegible]	676	296	292	274		»	250	3,950		46,156
1816	47	»	»	»	»	10	»	8,047	14,795	[illegible]	699	202	257	1,308		»	220	1,476		29,997
1817	»	»	»	»	»	20	»	13,761	31,418	[illegible]	552	179	178	956		»	125	5,636		57,554
1818	255	170	»	»	»	22	»	24,002	43,803	[illegible]	[illegible],666	1,015	1,051	2,358		»	510	10,850		92,374
1819	170	150	»	»	»	27	»	12,827	27,664	[illegible]	[illegible],350	1,194	1,507	174		»	484	3,800		58,023
1820	213	180	»	»	»	29	»	14,609	17,681	[illegible]	150	334	380	25		»	20	1,459		35,555
1821	421	281	»	»	»	58	»	24,615	34,845	[illegible]	165	8	17	52		»	42	1,836		62,052
1822	347	207	»	»	»	77	»	31,786	29,972	[illegible]	551	5	10	32		»	170	4,356		68,142
1823	1,001	908	»	»	»	32	»	35,892	21,595	[illegible]	400	2	4	11		»	208	2,142		67,863
1824	972	519	»	»	»	43	»	44,035	25,104	[illegible]	631	377	395	852		»	220	2,236		77,843

Reliure serrée

ANNÉES.	SYDNEY.	TERRE DE VAN-DIÉMEN.	PORT-PHILIP et PORTLAND-BAY.	ADELAÏDE.	SWAN-RIVER et NOUVELLE-ZÉLANDE.	CAP DE BONNE-ESPÉRANCE.	INDES ORIENTALES.	CONFÉDÉRATION GERMANIQUE.	ESPAGNE.	[illegible]	RUSSIE.	ITALIE.	TURQUIE, SYRIE, ÉGYPTE.	MOUTONS ET ALPACAS DU PÉROU.	BUÉNOS-AYRES, CORDOVA, ETC.	ÉTATS-UNIS.	DANEMARK.	PROVENANCES DIVERSES.	POILS DE CHÈVRE.	NOMBRE DE BALLES.
1825	914	380	»	»	»	33	»	82,284	41,032	[illegible]	[illegible]5,362	1,430	1,452	1,054	Les chiffres de ces provenances jusqu'en 1845 sont annexés au Pérou.	»	897	5,055	Les chiffr. de ces proven. jusqu'en 1840 sont annexés à la Turquie.	144,662
1826	2,905	1,525	»	»	»	175	»	30,219	8,097	[illegible]	[illegible]1,650	534	547	5,068		»	320	1,189		54,394
1827	696	567	»	»	»	54	»	60,63[illegible]	19,495	[illegible]	[illegible]2,607	846	872	556		»	372	2.543		91,496
1828	3,087	3,209	»	»	»	51	»	62,901	19,013	[illegible]	[illegible]2,706	425	434	929		»	715	1,214		96,358
1829	3,746	3,608	»	»	»	50	»	40,314	18,777	[illegible]	[illegible]1,664	8	17	70		»	321	818		69,659
1830	3,998	4,005	»	»	»	»	»	74,496	8,218	[illegible]	[illegible]1,650	14	29	64		»	323	3,672		98,818
1831	5,792	5,804	»	»	»	203	»	60,782	22,675		345	»	»	318		»	»	1,380		97,371
1832	6,313	4,170	»	»	»	360	»	55,185	13,684		997	»	»	2,445		»	»	630		83,793
1833	8,908	6,010	On n'a pas de statistique spéciale pour ces ports avant 1840. De 1839 à 1846, la plupart des laines de Port-Philip et Portland-Bay ont été expédiées par la Terre de Van-Diémen.			511	»	72,776	20,745		[illegible]4,114	1,112	»	1,913		»	1.241	3,351		120,680
1834	10,327	5,952				647	»	62,553	19,339		[illegible]6,910	4,761	14,083	8,498		»	1,547	760		136,277
1835	12,737	7,025				825	1,397	69,632	8,582	[illegible]	[illegible]9,134	2,816	6,660	10,064		»	1,175	2,295		145,113
1836	14,055	8,728				1,716	3,493	90,420	20,451		[illegible]5,072	3.754	14,714	16,653		»	4,488	14,762		208,336
1837	19,564	10,754				1,812	5,665	53,359	11,011	[illegible]	[illegible]5,116	3,314	8,421	30,030		»	1,059	591		162,847
1838	21,950	10,250				1,69[illegible]	6,117	79,320	8,577	[illegible]	[illegible]8,526	4,434	4,249	30,378		»	1,388	1,593		181,772
1839	22,944	14,638	»	1,524	»	3,247	5,074	68,682	11,730	[illegible]	[illegible]7,847	5,197	8,039	37,854		»	1,232	2,108		205,409
1840	25,820	11,721	»	3,484	»	3,477	7,011	63,278	5,273	[illegible]	[illegible]1,776	4,055	5,492	40,004		»	2,190	320		186,079
1841	30,280	13,037	»	8,798	»	4,191	10,503	62,483	5,237	[illegible]	[illegible]0,825	3,049	2,095	55,190		»	2,714	354	5,621	210,003
1842	26,668	13,922	»	12,307	»	6,521	11,876	47,510	3,118	[illegible]	[illegible]4,190	573	1,439	19,056		»	1,475	358	5,967	167,776
1843	37,255	14,948	»	14,957	»	7,734	6,594	53,495	2,715	[illegible]	[illegible]0,781	546	1,854	36,129		»	33	383	3,667	192,771
1844	38,077	15,120	»	17,705	»	8,659	6,741	70,305	5,682	[illegible]	[illegible]6,984	5,310	9,564	24,565		»	424	3,684	5,165	234,332
1845	37,825	16,830	»	22,815	»	13,765	10,065	61,777	5,188	[illegible]	[illegible]1,005	7,145	8,249	41,878	6,135	4,699	1,637	2,843	6,142	271,277
1846	39,112	13,656	20,956	5,994	1,686	11,626	11,279	52,922	4,809	[illegible]	[illegible]1,451	4,217	12,520	56,574	1,076	2,440	1,408	1,550	5,231	261,811
1847	41,927	16,503	27,876	7,133	853	13,566	8,123	41,396	1,956	[illegible]	[illegible]7,055	3,194	7,983	56,652	4,578	1,544	952	1,510	7,023	252,819
1848	40,612	16,095	37,351	9,827	1,056	13,409	16,023	48.478	403	[illegible]	[illegible]7,402	1,502	6,272	5[illegible],438	6,463	139	678	1,067	5,468	278,505
1849	50,564	17,026	43,548	10,400	1,474	20,345	11,041	45,839	516	[illegible]	[illegible]6,681	1,998	5,278	43,143	5,785	975	1,366	2,071	13,254	298,444
1850	51,463	17,468	65,378	11,822	2,548	19,879	9,704	30,401	2,105	[illegible]	[illegible]9,758	1,536	11,896	39,731	3,841	35	771	2,235	12,884	278,022
1851	»	»	»	»	»	»	»	»	»	»	»	»	»	»	»	»	»	»	»	»
Poids par balles en commune.	Environ 280 livres.						336 livres.		Par 112 et 224 livres.		336 livres.	130 livres environ, mais irrégulier.		84 livres par ballot.	Colis de 672 livr.	130 livres environ, mais irrégulier.			140 à 240 livres.	

L'importation des laines allemandes a diminué, comme on voit, de près des deux tiers depuis 1825. L'Angleterre ne demande presque plus rien à l'Espagne, qui était jadis la grande pourvoyeuse de l'Europe. Parmi les contrées dont l'importation a pris un développement considérable, il faut citer le Pérou, qui lui envoie actuellement sept ou huit fois plus de laine qu'en 1835, principalement de l'alpaga, matière dont l'industrie britannique a tiré un si merveilleux parti. Mais ce sont l'Australie et le Cap qui contribuent aujourd'hui pour la plus forte part à l'importation. Tels sont les progrès de la colonisation dans les possessions australiennes, qu'elles ont expédié 39 millions de livres en Angleterre pendant l'année 1851. Notez qu'il ne leur a fallu que quinze années pour arriver à une semblable production.

Ainsi l'Angleterre, grâce à son habileté et aussi à sa bonne fortune, peut tirer aujourd'hui de ses possessions australiennes la qualité de la laine qui lui manque, la laine courte, plus ou moins analogue à celle du mérinos, qui convient à la fabrication de la draperie fine. Déjà elle en exporte une quantité considérable; et, comme la race ovine continue à se développer rapidement dans ce pays, dont le terrain est si favorable à l'élève des moutons, on en est venu à se demander quelle pourra être l'influence d'une production aussi énorme sur les marchés européens.

En résumé, la production indigène fournit actuellement à l'Angleterre 208 millions de livres de laine, l'importation étrangère 83 millions: en tout, 291 millions de livres. L'exportation, tant en laines indigènes qu'étrangères, est de 22 millions de livres; reste, par conséquent, 269 millions de livres (122 millions de kilogrammes), que l'industrie britannique met en œuvre chaque année, c'est-à-dire deux fois et demie de plus qu'au commencement du siècle.

Ce qui a contribué à cet accroissement considérable de la quantité de laine employée par les manufactures anglaises, c'est la diminution de prix de la matière première, diminution qui est venue en aide aux progrès mécaniques et qui a favorisé la grande consommation des tissus. La laine fine surtout a baissé dans des proportions considérables : le prix a décru de 8 fr. 30 cent. la livre anglaise, en 1800, à 2 fr. 25 cent. en 1851, soit de près des trois quarts.

Si l'on estime, en moyenne, la laine indigène à 1 fr. 20 cent. la livre, et la laine étrangère à 1 fr. 70 cent., on trouve que la valeur totale de la laine employée par l'industrie anglaise est de 370 millions de francs. La mise en œuvre accroît d'une fois et demie à peu près cette valeur : de telle sorte que la production annuelle des fabriques de lainage représente une somme de 925 millions de francs.

C'est l'industrie de la laine peignée qui a pris l'élan le plus extraordinaire. La plus grande partie de la laine longue anglaise sert dans les tissus mélangés de soie et surtout de coton. En la mélangeant avec le coton, nos voisins la tissent mécaniquement, et ils ont pu résoudre de cette manière le problème qu'ils se proposent dans toutes les branches de leur industrie manufacturière : faire vite, beaucoup et avec le moins de bras possible.

On sait que cette production gigantesque n'a pas seulement pour but de subvenir aux besoins de la consommation du Royaume-Uni. Les articles manufacturés de laine forment une des principales branches du commerce extérieur de l'Angleterre, et les exportations se sont accrues en même temps que la production.

L'exportation des fils de laine, qui était de 3,924 livres en 1820, est successivement montée à 1,590,000 en 1831, à 11,773,000 en 1849, à près de 14 millions en 1851 : ce sont principalement des fils de laine longue lisse, pour tissus et passementeries, fils d'alpaga et de poil de chèvre, servant à la fabrication des velours d'Utrecht et de diverses étoffes. Ainsi, l'Angleterre s'est ouvert, pour cet article, un débouché nouveau. Il y a trente ans, elle n'en plaçait à l'étranger qu'une quantité insignifiante ; aujourd'hui, elle en envoie pour une valeur de près de 38 millions de francs.

On cite encore en Angleterre la grande exportation de tissus de laine qui eut lieu en 1815, lorsque la paix rétablit les communications et permit de reprendre les transactions avec les États-Unis, après une longue interruption : elle s'éleva à 1,482,000 pièces et à 12 millions de yards. Or, dès 1830, ce chiffre était dépassé, et la progression n'a cessé de s'accélérer depuis cette époque : c'était, en 1850, 2,773,000 pièces et 63 millions de yards; en 1851, 2,637,000 pièces et 69 millions de yards. Comparativement à l'année tout exceptionnelle de 1815, le nombre des pièces (comprenant les draps, les damas, les stoffs et, en général, les articles les plus chers) a presque doublé, et le nombre des yards (comprenant surtout les articles de laine et coton tissés à la mécanique) a plus que quintuplé.

Il est vrai que la progression n'est pas la même en ce qui concerne les valeurs. En effet, le prix des étoffes a subi une réduction considérable dans l'espace des trente ou quarante dernières années. Les étoffes de laine et coton surtout ont baissé dans une proportion inouïe, et tel produit de ce genre qui valait 1 fr. 50 cent. à 2 fr. 50 cent. le mètre ne se vend plus guère aujourd'hui que 40 centimes à 1 franc; il se fait même des tissus écrus laine et coton à moins de 40 centimes, quoiqu'ils aient une largeur de 80 centimètres, ce qui correspond à 28 centimes pour la largeur adoptée en France dans les tissus destinés à l'impression. Aussi, bien que le nombre des pièces ait doublé, bien que celui des yards soit cinq fois plus fort, la valeur de l'exportation des tissus de laine est moindre aujourd'hui qu'en 1815 : on l'estimait, en 1815, à 9,381,000 livres sterling, soit à 235 millions de francs; elle a été, en 1851, y compris la bonneterie, de 8,180,000 livres sterling ou 215 millions de francs environ.

En somme, l'exportation totale en fils et tissus de laine a été, en 1850, de 10,040,000 livres sterling, et, en 1851, de 9,856,000 livres sterling, soit une moyenne d'environ 246 millions de francs, chiffre supérieur à celui de 1815[1].

[1] Si, au lieu de considérer l'année exceptionnelle de 1815, on établit la

Nous avons dit plus haut que la production annuelle de l'industrie pouvait être évaluée à 925 millions. Si l'on en distrait 246 millions pour l'exportation, il restera 680 millions pour la consommation intérieure. Ainsi l'exportation représenterait plus du quart de la production anglaise.

La statistique générale de 1841 indiquait que 245,000 personnes, moitié hommes et moitié femmes, étaient occupées à l'industrie du lainage dans toutes ses ramifications, depuis l'élevage des moutons jusqu'à la fabrication du tissu. Ce nombre a notablement augmenté depuis dix ans, et nous ne serions pas étonnés qu'il atteignît aujourd'hui de 350 à 400,000. Nous fondons cette appréciation sur les progrès mêmes des manufactures.

L'industrie anglaise, en effet, a donné, dans ces dernières années, une extension énorme à ses moyens de production. Voici l'état de ses forces comparatives en 1835 et en 1849 : le nombre des établissements de filature et de tissage s'est élevé de 1,313 à 1,998; celui des métiers à tisser, de 5,152 à 42,055; celui des ouvriers employés dans les fabriques, de 71,274 à 154,526.

Il résulte de ces renseignements que le nombre des ouvriers occupés dans les fabriques de lainage a plus que doublé dans l'espace de quatorze ans. C'est là un fait d'autant plus remarquable, que l'emploi progressif des moyens mécaniques tendait à réduire le nombre des bras : ainsi, sur les 42,055 métiers existants, la plupart sont mus par la force de l'eau ou de la vapeur et rendent quatre ou cinq fois plus que le tissage à la main; il en est de même du dévidage et de l'ourdissage qui qui se font, en grande partie, mécaniquement : on doit observer encore que les progrès de la filature ont permis de supprimer la moitié du personnel pour un nombre de broches donné. Il faut donc, pour que le nombre des ouvriers em-

comparaison pour les exportations entre 1830, qui donne le chiffre de 120 millions environ, et 1851, qui donne 246 millions, on trouve qu'elles ont doublé dans l'espace de vingt-deux ans.

ployés dans l'industrie de la laine ait plus que doublé, malgré toutes ces causes qui ont économisé la force manuelle, il faut, disons-nous, que la fabrication ait pris un développement vraiment prodigieux pendant ces dernières années.

A propos de cette augmentation du nombre des ouvriers, il y a une autre remarque à faire, c'est qu'elle a eu lieu principalement au profit des femmes et des enfants : le nombre des hommes ne s'est accru, dans la période de 1835 à 1849, que de 37,000 à 66,000, tandis que celui des femmes et des enfants s'est élevé de 34,000 à 88,000. Le premier n'a pas doublé, au lieu que le second s'est augmenté dans la proportion de deux et demi : ce changement dans le personnel, changement dû à l'extension des moyens mécaniques, qui ne demandent guère à l'ouvrier qu'un travail de surveillance, a permis de réaliser une nouvelle économie sur la main-d'œuvre.

Voici le résumé statistique de l'industrie des lainages en 1849, l'industrie de la laine peignée et celle de la laine cardée étant envisagée isolément.

INDUSTRIE DE LA LAINE PEIGNÉE.

	NOMBRE des établissements.	NOMBRE des broches de filature.	NOMBRE des métiers.	FORCE MOTRICE en chevaux.		NOMBRE d'ouvriers des deux sexes.
				Vapeur.	Eau.	
Filatures isolées........	230	428,420	»	4,181	936	23,478
Tissages isolés.........	97	»	12,814	1,124	76	15,716
Tissages et filatures réunis	155	447,177	19,796	4,387	608	39,364
Divers...............	19	224	6	198	5	1,179
TOTAUX......	501	875,830	32,616	9,890	1,625	79,737

INDUSTRIE DE LA LAINE CARDÉE.

	NOMBRE des établissements.	NOMBRE des broches.	NOMBRE des métiers.	FORCE MOTRICE en chevaux.		NOMBRE d'ouvriers des deux sexes
				Vapeur.	Eau.	
Filatures isolées........	1,047	972,258	"	7,421	5,853	37,952
Tissages isolés.........	10	"	257	28	13	359
Tissages et filatures réunis	225	621,310	9,182	4,404	2,080	29,493
Divers..............	215	1,710	"	1,604	734	6,985
TOTAUX......	1,497	1,595,278	9,439	13,457	8,680	74,789

Comme les documents des années antérieures donnent la statistique en masse de l'industrie de la laine cardée et de la laine peignée, sans établir aucune distinction entre elles, il n'est pas possible de suivre numériquement les progrès de l'une et de l'autre, mais nous avons constaté plus haut que le développement avait surtout porté sur l'industrie de la laine peignée; il résulte, d'ailleurs, des documents précédents que la laine peignée occupait, en 1849, plus d'ouvriers que la laine cardée : sur les 154,000 individus employés à la fabrication des lainages, il y en avait environ 80,000 pour la première et 74,000 pour la seconde. Ces chiffres comparatifs suffisent pour montrer toute l'extension qu'a reçue la production de ces tissus légers en laine pure ou mélangée qui se présentent sous des formes si diverses et qui conviennent à des usages si différents.

On jugera mieux encore des progrès de l'industrie de la laine, et notamment de la laine peignée, par l'accroissement rapide de la population dans les centres manufacturiers qui s'y adonnent. Dans le West-Riding, où elle n'était que de 593,000 habitants en 1801, elle est montée, en 1841, à 1,154,000, augmentation 104 p. o/o ; elle est accrue à Halifax de 63,000 à 130,000; à Huddersfield, de 14,000 à 38,000; à Leeds, de 53,000 à 152,000; à Rochdale, de 39,000 à 84,000; mais c'est surtout à Bradford que l'accroissement a été inouï.

L'histoire de la ville de Bradford est, en quelque sorte, celle de la laine peignée en Angleterre : au commencement du siècle, alors qu'elle ne renfermait que 13,000 âmes, toute la laine se filait et se tissait à la main dans les maisons particulières, chez les habitants. Les premiers métiers à filer y parurent secrètement en 1790; mais les débuts de cette découverte furent si difficiles et si lents, qu'on n'y comptait encore que 3 établissements en 1803. Cependant on vit peu à peu s'élever des filatures. Dès 1821, Bradford avait doublé le nombre de ses habitants, qui s'élevait à 26,000; quelques années après, en 1825, elle introduisait le tissage mécanique; en 1834, elle employait la chaîne coton, qui donnait aussitôt une impulsion considérable à ce mode de tissage; en 1836, elle commençait à mettre en œuvre l'alpaga et le poil de chèvre; un peu plus tard, elle apprenait à mélanger la soie avec la laine. Le développement successif de l'industrie de Bradford peut se résumer dans ce seul fait que la population de la ville atteint aujourd'hui 103,000 âmes : elle a gagné 90,000 habitants dans l'espace d'un demi-siècle.

L'Yorkshire, qui est le principal centre de l'industrie des lainages, compte aujourd'hui 746,281 broches de laine peignée, réparties entre 418 établissements et dont 355,792 se trouvent dans les districts de Bradford et de Bingley. Il renferme 30,856 métiers mécaniques, sur lesquels 17,294 appartiennent aux mêmes districts; il occupe 70,905 ouvriers; il ne paye le charbon que de 5 fr. 50 cent. à 7 francs les 1,000 kilogrammes, soit quatre ou cinq fois moins qu'on ne le paye en France dans la plupart de nos centres manufacturiers.

Le tableau suivant donne le prix des salaires payés dans l'industrie de la laine peignée, soit à la ville, soit à la campagne.

		Par semaine.
Salaires du peignage de la laine.	Ouvriers médiocres ou vieux	de 8 à 10fr
	—— habiles et jeunes	de 12 à 18
Salaires du peignage de l'alpaga ou du poil de chèvre et laine fine.	Selon l'habileté de l'ouvrier......	de 14 à 20
Salaires des trieurs de la matière brute, alpaga ou laine.	——	de 20 à 28
Salaires des surveillants de salle de 1re classe pour la laine peignée, mérinos.	——	de 30 à 50
Salaires des surveillants de salle de 2e classe, laine peignée, mérinos. (Filature.)	——	de 18 à 24
Salaires pour les surveillants et ouvriers fileurs de 1re classe pour la filature de l'alpaga et du poil de chèvre.	——	de 26 à 35
Salaires du tissage de toutes étoffes unies à la mécanique, belles qualités courantes ou qualités ordinaires.	Femmes ou tisseurs de 16 à 18 ans,	de 6 à 18
Salaires du tissage de toutes étoffes très-fines à la mécanique ou à la main.	Tisseurs expérimentés.........	de 15 à 30
Salaires des enfants de treize ans.	—— ..	de 4fr 3c à 5fr 6c
Salaires des enfants au-dessous de treize ans ne travaillant que la demi-journée,	—— ....,	de 2 8
Salaires des mécaniciens	——	de 23 à 35fr
Salaires des femmes employées aux préparations de la filature, retordage, bobinage, ourdissage.	——	de 5 à 9

Les salaires sont moins élevés en Écosse; mais, en revanche, la vie y est à meilleur marché, les logements coûtent moins, de telle sorte que la condition de l'ouvrier écossais est égale à celle de l'ouvrier anglais.

Les ouvriers sont soumis au bill des manufactures, qui a fixé la durée maximum du travail à 60 heures de travail par semaine pour les femmes et, par conséquence forcée, pour les hommes. Les renseignements que j'ai recueillis près des manufacturiers s'accordent à reconnaître les bons effets de cette mesure. Les ouvriers font au moins autant de besogne et gagnent au moins autant que lorsqu'ils travaillaient 72 à 80 heures; leur travail n'a pas souffert et leur santé s'est améliorée.

Le sort des ouvriers employés dans l'industrie des lainages est, en général, très-satisfaisant. Leur condition s'est améliorée de deux manières : d'une part, les salaires se sont élevés par l'effet même du développement de l'industrie, et, d'autre part, la vie est devenue meilleur marché par la réforme des lois céréales[1].

[1] *1845 à 1847.* — *1851.*

Un homme, une femme et trois enfants.

L'homme seul gagne :

	1845 à 1847.			*1851.*	
Salaire hebdomadaire...... 10^sh			Salaire. 13^sh 6^p.		
Dépense :					
2 stones de farine à 3^sh 6^p	7^sh	0^p	à 1^sh 8^p	3^sh	4^p
Loyer	1	3.	....	1	3
Charbon et taxes................	»	6	....	»	6
Cuisine et cuisson du pain	»	6	....	»	6
Pommes de terre................	»	6	....	»	3
A diminuer... 9^sh 9^p....	9	9	..... 5^sh 11^p..	5	11
Reste à l'ouvrier 3 deniers.			7 7		

Il restait donc pour toutes les autres dépenses :

Un homme qui ne gagnait que 10 schellings par semaine, de 1845 à 1847, en gagne aujourd'hui plus de 13. Sous les anciennes lois céréales, après avoir nourri une femme et trois enfants, il ne lui restait guère que 3 deniers pour subvenir aux autres besoins du ménage; il lui reste aujourd'hui près de 8 shellings, soit environ 10 francs. Grâce à cet excédant, il peut améliorer sa nourriture, accroître son bien-être, mettre quelque cho-e à la caisse d'épargne, à la caisse de secours mutuels, ou s'intéresser aux sociétés qui se forment pour l'acquisition des maisons.

Malheureusement pour l'Angleterre, si le sort des ouvriers de l'industrie s'est amélioré, ce n'a été qu'aux dépens des travailleurs de l'agriculture. Il est certain que l'agriculture britannique est dans un état de souffrance. Le prix actuel du blé

En 1847	3d
En 1851	7sh 7

1845 à 1847.			*1851.*		
Un homme, une femme et cinq enfants.					
L'homme seul gagne :					
Salaire hebdomadaire........ 15sh			Salaire ... 20sh		
Dépense :					
Farine, 3 stones à 3sh 6p..........	10sh	6p	à 1sh 8p.......	5sh	»
Loyer..........................	1	9	....	1	9
Charbon et taxes................	»	9	....	»	9
Cuisine et cuisson du pain........	»	6	....	»	6
Pommes de terre................	»	8	....	»	6
A diminuer 14sh 2p.......	14	2	A diminuer 8sh 6p	8	6
Reste à l'ouvrier 10 p.			Reste 11sh 6p.		

Il restait donc pour toutes les autres dépenses : en 1847..	»sh	10p
en 1851..	11	6

Ainsi, en moins de cinq années, l'ouvrier a vu sa position changer au point de pouvoir économiser 9 fr. 50 c. par semaine dans le premier cas, et 14 fr. 20 c. dans le deuxième cas.

ne couvre pas les frais de production. Reste à savoir, en outre, si l'amélioration obtenue par les ouvriers de l'industrie se soutiendra. Les fabriques étrangères grandissent, et l'industrie anglaise, serrée de plus en plus par la concurrence, sera peut-être conduite quelque jour à diminuer le taux des salaires pour conserver ses débouchés. Les ouvriers se trouveraient alors ramenés à peu près à la même situation qu'auparavant, puisque les salaires auraient subi une réduction proportionnée à celle du prix des subsistances. Il y aurait, toutefois, cette différence que l'existence des populations laborieuses se trouverait dans une dépendance encore plus complète de l'étranger. Qu'arriverait-il dans le cas d'une guerre maritime, d'une interruption du commerce extérieur? C'est que, l'Angleterre ne pouvant plus exporter autant de produits et importer les céréales qui lui font défaut, les ouvriers manqueraient de travail et n'auraient plus de pain. Il est nécessaire de ne pas perdre de vue que le sort de l'ouvrier, dans l'industrie qui nous occupe, a été, jusqu'ici, favorisé d'une manière en quelque sorte exceptionnelle par le progrès continu de la fabrication de la laine peignée. Tandis que la plupart des industries ont subi des crises périodiques, celle de la laine peignée a toujours marché en avant, a constamment prospéré depuis 1836, époque à laquelle elle commença à prendre un grand essor. Les encombrements de produits ont été rares, et ils n'ont jamais eu d'autre conséquence que d'occasionner des baisses momentanées que le fabricant pouvait supporter facilement.

Après ce résumé historique et statistique de l'industrie des lainages en Angleterre, nous allons aborder l'examen des produits qu'elle avait envoyés au Palais de cristal. Nous trouvons les fabricants anglais, dans cette industrie comme dans toutes les autres, s'attachant à produire les articles de consommation courante par masse et au meilleur marché possible. Ils ne font pas ces tissus fins, légers, transparents, d'un aspect si élégant et si riche, dans lesquels excelle le goût français; ce n'est pas là leur affaire : ce qu'ils poursuivent, à l'aide de perfectionnements qui se succèdent sans relâche, c'est la fabrication des étoffes à bas prix, qui conviennent aux classes les plus nombreuses, et qui peuvent obtenir, par cela même, le débouché le plus étendu. Pour atteindre ce but, ils s'ingénient incessamment à substituer la mécanique à la main-d'œuvre, à se procurer et à employer de nouvelles matières textiles, à trouver des mélanges économiques, à solliciter la consommation par tous les moyens. Nous avons, sous ces divers points de vue, des enseignements à tirer de l'étude des produits anglais, et nous ne manquerons pas de les signaler dans le courant de notre rapport, à mesure qu'ils se présenteront.

FILS DE LAINE CARDÉE.

La filature de la laine cardée n'a pas fait de progrès considérables. Le nombre des manufacturiers qui avaient envoyé des produits de ce genre était très-minime. Leur exhibition ne présentait pas de fils d'une grande finesse. Les numéros les plus fins n'atteignaient que 23 m/m à la livre, et la plus grande partie consistait en fils de 6 à 15 m/m.

Les numéros de 23 m/m provenaient de la maison John Rand et fils; ils étaient d'une régularité irréprochable. La laine était ce que nous appelons sous-filée, c'est-à-dire faite avec les plus belles primes de la Saxe. Le fil ainsi obtenu est plein et plus semblable à la demi-chaîne, ce qui rend le tissage plus facile et le déchet moins abondant.

On peut citer encore quelques bas numéros qui étaient filés en laine presque aussi fine que celle des numéros supérieurs, et qui étaient destinés à la fabrication des beaux châles tartans de Glasgow, fabrication sans rivale, dont nos élégantes parisiennes ont fait plus d'une fois entrer les produits en contrebande à leur retour de l'Exposition.

Nous n'hésitons cependant pas à dire que la filature de la laine cardée est moins avancée en Angleterre qu'en France; que nous n'avons rencontré nulle part, ni au Palais de cristal, ni au dehors, des fils comparables en finesse à ceux de quelques-uns de nos filateurs; que surtout, à qualité égale de laine, nos filateurs obtiennent des fils beaucoup plus fins.

FILS DE LAINE LONGUE PEIGNÉE.

La filature de la laine peignée se divise en deux catégories principales, la filature de la laine longue anglaise et la filature de la laine mérinos.

L'Angleterre, comme on pouvait s'y attendre, a la supériorité dans la filature de la laine longue lisse, qui provient d'une race indigène. Cette supériorité, elle l'avait déjà au XVIIIe siècle; elle l'a conservée depuis la découverte de l'emploi des moyens mécaniques.

Les recherches que nous avons faites au moment de l'Exposition nous ont permis d'évaluer à 800,000 le nombre des broches employées à la filature de la laine longue; mais ce nombre s'est encore accru depuis un an, et nous croyons qu'il dépasse aujourd'hui 850,000. Sur ces 850,000 broches, l'Yorkshire en possède environ 750,000, ou la plus grande partie.

La filature de la laine anglaise a fait des progrès immenses. Secondée par les améliorations apportées au peignage, elle a perfectionné les machines préparatoires, s'est emparée du *self-acting* ou métier renvideur employé dans la filature du coton. Il y a vingt ans, il fallait un homme et des rattacheurs pour conduire 180 broches; aujourd'hui une salle de filature contenant 1,600, 1,800, et jusqu'à 2,600 broches, est menée par un seul surveillant, aidé par des adultes rattacheurs, qui ont quelquefois jusqu'à 800 broches à soigner. Il est facile de comprendre le bon marché auquel le filateur anglais peut produire avec un personnel aussi réduit et avec du charbon à vil prix.

La production d'une broche filant de la laine anglaise au n° 40 (n° 23$^{m}/_{m}$ au demi-kilogramme) est, en moyenne, de 63 livres par an (28^{k},500). Nous venons de dire que le nombre des broches existant en Angleterre était de plus de 850,000: ce serait donc, en totalité, une production annuelle de 25 millions de kilogrammes.

Les établissements français qui filent la laine anglaise sont bien loin d'être aussi avancés : ils produisent par broche un tiers de moins et ils emploient un nombre d'ouvriers trois fois plus considérable. 1,800 broches n'exigent, en Angleterre, que trois ouvriers, et, si l'on y joint ceux qui sont appliqués aux préparations de la laine, soit, au maximum, un ouvrier à raison de 200 broches, le nombre des ouvriers s'élèvera, pour les 1,800 broches, à 12 en totalité. A Roubaix, où l'on se sert de l'ancien système, 200 broches emploient 3 ouvriers au métier en fin et 1 ouvrier aux préparations, ce qui représente, pour 1,800 broches, 35 ouvriers au lieu de 12.

Le peignage à la main revient, en Angleterre, à 35 ou 45 centimes la livre. Le prix de façon de la filature est, pour le n° 45 anglais, de 1 sh. 5 p. par 3 livres 11 onces 3/5, soit 1 centime 1/4 de l'échet. Enfin la livre du n° 40 anglais, correspondant au n° 32 français, ancien échet, ne coûte que de 1 fr. 85 cent. à 2 francs le demi-kilogramme.

On s'explique, d'après ce bas prix de la filature, comment les Anglais peuvent livrer à 30 centimes seulement un mètre de mousseline de laine chaîne coton, tandis qu'ayant voulu essayer d'obtenir une qualité identique avec des fils français, nous n'avons pu arriver, avec toute l'économie possible, qu'à un prix de 45 centimes, et, par conséquent, supérieur de 50 p. o/o.

Pour avoir une idée de tout le parti que les manufacturiers sont parvenus à tirer de la laine longue, il suffisait de jeter les yeux sur la case de MM. J. Sugden frères, de Dockroyd (Yorkshire), qui ne présentait pas moins de 805 spécimens. Là se trouvaient des fils à tous les degrés de finesse, depuis les fils à bonneterie jusqu'aux fils employés au tissage des serges, des camelots, des stoffs, des orléans et des belles popelines d'Irlande et de Norwich, qui jouissent d'une si grande réputation.

A côté de MM. Sugden frères, il faut mettre MM. John Forster et Cie et MM. Townend frères, qui filent et tissent en même temps. Ces trois établissements, qui occupent le premier rang, renferment ensemble plus de 50,000 broches, non compris les broches de retordage. Il y a chez MM. Sugden frères des salles qui contiennent 2,622 broches.

Notre attention s'est portée principalement sur le fil dit *genappe*, sur le fil à popeline et sur le *heald-yarn*. Le genappe est fait avec la laine longue à laquelle on mêle quelquefois de l'alpaga ou du poil de chèvre; il est grillé au gaz, privé de tout duvet, et est employé surtout dans la passementerie et dans certaines étoffes nouveautés. Celui que nous avons vu à l'Exposition allait jusqu'au n° 60 anglais : il était très-bien réussi; nous en dirons autant du fil à popeline, qui se fait avec les mêmes matières, qui se fabrique à peu près comme le genappe, et dont les échantillons exposés étaient également remarquables par leur douceur, par leur souplesse, par la facilité avec laquelle ils avaient pris les plus belles nuances. Tous les numéros étaient au-dessous du 50 anglais. Quant au fil appelé *heald-yarn*, employé universellement en Angleterre par les fabricants de calicot pour lisses de tissages, il était tordu de telle manière qu'il était aussi roide que du fil de laiton; filé jusqu'au n° 40 anglais, il avait été doublé jusqu'à dix fois. Il offrait toutes les garanties de durée qui le font préférer au fil de lissure en coton, malgré son plus haut prix. Du reste, il ne faut pas croire que les manufacturiers français se soient laissé battre dans la fabrication de ces fils; ils sont arrivés, au contraire, à force de persévérance, à de très-beaux résultats. Leurs fils pour popeline, pour passementerie, pour nouveauté, sont magnifiques, et nos fabricants y ont d'autant plus de mérite, qu'ils n'ont pas sous la main, comme les Anglais, des marchés approvisionnés en toute espèce de qualités de laine longue.

FILS DE LAINE MÉRINOS PEIGNÉE.

Si les Anglais nous ont précédés dans la filature de la laine longue lisse, il n'en est pas de même en ce qui concerne la laine mérinos peignée. L'industrie de la laine mérinos peignée n'a pris naissance de l'autre côté du détroit qu'il y a peu d'années seulement. Nos voisins n'ont été conduits à s'en occuper que lorsqu'ils ont vu les magnifiques laines de leurs colonies de l'Australie et du Cap leur arriver en abondance et encombrer leurs docks.

Il leur a, d'ailleurs, été facile de l'établir sans efforts, sans essais, sans tâtonnements. Ils n'ont eu qu'à copier ce que nous avions fait, et ils ont, en effet, commencé par importer les belles machines de MM. Villeminot et Bruneaux. Aujourd'hui nos modèles leur servent à construire des métiers qu'ils envoient en France, mais, il faut le dire, avec une modification dont l'idée leur appartient, l'application du self-acting ou métier renvideur. Nos constructeurs ne luttent qu'à force de soins, de perfectionnements, en faisant des machines plus précises, plus durables, qui permettent d'obtenir des produits supérieurs.

L'Angleterre débute donc d'une manière remarquable. Elle ne possède encore, il est vrai, que 50,000 broches de laine peignée mérinos; mais il ne faut pas que nous nous fassions illusion : si elle n'a pas donné plus de développement à cette filature, c'est que les tissus de mérinos pur se font à la main. Le jour où l'on pourra leur appliquer le tissage mécanique, il faut s'attendre à la voir installer cette industrie sur une grande échelle et engager une lutte très-dangereuse pour les intérêts français.

On comprend, en effet, que les Anglais dédaignent tout ce qui ne peut pas se tisser mécaniquement. Il leur est impossible d'entreprendre en grand un produit qui nécessite un travail à la main; la main-d'œuvre leur coûte trop cher. S'ils n'ont pas encore porté leurs efforts sur le mérinos et sur les autres étoffes de la même famille, la cause en est uniquement à ce qu'ils n'ont pu tisser les chaînes simples en laine mérinos avec les machines. La question changerait complétement de face et l'industrie britannique reprendrait tous ses avantages, si ce problème venait à être résolu.

Nous avons dit que l'importation des laines en Angleterre avait été de 83 millions de livres dans l'année 1851. Si l'on en déduit 8 millions qui ont été réexportés, il reste 75 millions qui ont été affectés à la consommation intérieure. Or près de la moitié, ou les deux cinquièmes au moins, étaient de la laine propre au peigne : c'étaient des laines d'Australie et des laines extra-fines d'Allemagne employées pour les mérinos supérieurs.

Le peignage de la laine mérinos se fait, en Angleterre, à la main pour les laines très-fines, à la mécanique pour les laines communes et moyennes.

Il y a deux systèmes mécaniques : l'un, qui est à la veille d'être abandonné, a quelque analogie avec le système Collier; l'autre, que nous appelons système Lister et Holden, réunit à peu près toutes les conditions de perfection de la machine inventée chez nous par M. Josué Heilmann et exploitée par MM. Nicolas Schlumberger et Cie.

Les Anglais se servent aussi d'un système mixte qui produit un peigné cardé d'une très-grande pureté, et qui a beaucoup d'analogie avec les systèmes employés à Reims par M. Vigoureux, et à Chantilly par M. Cauvet. C'est avec ce peigné cardé que les Anglais tissent les étoffes où l'emploi du fil cardé est nécessaire, mais qui demandent des numéros plus fins que ceux qu'ils filent en cardé pur. Ils l'appliquent notamment à la fabrication d'étoffes à pantalons et à gilets dont la chaîne est en coton.

Les deux seuls filateurs dont nous ayons à citer les produits sont MM. John Rand et fils, de Bradford, et MM. H. Pease et Cie, de Darlington. Le premier, qui n'a que 3,000 broches, a exposé une chaîne aux n°s 40 et 45 m/m, et une trame au n° 90/92 m/m au demi-kilogramme. Le second, qui possède 10,000 broches, a exposé des fils depuis 40 jusqu'à 160, c'est-à-dire de 23 à 92 m/m au demi-kilogramme. MM. H. Pease et Cie tissent néanmoins une grande partie de leurs fils, dans un atelier de 210 métiers mécaniques. Ils font également des fils de bonneterie et emploient beaucoup de broches de retordage. La force utilisée par eux est de 150 chevaux vapeur ou hydrauliques.

Les fils extra-fins, qui étaient exposés au Palais de cristal, avaient été faits évidemment tout exprès pour l'exhibition universelle. Les fabricants ont voulu, qu'on nous passe l'expression, jeter de la poudre aux yeux. Ce n'était pas là de la fabrication courante. Ce qui est de l'emploi usuel, ce sont les fils de 25 m/m à 36 m/m. Ils présentaient beaucoup de régularité, et ils étaient doués d'une solidité assez grande pour supporter la fatigue résultant de la vitesse de la navette.

La laine mérinos est peignée et filée en gras. La raison en est simple : cette laine s'emploie surtout dans les tissages mécaniques sur chaîne coton ; or la nécessité d'entasser facilement la trame sur la chaîne, sans la voir se gonfler et revenir sur le coup du battant, rend la présence de l'huile en quelque sorte indispensable dans le fil qui se place à raison de 150 et jusqu'à 160 coups à la minute.

Ajoutons que les laines sont sous-filées de dix numéros au moins ; en d'autres termes, avec les mêmes laines, les filateurs français auraient obtenu des fils supérieurs de plus de dix numéros en finesse. Les fabricants anglais y trouvent l'avantage de donner au fil encore plus de solidité. On peut dire qu'ils filent de la demi-chaîne et non de la trame. Mais, grâce à la finesse de la laine, grâce au plus grand nombre de brins que présente le même numéro comparativement au produit français, le fil se conduit mieux dans les étirages de la filature ; il ne casse pas ; les fonctions des rattacheurs sont presque nulles ; on peut donner plus de vitesse au moteur et employer moins de monde. Ce sous-filage semble, pour les Anglais, une condition du tissage mécanique.

Nous croyons cependant que les trames faites par nos plus habiles filateurs se tisseraient aussi bien et ne casseraient pas davantage avec un nombre égal de coups de battant, quoiqu'ils eussent employé des laines moins fines pour obtenir les mêmes numéros.

Les filateurs anglais tissent presque tous chez eux une partie de leurs produits ; ils vendent le reste à Bradford, à Norwich, à Glasgow, etc.

Tous ces fils servent à fabriquer des mérinos chaîne coton ; des cobourg, espèce de cachemire d'Écosse, chaîne coton, croisée d'un seul côté et se tissant au moyen de métiers mécaniques sur une chaîne retordue à deux brins, d'une grande solidité; des mérinos doubles pour habits d'hommes, des mousseline-laine, des paramatas ou bombasines, des châles, des baréges, des camelots, etc.

Concluons de tout ce qui précède que les premiers pas de l'industrie anglaise dans la filature de la laine mérinos peignée sont remarquables; qu'elle n'a pas encore atteint le même degré de perfection que l'industrie française; que, numéro pour numéro, le fil français, quoique fait avec une laine inférieure en finesse et contenant par conséquent moins de brins, est supérieur en régularité au fil anglais; mais que nous ferons bien de nous tenir sur nos gardes, attendu que les Anglais n'ont pas encore dit leur dernier mot.

FILS D'ALPAGA.

Voici un genre de filature très-intéressant qui a été conquis par l'Angleterre, et dont elle est seule en possession.

L'alpaga est, comme on sait, un animal de la famille du lama, qui habite les régions montagneuses du Pérou. La laine ou le poil qu'il produit est de différentes nuances, noir, blanc, gris, marron; elle est caractérisée par son brillant et son lustre, par sa douceur, par la longueur de sa mèche.

Il n'y a guère que seize ans que la filature de cette laine fut essayée par M. Titus Salt, de Bradford. Aujourd'hui l'Angleterre importe tout ce que produit le Pérou : c'est plus de 1,650,000 livres.

L'Angleterre a retiré deux avantages de cette découverte : l'un, de créer une industrie nouvelle; l'autre, de fournir un fret à sa marine, et de pouvoir exporter, en retour de l'alpaga, une certaine quantité de produits manufacturés.

C'est grâce à ses importations d'alpaga, de laine et de cuivre, que l'Angleterre peut exporter au Pérou et au Chili une masse de marchandises montant à plus de 50 millions par année, et qu'elle maintient ainsi sa prépondérance commerciale sur les côtes du Pacifique.

On a fait des tentatives pour naturaliser l'alpaga, soit dans la Grande-Bretagne [1], soit dans les colonies australiennes où le climat offre de bonnes chances de réussite; mais ces essais n'ont pas encore donné de résultats concluants, et c'est toujours le Pérou qui a le monopole de cette production.

Sur les 1,655,000 livres que l'Angleterre a importées en 1849, elle en a gardé 1,530,000 pour son industrie et elle en a réexporté 126,000 qui se sont partagées comme suit : 85,900 en Belgique, 33,000 en Suède, 5,890 en Allemagne, et 855 seulement en France.

Ainsi la France, qui avait essayé cette matière avec succès, il y a une quinzaine d'années, n'a pas compris tout le parti qu'elle pouvait en tirer; elle s'en est servie dans la fabrication de quelques articles de nouveautés, et, cette mode passée, elle l'a abandonnée au lieu de chercher à l'appliquer à des étoffes d'un usage populaire.

Pendant ce temps-là, les fabricants anglais se sont ingéniés à utiliser l'alpaga pour la consommation générale. Ils l'ont mélangé avec la soie et le coton; avec la soie, ils ont obtenu des tissus d'un admirable brillant. Mais, fidèles à leur système de faire descendre leurs créations le plus possible à la portée des masses, ils l'ont surtout mélangé avec le coton, et ils ont livré des tissus si beaux et si bien apprêtés, que leur lustre rivalise avec la soie.

L'alpaga est tellement recherché, qu'il est monté, en 1849, de 14 deniers 1/2 à 2 shellings 2 pence la livre; il vaut aujourd'hui 2 shellings 4 pence. Ainsi le prix a doublé en trois ans. Malgré cette hausse, la demande ne se ralentit pas. Il y a même une sorte d'engouement pour une étoffe qui possède toutes les qualités que les femmes apprécient le plus,

[1] Le prince Albert possède quelques-uns de ces animaux dans le parc de Windsor; et le comte de Derby est propriétaire d'un troupeau de 60 têtes à Knowsley.

élégance, souplesse et durée; la rareté de la matière empêche seule que cette industrie ne prenne un essor plus considérable. Le commerce de l'alpaga, malgré son importance, est dans peu de mains; et, au moment de l'Exposition, tous les arrivages étaient retenus pour plus de cinq mois.

Nous nous sommes procuré un compte très-exact constatant le triage des toisons de l'alpaga, c'est-à-dire la division faite dans chaque toison des diverses qualités de poils qu'elle contient, des diverses couleurs existant chez elle. Les poils sont appliqués à divers emplois, selon leur longueur. Ce classement contient les proportions de chaque qualité contenue dans la toison, et indique le travail auquel elle est soumise[1].

Le peigné est réservé exclusivement pour les tissus pour robes. Les blousses, déchets, abats, etc., sont vendus à des fabricants qui en font des velours, des peluches d'alpaga et des draps à longs poils lustrés.

Le fil que l'on fait avec la blousse ressemble aux fils de laine employés dans les draps communs, sauf le toucher qui est plus doux; on le file avec les mêmes machines. Les blousses fines conservent leur toucher doux et leur brillant. Les chutes de peigne, les courts, etc., s'emploient comme la blousse.

La blousse, avant de servir à la carde, est, ainsi que les courts, abats, etc., repeignée à la machine; le peigné sert comme celui du premier peignage, pour faire le fil pour robe seulement; ce fil est moins solide et sa propreté et son brillant sont loin d'égaler le premier peigné fait à la main.

En 1851, les prix du peigné et de la blousse de l'alpaga étaient au taux suivant, exprimés en shellings et pences :

Peigné...... nᵒˢ	5	4	3	2	1	Ce prix est celui de la livre anglaise de 453. 55 grammes.
	2/4	3	3/6	4/2	5	
Blousse........... nᵒˢ			3	2	1	*Idem.*
			1/3	1/	8ᵈ	
Laine à carde...............					1/8	*Idem.*
Abats.....................					1/	
Chute du peigne............					4ᵈ	

[1] Nous donnons ici le tableau du rendement de l'alpaga que nous devons

Les fils se font généralement depuis le n° 20 à 80 anglais (de 12 à 50 $^m/_m$ français) pour la fabrication courante. Cepen-

à l'obligeance de M. Robert Milligan, manufacturier très-distingué de Bingley, près Bradford :

RENDEMENT DE 240 BALLOTS D'ALPAGA.

COULEURS diverses que donnent les toisons des l'alpaga.	NUMÉRO DE TRIAGE. 1 fin.	2.	3.	4.	5 ordinaire.	BLOUSSES. Bas n° 1.	Moyen n° 2.	Meilleur, n° 3.	COURT abats.	CHUTE du peigne	TOISONS à poils courts, laine à carde, subissant un peignage avant d'être employée à la carde.
Blanc. .	337	541	902	673	»	50	369	120	222	340	»
Marron.	139	492	810	354	»	20	315	87	135	98	»
Gris écru	435	1,282	2,415	834	409	85	1,042	444	397	130	112
Noir....	158	648	1,358	446	»	26	431	150	256	66	»
Total.	1,069	2,963	5,485	2,307	409	187	2,160	801	1,010	634	112

RÉCAPITULATION.

CONTENANCE DES BALLOTS.

Ballot 72, alpaga blanc.....	5,630lbs	
—— 15, —— gris écru..	1,182	
—— 58, —— marron...	4,717	
—— 78, —— noir......	6,032	
—— 17, —— mélangé..	1,496	
	19,057	
Tare.............	649	
Poids net.........	18,408	

N° 1. Peigné........	1,069lbs	Extra super.
— 2. *Idem*..........	2,963	Super.
— 3. *Idem*..........	5,485	Fin.
— 4. *Idem*..........	2,307	Moyenne finesse.
— 5. *Idem*..........	409	Gros.
— 1. Blousse	187	Inférieur.
— 2. *Idem*..........	2,160	Moyenne qualité.
— 3. *Idem*..........	801	Fine.
Courts (Abats).......	1,010	Débordages, cuisses, ventre.
Chute du peigne......	634	Étirons mêlés à la blousse pour être repeignés.
Laine à carde........	112	Toisons courtes, poil court.
	17,137	
Évaporation, poussière.	1,271	
	18,408	

Les industriels de Roubaix, de Tourcoing et d'Amiens, ont un grand intérêt à connaître ces chiffres et à analyser cette belle industrie.

dont M. Titus Salt, qui fait de merveilleux tissus avec cette belle matière, pousse au besoin le numéro des primes jusqu'à 200 anglais.

La filature de l'alpaga n'offre pas, du reste, de grandes difficultés. Les machines qui les filent sont les mêmes que pour la laine longue anglaise; il faut seulement beaucoup plus d'adresse et de soins.

A la tête des exposants apparaît M. Titus Salt, dont nous avons déjà parlé et qui est le créateur du genre. Aucune autre maison n'est arrivée à un tel degré de perfection. L'alpaga et le poil de chèvre se filent, entre ses mains, presque aussi fin que la laine mérinos extra-fine en France : à la finesse il joint la solidité, qualité précieuse pour le tissage mécanique. Il possédait, au moment de l'exposition, 22,000 broches groupées dans Bradford filant la laine anglaise, l'alpaga ou le poil de chèvre, et il était en train de terminer un établissement grandiose qui devait renfermer 10 à 15,000 broches : c'est une production colossale. Ses approvisionnements en matière première seulement représentent des millions. M. Salt emploie tous ses fils, à l'exception de ceux de poil de chèvre dans ses divers tissages, et il montre, dans toutes ces créations variées de tissus unis, l'inépuisable imagination du génie français.

Après M. Titus Salt, les fabricants les plus importants sont : MM. John Forster et fils, de Bradford, MM. Townend frères, à Cullingworth, MM. Walter, Melligan et fils, etc., etc.

FILS DE POIL DE CHÈVRE.

La filature du poil de chèvre présente encore un exemple de l'habileté de l'industrie anglaise à tirer parti des matières textiles.

Le poil de chèvre, produit presque exclusivement par l'Asie Mineure, où il est admirable, et par la Russie, a plus de lustre que l'alpaga et convient à des fabrications très-diverses. Il y a une vingtaine d'années, il était à peu près inconnu en Europe comme matière brute; il venait tout filé de l'Orient où le filage se faisait à la main. La ville d'Amiens en tirait surtout une grande quantité pour la fabrication de ses velours d'Utrecht.

Cependant les Anglais eurent l'idée de faire venir la matière brute et d'essayer de la filer mécaniquement. C'est vers 1835 que les premiers essais eurent lieu; ils obtinrent d'abord peu de succès, et cela s'explique par le manque de flexibilité et d'adhérence des brins qui se prêtaient peu à l'étirage; ils persévérèrent, et leur constance fut couronnée de succès : ils parvinrent à soumettre le poil de chèvre au filage mécanique.

L'Angleterre a importé 2,536,000 livres de poil de chèvre en 1849, et cette quantité s'est encore accrue pendant les dernières années.

Il est arrivé, d'ailleurs, pour le poil de chèvre ce qui s'est passé pour l'alpaga, c'est que l'accroissement de la demande en a singulièrement renchéri les prix. Il ne se vendait qu'un schelling la livre en 1848; il vaut 2 shellings en 1851 : le prix a doublé.

Le poil de chèvre est employé pour les velours d'Utrecht; la passementerie l'utilise; il entre dans la fabrication d'un grand nombre d'étoffes pour robes et pour gilets; mélangé avec la laine anglaise, il sert à imiter l'alpaga de manière à s'y tromper.

Le fil de poil de chèvre est difficile à produire beau et régulier. Les Anglais le font avec une rare perfection, et tous les échantillons que nous avons placés à côté des fils anglais ne peuvent supporter la comparaison.

Les établissements qui filent le poil de chèvre sont les mêmes que ceux qui filent l'alpaga.

C'est encore M. Salt qu'il faut nommer à la tête des filateurs de poil de chèvre; c'est lui qui a développé cette industrie. Ses poils de chèvre ne sont pas moins remarquables que ses fils d'alpaga. La série qu'il a exposée va de 24 à 100 anglais, c'est-à-dire de 15 à 60 m/m au demi-kilogramme.

L'Angleterre nous fournit aujourd'hui une grande partie des fils de poil de chèvre que nous mettons en œuvre : à Norwich seulement, plus de mille personnes sont occupées à la filature de cette matière, pour l'exportation en France et en Allemagne. C'est la place d'Amiens qui absorbe la majeure partie de cette importation. Une seule maison de Bradford expédie en France, chaque semaine, près de 3,000 kilogrammes de fil.

Nul doute, cependant, que nos filatures ne parviennent à conquérir cette branche de travail, s'ils font des efforts et s'ils sont convenablement protégés.

Ce que notre administration des douanes ne doit pas perdre de vue dans l'application des tarifs, c'est que les fils de poil de chèvre importés d'Angleterre sont presque toujours mélangés de laines longues, souvent dans de très-grandes proportions, et qu'il est à peu près impossible de connaître ce mélange même avec un coup d'œil exercé.

Il serait d'autant plus important de fixer et de développer cette filature en France, que nos fabricants en tireraient certainement le plus grand parti dans les étoffes nouveautés.

TISSUS DE LAINE LONGUE PEIGNÉE.

L'industrie anglaise, grâce à la matière première qu'elle trouve sur le territoire même de la Grande-Bretagne, a conservé le monopole de ces tissus qui étaient déjà, dans le XVII° et le XVIII° siècle, l'objet d'une fabrication considérable, et qui sont connus sous les noms de shallooms, says, serges camelots, long-ells, escots, etc.

Toutes ces étoffes, dont l'usage date de loin, se trouvaient à l'Exposition; mais, à côté d'elles, se montraient également les tissus nouveaux qui en descendent en droite ligne, tels que les lastings, les alépines, les damas pour meubles, etc., etc.

Nous ne pouvons disputer cette fabrication aux Anglais; ils ont toute espèce d'avantages sur nous. Ainsi, les serges, camelots, étamines ou tamises que nous faisons en France ne sont destinés qu'à la consommation intérieure; leur aspect est, d'ailleurs, un peu différent de celui des tissus anglais, ce qui est dû à l'emploi de certaines laines métis ou mérinos bâtardes que notre vieille Picardie produit encore.

Les Anglais ne rencontrent de concurrence à l'extérieur que de la part des Hollandais. Ces derniers possèdent une nature de laine longue qu'ils emploient surtout à la fabrication des long-ells; ils en exportent une grande quantité dans les mers de l'Inde, et ils obtiennent la préférence notamment en Chine.

Les tissus exposés par les Anglais étaient, en général, bien réussis. Les damas de laine à dessins sont fort beaux, ils sont à très-bon marché, et ils forment la plupart des ameublements en Allemagne et en Suisse.

Nous devons une mention spéciale au tissu dit moréen, pour meubles. Ce tissu se faisait depuis longtemps; mais M. Salt a eu l'idée d'y employer des laines de Donskoï, laines russes d'une nature rude et commune, qu'il parvient à filer avec la même perfection que la laine anglaise. Il a produit de cette manière des tissus d'un grain très-gros, qu'il moire au moyen d'un puissant cylindre. Le tissu moréen se distingue par son aspect brillant, par sa solidité et par son bas prix: il ne coûte que 1 franc à 1 fr. 75 cent. en couleur, 2 fr. 20 cent. à 2 fr. 60 cent. en blanc. A la portée de toutes les fortunes, il est adopté par toutes les classes.

Nul doute que ce genre de tissu ne réussît en France: c'est une création que la fabrique de Roubaix pourrait facilement importer; elle pourrait acheter les laines de Donskoï aussi bien que la fabrique anglaise. Tout l'art est dans la manière de faire le fil, et ce n'est pas une difficulté de nature à arrêter nos manufacturiers.

TISSUS DE LAINE MÉRINOS PEIGNÉE.

Les Anglais ne font et ne peuvent guère faire que ce qui se tisse mécaniquement. Quelques essais en tissus mérinos à la mécanique ont été tentés; des échantillons ont même été exposés au Palais de cristal par MM. J. Rand et fils: ils étaient très-beaux. Nous nous en étions émus d'abord, mais l'examen nous a fait reconnaître que la chaîne était à deux bouts retordus; nous faisons aussi bien avec nos chaînes simples.

TISSUS DE LAINE LONGUE, OU MÉRINOS MÉLANGÉS DE COTON.

L'industrie qui consiste à tisser la laine sur une chaîne coton est aujourd'hui une des plus grandes industries de l'Angleterre. Ce n'est pas cependant chez nos voisins qu'elle a pris naissance : elle n'est que l'application d'une idée française. C'est en France que nous avons les premiers fabriqué la mousseline-laine avec la chaîne coton ; mais les Anglais se sont bien vite emparés de cette invention, si merveilleusement appropriée aux tendances naturelles de leur industrie, puisqu'elle leur fournissait le moyen de supprimer le travail manuel et de le remplacer par le tissage mécanique. Ils l'ont étendue, généralisée ; ils sont parvenus ainsi à fabriquer des masses d'étoffes variées, qu'ils peuvent livrer à très-bas prix, et qu'ils envoient sur tous les marchés du monde.

L'exhibition des tissus de laine et coton présentait deux catégories distinctes :

1° Les tissus en laine longue peignée et coton ;

2° Les tissus en laine mérinos peignée et coton.

Nous trouvons dans la première catégorie les orléans unis et façonnés, les orléans croisés, les baréges, les étoffes à doublure, les lastings, les serges, les damas et la plupart des tissus qui se font en laine longue pure. Ces articles se fabriquent également chez nous à Roubaix et à Amiens. Les tissus de Bradford ne sont pas supérieurs à ceux de Roubaix. La différence est dans le prix de revient, qui est inférieur de 30 p. 0/0 pour les Anglais ; ce qui s'explique surtout par le meilleur marché des matières premières, mais aussi par l'économie des procédés de fabrication.

En Angleterre, tous ces tissus, sauf quelques étoffes façonnées à la Jacquart, se font à la mécanique ; ils reçoivent ensuite la teinture en pièces. C'est ainsi qu'on fabrique même les tissus fantaisie ayant une chaîne d'une couleur autre que celle de la trame.

A Roubaix, au contraire, ces tissus se font à la main. Pourquoi nos manufacturiers n'emploieraient-ils pas les mêmes moyens que les fabricants anglais? Tout ce qui se tisse sur chaîne coton et sur chaîne laine à deux brins retordus, teintes ou écrues, peut recevoir l'application de la mécanique; on peut même l'étendre aux damas pour ameublement, en se servant d'une grosse chaîne coton. Quelle cause empêcherait donc notre industrie de recourir à un procédé qui lui permettrait d'économiser 50 p. o/o sur la main-d'œuvre? Ce n'est certainement pas la difficulté de la teinture en pièce : nous avons d'excellents teinturiers qui la pratiquent aussi bien que ceux du Royaume-Uni.

Les Anglais sont arrivés à produire ces tissus à un bon marché incroyable. Nous avons vu des toiles unies, laine et coton, teintes et apprêtées, depuis 50 centimes jusqu'à 1 franc le mètre, suivant le degré de finesse. Les façonnés ne coûtent pas beaucoup plus cher.

Il y a un produit dont nos voisins tirent un grand parti et qu'ils exportent en grande quantité: c'est l'espèce de manteau en forme de couverture troué au milieu pour donner passage à la tête, et connu dans les Amériques sous le nom de poncho. On le fait en chaîne coton et en trame laine anglaise, avec des couleurs vives et heurtées. Quelques-uns, destinés aux élégants du Mexique ou de l'Amérique du Sud, ont des bandes de soie. Si nos fabricants ne peuvent établir les ponchos communs à aussi bas prix que les Anglais, il n'en est pas de même des ponchos de luxe. Nous avons fait fabriquer nous-même, à Amiens, quelques articles de ce genre qui ont été très-goûtés; nous croyons que nos manufacturiers pourraient, en se livrant à cette fabrication et en lui imprimant le cachet de l'industrie française, s'ouvrir un nouveau débouché.

La deuxième catégorie des tissus laine et coton, c'est-à-dire celle des tissus où le coton est mélangé à la laine mérinos peignée, renferme principalement les cobourg et les paramatta.

Le cobourg est un tissu croisé imité du tissu pure laine que nous désignons sous le nom de cachemire d'Écosse. Il est évident que les Anglais, en créant le cobourg, ont visé au remplacement du mérinos. Le tissu est plus apparent, plus fin, et surtout beaucoup meilleur marché, ce qui lui a fait obtenir un succès prodigieux. Le prix du cobourg varie depuis 75 centimes le mètre pour le plus commun jusqu'à 4 fr. 50 cent. pour le plus fin.

Quant au paramatta, il est imité de la bombasine, avec cette différence qu'il se fait avec une chaîne retordue en coton, au lieu d'une chaîne soie. La trame est, comme dans le cobourg, en laine mérinos peignée; sur la chaîne retordue en coton les Anglais entassent une aussi grande quantité de fils au centimètre que nous en mettons avec une chaîne soie dans la bombasine.

Inutile d'ajouter que les cobourg et les paramatta, comme les tissus chaîne coton et laine anglaise, se font mécaniquement.

Les observations que nous présentions plus haut sur l'importation en France de la fabrication des tissus de la première catégorie s'appliquent avec bien plus de force à ceux de la seconde. On conçoit, en effet, jusqu'à un certain point, que l'industrie française ait reculé devant les dépenses de nouveaux ateliers destinés à tisser des produits dans lesquels entre la laine longue, qui lui revient environ 30 p. 0/0 plus cher qu'aux Anglais. Mais il n'en est plus de même en ce qui concerne les cobourg et les paramatta, qui se fabriquent avec la laine mérinos peignée. L'industrie de la laine mérinos peignée est une industrie essentiellement française, et dans laquelle nous excellons; nous possédons la matière première sur notre territoire, nous la filons mieux que toute autre matière, et nous pourrions même employer nos fils dans le tissage mécanique sans les sous-filer comme les Anglais. Comment se fait-il donc que nous laissions nos voisins exploiter seuls ces deux tissus, qu'ils produisent en quantité considérable, et qu'ils placent à l'extérieur beaucoup plus qu'à l'intérieur? Que nos fabricants y réfléchissent : le cobourg et le paramatta font, chaque jour, une concurrence plus dangereuse à nos mérinos pure laine sur les marchés étrangers ; il se vend à peine une pièce mérinos là où se vendent dix pièces cobourg.

Nous insistons sur ces détails pour que la France, qui a le monopole de la consommation des classes aisées, dirige actuellement ses efforts vers la consommation des masses. Elle le peut d'autant plus facilement, que le goût qui règne dans ses tissus riches se reflétera sur les tissus à bas prix. Il y a là un vaste champ ouvert devant elle. Ce sera un nouveau travail pour le nombre immense de broches que nous avons, et dont une partie chôme, en moyenne, une année sur trois, par suite des encombrements de fils; ce sera un nouveau débouché ouvert à notre agriculture, qui augmentera ses travaux.

TISSUS LAINE ET SOIE.

Les étoffes de ce genre qui figuraient à l'Exposition se composaient :

De cobourg et d'orléans, chaîne soie;

De tissus croisés épais, *idem;*

De tissus pour doublure, *idem;*

De lastings avec la trame en soie,

Et de tissus pour ameublement en chaîne bourre de soie, en soie pure, nommés *damas.*

Le cobourg chaîne soie ressemble à une bombasine, et l'orléans croisé à ce que nous nommons *alépine,* deux tissus d'invention française. La fabrication anglaise est bonne, mais ces cobourgs ne sont pas d'une grande consommation; et, s'ils figuraient au Palais de cristal, c'était plutôt pour relever et pour parer les cases des exposants.

Les tissus pour doublure chaîne soie sont fort beaux et la fabrication parfaite. Il y a de simples croisés, et des croisés à six et huit lames, imitant bien nos étoffes françaises pour doublure en pure soie. Il s'en vend beaucoup pour doubler des paletots destinés à la classe moyenne et populaire.

Nous n'avons rien à dire des lastings chaîne soie, si ce n'est qu'ils sont admirables.

Le tissu damas pour ameublement, chaîne bourre de soie ou schappe, trame laine longue anglaise, est d'une remarquable beauté comme fabrication; mais, si l'on applaudit à l'art du fabricant, du filateur ou du teinturier, on n'en peut dire autant du goût qui a présidé à la conception. Les dessins ne sont pas heureux. Sous ce rapport, les Anglais sont bien loin de nous; ils sont même inférieurs aux fabricants du Zollverein et de l'Autriche.

Si nous comparons maintenant les prix des articles anglais et français, nous avons une distinction à faire; suivant la matière avec laquelle ils sont fabriqués.

L'Angleterre file à très-bon marché les bourres de soie qu'elle tire de la Chine, du Bengale, de l'Italie, et même de la France; elle a également les fils de laine longue à bas prix. Il en résulte qu'elle peut livrer les tissus faits avec des bourres de soie et de laine longue, surtout les articles d'ameublement, à des conditions qui défient toute concurrence.

Il n'en est plus de même à l'égard des tissus pour robes, qui exigent des soins de premier ordre. Outre que les prix des matières employées ne sont plus aussi différents, nous avons la main-d'œuvre à meilleur marché, considération importante ici, puisque la majeure partie des étoffes en laine et soie se fait à la main. Aussi les prix des tissus se rapprochent-ils dans les deux pays. Amiens et Paris soutiennent la lutte avec avantage sur tous les marchés du monde.

Toutefois, en mettant de côté ce qui est affaire de goût, de dessins ou de combinaisons de nuances, il faut constater que les Anglais ont, depuis quelques années, notablement perfectionné ce genre de fabrication. Ils savent mieux approprier la soie à la laine; les numéros sont mieux assortis, le tissu est plus régulier. La teinture, étudiée en France, est en progrès. Nous ne devons donc pas nous reposer sur notre supériorité.

TISSUS D'ALPAGA OU DE POIL DE CHÈVRE MÉLANGÉS DE COTON OU DE SOIE.

Les Anglais ont tiré un parti merveilleux de l'alpaga. Nous avons vu plus haut comment ils étaient parvenus à filer le poil brillant et doux de cette matière textile. Poursuivant leurs épreuves, ils sont arrivés à le tisser mécaniquement sur la chaîne coton, sur la chaîne bourre de soie et sur la chaîne de soie pure. Enfin ils teignent toutes les couleurs naturelles de l'animal, sauf le noir et le brun sombre, en nuances variées.

C'est encore le tissage sur chaîne coton qui a pris le plus de développement. Avec l'alpaga, tissé sur chaîne coton, ils font des étoffes pour habits d'hommes, des robes charmantes pour l'usage journalier des femmes de toutes les classes, des doublures pour redingotes et paletots, des tissus imperméables et brillants pour parapluies.

Les tissus d'alpaga et de poil de chèvre exposés au Palais de cristal se divisaient en huit catégories, contenant beaucoup de subdivisions et une foule de genres portant mille noms divers. Nous ne parlerons pas des subdivisions, et nous dirons seulement deux mots des huit variétés. Ceux qui voudront connaître les genres variés iront au Conservatoire des arts et métiers.

Cette fabrication se compose :

1° D'alpaga lustré, uni, chaîne coton, ce tissu fait avec le poil noir, brun naturel, avec plus ou moins de mélanges de blanc;

2° D'alpaga uni de diverses couleurs, chaîne coton : la trame est diversement mélangée;

3° D'alpaga armure croisée, chaîne coton, tramé nuances naturelles ou teintes;

4° De tissus poil de chèvre uni, chaîne coton, tramé avec nuances naturelles ou teintes, pour habits d'hommes ou robes de femmes;

5° D'alpaga armure unie ou croisée, avec la chaîne en soie crue et cuite par la teinture en pièce ou en soie cuite ayant tissage, tramé en nuances naturelles et autres : ce tissu est ravissant et joue le taffetas de soie pure à s'y méprendre;

6° De tissus pour doublure en alpaga et poil de chèvre mélangés : la chaîne est en coton ou en soie, selon la consommation à laquelle s'adresse ce tissu;

7° De tissus en alpaga et poil de chèvre mélangés à de la soie : on obtient de charmants effets en uni ou en petits carreaux où le poil de chèvre brille comme de la soie;

8° Enfin, de tissus d'alpaga, avec chaîne coton ou soie, pour parapluie ou ombrelle.

Cette nomenclature suffit pour montrer les ressources variées que l'industrie anglaise a su trouver dans l'emploi de l'alpaga et du poil de chèvre.

Nous avons, au moyen d'un crédit minime qui nous a été ouvert par le Gouvernement, réuni une collection de spécimens de tous les tissus d'alpaga.

Cette collection, qui est déposée au Conservatoire des arts et métiers, comprend donc les toisons d'alpaga, les numéros de peigné qu'on en tire, les déchets qu'on emploie également, les fils obtenus avec les différentes nuances naturelles du poil de l'animal, et enfin tous les tissus inventés depuis l'origine de cette industrie.

Nous ne saurions appeler trop vivement l'attention de nos manufacturiers sur tout cet ensemble de produits. Il y a là pour eux de véritables conquêtes à faire; il y a là une nouvelle carrière ouverte à leur esprit actif et créateur.

La France doit s'approprier cette industrie. Elle peut, comme l'Angleterre, importer et filer l'alpaga.

Nous n'avons pas un moindre intérêt à établir irrévocablement en France l'industrie du poil de chèvre. On a peine à comprendre que nous soyons obligés de demander à l'Angleterre la plupart des fils de poil de chèvre que nous employons à la fabrication de nos velours d'Utrecht, de nos popelines, de nos étoffes pour gilets. C'est un travail que nous devons faire nous-mêmes. Nous y trouverons l'avantage de reprendre un fret, une main-d'œuvre et un bénéfice que nous laissons aujourd'hui à l'étranger, sans qu'on puisse en assigner aucun motif.

En résumé, l'alpaga et le poil de chèvre peuvent devenir en nos mains les éléments d'industries nouvelles et très-importantes. Nos manufacturiers, si inventifs, ne manqueraient pas de les appliquer à des créations charmantes. On peut en juger par ce qu'ils ont su faire de la laine mérinos peignée.

TISSUS POUR GILETS ET PANTALONS, VELOURS D'UTRECHT, POPELINES D'IRLANDE ET DE NORWICH.

Les tissus pour gilets, depuis les unis non façonnés jusqu'aux dessins les plus compliqués, depuis l'étoffe à la Jacquart commune en coton et laine mélangés jusqu'à la plus finement et richement décorée, offrent toutes les qualités qu'il est possible de désirer, netteté, précision du travail et pureté de contours là où il existe un dessin. Ces éloges s'adressent à la partie manuelle du travail; mais, si l'Angleterre nous égale pour la perfection du travail, si matériellement Huddersfield marche à côté de Reims, Lille, Amiens ou Roubaix, et approche un peu de Paris, il s'en faut bien qu'il en soit de même pour la composition des dessins ou l'assemblage des nuances.

Les tissus pour gilets exposés par l'Angleterre sont tous connus des fabricants français, sont tous fabriqués par eux. En voici la nomenclature :

1° Les valencias unis ou brochés de soie cuite;

2° Les casimirs foulés, unis ou avec dessins, à la Jacquart, la chaîne en coton et la trame en laine cardée fine ou en peigné cardé;

3° Les gilets brochés avec chaîne coton, trame laine peignée ou peigné cardé, ou cardé, mais non foulés;

4° Les cachemires, genre copié de la France, qui y excelle;

5° Les gilets chaîne coton ou chaîne soie tramés en fil de lin ou en china-grass.

Le valencia est l'objet d'une fabrication très-considérable; il était bien représenté à l'Exposition. L'industrie française fait aussi bien; mais le prix est de 28 ou 30 p. o/o plus cher.

Les tissus foulés en chaîne coton, trame laine cardée, avec dessins à la Jacquart, sont bien compris; ils sont doux et chauds à la main, et, malgré cela, ils sont légers : c'est là une admirable fabrication bien étudiée et qui est fort supérieure à ce que produit Reims en ce genre.

Les tissus non foulés en chaîne coton, trame cardée peignée, sont remarquables par leur bon marché; la nombreuse collection que nous avons vue, et qui s'adresse à la consommation des ouvriers et des gens de la campagne, varie depuis 1 franc jusqu'à 2 fr. 75 cent. le mètre. Là encore nous ne pouvons lutter pour les prix.

Pour les tissus de cachemire, l'avantage nous reste entièrement; nos prix sont les mêmes, nos dessins riches et pleins d'élégance. Les prix anglais varient entre 8 et 17 francs le mètre, et nous avions certains dessins en tissus aussi beaux que nous pouvions donner de 14 à 15 francs. Les tissus anglais pèchent par le manque d'harmonie des couleurs.

Les gilets tramés en fil de lin se font généralement sur chaîne de soie ou de bourre de soie : ils sont bien compris; mais néanmoins nous les faisons aussi bien comme tissage et mieux comme dessins. Quelques étoffes faites avec la trame en china-grass étaient remarquables par le brillant que donne cette matière, bien plus propre à servir dans la fabrication des gilets que pour faire des robes, vû sa facilité à marquer les plis.

Nous appelons l'attention de nos fabricants sur cette herbe de la Chine, dont il y a un très-bon parti à tirer, en l'employant là où elle donnera du brillant sans avoir le défaut que nous lui reprochons, notamment dans les tissus pour gilets et pour ameublements.

Nous avons rapporté des spécimens de ces tissus qui sont exposés au Conservatoire des arts et métiers. La collection des fils s'y trouve aussi, les uns filés à Leeds, les autres en Chine.

MM. Ch. Tee et fils, de Barnsley, possédaient une exposition très-belle en ce genre, et monopolisaient en quelque sorte l'emploi de cette matière appliquée à la nouveauté.

Pour nous résumer, partout où il y a des façonnés compliqués contenant de la soie en certaine quantité ou des dessins riches du genre cachemire, nous pouvons entrer en concurrence pour les prix et primer l'Angleterre par notre imagination et notre goût. Pour tous les genres unis, dessins peu riches, en laine et coton ou en laine et bourre de soie, nous sommes complétement battus.

TISSUS POPELINE.

La popeline de Norwich est belle; elle a de l'analogie avec celle qui se fabrique en France; elle lui est cependant supérieure.

Celle d'Irlande est très-supérieure; elle est vraiment admirable. Le grain est relevé, la côte régulière, le reflet beaucoup plus brillant; les plis de l'étoffe sont plus riches. Celles en uni à côtes simples, doubles ou triples, et celles brochées sont irréprochables; mais celles de diverses couleurs et genre Pompadour ne sont pas de bon goût. Les prix variaient entre 3 fr. 75 cent. et 6 francs; la différence est grande avec les nôtres, surtout à qualité égale.

MM. Pim frères et MM. Alkinson et Cie, de Dublin, n'avaient pas de rivaux.

M. Clabburn et M. Bollingbroke avaient les plus belles popelines de Norwich.

TISSUS POUR PANTALONS OU PALETOTS AYANT UNE CHAINE EN COTON OU EN BOURRE DE SOIE ET LA TRAME EN LAINE CARDÉE OU CARDÉ PEIGNÉ, FOULÉS OU NON FOULÉS.

Quelques-unes de ces étoffes nous sont connues, et se fabriquent ou se sont fabriquées en France; d'autres ne s'y font pas et peuvent s'y faire avec avantage pour la consommation intérieure.

Elles se composent des tissus dits cassinette, cachemirette, casimirs angola, etc.

Nous n'analyserons pas le tissu cassinette, il est trop connu; nous dirons seulement que nous ne pourrions le faire au même prix que les Anglais. Il s'exporte partout où les Anglais mettent le pied, et l'Allemagne, malgré le bon marché de ses laines, en achète à l'Angleterre de grandes quantités.

La cachemirette, charmant tissu, excellent pour pantalons, gilets ou paletots, peut habiller parfaitement la classe moyenne et faire beaucoup d'effet pour peu d'argent. Il se teint en laine ou en pièce.

L'envers de la cachemirette est tiré à poil, ce qui lui donne un moelleux et un toucher fort agréables; l'endroit, qui est croisé, est, au contraire, parfaitement rasé, pour faire ressortir la croisure, qui est bien nette et bien relevée.

Ce tissu se consomme et s'exporte par masses importantes. Les prix varient de 2 à 5 francs.

Le casimir chaîne coton et chaîne bourre de soie est un excellent article sur lequel nous appelons l'attention de nos fabricants de Sedan, d'Elbeuf et du Midi ou même de Reims. La chaîne en coton ou en bourre de soie est retordue, et la trame, en laine cardée fine, est entassée comme dans le casimir pure laine, même un peu plus; il en est dont la croisure est très-serrée, ce qui donne une apparence très-riche au tissu.

Comme dans la cachemirette, la chaîne est teinte en fil ou en pièce; la teinture est aussi solide dans l'un ou l'autre cas, ce qui est un progrès très-grand. Quant au coton, on n'en reconnaît pas non plus la présence.

Le tissage peut aussi s'en faire mécaniquement chez nous, et nos industriels sentiront quelle importance peut acquérir ce produit acclimaté en France. Il coûtera presque moitié moins que le casimir; les blancs seront superbes, et toutes les nuances peuvent s'obtenir dès qu'on procède comme les Anglais. Ce tissu donne lieu à une assez forte exportation.

Nous avons été si frappés de l'avantage que nous trouverions à tisser la cachemirette et le casimir chaîne coton ou bourre de soie, que nous en avons déposé des échantillons au Conservatoire.

Les prix varient entre 3 et 5 francs.

RÉCOMPENSES DÉCERNÉES.

XIIe CLASSE.

Fils de laine, etc...............	10 médailles de prix.
Tissus de laine, etc.............	17 médailles de prix.
Idem........................	15 mentions honorables.

XVe CLASSE.

Tissus de laine, etc............	13 médailles de prix.
Idem.......................	7 mentions honorables.

POSSESSIONS ANGLAISES.

Les merveilleux tissus, mélangés de soie, de coton et d'or, envoyés par la compagnie des Indes, entraient plutôt dans le cadre tracé à la XIIIe classe, s'occupant des soieries, que dans celui des classes XIIe et XVe.

Notre section a dû mentionner dans son rapport son admiration pour l'originalité pleine de goût, la patience d'exécution et l'admirable entente qui se faisaient remarquer dans l'assemblage des matières employées dans les chefs-d'œuvre du goût oriental. Nous devons souhaiter que le type oriental se maintienne dans toutes les créations qui nous viennent de l'Asie, et surtout de l'Inde. Il serait regrettable de voir le goût européen se substituer à celui des peuples de l'Asie. Ce ne sont pas seulement les conceptions de l'âge présent qui nous arrivent de l'Inde, c'est toute l'industrie splendide des siècles passés, toute l'originalité riche et élégante du moyen âge asiatique, conservé dans sa beauté native et historique et surtout dans toute sa poésie.

Après quelques centaines d'années écoulées, l'Europe puise encore une grande partie de ses idées dans les tissus qui viennent de l'Inde; elle consulte toujours ces fines arabesques des anciens Maures et les formes bizarres et pleines de caractère que la Perse et les Indes ont trouvées.

Les autres colonies anglaises, et notamment l'Australie, n'avaient envoyé à Londres que des laines brutes provenant de la Nouvelle-Galles du Sud, de la Nouvelle-Zélande et de la Terre de Van-Diémen : ces laines étaient magnifiques; elles sont surtout très-appréciées pour les industries employant la laine cardée, quoique les fabriques qui font les draps superfins préfèrent avec raison les laines de Saxe, de Moravie et de Hongrie.

ÉTATS DU ZOLLVEREIN.

Si l'on interroge l'histoire, on trouve l'industrie de la laine déjà établie et florissante en Allemagne vers le XIIIe siècle; à cette époque glorieuse, où cinquante villes se réunirent et formèrent la grande association connue sous le nom de ligue ansêatique, qui s'était emparée du commerce entre le nord et le midi de l'Europe, les tissus de laine qui se fabriquaient alors en Allemagne n'étaient pas destinés seulement à la consommation intérieure; ils étaient exportés dans les pays voisins et ils allaient jusqu'en Orient : on les voyait paraître dans les foires célèbres qui datent de ce siècle, notamment à la foire de Leipsick où se rendaient les marchands de Königsberg et de Dantzick et les clients habituels du marché russe de Nijni-Novogorod.

L'industrie de la laine tomba en décadence lorsque la ligue anséatique fut dissoute et lorsque l'Allemagne fut ravagée par les guerres du XVIe et du XVIIe siècle; non-seulement elle cessa d'exporter, mais elle ne suffisait plus à vêtir la population indigène, et l'Allemagne fut obligée de demander des tissus à la France, à l'Angleterre, à la Hollande. L'élevage des moutons, qui, du reste, ne s'était pas encore perfectionné, y dégénéra à tel point, qu'il ne pouvait fournir la laine nécessaire au travail de la chaumière.

C'est de la révocation de l'édit de Nantes que date la renaissance de l'industrie de la laine de l'autre côté du Rhin : 40,000 émigrés français vinrent porter leur industrie en Allemagne. La Prusse gagna à elle seule 20,000 sujets actifs et industrieux; on vit alors des manufactures de laine s'élever sur les bords du Rhin, en Saxe, en Brandebourg, en Westphalie, en Bavière; le district d'Aix-la-Chapelle se distingua surtout par la perfection et par le développement que prit cette fabrication. Ainsi, sous Frédéric-Guillaume, la Prusse avait déjà jeté les fondements d'une puissance industrielle qui se développa pendant le XVIIIe siècle.

Il est important de rappeler que les laines produites par l'Allemagne n'étaient alors que des laines sèches et communes, si ce n'est celles de Silésie, de Bohême et de Hongrie; mais, tandis que l'on filait les laines communes dans la chaumière du paysan, les grandes villes industrielles achetaient des laines étrangères qu'elles employaient avec succès : la Prusse et la Saxe, Elberfeld et Géra, Magdebourg même, fabriquaient bien la nouveauté au XVIIIe siècle; quelques documents anciens portent à 40,000 pièces environ ce qui se faisait de certains tissus à Elberfeld. Magdebourg produisait des étoffes en laine et soie, et ses fabriques étaient dirigées par des Français. Géra était alors la ville par excellence pour la fabrication des laines peignées; la qualité de ses tissus pure laine ou mélangée de soie et de poil de chèvre avait de la réputation : c'est un Hollandais qui y introduisit ce genre de tissage, et la première pièce de bouracan s'y fit en 1602. Géra faisait aussi les étoffes pour ameublement. Cette ville prenait rang à côté des premières de France, d'Angleterre, de Hollande, pour la beauté des couleurs, des dessins et la perfection du tissage; tous les pays allemands s'approvisionnaient dans cette industrieuse cité, qui exportait aussi en Russie, en Espagne, en Suisse et en Italie.

La réputation des provinces Rhénanes et des provinces de Reuss était dès lors aussi grande qu'aujourd'hui, si ce n'est que les premières se sont plus exclusivement adonnées à la fabrication des tissus légers mélangés de soie ou coton ou simplement de coton et de soie dans laquelle elles excellent.

Enfin la haute et basse Saxe et surtout la Thuringe, la Lusace, la Misnie, possédaient, au XVIIIe siècle, de nombreuses fabriques de tissus de laine, variés, excellents, et les créations de dessins, l'assemblage des couleurs décelaient un goût plus avancé que partout ailleurs en Allemagne; les imitations des produits de France, d'Angleterre et de Hollande étaient bien faites, et l'on y retrouvait en tissus de laines variés par une foule de mélanges de soie, de coton, d'or, d'argent, de poil de chèvre, de chameau, etc., toutes les étoffes que la France possédait.

Les étoffes que l'on faisait dans les différentes parties de l'Allemagne étaient des étoffes rases ou foulées : les premières étaient fabriquées généralement avec les laines du pays, encore peu estimées à cet époque; les secondes, avec les laines d'Espagne, qui étaient importées par les Hollandais. Au reste, l'Allemagne était encore obligée, à la fin du siècle dernier, d'acheter à l'étranger une partie des tissus qu'elle consommait : l'Angleterre lui en fournissait pour 6,750,000 francs en 1792 et pour 16 millions de francs en 1799.

Cependant une révolution agricole et industrielle se préparait en Allemagne. En 1786, l'électeur de Saxe avait obtenu de l'Espagne 300 béliers mérinos, et de la France, 300 brebis du Roussillon : c'est avec ce noyau que se forma ce magnifique troupeau électoral dont les laines sont si justement renommées et qui a servi de souche à la plupart des meilleures bergeries de l'Allemagne.

L'impulsion était donnée; l'industrie marcha du même pas que l'agriculture: les tissages se multiplièrent; les premières machines à filer la laine cardée s'élevèrent, en 1799, à Waldenbourg, pour de là se propager ensuite sur les bords du Rhin.

En Allemagne, comme en France, les créations du premier quart du XIXe siècle ont leur origine dans les traditions du XVIIIe : ce sont les mêmes variétés d'étoffes rases, simples ou croisées, satinées, crêpées, etc., etc. Tous ces tissus, faits avec la laine longue lisse, étaient plus ou moins rudes au toucher, suivant le degré de torsion que lui donnait la fileuse. On n'obtenait pas ces belles étoffes douces et moelleuses qu'on fait aujourd'hui avec la laine mérinos.

La paix vint, à partir de 1815, imprimer un nouvel élan

à l'industrie allemande, et surtout à l'industrie prussienne. Le tarif de 1818, en simplifiant les tarifs de douane qui séparent chaque province, lui rendit un autre service. La formation du Zollverein, qui réunit presque toute l'Allemagne manufacturière, et l'adoption d'un système commun de protection, complétèrent l'œuvre. L'Allemagne jouit actuellement de la prospérité la plus grande qu'elle ait jamais vue.

Suivons l'industrie de la laine pendant cette dernière période. De 1815 à 1825, la plus grande partie de la laine commune était filée à la main et employée sur place. Les fils fins étaient faits avec la mécanique Rouet, qui était un intermédiaire entre l'ancien rouet et la mull-jenny; ils servaient à tisser les mérinos et autres tissus de la même famille, et ils étaient tellement recherchés, que le bénéfice des filateurs s'éleva jusqu'au chiffre énorme de 4 francs le kilogramme. C'est en 1830 que s'établissent les premières machines du nouveau système à filer la laine peignée.

Il est bon de constater ici que cette industrie de la laine peignée ne doit sa naissance en Allemagne qu'à l'importation de nos procédés; elle s'est installée avec nos machines et nos élèves. Nous avons donc à louer, chez nos voisins, l'esprit d'appropriation plus que l'esprit de création; mais ce qu'il est juste de reconnaître, c'est qu'ils ont su tirer un excellent parti de l'emprunt qu'ils nous ont fait. Ils ont prouvé une fois de plus à quel degré ils possédaient cette patience d'investigation, cette entente d'économie manufacturière dont les Anglais offrent le parfait modèle, et qui consiste à savoir produire juste ce qui convient à la grande consommation.

Cette industrie a eu, du reste, de mauvais jours à passer. La filature allemande est peu protégée. Les fils étrangers payent, à leur entrée dans le Zollverein, savoir : les écrus, 1 fr. 87 cent., et les blancs ou teints, 30 francs par 50 kilogrammes. Il en résulte que l'Angleterre fait une rude concurrence à la filature indigène. Lors de la crise de 1847, qui opéra une baisse énorme sur les fils de laine dans la Grande-Bretagne, l'Allemagne fut encombrée par les produits anglais. Les filatures chômèrent. Le cours des fils tomba de 50 p. o/o, et le salaire descendit au-dessous de 4 francs par semaine. On aura une idée de l'intensité de la crise par ce seul fait que le Zollverein, qui, en 1837, possédait 56,258 broches à filer la laine peignée mécaniquement, n'en avait plus que 47,060 en 1840.

Voici maintenant quelques détails propres à faire connaître l'état actuel de la fabrication de la laine dans le Zollverein :

La filature de la laine cardée à la main ou à la mécanique comptait 380,839 broches en 1840, et 405,603 en 1843; elle a certainement augmenté depuis cette époque.

Le peignage continue à se faire généralement à la main. Les ouvriers ne gagnent guère que 6 francs à 7 fr. 50 cent. par semaine. C'est une population assez adonnée à l'ivrognerie.

On file encore à la main à Eichsfelder, Glucksbrünn, Langensalza et Mülhausen; les hommes âgés, les femmes et les enfants y sont seuls occupés. Ces pauvres gens ne gagnent pas 50 centimes par semaine. Cette profonde misère fait que le peu qui reste encore de la filature à la main lutte avec l'Angleterre. La moyenne des prix des divers numéros de ces fils est de 3 francs le demi-kilogramme. On les utilise dans les galons de laine, les flanelles et autres tissus communs.

Les Allemands font les plus grands efforts pour acclimater chez eux la filature mécanique de la laine peignée, et pour produire les fils fins auxquels leurs laines fines désignées sous les initiales AAA et AA sont très-propres; ils veulent arriver à imiter tous les gracieux tissus de la France, ils tendent à s'éloigner de plus en plus de la nature des fils anglais.

Les filatures les mieux organisées sont construites en Saxe et dans la Reuss.

M. Diétérici porte, en 1847, le nombre des broches à filer à la main ou à la mécanique à près de 300,000, employant un capital de 34 millions de francs. Leur production annuelle s'élève à 4,500,000 kilogrammes de fils divers, y compris ceux à bonneterie. Si l'on y ajoute 1,700,000 kilogrammes, formant l'excédant de l'entrée sur la sortie des fils de laine, on trouve que le Zollverein tisse 6,200,000 kilogrammes, qui représentent, au minimum, 40 millions de francs.

Si l'Allemagne marchait d'un pas aussi rapide que dans les quinze dernières années, l'importance de sa production en laine peignée filée égalerait bientôt celle que la France possède en ce moment.

Les chiffres suivants témoignent du progrès de l'industrie lainière du Zollverein :

PÉRIODE DE 1843 À 1845.		PÉRIODE DE 1846 À 1848.	
Exportation des tissus de laine en général	3,684,000k	Exportation	4,240,000k
Importation	1,738,500	Importation	924,000
Balance en faveur de la sortie	1,945,500	En faveur de la sortie.	3,316,000

Ainsi l'importation a diminué de 814,500 kilogrammes, et l'exportation est augmentée de 556,000 kilogrammes.

En résumé, le Zollverein a exporté en plus, de 1843 à 1845, pour 19 millions de francs, et, de 1846 à 1848, pour 40 millions de francs, c'est-à-dire qu'il a doublé son exportation en quatre ans; il existe peu de pays qui présentent un pareil résultat.

C'est, il est vrai, dans cette dernière période de 1846 à 1848 qu'a été mis en vigueur le nouveau tarif qui frappe les tissus de laine étrangers de 50 thalers par 50 kilogrammes, au lieu de 30 qu'ils payaient antérieurement, tarif qui a été surtout défavorable au commerce français.

M. Diétérici évalue la production générale des tissus de laine dans le Zollverein, pour 1845, à 281,250,000 francs, sans y comprendre les grossières étoffes faites dans les campagnes pour la consommation locale. Cette production n'était, en 1831, que de 48 millions pour la Prusse seule, qui est le principal associé de l'Union.

Il est possible d'évaluer la production totale du Zollverein en prenant pour base la quantité de matière employée et en y ajoutant l'importation des fils, déduction faite de l'exportation.

Le chiffre des laines lavées à fond employées en 1849 est de	24,500,000[k]
Il faut y ajouter pour les fils introduits et employés	1,800,000
Total......	26,300,000
En estimant le lavage à fond, au plus bas, à 6 francs le kilogramme et le fil à 8 francs le kilogramme, on obtient un total de......	161,500,000
Les main-d'œuvre, bénéfices divers, etc., pris jusqu'au moment où le tissu arrive au consommateur, ne coûtent guère plus en Allemagne qu'en Angleterre. Cela doit donc représenter une fois et demie la valeur de la matière, soit........................	242,250,000
La production totale doit donc être aujourd'hui de	403,750,000

Les siéges principaux de cette fabrication sont :

La province de Brandebourg;

Les provinces Rhénanes;

La Silésie;

La Saxe et la Thuringe.

En 1842, la Saxe possédait 216 fabriques tissant la laine dans toutes ses variétés.

Dans le Weimar, la Saxe-Altenbourg, dans le Reuss-Géra et le Reuss-Schlein, cette industrie, en 1842, était très-active. Ces diverses provinces contiennent plus de 3,000 métiers à tisser et produisent les plus beaux tissus du Zollverein en laine peignée pure ou mélangée; leur réputation date de près de trois siècles.

La Bavière, la Franconie, la Souabe, le Wurtemberg, le grand-duché de Bade, le Hohenzollern, la Hesse Électorale, le grand-duché de Hesse, le duché de Nassau, l'Anhalt-Dessau, la principauté de Birkenfeld et le grand-duché de Luxembourg tissent et filent la laine; mais il n'y a, parmi ces États, de progrès notables à signaler qu'en Bavière, en Wurtemberg et dans le grand-duché de Bade, qui possèdent des filatures et des tissages mécaniques assez importants : ces États contiennent encore des corporations et maîtrises pour ce qui concerne les métiers à la main.

En résumé, on voit que l'industrie de la laine est surtout active et florissante dans les États d'Allemagne qui possèdent les belles races ovines, c'est-à-dire en Prusse, en Saxe et dans les principautés de Reuss-Géra et Reuss-Schleitz, qui forment la Thuringe, et dans tout le voisinage de la Bohême. Dans les États du centre et dans ceux du sud, où il n'existe guère que des races communes, on file et on tisse la laine pour utiliser les troupeaux. L'industrie se développe à mesure que les races s'améliorent.

FILS DE LAINE CARDÉE.

La filature de la laine cardée n'est généralement, en Allemagne, que l'annexe de la fabrication des étoffes foulées. Elle ne paraît pas y avoir donné lieu, comme en France, à la création de grands établissements spéciaux qui filent des numéros fins pour la fabrication des étoffes légères, des articles de mode et de fantaisie : aussi les fils cardés de l'exhibition allemande étaient bien loin de ceux de France et d'Angleterre.

Une seule maison, entre les cinq filatures qui avaient exposé des fils de laine cardée, a pu être mentionnée par le jury : la maison Clarenbach et fils avait, à l'Exposition, du fil cardé au n° 42 m/m au kilogramme; elle avait tiré un bien meilleur parti de la laine que tous ses concurrents d'Allemagne, dont les fils étaient ordinaires et quelquefois mauvais, quoique faits avec des laines admirables que nous eussions poussées, en

France, à une finesse de 20 p. 0/0 plus grande, tout en obtenant des fils parfaits.

On s'étonne qu'avec des machines excellentes, calquées sur celles d'Angleterre ou de France, et les premières laines du monde pour la carde, le Zollverein se soit montré si pauvre à l'Exposition; nous croyons que cette industrie, qui comptait, en 1843, près de 400,000 broches dans les petites ou grandes fabriques, et qui n'avait à peine que 20,000 à 25,000 broches représentées à Londres, n'avait pas envoyé les produits de ses premiers industriels : la beauté des magnifiques tissus foulés de la Prusse en est une preuve certaine. Il faudra donc attendre une nouvelle occasion pour apprécier le progrès accompli depuis le remarquable compte rendu de M. Legentil.

FILS DE LAINE PEIGNÉE.

Dans presque toutes les provinces qui possèdent des broches de laine peignée, le peignage se fait encore à la main. La Saxe aurait bien voulu, depuis quelques années, peigner mécaniquement d'après les systèmes français; mais plus d'un million de kilogrammes de peigné à produire donnaient, avant 1848, du pain à une population pauvre et assez remuante qui, il y a quelques années, avait déjà forcé quelques maisons de détention où l'on avait introduit le peignage à la main; les filateurs y regardèrent à deux fois, et, le bas prix excessif de la main-d'œuvre aidant, ils ajournèrent leurs projets avec d'autant plus de regret que la Bavière, qui n'a monté ses filatures de laine peignée que longtemps après les leurs, peignait déjà ses laines avec des machines françaises du système Collier. Cependant, à l'heure qu'il est, leur indécision a cessé, et ils essayent les admirables machines inventées par Josué Heilmann, dont la maison Nicolas Schlumberger exploite le brevet.

Presque toutes les filatures du Zollverein emploient simultanément le système mull-jenny et le système continu; le mull-jenny domine beaucoup cependant pour les fils destinés au tissage des étoffes faites de laine mérinos.

Nous donnons ici le détail des diverses localités où se file la laine peignée et le nombre total des broches ; nous avons tout lieu de croire que les chiffres n'en sont pas exagérés.

TABLEAU COMPARATIF DES BROCHES À FILER MÉCANIQUEMENT LA LAINE PEIGNÉE DANS LE ZOLLVEREIN AVANT 1848 ET EN 1851.

NATIONS.	VILLES.	NOMBRE DES BROCHES. 1845-1848.	NOMBRE DES BROCHES. 1851.
Bavière..............	Augsbourg............ Nuremberg............	15,000	10,000
Saxe et Prusse.........	Gotha................ Erfurt............... Langensalza........... Weissenfels........... Hersburg.............. Schedenitz............ Géra.................. Leipzig............... Dans le Voigtland (Berlin). Breslau et autres endroits.	77,000	118,000
	TOTAL......	92,000	137,000

C'est un accroissement de près de 50 p. o/o dans l'espace de trois années, malgré la révolution, qui a réduit le mouvement commercial de 25 p. o/o pour l'année 1848. Le tissage a suivi les progrès de la filature, et ces progrès ont été assez rapides pour que les effets s'en fassent déjà sentir d'une façon défavorable pour la France et pour l'Angleterre, non-seulement sur les marchés allemands, mais aussi dans le Levant et en Amérique.

La moyenne des numéros que produisent ces diverses filatures nous a permis d'apprécier la production de la broche, que nous estimons au plus bas à 12 kilogrammes, ce qui donne une production annuelle d'environ 1,600,000 kilogrammes de fils utilisés à peu près de la manière suivante :

Environ 20 p. o/o pour les tissus mérinos ;
——— 25 p. o/o pour mousseline laine pure, mousseline chaîne coton, Thibet, cobourg, etc ;
——— 15 p. o/o pour tissus mélangés de coton, de soie, etc ;
——— 20 p. o/o pour châles, étoffes à gilets, etc ;
——— 20 p. o/o pour fils à broder, tricot (dit *fil de Berlin*), principalement destiné à l'exportation.

100 p. o/o

On comprendra que ces appréciations doivent varier tous les ans, selon le plus ou moins de demandes de tel ou tel produit compris dans ces cinq catégories.

Sauf pour le mérinos, la mousseline de laine et le cachemire d'Écosse, pour lesquels la chaîne de laine est nécessaire, on file près des 4/5 des produits destinés au tissage en trames qu'on emploie sur des chaînes de laine longue achetées en Angleterre, sur chaîne coton ou chaîne de soie.

Les laines qu'emploient les filatures du Zollverein sont les laines de Hongrie et de Moravie, celles de la Russie, de la Pologne, de la Saxe, et quelques laines produites dans les États mêmes où fonctionnent les usines. Des achats assez forts de laine d'Australie ont été faits dans ces dernières années; mais leur mollesse, plus grande encore que celle de l'Allemagne, fait qu'on les aime peu, et elles occupent le dernier rang dans l'estime des fabricants. La laine anglaise est également employée dans les filatures faisant les fils pour bonneterie.

Le nombre des exposants pour les fils de laine n'était pas grand : on en comptait huit, ne réunissant pas en totalité plus de 35,000 à 40,000 broches; à peine le tiers du nombre total de broches du Zollverein. Trois maisons seulement ont pu être mentionnées et possédaient de beaux produits dignes de figurer au milieu des exposants anglais ou français.

Les fils exposés se divisaient en deux espèces bien distinctes :

1° Les fils destinés au tissage des mérinos et autres tissus pure laine ou mélangés ;

2° Les fils pour broderie, tapisserie, etc., dits *zéphyrs*, et pour bonneteries, lesquels se composent : de fils faits à la main, en laine commune, de fils imitant le genre anglais, faits mécaniquement, et enfin des fils fins genre zéphyr, ancienne réputation du pays.

L'Angleterre fournit à l'Allemagne d'énormes quantités de fils pour bonneterie, surtout en qualité moyenne.

La série des fils pour le tissage contenait depuis le n° 25 m/m jusqu'à 56 m/m au demi-kilogramme, pour la chaîne.

Pour la trame, les numéros variaient de 25 à 85 m/m au demi-kilogramme. A l'Exposition de 1844, les plus hauts numéros étaient 36 m/m pour la chaîne et 57 m/m pour la trame : le progrès est donc assez grand.

Parmi les trois seules filatures que nous puissions mentionner, nous citerons d'abord celle de la compagnie de Leipsick (Kammgarn Spinnerei), dont le directeur est M. W. Hartmann.

Cet établissement est le plus considérable de l'union : il contient 12,000 broches, occupe 600 ouvriers et 1,500 peigneurs. La chaîne, la demi-chaîne et la trame qu'il produit peuvent soutenir la comparaison avec nos bonnes filatures de France. Il faut remarquer toutefois que tous les numéros exposés par cette manufacture contenaient une laine beaucoup plus fine que celle employée en France pour les mêmes numéros ; nous eussions obtenu au moins 5 à 6 numéros de plus pour les chaînes et 10 à 12 numéros pour les trames.

Il reste donc à savoir si cette filature modèle de l'Allemagne eût pu atteindre aussi haut que nous sans nuire à la solidité et à la régularité du fil.

Malgré le bas prix de la main-d'œuvre et le bon marché de la laine achetée sur les lieux mêmes, le prix de ces fils est aussi élevé qu'en France pour les numéros moyens, et de 15 p. o/o plus cher au moins pour les numéros extra-fins.

En général, les Allemands ne tirent pas tout le parti possible de leurs laines, et c'est là la cause de la supériorité que nous avons pour les prix.

Le directeur de la compagnie de Leipsick est un homme fort habile : son intelligente gestion lui a valu d'être décoré par la Saxe, la Prusse et le duché d'Anhalt-Dessau; il a fait obtenir à l'établissement deux médailles d'or.

Cette usine a exposé le n° 56 m/m en chaîne au demi-kilogramme, coté au prix exorbitant de 40 francs le kilogrammes, et le n° 85 en trame au prix de 49 francs.

La maison Solbrig, à Harthau, près de Chemnitz, suit de près les traces de la compagnie de Leipsick; elle n'avait exposé que des 1/2 chaînes jusqu'au n° 75 au demi-kilogramme. Là, encore, la laine était sous-filée de 10 à 12 numéros au moins, aussi bien pour les gros ou moyens numéros que pour les fins. Les prix cotés étaient aussi plus élevés que ceux des filatures de France.

Cette maison avait des fils cardés très-médiocres.

MM. Schmidt jeune et fils, à Penig, n'avaient exposé que des fils pour la bonneterie et la tapisserie. Les laines employées par eux étaient d'origine anglaise ou du pays même; leur qualité était remarquable.

Les fils à bonneterie et les fils zéphyrs de Berlin emploient un assez grand nombre de broches. Ces fils zéphyrs ont une réputation bien méritée. Les Anglais les exportent partout; néanmoins, Berlin reçoit des commandes directes qui lui viennent même de l'Australie et du pied de l'Himalaya.

Les Anglais ne sont pas encore parvenus à teindre ces fils comme les Prussiens, et ils les achètent en grande quantité malgré un droit de 20 p. o/o *ad valorem*. M. Dieterici prétend qu'on introduit en France une assez grande quantité de fils zéphyrs en fraude.

Les renseignements que nous avons reçus sur les salaires de diverses filatures, et de personnes bien instruites, s'accordent assez pour que nous puissions affirmer que les chiffres suivants sont exacts :

Les fileurs gagnent de 7 fr. 50 cent. à 19 francs par semaine ;

Les femmes aux préparations, de 3 fr. 75 cent. à 6 fr. 25 cent.

Les uns prétendent que les ouvriers font des économies ou peuvent en faire, attendu le bas prix des denrées alimentaires ; d'autres portent la dépense de leurs ouvriers à 7 francs par semaine et affirment que la moyenne des salaires établie chez eux n'étant que 10 à 11 francs par semaine : il ne reste rien à l'ouvrier lorsqu'il a payé son loyer, ses vêtements, etc. L'opinion générale est que, les familles se composant d'individus qui rapportent à la masse, chacun d'eux peut subvenir à ses dépenses et faire quelques épargnes pour les mauvais jours.

La compagnie de Leipsick, a fondé des institutions destinées à soulager et à améliorer le sort des classes ouvrières. Il existe dans cette fabrique une caisse pour les malades, à laquelle les ouvriers contribuent ainsi : les femmes y versent 6 cent. 1/4 par semaine et les hommes 12 cent. 1/2.

Le fonds est presque toujours maintenu au chiffre de 6,000 francs, et ne sert qu'aux dépenses de la nourriture, le médecin et les médicaments sont payés par l'établissement. La famille du malade reçoit, selon le nombre de ses membres, de 3 à 6 francs par semaine, et, en cas de mort, on lui donne de 15 à 30 francs pour les frais d'enterrement.

S'il fallait résumer ici notre opinion sur l'état de la filature de la laine peignée en Allemagne, nous dirions qu'elle a fait des progrès considérables, qu'elle marche à grands pas, mais qu'elle reste encore inférieure dans la perfection du travail et surtout dans l'emploi des laines.

Les filateurs allemands font peu de fils extra-fins, et, malgré l'excellente qualité de leur laine extra-supra, ceux qu'ils font leur reviennent fort cher ; ils ne font pas non plus les gros numéros, auxquels leurs laines trop fines et trop douces ne se prêtent pas.

On a vu plus haut que les fils extra-fins de la Saxe étaient de 10 à 15 p. o/o plus chers que les nôtres, et que les fils moyens étaient cotés aux mêmes prix. On se demande dès lors pourquoi nous n'exportons pas plus de fils mérinos en Allemagne. Le fabricant du Zollverein aurait évidemment intérêt à nous en acheter, d'une part, parce que le drawback accordé à l'exportation de nos fils en réduirait la valeur, et, d'autre part, parce que notre laine peignée mérinos est moins molle que les laines allemandes, et qu'en l'employant surtout dans leurs chaînes, il éviterait les défauts qu'on reproche aux tissus allemands. Nos filateurs devraient donc solliciter des ordres et amener les tisseurs de la Prusse et de la Saxe à essayer de leurs produits.

TISSUS DE LAINE PEIGNÉE (PURE LAINE) OU MÉLANGÉS DE SOIE ET DE COTON.

Nous avons reconnu à l'exposition des produits du Zollverein presque toutes les étoffes fabriquées par la France et par l'Angleterre, mais surtout par la France, et imitées avec autant de similitude que le permettait la nature des matières employées. A cette imitation du fond de l'étoffe venait souvent se joindre celle des dessins. Ainsi, nous n'avons trouvé dans cette exhibition de l'industrie allemande, aucune invention de tissus, aucune création qui lui soit propre, et nous avons dû nous borner à constater le degré d'avancement du tissage.

Cette copie des productions françaises est extrêmement active dans le Zollverein. Elle dispense le fabricant allemand de tous frais d'imagination, et elle lui permet d'économiser les sommes que notre industrie dépense pour ses cabinets de dessins. Les premières pièces de nouveauté de chaque saison viennent-elles à paraître chez nous, qu'aussitôt elles lui sont transmises par des vendeurs d'échantillons qui usent de mille moyens pour se les procurer directement, et qui, lorsqu'ils n'y peuvent parvenir, achètent au détail des étoffes, qu'ils dépècent en petits morceaux. Ce commercé de mauvais aloi est tellement organisé, qu'au moment où nos tissus sont à peine connus en France, ils sont déjà sur les métiers allemands et vendus aux Levantins à des prix très-bas.

Les manufacturiers allemands visent, d'ailleurs, plus au bon marché qu'à l'élégance et à la perfection. Les femmes préfèrent les tissus apparents, imitant le goût français, mais produits avec des matières économiques; elles recherchent le brillant à bas prix, et il en est un peu de leur toilette, vue à distance, comme de ces décors de théâtre qu'il ne faut pas regarder de trop près: la robe, vue de loin, rappelle la France; vous approchez, et l'illusion se dissipe. L'industrie allemande trouve, d'ailleurs, un double avantage à adopter le système anglais, qui consiste à approprier toutes les créations à la consommation des masses; elle satisfait aux besoins des fortunes divisées du pays, et elle prend chaque jour une place plus large sur les marchés du monde.

Les tissus exposés étaient presque tous originaires de la Prusse et de la Saxe. Nous n'avons eu à mentionner que deux exposants appartenant à d'autres États de l'association: l'un, dans le Wurtemberg, obtint une médaille de prix; l'autre, dans le duché d'Anhalt-Dessau, obtint une mention honorable.

L'industrie de la laine peignée était peu ou mal représentée en Bavière, dans le grand-duché de Bade, dans les duchés de Hesse, Brunswick, Nassau, et à Francfort.

Les tissus exposés étaient la reproduction de tous ceux exposés par la France et par l'Angleterre et inventés dans ces deux pays; les deux tiers d'entre eux étaient d'origine française. Nous n'en donnerons pas la nomenclature.

Il nous reste à indiquer le mérite ou les défauts que nous avons pu signaler dans ces diverses variétés d'étoffes.

La mousseline de laine est bien fabriquée; mais elle est molle et flasque. Le mérinos a le même défaut, aussi bien le simple que le double. Le chambord, le satin de Chine, le cachemire d'Écosse, et enfin tout ce qui est tissé avec des laines d'Allemagne, n'ont aucune fermeté, se chiffonnent facilement et adhèrent au corps. L'industrie du Zollverein pourrait corriger ces défauts par l'emploi des fils français.

Toutes ces étoffes sont à peu près cotées aux mêmes prix que les similaires de France.

Le mérinos en qualité ordinaire est peut-être de 5 à 6 p. o/o moins cher que le nôtre; mais, dans les qualités fines, nous pouvons lutter, et il n'est pas une dame, dans quelque contrée que ce soit, qui ne donne la préférence au mérinos français. Quant aux chambord, satin de Chine, cachemire d'Écosse, outre qu'ils sont inférieurs aux nôtres, ils sont plus chers de 5 à 10 p. o/o.

La mousseline Thibet se compose d'une chaîne en laine longue anglaise et d'une trame en laine mérinos allemande; la chaîne donne du soutien à ce tissu. Cette combinaison démontre combien nos fils seraient utiles à l'industrie allemande pour éviter ces tissus bâtards qui n'ont vraiment pas grand mérite.

Il y a une différence considérable pour les tissus de laine pure façonnés entre la fabrication allemande et celle de Roubaix. Les dessins manquent de relief, de netteté, les satins ou croisés ne sont pas unis, le tissu est boutonneux; on y voit des défauts dans les fils qui nuisent beaucoup à ce genre de fabrication: aussi les jurés anglais ne savaient plus comment classer ces produits, après avoir vu les admirables créations de Roubaix, et les médailles ne furent accordées qu'aux tissus unis en mérinos et aux tissus mélangés.

Dans les tissus mélangés de coton, nous avons remarqué d'abord la mousseline de laine chaîne coton, qui est aussi bien faite que la nôtre; on la tisse à la main et à la mécanique. La première méthode s'applique aux tissus faits avec des fils teints avant le tissage et la seconde aux tissus pour l'impression. Ces derniers peuvent soutenir la comparaison avec ceux de l'Alsace, qui aura fort à faire, si cette industrie à la mécanique se développe de l'autre côté du Rhin.

L'orléans, le cobourg et l'alpaga ne présentent rien de remarquable et sont bien loin des tissus anglais, sinon pour les prix, au moins pour la régularité.

Le tissage de ces étoffes était fait à la main.

Les étoffes de fantaisie se composent de tissus légers de soie ou coton, unis ou brochés; cette fabrication se fait surtout sur les bords du Rhin, à des prix incroyablement bas. On se sert maintenant partout du battant brocheur, qui économise la soie à brocher. Nous avons eu en notre possession une nombreuse série d'échantillons destinés à l'exportation dans le Levant, contenant des choses fort jolies en nuances heureuses, et que les Allemands vendent de 1 fr. 10 cent. à 1 fr. 30 cent. le mètre. Nos calculs nous ont démontré l'impossibilité d'arriver, à 15 ou 20 p. o/o près, à fabriquer à ces prix.

On ne propage pas assez dans nos campagnes l'emploi du battant brocheur; on sera forcé d'y venir, mais, en attendant, nous perdons du terrain à Constantinople et dans les Échelles du Levant. Nous en perdons même en Amérique et partout où le Zollverein met le pied.

Pour réparer cet échec, il suffirait de mettre notre outillage pour les tissus à la Jacquart à la hauteur de celui des Allemands. A 5 ou 10 p. o/o près, on préférera toujours la nouveauté de France.

Les tissus pour ameublement ne se composaient que de damas de laine brochés, soit en coton et laine, soit en laine et bourre de soie. Cette fabrication est excellente en général, quoique moins suivie et moins heureuse de dessins que la nôtre. La maison Hösel et Cie, de Chemnitz, avait une exposition remarquable en ce genre.

La fabrication des velours de laine ou de poil de chèvre et des peluches est un des beaux fleurons de la fabrication allemande; c'est à Berlin et à Elberfeld que se fabriquent ces étoffes. Elles sont presque dignes de rivaliser avec leurs similaires d'Amiens; elles n'ont cependant pas encore la même perfection soutenue, et nous eussions vu avec plaisir que les

Amiénois nous eussent mis à même de le constater aux yeux du monde commercial réuni à Londres.

Les fils employés dans ces velours viennent en partie de l'Angleterre, surtout les fils de poil de chèvre.

La concurrence que nous fait le Zollverein est grande, tant par la similitude des qualités que par les prix, qui *sont plus bas :* aussi exporte-t-on beaucoup de peluches et de velours en Amérique.

La fabrication des velours consiste en unis, gauffrés ou imprimés.

La peluche pour casquette est d'un bon marché qui étonne; on en vend de fortes quantités en Amérique. La maison Marx et Veigert, de Berlin, y exporte par an pour 600,000 francs de peluches; elle occupe 600 personnes. Ce n'est guère cependant que vers 1839 que la fabrication des peluches a commencé à se bien faire en Prusse; antérieurement elle était dans l'enfance.

On compte à Berlin 600 métiers tissant les velours et les peluches, et 300 métiers dans les autres États du Zollverein.

Les prix des velours variaient entre 5 et 12 francs le mètre. Les qualités moyennes, de 6 à 7 francs, étaient excellentes.

Nous avons remarqué chez M. H. Kauffmann, de Berlin, une peluche à deux faces, l'une avec la peluche relevée et l'autre rabattue, c'est-à-dire le poil couché; chacun des côtés était d'une couleur différente. Ce genre est de l'invention de cet industriel. C'est la seule invention que nous ayons à constater, en ce qui nous concerne, dans tout le Zollverein, et nous ne lui trouvons pas une grande utilité.

Les étoffes à gilets étaient nombreuses. Les variétés sont les mêmes que celles signalées en Angleterre et en France, et la fabrication est, en général, très-inférieure à celle de ces deux pays; mais cette infériorité est rachetée par un bon marché extraordinaire qui a surpris les jurés anglais.

Une maison de Viersen, province Rhénane, avait des tissus pour gilets de 2 fr. 75 cent. à 5 francs, dont le goût était assez douteux, mais qui étaient à plus bas prix que les similaires anglais.

Les étoffes mélangées pour pantalons sont copiées particulièrement sur celles d'Angleterre, et nous avons constaté des prix égaux et souvent plus bas que ceux des mêmes tissus anglais; seulement les défauts de tissage et d'apprêt rendaient la partie plus égale. Le temps n'est pas éloigné où les Anglais ne vendront guère de ces étoffes en Allemagne.

Beaucoup d'établissements tissent, teignent et apprêtent chez eux, et ont une assez grande importance. Il y a en Allemagne une tendance marquée à la concentration de plusieurs industries dans un même établissement.

Les ouvriers tisseurs de Berlin gagnent de 2 à 2 fr. 50 cent. par jour; ils économisent un quart de ce salaire.

Dans les tissages de province, l'ouvrier gagne de 1 franc à 1 fr. 50 cent. par jour;

Les femmes, de 50 à 80 centimes par jour;

Les enfants, de 2 francs à 2 fr. 50 cent. par semaine.

Les ouvriers qui tissent les étoffes pour ameublement gagnent, en Saxe, comme à Berlin, de 2 francs à 2 fr. 50 cent., et font des économies. Quelques-uns, des plus économes et des plus intelligents, disent MM. Hösel et Cie, de Chemnitz, sont devenus patrons.

M. F. N. Gruener, à Glauchau, affirme que ses ouvriers des deux sexes, pris en masse, gagnent en moyenne 1 fr. 50 cent. et économisent un tiers sur ce salaire, tant la vie est à bon marché.

Nous renverrons, pour la nourriture, aux détails donnés dans l'excellent rapport de M. Legentil, publié en 1844; les chiffres que nous nous sommes procurés sont les mêmes.

Beaucoup des principaux industriels n'étant pas venus à Londres, nous ne pouvons porter un jugement définitif sur les produits du Zollverein, et nous nous résumons en disant :

1° Que les progrès de cette réunion d'États, et surtout ceux de la Prusse et de la Saxe, sont très-grands relativement à la courte période de vingt années qui les a vus s'accomplir;

2° Que l'aptitude à imiter et à l'assimilation en quelque sorte des produits des autres nations est grande, mais qu'elle va jusqu'à la contrefaçon;

3° Que le défaut général des produits est le manque de fini, l'inégalité du tissu, qui pèche trop souvent par l'irrégularité des fils, enfin l'imperfection de l'apprêt.

L'industrie des tissus de laine peignée grandit dans le Zollverein. Les fabricants sont pleins d'ardeur; ils activent la consommation intérieure et dirigent en même temps leurs efforts vers l'exportation, que le bas prix de la main-d'œuvre, le bon marché des laines, l'économie de la fabrication, tendent à développer de plus en plus.

RÉCOMPENSES DÉCERNÉES.

XIIe CLASSE.

Fils de laine, etc..............	5 médailles de prix.
Tissus de laine, etc............	10 médailles de prix.

XVe CLASSE.

Tissus de laine, etc............	9 médailles de prix.
Idem........................	9 mentions honorables.

AUTRICHE.

L'Autriche élève une grande quantité de moutons; on évalue sa production annuelle à 40 ou 42 millions de kilogrammes de laines brutes : c'est 40 p. 0/0 de plus que les États du Zollverein. Les grands propriétaires ont amélioré les races, et ils traitent les laines avec un soin qui donne une haute idée de leurs bergeries.

Les laines des provinces du nord et du centre de la monarchie sont presque toutes fines et extra-fines; elles se distinguent par le nerf et la longueur de la mèche. Les plus belles sont celles de la Moravie et de la Silésie autrichienne; viennent ensuite celles de la Bohême, de la Hongrie, de la Gallicie et de l'Autriche proprement dite. Parmi ces provinces, la Hongrie et la Transylvanie sont celles qui fournissent la plus grande quantité de laine à peigne; les provinces du sud ne produisent guère que de la laine assez commune.

Malgré cette magnifique production de laines, l'Autriche n'en importe pas moins annuellement une quantité notable de laines étrangères : on peut évaluer l'importation moyenne à 3 millions de kilogrammes.

Mais l'Autriche exporte encore plus de laines qu'elle n'en importe[1] : son exportation est de 10 millions de kilogrammes en moyenne.

Ainsi, en tenant compte des importations et des exportations, on peut admettre que l'Autriche consomme, dans ses fabriques, de 33 à 35 millions de kilogrammes par année.

Voici comment l'emploi de cette masse de laine se répartit entre les différentes provinces de la monarchie autrichienne :

L'industrie autrichienne a à sa disposition un chiffre de 625,000 quintaux (35 millions de kilogrammes environ) de laine brute, représentant une valeur de 54,500,000 florins (141,700,000 francs).

La Silésie emploie près de...........	230,000 quint.
La Bohême........................	125,000
La basse Autriche..................	40,000
La Hongrie, Croatie, Slavonie, Vayvodie, Temesvar-Banat......................	100,000
La Transylvanie....................	40,000
La frontière militaire...............	20,000
Les autres districts de même importance emploient tous ensemble...............	70,000
Ensemble.....	625,000 quint.

La statistique autrichienne évalue la production annuelle de l'industrie lainière, dans toute la monarchie, à 220 millions de francs; mais il est probable que ce chiffre ne com-

[1] C'était pour une valeur de 17,400,000 fr., en 1831; de 29,700,000 fr., en 1840; et de 31,700,000 francs, en 1844.

prend que le prix de la matière brute et les frais de fabrication. Il faut y ajouter les profits des teinturiers, des apprêteurs, des blanchisseurs, ainsi que les bénéfices des marchands intermédiaires. On peut donc porter à 260 millions environ la production annuelle de l'industrie lainière au moment où le produit passe entre les mains du consommateur.

FILS DE LAINE CARDÉE.

La filature de la laine cardée emploie annuellement 600,000 quintaux de laine. Sur cette quantité, 350,000 sont filés par 550,000 broches mues mécaniquement et rendent 250,000 quintaux de fils; 250,000 quintaux sont filés à la main [1].

Il existe encore, comme on voit, un nombre considérable de petites machines à filer à la main, la plupart dans le genre de celles qui furent inventées vers la fin du XVIIIe siècle. Une maison de Brünn, en Moravie, celle de M. J. Keller, possède 17,000 broches, et, sur ce nombre, 8,000 broches seulement marchent à la mécanique, tandis que les 9,000 autres sont réparties sur 150 petites machines, de 60 fuseaux chacune, conduites par des fileuses à la main [2].

Les fils cardés exposés par l'Autriche étaient, en général, fort médiocres; mais il convient de faire une exception en faveur de ceux qui avaient été envoyés par MM. KELLER et SOXHLET frères, et qui valaient certainement les meilleurs fils exposés par le Zollverein.

La série des numéros variait entre 26 et 82 $^m/_m$ au kilogramme, et, chose singulière, c'étaient les fils fins qui étaient les mieux faits.

L'Autriche importe une certaine quantité de fils cardés. A Vienne, nos fils sont préférés à tout ce qui se fait ailleurs; nos

[1] Les paysannes hongroises filent et tissent la laine commune et en font de gros draps servant au vêtement national, espèce de manteau qu'on emploie tel qu'il sort des mains du tisserand.

[2] La première filature mécanique pour le cardé fut établie à Brünn en 1802; en 1834, on en comptait 40 en Bohême.

filateurs pourraient y trouver un débouché avantageux, à la condition de n'envoyer que des fils irréprochables.

FILS DE LAINE PEIGNÉE.

Avant 1830, la filature et le peignage de la laine ne se pratiquaient qu'à la main ; ce travail était concentré dans les chaumières : la fabrication se bornait à des tissus grossiers.

Ce n'est que vers 1831 et 1832 que la filature de la laine peignée prit naissance. Elle alla croissant jusqu'en 1849, époque à laquelle on comptait 25,000 broches, qui occupaient 15,000 ouvriers et qui produisaient 450,000 kilogrammes de fils; ce chiffre, indiquant une production annuelle de 18 kilogrammes par broche, montre que la filature ne s'exerçait guère que sur les gros numéros. Il est probable qu'une partie de ces fils était destinée à la bonneterie et au tricot.

En 1841, le nombre des broches était monté à 32,000; au lieu de 450,000 kilogrammes, évalués 5,640,000 francs, soit 12 fr. 50 cent. le kilogramme en moyenne, l'Autriche en produisait 532,000 kilogrammes, estimés 6,250,000 francs, soit 11 fr. 70 cent. le kilogramme : le numéro moyen avait donc gagné en finesse ; du reste, ces prix étaient encore élevés, eu égard au bon marché de la laine et de la main-d'œuvre dans ce pays.

A partir de 1841, ce progrès s'est arrêté et a fait place à un mouvement rétrograde : le nombre des broches en activité n'était plus que de 28,000 en 1840; il a encore diminué depuis lors : on cite l'établissement de Theresienthal, qui a substitué des machines à filer le coton aux 6,296 broches à laine peignée qu'il possédait; le nombre de broches ne paraît pas devoir être aujourd'hui de plus de 22,000.

C'est à l'insuffisance des droits d'entrée que les autorités autrichiennes, qui ont été consultées, attribuent cette décadence de la filature : le droit n'est, en effet, que de 13 francs par quintal sur les fils écrus et de 19 fr. 50 cent. sur les fils teints. C'est seulement 2 p. 0/0 de la valeur, ce qui équivaut à la libre entrée.

Aussi l'Autriche tire-t-elle de l'étranger une grande partie des fils de laine peignée qu'elle emploie : on n'évalue qu'à 3 millions de florins la valeur de la quantité filée en Autriche à la mécanique ou à la main, et provenant de 1,400,000 kilogrammes de laine brute, tandis que l'importation s'est élevée, en moyenne, de 1843 à 1847, à 3,225,000 florins (8,385,000[f]) pour 722,400 kilogrammes de fils. Par conséquent l'Autriche importe en fils une valeur plus considérable que celle qu'elle produit : la Saxe lui fournit les numéros ordinaires ; la France, et surtout l'Angleterre, les numéros fins.

Il ne paraît pas, du reste, que le peignage mécanique ait encore été pratiqué en Autriche : on comprend que l'état précaire de la filature ait dû faire ajourner l'application des systèmes qui fonctionnent en France et en Angleterre ; il est cependant question d'essais du système Nicolas Schlumberger qui seraient commencés en Bohême.

4 filateurs seulement avaient envoyé des produits à l'Exposition de Londres.

La série des numéros variait, pour la chaîne, de 22 à 45 m/m au demi-kilogramme ; elle s'élevait, pour la trame simple, jusqu'au n° 38, et, pour la demi-chaîne jusqu'au n° 32/34 : la chaîne, filée d'après le système du métier continu, était bien faite, et soutenait la comparaison avec nos bonnes chaînes mull-jenny de second ordre ; la trame et la demi-chaîne, filées à la mull-jenny, nous ont également paru bien fabriquées.

Les prix qui nous ont été communiqués sont inférieurs à ceux du Zollverein et un peu supérieurs aux nôtres.

Il semble assez difficile d'expliquer, en présence de semblables résultats pourquoi les filateurs autrichiens démontent leurs broches et cèdent la place aux filateurs saxons.

Toutefois, ce qui diminue le mérite des fils autrichiens, fils peignés ou cardés, c'est que le fabricant emploie des laines de qualité supérieure à celle dont on pourrait se servir pour obtenir les mêmes numéros : avec la laine qui a servi dans les numéros moyens, nous aurions gagné, en France, dix à douze numéros; avec la laine employée dans les fils fins, nous aurions gagné vingt numéros au moins.

Nos machines à filer la laine peignée sont estimées en Autriche plus que toutes les autres, et, si la filature reprenait faveur, nos constructeurs recevraient sans doute de fortes commandes.

Les renseignements que nous avons recueillis établissent que les salaires payés dans la filature se répartissent comme suit :

Les contre-maîtres sont payés de	20	»	à	40f par semaine[1].
Les mécaniciens de	12	»	à	13
Les fileurs à la main gagnent de	6	»	à	7
Les fileurs à la mécanique de..	7	50	à	8
Les enfants de	1	50	à	2

On voit combien ces salaires sont minimes: aussi, bien que la vie soit extrêmement bon marché en Bohême, la condition de l'ouvrier est misérable ; il peut tout au plus satisfaire aux besoins les plus impérieux de l'existence; quant à faire la moindre économie, il n'y peut pas songer.

TISSUS DE LAINE PEIGNÉE PURE OU MÉLANGÉE.

L'Autriche a fait des progrès considérables dans la production des tissus de laine peignée pure ou mélangés; ces progrès ont principalement porté sur la fabrication des tissus communs et à bon marché : ils ont été surtout funestes aux produits anglais ; aujourd'hui, les classes inférieures et les classes moyennes sont en grande partie vêtues avec des étoffes de fabrication indigène. Les négociants qui suivent de près ce mouvement sont convaincus qu'avant peu d'années les importations anglaises en tissus courants seront réduites de plus de moitié.

C'est qu'en effet l'industrie autrichienne a manifesté dans cette fabrication une aptitude tout anglaise : elle saisit avec habileté les genres qui conviennent aux masses et qui peuvent

[1] Ces chiffres sont désignés par la correspondance des filateurs.

trouver un débouché considérable; ajoutons qu'elle ne se contente pas de faire la guerre à l'Angleterre sur le terrain de l'Autriche, mais qu'elle lui dispute déjà l'approvisionnement du Levant, et qu'elle pourra même, dans un avenir peu éloigné, étendre ses exportations sur tous les points du globe.

Si l'industrie autrichienne a beaucoup gagné dans la fabrication des tissus communs, il n'en est pas de même en ce qui concerne celle des tissus riches : on est frappé de l'enfance dans laquelle elle est encore pour la création des articles qui réclament de l'art et du goût; il y a toujours quelque chose de heurté dans l'assemblage des nuances, et, si les couleurs sont quelquefois vives et brillantes, elles sont employées de manière à produire un effet dur et criard.

Il en résulte que les classes élevées suivent entièrement nos modes, et que, depuis la levée toute récente de la prohibition, elles portent presque exclusivement nos produits fins et légers. Les classes moyennes ont une tendance prononcée à suivre l'exemple des classes supérieures. Les Autrichiens, et surtout les Hongrois, sont, de tous les peuples de l'Europe centrale, ceux qui ont le plus d'imagination, et qui ont, par cela même, le plus de penchant pour les produits de nos arts. C'est à nous à savoir en profiter.

Notre industrie a un grand intérêt à avoir constamment l'œil ouvert sur cette transformation qui s'opère rapidement dans le goût autrichien, et à seconder de tous ses efforts cette prédilection pour nos produits. L'avis s'adresse essentiellement à Paris, à Amiens et à Roubaix. Le seul obstacle que l'industrie française rencontre dans ce commerce, c'est la contrefaçon et le plagiat. On retrouve, en effet, sur tous les tissus autrichiens de quelque valeur, la copie de nos dessins; seulement, le manufacturier simplifie le travail et le met à sa portée en supprimant beaucoup de détails. C'est par la perfection de notre fabrication que nous pourrons le plus efficacement combattre cette concurrence peu loyale.

Les progrès accomplis par l'Autriche dans l'industrie de la laine peignée sont dus à l'énergique intervention des hautes classes, qui ont employé leurs capitaux à la création d'usines immenses. Presque tous les grands établissements renferment les diverses industries de la filature, du tissage, de la teinture, de l'impression, et même des apprêts. Tout cela est groupé avec ordre, conduit avec économie et intelligence, administré par un personnel peu nombreux. Cette centralisation a l'avantage de dispenser le produit de passer par la main des négociants intermédiaires, et de le faire arriver presque directement de l'usine au consommateur.

La production des étoffes de laine peignée s'est groupée particulièrement aux environs de Reichemberg, la constitution du sol prêtant à ce développement autant que l'aptitude et l'intelligence de la population ouvrière.

Les usines de M. François Liebig, à Reichemberg, forment un établissement désigné comme le plus considérable et le plus remarquable de toute la monarchie; elles produisent pour 8 à 10 millions de francs de tissus très-variés, et occupent près de 8,000 ouvriers.

Elles livrent annuellement à la consommation plus de 90,000 pièces de tissus de laine pure ou avec soie et coton, et près de 50,000 châles fins, qui seuls valent de 1 million et demi à 2 millions de florins. Le nombre de leurs métiers à tisser est de plus de 3,000, dont 900 métiers à la Jacquart.

Il y a encore un assez grand nombre d'autres fabriques, dont une dizaine sont importantes et font de 5 à 7 millions d'affaires annuellement.

La Hongrie possède peu de fabriques; cependant il s'en élève depuis peu quelques-unes.

M. de Czœrnig estime qu'en 1842 la production des tissus de laine peignée, pure laine ou autres mélangés, était, en Bohême seulement, de 270,000 pièces, valant environ 6 millions de florins (15,600,000 francs), et employant en laine filée, peignée ou cardée, 26,000 quintaux de Vienne, soit 1,456,000 kilogrammes.

Vienne produit 254,000 pièces, contenant beaucoup de matières diverses; elle n'emploie que 610,000 kilogrammes de laine filée, ce qui indique que la fabrication est plus portée sur la nouveauté dans cette capitale et ses environs. On estime la valeur de cette production de 3,500,000 à 4 millions de florins, environ 10,500,000 francs.

Dans ce chiffre ne sont pas comprises les étoffes en soie et coton, dont l'évaluation manquait, et qui forment encore un total assez important.

Il existe, en outre, quelques fabriques dans la haute Autriche, à Linz et dans les environs, consommant près de 120,000 kilogrammes de laine. La statistique de la production autrichienne a été évaluée, ailleurs, à 220 millions de francs, pour la matière brute et les frais de fabrication. On comprend dans cette production la fabrication de la bonneterie, et particulièrement celle des bonnets nommés *fez*. La bonneterie y entre pour 3 millions de florins (7,800,000 francs), les bonnets fez pour 1,500,000 florins (3,900,000 francs).

Les principales villes qui fabriquent la laine sont :

Brünn, qui produit pour environ...	39,000,000f
Reichemberg..................	32,000,000
Vienne......................	18,000,000
Iglau.......................	11,000,000
Bielitz......................	9,750,000

Il se fabrique aussi des tissus de laine mélangée à Côme, en Lombardie.

Les conditions économiques de la production autrichienne se rapprochent de celles de l'Angleterre, sous ce point de vue qu'elle a les matières premières à très-bas prix. La houille, qui existe en couches puissantes dans plusieurs districts de la Bohême, ne revient pas à plus de 8 à 10 francs la tonne, rendue à destination. Mais l'Autriche a, en outre, sur l'Angleterre l'avantage d'une main-d'œuvre à très-bon marché. Qu'on joigne à cela un esprit d'entreprise vivement excité, et l'on pourra se faire une idée de l'avenir prochain réservé à l'industrie autrichienne.

Voici quelques renseignements à l'appui de ce que nous venons de dire du bon marché de la main-d'œuvre :

Les salaires, à Vienne, où ils sont les plus forts, varient entre 1 franc et 2 fr. 75 cent. par jour, selon le plus ou moins de richesse du tissu. Les ouvriers qui tissent les étoffes de luxe gagnent environ 2 fr. 50 cent.; mais, en général, on peut admettre la journée moyenne à 1 fr. 25 cent.

En Bohême, les ouvriers sont relativement plus malheureux; les salaires varient entre 30 centimes et 1 fr. 20 cent. environ.

Les ouvriers habiles arrivent à 7 francs par semaine;

Les ouvriers ordinaires, de 4 à 5 francs.

Les femmes gagnent 2 francs par semaine;

Les enfants, de 1 franc à 1 fr. 50 cent.

On comprend que ces pauvres gens se nourrissent mal et ne boivent que de l'eau. Cependant, en aucun pays, la nourriture n'est à meilleur marché. Le gibier est pour rien; il en est de même des fruits et des légumes. Le pain est à bas prix. Les vêtements coûtent de 25 à 40 p. 0/0 meilleur marché qu'en France.

Lorsqu'un grand nombre d'usines seront venues s'ajouter à celles qui fonctionnent déjà, le salaire s'élèvera en raison de l'emploi plus considérable des bras et de la concurrence que se feront les fabricants, et la position de l'ouvrier deviendra d'autant meilleure, qu'il aura la nourriture et les vêtements à bon marché[1].

Le Gouvernement est bienveillant pour l'industrie; il encourage les caisses de retraite, il protége l'enfance. Ce n'est

[1] Les entraves de l'ancien régime des corporations et maîtrises sont en partie tombées; et tous les jours le Gouvernement autrichien fait un nouveau pas dans la voie de l'affranchissement industriel. Le principe de la libre concurrence règne dans les provinces italiennes seulement. Les règlements de maîtrise des autres États sont modifiés par l'abolition de privilége abusifs. Le nombre des années d'apprentissage est réduit, les droits de diplôme diminués, les épreuves adoucies.

Depuis 1821, l'Autriche a adopté un principe d'encouragement qui a beaucoup aidé au développement de l'industrie manufacturière, à savoir : la concession d'un privilége de quinze années pour l'installation d'usines, motivée sur quelque invention ou perfectionnement notable.

qu'à dix ans qu'un enfant peut entrer dans une usine, et les ouvriers sont forcés de les envoyer dans des écoles gratuites. Des caisses de secours sont établies sous le patronage et avec le concours des fabricants. Les malades reçoivent les médicaments et les soins d'un médecin. Il y a des hospices pour la vieillesse, lorsque le travail ne lui est plus possible.

Grâce à ces conditions avantageuses, l'industrie autrichienne peut vendre et vend déjà à l'étranger. Les exportations de l'Autriche ont suivi la progression suivante :

	Tissus laine pure.	Tissus laine mélangée.
1831.....	12,710,000f	
1840.....	16,840,000	
1844.....	18,200,000	3,300,000f
1847.....	24,000,000	4,000,000

Ainsi les exportations ont doublé dans l'espace de dix-sept ans.

Le Zollverein exporte pour 55,700,000 francs, dont 27,100,000 en tissus de pure laine et 28,600,000 en laine mélangée; il surpasse encore l'Autriche, mais il le doit surtout à ses tissus mélangés.

Les produits de l'Autriche en laine peignée vont aujourd'hui partout où vont ceux de la France. Elle exporte dans le Zollverein, la Russie, la Pologne, la Suède, le Danemark, la Hollande, l'Angleterre, Rome, Naples, l'Amérique du Nord et du Sud, le Levant et les côtes barbaresques, en Asie et jusqu'en Chine, grâce à une étude raisonnée des produits qui conviennent à ces différentes contrées.

C'est dans le Levant que la concurrence de cette active et intelligente nation se fait sentir le plus; elle y a développé son commerce et gagne chaque année du terrain sur ses rivales. L'Autriche exporte pour Constantinople et les Échelles beaucoup de tissus de laine peignée ou autre, mélangés ou pure laine, foulée ou non foulée. Ce commerce se fait par l'intermédiaire des Grecs surtout, des Arméniens et des juifs, qui ont des représentants à Vienne et courent les foires.

M. Dervieu dit, dans son rapport sur l'Exposition de 1845, que les sociétés de négociants et d'industriels font explorer à leurs frais les pays qui peuvent offrir à l'Autriche quelques chances d'affaires. Les explorateurs, hommes spéciaux, emportent des échantillons des produits de la monarchie et s'appliquent à connaître ce qui convient à chaque peuple et ce qu'il faut modifier pour prétendre commercer avec eux. C'est à la suite de ces voyages qu'un comptoir a été fondé à Singapour. Ainsi l'industrie autrichienne s'attaque déjà à l'Angleterre et veut la combattre sur les lieux mêmes où se fait la consommation; elle suit là la route la plus vraie, la plus sûre et la plus féconde en résultats.

Mais ce qui a contribué le plus, sans contredit, à agrandir le commerce de l'Autriche en Orient, c'est la fondation de ses grandes compagnies de bateaux à vapeur de Trieste. Leurs priviléges excluant la concurrence, elles ont pris un développement inouï, et nulle nation n'est mieux organisée ni plus puissamment établie que l'Autriche sous ce rapport.

Elles sillonnent l'Adriatique, les mers de la Grèce, de l'Égypte, de la Syrie; la mer Noire est admirablement exploitée par elles. Il n'est pas un point des côtes ayant une importance commerciale où elles ne touchent[1].

Les tissus que fabrique l'Autriche sont les mêmes que ceux dont nous avons donné la nomenclature et l'origine dans le rapport sur le Zollverein, à peu d'exceptions près.

[1] Le Lloyd autrichien, fondé en 1833, sur le modèle de celui de l'Angleterre, ne comptait, à son début, que 7 steamers; il en avait, en 1849, 31 de la force de 4,030 chevaux et du port de 12,055 tonneaux.

Cette marine occupe le premier rang dans la Méditerranée; elle vient encore de s'augmenter de 3 nouveaux bâtiments.

Ces navires ont transporté, en 1850........	216,000	voyageurs.
Le mouvement de lettres a été de........	417,000	kilogr.
———— des marchandises de	24,484,000	francs.
———— des groups d'espèces de	113,544,000	———

Cette compagnie touche à tous les points extrêmes directement; tandis que nos bateaux sont obligés, pour certaines destinations, de transporter

Nous nous bornerons à donner leurs noms ici. Ce sont, pour la XIIe classe :

1° Le mérinos, la mousseline de laine pure, le cachemire d'Écosse, le lasting, la mousseline Thibet, l'alépine, le stoff pure laine, le camelot, la flanelle ;

2° Les damas brochés soie ou coton, la mousseline de laine chaîne coton, le barége chaîne coton, le barége chaîne soie, uni, façonné ou broché, les tissus coton et soie, genre dérivant de la cottepalys, le satin de laine façonné, les étoffes à manteaux, le damas en laine et coton.

Pour la XVe classe :

3° Les peluches, les velours de laine et de poil de chèvre, les étoffes à gilets et les étoffes à pantalons laine et coton.

Il s'en fallait de beaucoup que toutes ces étoffes fussent à l'Exposition de Londres, et vingt et quelques fabricants, dont la majeure partie avaient exposé des tissus pour gilets ou pantalons et des velours d'Utrecht, représentaient l'industrie de la laine peignée, qui compte un si grand nombre d'industriels en Autriche. Il était donc impossible de se faire, d'après l'Exposition, une idée bien exacte de la perfection ou du degré des progrès relatifs de l'Autriche vis-à-vis des autres puissances. Cependant le petit nombre des maisons ayant obtenu une médaille possédaient des spécimens annonçant une fabrication presque aussi avancée que celle du Zollverein.

Les tissus de pure laine peignée ont aussi un peu de ce toucher mou et flasque que nous reprochions à ceux de la Saxe ; cependant ce n'est pas tout à fait au même degré et avec quelques fils français employés conjointement avec leurs fils indigènes, les tisseurs obtiendraient de bons résul-

leurs voyageurs et leurs marchandises sur les bateaux autrichiens ou anglais ; c'est un état de choses qu'il faut faire cesser au plus tôt.

La compagnie danubienne possédait, en 1849, 48 bateaux à vapeur ; de plus, 7 nouveaux steamers ont été livrés à la circulation en 1851.

Le mouvement des voyageurs a été, en 1850, de 590,000 personnes et de 253 millions de kilogrammes en marchandises, sans y comprendre l'argent et les bestiaux.

tats et plus de succès à la vente que leurs concurrents du Zollverein.

Le tissage est assez bien fait; mais on remarque quelques imperfections dues à l'irrégularité des fils. Les mérinos étaient dans ce cas; la teinture n'avait pas l'éclat et la distinction de nuance qu'on remarque dans nos mérinos. L'apprêt était aussi moins soigné.

Le bon marché de la main-d'œuvre permet à l'industrie autrichienne de tisser le stoff pur laine concurremment avec l'Angleterre, quoique cette dernière gagne nécessairement sur les fils de laine qu'elle vend pour cela à l'Autriche.

Les stoffs chaîne coton et les orléans se tissent également avec assez de bonheur en Autriche; il s'en fait des quantités. La mousseline de laine chaîne coton y réussit parfaitement et aussi bien que dans nos tissages d'Alsace. La majeure partie des étoffes où il entre de la chaîne coton est tissée à la mécanique, et il y a des établissements en ce genre plus considérables que les nôtres.

Les tissus nommés damas de laine, mélangés de soie et de coton, servant pour ameublement, sont admirablement fabriqués. Les nuances sont excellentes, l'apprêt parfait; les dessins ne manquent pas de goût, et, chose assez rare, ils sont de création indigène : il y a absence de copie. La maison Philippe HAAS et Cie se distinguait pour cet article entre toutes les autres.

Les tissus de laine pure ou mélangée, épais ou légers et transparents, se tissent plus particulièrement en Bohême et dans le district de Leitmeritz; il s'en fabrique aussi à Vienne et aux environs. Ceux pour gilets et pantalons se fabriquent mieux dans le cercle de Brünn que partout ailleurs.

Les meilleurs produits comme peluches longs poils, camelots, étamines, velours d'Utrecht, se font aux environs de Linz principalement.

L'Exposition ne nous permettant pas d'apprécier l'ensemble des tissus produits par l'Autriche, nous nous sommes procuré quelques échantillons d'étoffes, qui, presque toutes, sont des similaires des nôtres et calquées sur elles, afin de nous prononcer en connaissance de cause et d'en parler autrement que par ouï-dire.

Les produits de la fabrique impériale, qui sont très-variés, sont parfaitement fabriqués; elle possède plusieurs filatures, et fabrique toutes sortes de tissus de laine, foulés ou en peigné.

Le tissu que nous appelons flanelle mixte, à cause du mélange qui le compose, est fait avec une chaîne en laine peignée et une trame en laine cardée; il est souple, léger, chaud, et d'une douceur très-grande au toucher.

Les baréges chaîne soie ne sont pas beaucoup meilleur marché que les nôtres. Les baréges chaîne coton pour l'impression sont bien faits, mieux entendus que ceux de l'Angleterre, et coûtent le même prix que ceux qu'on fabrique en Écosse.

TISSUS DE LA XVe CLASSE.

Les étoffes à gilets sont, pour l'idée première, d'origine française ou anglaise : toutes les variétés sont les mêmes que celles indiquées dans les rapports de l'Angleterre et du Zollverein, mais il s'en faut que la fabrication soit aussi parfaite que celle des Anglais; elle est plus semblable à celle des fabricants prussiens. Les dessins étaient d'assez bon goût; quelques-uns étaient copiés de l'Angleterre. Cette copie se fait si rapidement, que nous avons remarqué deux dessins exposés en même temps dans les cases anglaises et dans celles de l'Autriche.

La plupart des gilets façonnés étaient faits sur une chaîne de coton et les trames employées étaient en soie et en laine; quelques-uns, fort riches et brochés par le battant brocheur, employant en outre 4 à 5 navettes, étaient cotés de 4 à 5 francs le mètre et coûtaient au moins 15 p. o/o de moins que les mêmes genres français. Il y avait peu de tissus à gilets du genre cachemire, et c'était à mille lieues de la fabrication de Paris et de Reims.

Les étoffes pour pantalons sont copiées de l'Angleterre; ce

sont les mêmes genres que ceux désignés dans le rapport du Zollverein, c'est-à-dire des tissus chaîne coton, tramés en laine cardée, foulés ou non foulés. Quelques tissus nommés cassinettes étaient cotés à plus bas prix que ceux de l'Angleterre. On peut donner une idée du bas prix de la fabrication autrichienne par le fait suivant :

Nous avons remarqué une étoffe à gilets en chaîne coton cardée, foulée et ayant un joli dessin tigré, espèce de casimir broché qu'on nomme bukskin ; elle figurait dans les cases anglaises. Cette nouveauté venait de paraître à peine : elle était déjà copiée, et nous la rencontrâmes à la grande surprise de nos collègues anglais, dans l'étalage d'un exposant de Vienne. Nous demandâmes le prix ; elle était cotée à un franc de moins que celle de l'Angleterre, et l'imitation était parfaite pour la qualité comme pour le dessin. D'après les prix cotés à Reims pour des tissus analogues, la différence eût été d'au moins 2 francs, soit environ 40 p. 0/0 plus cher que le tissu fabriqué en Bohême.

Nous citerons encore un gilet en chaîne coton, trame cardée fine, tissé à plusieurs navettes avec coin en soie, broché à la Jacquart, faisant beaucoup d'effet, et coté 1 fr. 75 cent. le gilet.

Il n'existe pas une note concernant le détail de l'exposition de chacun des fabricants d'Autriche sur laquelle nous n'ayons écrit en grosses lettres : *meilleur marché que partout ailleurs.*

Tous les tissus ne présentent pas un écart de 35 à 40 p. 0/0 entre eux et les nôtres ; les genres riches n'offrent que 10 à 15 p. 0/0 de différence.

La fabrication des velours d'Utrecht et des peluches est bonne, mais inférieure cependant à celle de Berlin.

Quatre médailles de prix ont été décernées aux manufacturiers autrichiens. Une médaille dans la XIIIe classe et une dans la XVe ont été accordées à une des premières maisons de Vienne, celle de MM. Philippe Haas et fils, qui avait exposé les magnifiques damas pour ameublement que nous avons signalés plus haut.

En résumé, pour peu qu'on étudie la constitution de la monarchie autrichienne sous le rapport des productions variées du sol, on reste frappé du magnifique avenir ouvert à toutes ses industries. L'Autriche est si riche en matières premières et possède de tels avantages naturels, auxquels vient se joindre celui d'une main-d'œuvre extrêmement basse, qu'il paraît impossible, d'après le mouvement rapide que le progrès a suivi dans les dernières années, qu'elle n'arrive, dans une courte période, à égaler le chiffre de la fabrication générale du Zollverein, à le dépasser même et surtout à le primer pour le chiffre de ses exportations. Sa position géographique, l'élan plein d'ardeur et l'esprit d'entreprise qui se manifestent plus vivement qu'en aucun pays, et auxquels la noblesse et les grandes fortunes commencent à prendre part, la belle position qu'elle a prise dans le Levant par le développement immense et vigoureusement soutenu de ses compagnies puissantes de navigation à vapeur, la facilité de recevoir par Trieste les cotons de l'Égypte et les soies du Levant, tout enfin, jusqu'à son esprit d'ordre et de suite dans le travail, lui assurent un avenir plus brillant peut-être que celui du Zollverein !

RÉCOMPENSES DÉCERNÉES.

XIIe CLASSE.

Tissus de laine.................... 1 médaille de prix.

XVe CLASSE.

Tissus de laine.................... 4 médailles de prix.

RUSSIE.

La Russie, en raison de l'immense étendue de ses pâturages et du climat propice de ses provinces méridionales, est un des pays les plus favorables à l'élevage de la race ovine : aussi cette branche de l'économie rurale est-elle, sans contredit, celle qui a fait, dans les derniers temps, le plus de progrès, et qui est la plus susceptible d'un grand développement à l'avenir.

Outre une grande variété de races ordinaires ou communes, connues sous les noms de brebis du Don, de l'Ukraine, de la Crimée, valaques, kirghizes, bohémiennes, tcherkesses, etc., il y a celle des bêtes à laine fine, dont l'éducation prend, en Russie, depuis une vingtaine d'années, une extension de plus en plus considérable. Elle est surtout très-répandue dans le midi de la Russie, en Volhynie et dans le royaume de Pologne, dans les gouvernements de la Baltique, de Kherson, de la Tauride, de Bessarabie, d'Ekaterinoslaw, et dans quelques provinces centrales, telles que les gouvernements de Saratow, de Poltawa, etc.

Dans les gouvernements d'Esthonie et de Livonie on ne comptait guère, en 1832, que 66 bergeries, avec 29,116 brebis à laine fine; actuellement on y compte au delà de 170 bergeries, avec près de 400,000 têtes.

A la même époque (1849), on comptait dans six gouvernements (ceux de Tauride, d'Ekaterinoslaw, de Poltawa, de Kherson, de Saratow et de Bessarabie), au delà de 12 millions de moutons de race mi-fine et fine, dont 5 millions de race admirable. Dans l'espace de deux années (1846-1848) le nombre des brebis à laine très-fine s'est augmenté, dans huit gouvernements des contrées que nous venons de citer, de 478,000 têtes, ou à peu près de 13 p. o/o.

Près de 42 millions de moutons, dont environ 16 à 16 millions de race mérinos mi-fine, fine et très-fine, forment actuellement le total de la population des bergeries en Russie, sans compter le royaume de Pologne, où l'on possédait, en 1846, 3,192,000 têtes, dont près de 600,000 de race fine, et 1,600,000 de race croisée et améliorée, c'est-à-dire de 1/2 ou 3/4 sang mérinos.

La preuve des grands progrès de l'éducation des moutons en laine fine en Russie se trouve dans l'accroissement rapide de l'exportation de ces laines, qui, avant 1830, ne dépassait pas 40,000 pouds (667,000 kilogrammes environ), et qui est maintenant un des chiffres les plus importants du commerce extérieur de la Russie. Elle s'est élevée :

En 1847, à 434,930 pouds[1];
En 1848, à 238,936 *id.*;
En 1849, à 601,636 *id.*

En 1844, l'exportation avait atteint le chiffre énorme de 840,000 pouds, sans compter 100,000 pouds du royaume de Pologne; cela donnait un total de 942,000 pouds, valant environ 11 millions de roubles argent (44,800,000 fr.). De 1831 à 1840, on n'exportait guère que pour 15 millions de francs.

Inutile de dire que la diminution de l'exportation en 1848 tient uniquement à l'état déplorable où l'industrie fut réduite en Europe et non à la diminution de la race ovine en Russie.

La Russie, jouissant de tous les avantages de la paix, du calme intérieur et de la sécurité, tandis que l'Europe était en grande partie aux prises avec l'anarchie, ne s'est nullement ressentie de la diminution de l'exportation de ses laines fines; le travail s'est accru dans ses manufactures; on en a élevé de nouvelles, et elles ont absorbé ensemble la plus grande partie de l'excédant non exporté de ses bergeries.

Ainsi, le chiffre total des moutons en Russie et dans le royaume de Pologne est de plus de 45 millions de têtes, dont 16 à 18 millions produisent de la laine mérinos fine et mi-fine.

Le produit des moutons mérinos de race fine et mi-fine s'élève à environ 1,100,000 pouds (18 millions de kilogrammes) de laine lavée à fond; sur cette quantité, la Russie exporte de 6 à 800,000 pouds et consomme le reste.

Néanmoins, ces 3 à 400,000 pouds ne lui suffisent pas; elle a encore besoin des laines fines de la Silésie, de la Saxe, de la Moravie, et elle importe 45 à 50,000 pouds de laine lavée à fond, toutes en qualité extra-fine.

[1] 6 pouds font 100 kilogrammes environ.

Ces 45 à 50,000 pouds de laine extra-fine sont en grande partie consommés par les fabriques de M. Verman-Retchim et Cie, près de Riga, et de M. Fiedler, en Pologne. Ces laines valent de 35 à 40 roubles argent le poud (de 9 à 10 francs le kilogramme).

Voici à peu près de quelle manière se répartit l'emploi des laines de la Russie :

1° Elle fabrique annuellement près de 8 millions d'archines[1] (4,800,000 mètres) de draps de soldat ;

2° Près de 10 millions d'archines de draps ordinaires pour les besoins de l'ouvrier et du paysan (près de 8,350,000 kilogrammes) ;

3° Elle fait 1,600,000 archines de draps pour la Chine et l'Asie centrale : elle y emploie plus de 2 millions 1/2 de livres russes (ou 1,100,000 kilogrammes environ) de laine fine améliorée ;

4° Elle produit, pour la consommation intérieure et les provinces transcaucasiennes, près de 50,000 pièces ou 1,250,000 archines, employant 650,000 kilogrammes environ ;

5° La fabrication des étoffes rases et des tapis fins emploie près de 1 million de livres russes ou 400,000 kilogrammes environ ;

6° Elle exporte annuellement, chiffre moyen, près de 650,000 pouds de laine fine (environ 10,800,000 kilogrammes).

Tout cela fait déjà un total de près de 28 millions de kilogrammes.

En outre, la confection des tapis communs, faits dans les cabanes par les paysans et leurs femmes, absorbe une quantité énorme de laine.

Il faut y ajouter la bonneterie, le tricot, etc. M. Samoïloff, président de la chambre de commerce de Moscou, affirme qu'il peut estimer sûrement la production de la laine lavée à

[1] L'archine égale 711 millimètres.

fond, au minimum, à 1 kilogramme par tête de mouton, ce qui donnerait un chiffre total, y compris la Pologne, de 45 millions de kilogrammes.

L'industrie russe, dans son ensemble, a occupé, en 1849, 495,000 ouvriers, répartis dans 9,172 fabriques. Sur ce nombre, 701 établissements confectionnaient des draps ou des étoffes variées.

Les draps destinés à la consommation intérieure représentent 1,250,000 archines, dont le prix varie de 1 à 4 roubles l'archine (5 fr. 60 cent. à 22 fr. 50 cent. le mètre), et dont les 4/5 environ s'appliquent à la consommation des classes inférieures. Leur valeur totale peut être de 80 millions de francs, si l'on y ajoute 1,600,000 archines de draps destinés à la Chine, du prix moyen de 8 francs l'archine (11 fr. 25 cent. le mètre), et d'une valeur de 12,800,000 francs. On voit que la production des draps en Russie peut s'élever à environ une centaine de millions.

La fabrication des étoffes variées, qui s'exerce dans 260 manufactures et qui consiste en camelots, mousseline laine pure ou chaîne coton, mérinos, cachemire d'Écosse, Thibet, etc., etc., est estimée à 3 millions de roubles ou 12 millions de francs.

L'industrie nationale fournit presque entièrement à la consommation intérieure. Ainsi, la Russie n'a importé, en 1850, que pour 5 millions de tissus de laine, savoir :

Camelots, mérinos, etc.	825,000 roubl.	valant	3,300,000^f
Draps.............	400,000	———	1,600,000
Châles et mouchoirs..	24,000	———	96,000
	1,249,000		4,996,000

C'est là, comme on voit, un chiffre bien minime.

La Russie exporte beaucoup plus qu'elle n'importe. En 1850, elle a exporté pour environ 13 millions de francs : sur cette somme, il n'y avait que pour 40,000 francs à destination de l'Europe; tout le reste avait été envoyé dans l'Asie centrale et en Chine.

La fabrication des draps pour la Chine, sur laquelle M. Rondot a donné des détails dans son rapport sur la Chine, ne date, en Russie, que de 1830 : ces draps étaient autrefois fournis par la Silésie. La Pologne s'était ensuite emparée de cette fabrication; mais, après la révolution de 1830, les fabricants passèrent en Russie avec leurs machines, et s'établirent principalement dans le gouvernement de Moscou[1].

On sait que ce commerce s'opère par le troc de l'étoffe contre du thé. Les marchands russes gagnent beaucoup sur le thé : aussi se contentent-ils de retirer à peine le prix coûtant des étoffes qu'ils vendent à la Chine : de là le débouché que la Russie a ouvert à ses draps.

L'histoire du commerce russe vers la Chine comprend quatre périodes.

La première va de 1729 à 1763. Jusqu'à cette dernière époque, les caravanes de la couronne faisaient le commerce dans ces parages; Catherine II l'abandonna ensuite aux entreprises particulières.

La deuxième période, de 1763 à 1800, est celle du commerce libre des particuliers. Les Chinois, plus rusés que les Russes, cessèrent souvent tout à coup les transactions; le préjudice était grand pour des négociants isolés se trouvant avec leurs marchandises à une distance immense de leurs demeures. Le Gouvernement russe sentit la nécessité de reviser le tarif des douanes par un règlement du 15 mars 1800, et forma une compagnie de commerce. C'est pendant la deuxième moitié du règne de Catherine II que le thé commença à être demandé en Russie et peu à peu devint l'article le plus important du commerce russe avec la Chine.

La troisième période va de 1800 à 1822, époque de l'établissement des droits protecteurs; les Chinois luttaient contre

[1] Cela eut lieu quand un oukase vint interdire le transit par la Russie des produits européens dirigés vers l'Asie.

les négociants russes, et inondaient leurs marchés des produits de leur industrie. Les Russes leur envoyèrent alors les produits manufacturés d'autres pays et finirent par rétablir l'équilibre.

La quatrième période, qui s'étend depuis 1822 jusqu'à ce jour, a vu se développer l'industrie russe, grâce à la protection accordée aux fabriques du pays. Les marchandises étrangères furent remplacées sur les marchés par les produits de la Russie, qui peut, à bon droit, s'en glorifier; car aucune nation ne fournit aux Chinois des draps qui leur conviennent autant que ceux des fabricants russes, et à aussi bas prix. En 1839, on ne vendit plus à Kiachta que très-peu de draps étrangers.

La filature cardée compte, en Russie, 50,000 broches marchant dans des établissements qui ne font pas autre chose.

Il existe, en outre, 400,000 broches dans des établissements qui filent, tissent, teignent et apprêtent eux-mêmes.

La filature de la laine peignée ne compte que 11,000 broches filant du peigné cardé, et fonctionnant dans des usines qui tissent elles-mêmes les fils produits.

On compte en Russie environ 450 fabriques imprimant la laine ou le coton; beaucoup d'entre elles impriment les deux genres de tissus.

Moscou renferme 28 établissements de teinture pour la laine, le coton et la soie; quelques-uns teignent dans un même établissement ces diverses matières ou tissus.

Dans la plupart des usines, et particulièrement dans celles qui filent la laine, le travail se poursuit de jour et de nuit, de telle sorte que 100,000 broches produisent comme 160,000 en France. Ce travail a lieu au moyen de relais, et ce n'est pas seulement par intervalles, c'est toujours et sans interruption.

Les salaires se répartissent comme suit :

Un ouvrier fileur de laine gagne, en moyenne, de 300 à 400 francs par an ;

Un rattacheur, de 12 à 14 francs par mois;

Le bobineur [1], de 7 à 9 francs par semaine.

Une dévideuse gagne de 15 à 25 francs par mois.

Un tisseur gagne 7 francs par pièce de 30 archines (près de 22 mètres) pour des étoffes communes, comme drap de troupe, etc. On augmente cette main-d'œuvre selon la finesse des tissus, mais jamais on ne dépasse 15 francs par pièce.

Les mécaniciens fondeurs reçoivent de 35 à 60 francs par mois;

Un chauffeur de chaudière pour machine à vapeur, 20 à 22 francs par mois;

Le surveillant de la machine à vapeur, entretenant les transmissions, graissant, frottant, etc., 50 francs par mois.

La dépense d'un ouvrier indépendant est de 12 à 15 francs par mois pour sa nourriture et son entretien; ils sont, en général, logés et chauffés dans les fabriques.

Une femme dévideuse dépense de 7 à 10 francs par mois;

Les enfants, 4 à 6 francs par mois.

La nature du combustible employé en Russie diffère suivant les localités.

A Saint-Pétersbourg, on emploie le bois et le charbon de terre importé d'Angleterre;

A Moscou, c'est le bois et la tourbe.

Au midi, et surtout depuis le Don jusqu'à l'Azoco, on emploie l'anthracite, qui est d'excellente qualité et d'une abondance inépuisable;

A Odessa, l'anthracite depuis peu, et ordinairement des roseaux de laiche et les hautes herbes des steppes desséchées;

Dans les gouvernements du nord et du centre, le bois;

Dans les gouvernements de l'extrême midi, tels que Podolie, Volhynie et Kieff, de la paille.

Je dois à l'obligeance de M. Peterson, membre de la commission russe près l'Exposition de Londres, un petit tableau du prix des bois pris dans les forêts : 1° sur pied; 2° rendus à Saint-Pétersbourg et à Moscou.

[1] On appelle bobineur celui qui garnit le métier en fin de ses bobines.

PRIX DU BOIS POUR LA MESURE DE 9 MÈTRES CUBES.

	SAPIN.	PIN.	BOULEAU.	PEUPLIER.
1° A Saint-Péte: .ourg.......	25f 00c	28f 00c	40 à 45f	20f
2° Dans les forêts sur pied....	4 80	•	12	4
3° A Moscou................	32 00	36 00	50 à 60	30
4° Dans les forêts sur pied....	10 00	25 00	30 à 40	8 à 20

Le charbon de terre importé d'Angleterre ne s'emploie guère que dans les établissements de Saint-Pétersbourg.

Le bois débité pour servir à l'usage des établissements de Moscou, et notamment pour les machines à vapeur, se vend de 18 à 24 francs la mesure de 2m, 10 cubes; les morceaux de bois ont 90 centimètres de long. Ce prix est énorme pour les fabriques; ce sont les frais de transport qui en sont cause: aussi la plupart des fabriques s'éloignent-elles de la ville.

La même mesure coûte, dans certaines localités des environs, 12 à 16 francs. En s'éloignant de 2 à 300 kilomètres, le bois ne coûte plus environ que moitié de ce dernier prix ou 5 à 7 francs; plus loin encore, cette mesure, nommée sagène (4 stères 04), ne coûte plus que 2 fr. 25 cent. à 2 fr. 75 cent.

Si le bois n'est pas plus cher à Saint-Pétersbourg, c'est par suite de la facilité de le recevoir par eau de tous les points de la Finlande et de la Courlande. Malgré cela, les établissements de cette ville ne consomment que des charbons de terre anglais, qui viennent de Hull et coûtent peu de frais de transport. Le fret doit revenir, nous dit notre correspondant, de Hull à Saint-Pétersbourg, à 5 ou 6 schellings la tonne.

Le charbon coûterait donc, rendu dans les usines à Saint-Pétersbourg, de 15 à 20 francs la tonne [1].

[1] Il valait, il y a dix-huit mois, de 20 à 22 francs la tonne (1852).

Le Gouvernement russe s'inquiète, dit-on, de l'immense consommation de bois que font les établissements industriels du gouvernement de Moscou, et du déboisement qui en résulte. Il se propose, en conséquence, de faciliter le transport de la houille.

Tous ces détails statistiques seraient incomplets ou, du moins, ne suffiraient pas pour donner une idée exacte de l'industrie russe, si nous ne faisions connaître son organisation toute particulière, d'après les renseignements que nous empruntons à un mémoire que M. Henri Fleury [1] a bien voulu nous communiquer.

La classe des serfs domestiques, esclaves nés et d'ancienne origine, fournit peu d'individus au recrutement industriel: petit à petit les seigneurs s'en débarrassent, et on en fait seulement des artisans et gens à petits métiers.

C'est à la classe des serfs paysans qu'appartient le plus grand nombre des ouvriers de fabrique, à cette classe attachée forcément à la terre de son seigneur; et qui, avant l'oukase de novembre 1601, avait la liberté de s'engager au travail chez tel ou tel seigneur et de changer de maître.

Une troisième classe de serfs fut créée à l'époque où Pierre le Grand fonda les premiers grands établissements industriels; il affecta au travail de ces établissements des familles de serfs ne devant s'occuper de père en fils que du travail industriel.

Ainsi, la première fabrique de lainage fut destinée à fabriquer les draps de troupe; elle fut fondée par Pierre le Grand en 1720, et dotée de 206 familles de paysans: on l'appelait la grande cour des draps de Moscou. Mais le mode de servage affecté aux fabriques ne devait pas prospérer à côté des fabriques libres d'entrave. Les années de mauvaise récolte amènent toujours un déplacement du travailleur et une baisse dans les salaires industriels. Les serfs agricoles quittent leurs villages et affluent dans les centres manufactu-

[1] Ancien secrétaire général du ministère de l'agriculture et du commerce, auteur d'un grand travail sur le commerce et l'industrie russes.

riers pour compenser par le travail la souffrance amenée par la disette : de là, offre du travail et baisse de la main-d'œuvre.

Cet état de choses profite aux fabriques particulières, qui choisissent bien leurs ouvriers, tandis qu'il élève le prix de revient des autres, puisqu'il faut satisfaire aux besoins des ouvriers et que les denrées alimentaires sont à des prix élevés.

Les femmes et les enfants appartenant, en général, à la classe des serfs agricoles des domaines seigneuriaux travaillent dans les ateliers, et surtout dans ceux mus par la mécanique et qui dispensent de l'emploi de la force[1].

A Saint-Pétersbourg, la fabrication des tissus de laine est dirigée par des employés ou belges ou allemands : c'est ainsi que les états-majors sont composés. Mais il n'en est pas de même à Moscou, devenu le siége de la véritable, de la grande industrie, grâce à sa position centrale, qui lui permet de recevoir les matières premières de tous les côtés et d'expédier la

[1] Les paysans de la couronne, en partie affranchis, sont rares dans les ateliers.

Le seigneur peut non-seulement employer un serf à son usage personnel et à toutes choses, mais encore le mettre au service d'autrui. Tantôt le paysan, se sentant à charge à sa famille, demande spontanément un permis pour aller travailler dans les usines; tantôt le seigneur veut se débarrasser avec profit d'un trop plein de population ou de serfs difficiles; d'autres fois il est obéré, et il trouve que son serf lui rapportera plus comme ouvrier de fabrique que comme laboureur, en sorte qu'il lui impose le permis de travail dans les manufactures. Mais, imposé ou obtenu, ce permis n'est jamais gratuit; une taxe annuelle (un obrok), dont la moyenne est de 120 francs par homme et de 72 francs par femme, en est le prix, la condition absolue; les enfants même payent une redevance. Plus le serf est capable, fort, instruit, plus il rapporte au maître.

Les chefs des grands établissements industriels sont ou des nobles ou des marchands de la première guilde. Tout gentilhomme de classe héréditaire peut élever des fabriques dans ses villages, sans enregistrement dans la guilde. Quelques-unes des fabriques de cette origine sont importantes. Les idées généreuses et philanthropiques dominent chez ces gentilshommes, et l'ouvrier est bien traité. Quelquefois même, le propriétaire d'usines destine un tant pour cent sur la valeur de l'objet vendu pour former un bénéfice

marchandise fabriquée à tous les points de l'empire rayonnants autour d'elle. Au reste, l'industrie, à Moscou, ne date pas d'hier; elle est aussi ancienne que la ville même. Elle y a grandi à mesure que le commerce la quittait pour s'établir dans les ports du nord et du sud. L'industrie de Moscou est essentiellement russe; les teintureries, apprêts et impressions sur étoffes sont, il est vrai, exploités par des Belges, des Allemands ou des Anglais; mais c'est réellement l'élément national qui tient le premierrang: il se sert de l'étranger et ne subit pas son joug. Il est russe par ses chefs, ses capitaux, ses ouvriers, tandis qu'à Saint-Pétersbourg, au contraire, la majeure partie des industries, et notamment l'industrie cotonnière, sont entre les mains des Anglais et n'existent guère que par l'élément anglais.

Ajoutons que Moscou est le vrai centre du progrès industriel. Il n'est pas une invention utile, récemment découverte

à l'ouvrier qui se trouve ainsi associé au travail et aux opérations de son maître.

La guilde est divisée en trois rangs, et l'admission dans la 1re, la 2e et la 3e classe est subordonnée à l'importance du capital de celui qui veut élever un établissement. Tout le monde, noble ou non noble, ne peut élever d'usine sans être redevable à la première guilde et sans y être inscrit, sauf le seigneur qui veut élever un établissement sur son domaine rural.

Ces classes de la guilde correspondent à nos patentes de divers degrés. Seulement nos patentes ne sont entravées par aucune restriction, tandis qu'en Russie, excepté la première guilde qui a une indépendance absolue et qui peut tout entreprendre, les deux autres sont assujetties à une foule d'entraves qui paralysent la concurrence. Aussi, les industries soumises aux dernières guildes sont presque toutes restées stationnaires, au lieu que la haute industrie a fait d'incontestables progrès, uniquement à cause de la liberté d'action que lui laissent les règlements de la première guilde. Il en résulte que les grands capitaux sont protégés, et qu'au contraire les petits capitaux sont entravés par les règlements qui rappellent ceux des corporations et des maîtrises.

Le gentilhomme exerçant l'industrie dans ses terres ne paye rien, tandis que l'industriel ou le marchand de la première guilde paye une taxe annuelle de 4,000 francs.

Ce gentilhomme peut aussi, en franchise des droits que payent les autres, expédier partout, mais seulement vendre en gros.

en Europe, qui n'y soit aussitôt essayée. On y trouve, en outre, des écoles de tout genre destinées à l'éducation industrielle[1].

M. Fleury constate une chose que nous rappelons avec plaisir : c'est que, parmi tous les commerçants, contre-maîtres, chefs d'industrie ou artisans étrangers auxquels la Russie accorde l'hospitalité, les Français sont ceux qui traitent leurs ouvriers avec le plus d'humanité et de bienveillance.

[1] L'aspect des fabriques russes ne ressemble pas à celui des nôtres ; elles sont vastes, fastueusement construites, monumentales et non sagement et modestement proportionnées à leur but. Quand les Russes créent quelque chose, ils taillent dans l'immensité. Les manufactures de Moscou renferment des bâtiments élevés et d'un aspect imposant. Il en est peu, dit M. Fleury, où, sur l'une des nombreuses façades, ne se retrouvent l'attique et la colonnade des temples grecs. Tout cela est entouré de jardins et de prairies et dégagé par des cours immenses ; ce sont enfin des palais du travail.

L'intérieur de ces fabriques ne diffère pas de celui de nos fabriques les mieux tenues ; il ne laisse pas plus d'espace libre ; les salles sont propres et salubres, l'air et la clarté y abondent, et tout est calculé pour le bien-être de l'ouvrier qui est là dans de bonnes conditions hygiéniques.

Les ouvriers, dans les usines de filature, tissage, etc., sont presque tous casernés ; l'éloignement de l'usine d'un centre de population et la nécessité de loger des serfs venus de loin ont fait adopter cet usage, qui est loin de nuire aux bons rapports du maître et des ouvriers. Ces derniers sont clôturés pendant six jours de la semaine et ne peuvent sortir ; les travailleurs casernés ne sortent que le dimanche et doivent être rentrés à dix heures du soir. La police des portes est confiée à des sous-officiers vétérans qui la font rigoureusement.

A l'esprit de discipline, les Russes joignent celui d'association. Les ouvriers des fabriques se forment en groupes (artels) de 12 à 15 individus. Chaque groupe élit son chef, et celui-ci a mission de recevoir les salaires de chacun des associés, de faire les dépenses de nourriture, etc. ; il a de plus un droit de censure morale qu'il exerce au besoin. Lui seul a crédit aux boutiques et est admis au comptoir du magasin ; il rend ses comptes à la fin de chaque mois, et remet à chacun ce qui lui revient ; il n'y a pas d'exemple d'infidélité. Dans les salles basses des bâtiments servant de casernes, il existe des cuisines et réfectoires ; 2, 3, 4 artels s'entendent, salarient une cuisinière et lui remettent ce qui est nécessaire à leur alimentation. Les ouvriers, pendant les repas, sont graves et polis l'un pour l'autre.

L'un des bâtiments compris dans l'enceinte de la fabrique est occupé par

Au surplus, quelle que soit sa condition, l'ouvrier, le serf russe, ne se plaint jamais. Il ne semble pas s'apercevoir qu'il souffre.

La durée du travail n'est pas la même à Saint-Pétersbourg qu'à Moscou : à Saint-Pétersbourg, elle est en moyenne d'environ 292 jours;

les boutiques; elles contiennent tous les articles de consommation, nourriture, vêtements, etc., à l'usage des ouvriers, et mis en vente pour le compte du chef de l'usine. Il leur est interdit de se pourvoir ailleurs, et aucun marchand ne peut entrer dans l'enceinte de la fabrique. Les motifs donnés en faveur de cette mesure sont que les marchands admis pourraient provoquer le vol, et ensuite que l'obligation d'aller au dehors pour l'approvisionnement occasionnerait des pertes de temps et des désordres; néanmoins, il ne faut pas se le dissimuler, il y a une pensée de gain dans l'installation de ces boutiques.

Il y a là un contraste avec beaucoup de nos établissements qui achètent en grand des approvisionnements, les vendent aux ouvriers au-dessous du prix des boutiquiers, et donnent ainsi à leurs ouvriers une nourriture salubre et à meilleur marché. On voit combien la pensée française est plus libérale, plus généreuse que la coutume russe. Les boutiques des usines russes vendent au prix des plus petites boutiques de détail du dernier étage. C'est une opération très-avantageuse pour le chef de fabrique qui achète en grand et au plus bas prix.

Dans le haut des bâtiments qui contiennent les salles des réfectoires existent les dortoirs composés les uns de petites cellules contenant un couple, homme et femme, les autres n'ayant pas de cellules mais des grabats accouplés les uns à côté des autres, et sur lesquels couchent les hommes seuls.

Quelquefois les ouvriers couchent dans les ateliers mêmes. Les tisseurs font leurs lits au-dessus de leurs métiers, les imprimeurs sur les tables d'impression ou même sur le sol nu.

Telles sont les habitudes de ce qu'on appelle, en Russie, l'ouvrier libre, de ceux qui, munis d'un permis, peuvent aller d'une fabrique à l'autre.

Il est une autre classe qui, cependant, vit dans des conditions plus misérables encore, c'est celle des serfs qu'un propriétaire obéré ou embarrassé par l'excès de la population donne à bail à quelque manufacturier qui les loge et les nourrit; le seigneur, leur maître, leur donne les vêtements et perçoit le salaire de leurs travaux.

Il est facile de voir qu'avec un tel état de choses, là où l'ouvrier ne compte pour rien, la production doit être à vil prix, puisque le chef d'usine reprend en réalité une partie du salaire, au moyen du bénéfice qu'il fait sur l'alimentation de l'ouvrier.

A Moscou, elle est seulement de 265 jours : les fêtes y sont plus multipliées.

Jadis les paysans, en entrant dans les fabriques, se réservaient la faculté d'aller chez eux à l'époque de la moisson; cela se fait encore dans quelques industries. Cette absence causant un tort très-grand à l'industrie on n'engage plus les ouvriers qu'à l'année, ce qui les prive souvent, pendant un long espace de temps de revoir leurs familles.

A Saint-Pétersbourg, comme à Moscou, le travail effectif de la journée est de treize à quatorze heures : c'est trop long; il est aujourd'hui reconnu, en Angleterre et en France, que le travail de dix à douze heures, énervant moins l'ouvrier donne de meilleurs résultats.

Les femmes et les enfants sont plus nombreux dans les ateliers mécaniques; ils travaillent le même nombre d'heures que les hommes. Aussi, tandis que les hommes conservent leur santé, les femmes souffrent et languissent et les enfants s'étiolent.

Le travail se fait à la journée ou à la tâche. Ce dernier mode est préféré en Russie comme partout ailleurs. Nous avons indiqué plus haut ce que gagnent les ouvriers.

Il y a quelques années, beaucoup de fabricants de tissus, teinturiers, imprimeurs sur étoffes, payaient souvent leurs ouvriers en marchandises, les obligeant à accepter des coupons avariés, des fonds de magasin mauvais. Le Gouvernement, sur la demande du conseil des manufactures de Moscou, a supprimé cet abus; cependant on trouve encore moyen d'éluder la défense. Heureusement, ces exemples sont rares et le deviennent chaque jour davantage.

L'industrie et le commerce tiennent maintenant, en Russie, une place considérable, et, grâce à un oukase qui a établi une classe de bourgeois notables, la bourgeoisie commerciale ne se trouve plus isolée entre le serf et le noble.

L'industrie russe n'a pas, jusqu'à présent, montré grande imagination. Elle n'avait rien de mieux à faire que de copier les industries plus avancées des autres peuples. Il y a, d'ailleurs, chez les Russes, plus de facilité d'assimilation que d'esprit d'invention. Pour tout ce qui a un cachet artistique, ils copient la France, et, quelque rapport qu'il y ait entre l'esprit slave et l'esprit français, le premier sera encore tributaire du second pendant longtemps.

Les marchands ou industriels russes attendaient autrefois chez eux que les matières leur arrivassent et que les objets à imiter leur fussent envoyés; ils ne les recevaient que par de nombreux intermédiaires, parasites vivant à leurs dépens. Aujourd'hui ils deviennent plus voyageurs; ils vont en Allemagne, en Angleterre, en France, faire leurs achats et leurs recherches eux-mêmes; leurs adroits missionnaires vont étudier partout, s'introduisent en tous lieux, observent, achètent les modèles, les moyens de produire, etc., et rapportent en Russie la semence d'amples moissons pour l'avenir.

Si les négociants russes aiment le caractère français, qui a tant de rapport avec le leur, en revanche ils aiment moins la manière française de traiter les affaires et préfèrent la rondeur, l'exactitude du commerce anglais. L'avis le meilleur à donner à nos industriels de France, c'est de les engager à traiter avec la même rondeur, sans indécision et sans lenteur. Il est vrai que les tâtonnements de nos industriels à moitié artistes tiennent à la certitude que tout le nord de l'Europe les copie.

Après tous les détails que nous venons de donner sur l'industrie russe, il ne nous reste qu'à résumer succinctement les observations que nous a suggérées l'examen des produits russes exposés à Londres.

FILS DE LAINE.

Il n'existe de peignage mécanique que dans les établissements qui filent pour leurs propres tissages; le système adopté dès l'origine, dès la création de ces usines, fut le peignage à la carde, dont les produits furent nommés *peigné-cardé*.

Ce système est originaire de la France, et il existe encore à Paris et à Reims, où il a subi quelques transformations qui le rendent bien supérieur à ce qui se pratique en Russie. Avant

1835, les fabriques russes tissant la laine peignée tiraient leurs fils de l'Angleterre et surtout de la Saxe; ces derniers étaient alors filés à la main. C'est en 1835 qu'on établit simultanément le peignage cardé et la filature de la laine peignée mérinos, les filatures russes firent de suite usage du métier mull-jenny, dont les modèles furent achetés en France et presque toutes les machines construites à Moscou.

Le chiffre des broches de laine peignée est encore bien minime en Russie : il ne s'élève qu'à 11 ou 12,000, qui fonctionnent dans les établissements de tissage.

Un seul filateur avait apporté des fils à Londres, et leur qualité plus qu'ordinaire n'a pas permis au jury d'en faire mention.

La majeure partie des fabriques de tissus emploient des fils étrangers, et la Russie reçoit encore à présent plus de 400,000 kilogrammes de fils importés de la Saxe, de la France et de l'Angleterre, mais surtout de cette dernière contrée.

Presque tous les paysans des provinces éloignées, de l'est ou du sud-est, filent eux-mêmes leurs laines et en font des draps grossiers; ils filent également le poil du chameau. Les tissus faits avec ces poils de chameau sont remarquables et les fils qui y entrent sont d'une régularité parfaite et de la plus grande solidité; ce sont surtout les femmes des Baschkirs et des Kalmoucks qui filent ces poils et qui les tissent conjointement avec leurs maris.

Nous sommes convaincus que les filatures à la mécanique tireraient un bon parti du poil de chameau, qui a de la souplesse, de la douceur autant que le poil de chèvre, et la preuve en est dans les beaux fils à la main exposés par les Baschkirs.

Dans les deux pièces de tissus faits par ces Baschkirs et qu'on destinait à Sa Majesté la reine d'Angleterre, les fils et les tissus n'avaient reçu aucune teinture.

Cet examen nous a convaincus de la possibilité de faire servir le poil de chameau à un autre usage que celui de la chapellerie, et nous le répétons, on le filerait aussi facilement que l'alpaga et le poil de chèvre.

On songe à appliquer, en Russie, le système de peignage de MM. Nicolas Schlumberger, ce qui changerait de fond en comble la nature de leurs fils qui aujourd'hui sont trop duvéteux, trop boutonneux.

Il est aussi question d'élever à Moscou la filature de la laine peignée sur une grande échelle, ainsi que le peignage mécanique; ces organisations nouvelles ont pour but de contribuer à l'élévation de petites fabriques de tissage qui s'alimenteraient à cette source. Cela permettrait aux petits capitaux d'aborder cette industrie.

TISSUS DE LAINE PEIGNÉE (PURE LAINE) OU MÉLANGÉS DE SOIE ET DE COTON EXPOSÉS PAR LA RUSSIE.

Les tissus exposés étaient, pour la XIIe classe :

1° Les mérinos, en petite quantité;

2° Le cachemire d'Écosse, en majorité : ce tissu est préféré par les fabricants russes comme imitant le mérinos et coûtant meilleur marché;

3° La mousseline de laine pure;

4° La mousseline Thibet, chaîne laine anglaise, trame mérinos;

5° Le satin de Chine uni ou damassé;

6° L'alépine et la bombasine;

7° Les damas pour ameublement;

8° Les tissus laine et soie, épais ou légers, imités d'Amiens ou de Paris;

9° La mousseline de laine chaîne coton;

10° Les tissus en poil de chameau faits par les Baschkirs.

Ce sont toujours, si l'on en excepte les tissus des Baschkirs, des imitations des tissus de la France. L'aspect de ces étoffes, leur toucher surtout, les rendent bien plus semblables à celles de France qu'aucune de celles de l'Angleterre, de la Saxe et du Zollverein; elles sont moins flasques, et cela tient à ce que les tissus que nous avons examinés étaient tous faits avec des fils provenant de laine russe, laine ayant une assez grande analogie avec quelques-unes des nôtres.

Ces divers produits se faisaient remarquer par une bonne fabrication exempte d'irrégularité de tissage, et annonçant l'emploi de bons fils. On retrouvait les mêmes qualités aussi bien dans les pièces étroites que dans les grandes largeurs, et il y avait là beaucoup de 5/4, 6/4 et 8/4 en cachemire d'Écosse pure laine.

La teinture était bien faite, les nuances bonnes et franches. L'apprêt nous a paru fort négligé; les tissus ayant une tendance à se gripper, il importe que cette dernière opération soit très-soignée. Les fabricants russes ont beaucoup à faire de ce côté.

Les tissus camelots, ceux avec poil de chèvre, vigogne, etc., faisaient défaut à l'Exposition.

Les façonnés contenant de la soie et tissés à la Jacquart étaient copiés d'Amiens et de Paris; la fabrication en était bonne.

L'emploi des jacquarts est considérable en Russie, et tous les perfectionnements que Lyon et Paris y introduisent chaque année y sont immédiatement appliqués.

Il n'y avait que quelques exposants à Londres; MM. les frères Goutschkoff, M. Volner et MM. Favart frères n'avaient pas de rivaux.

MM. Goutschkoff se sont élevés par leur travail à la position qu'ils occupent aujourd'hui.

C'est en 1816 que cette maison commença à tisser avec des fils de l'Angleterre et de la Saxe. Elle fonda, en 1835, la première filature de laine peignée de la Russie, d'après des modèles français.

Elle compte aujourd'hui 20,000 broches en peigné ou cardé qui ne sont alimentées que par de la laine indigène.

Tous les fils produits sont employés dans ses tissages, qui occupent 900 métiers, dont une forte partie marche mécaniquement, et 250 métiers à la Jacquart.

Elle possède la fonderie, les forges et les ateliers de construction nécessaires pour faire elle-même ses machines, et tout cela est fort bien outillé.

Elle occupe 3,000 ouvriers, sur lesquels 2,000 habitent l'intérieur de la fabrique, qui est composée de seize bâtiments fort grands, dont trois seulement sont construits en bois.

Les industries contenues dans cette vaste fabrique sont :

Le dégraissage mécanique de la laine;

Le peignage;

La filature;

Le tissage;

La teinturerie;

L'impression;

L'apprêt.

MM. Goutschkoff ont fondé une école où les enfants reçoivent l'instruction primaire et surtout celle appliquée à l'industrie; toutes les grandes fabriques en ont, ainsi que des bains et une infirmerie.

Les produits de cette maison passaient en première ligne à l'Exposition de Londres.

M. Volner venait ensuite. Cette fabrique est peu importante; mais ses produits sont excellents.

MM. Favart frères se sont élevés par leur travail à une belle position. C'est en 1844 qu'ils fondèrent leur usine aux environs de Moscou, à Proskine.

Ils organisèrent là un beau tissage mécanique et une vaste et grandiose teinturerie.

Ces deux frères, originaires de la Belgique, sont généralement estimés en Russie.

Leur établissement de teinturerie teint par année 125,000 à 130,000 pièces, longueur anglaise, de tissus de laine peignée de tous genres, soit 10,000 à 11,000 pièces par semaine. On le placerait au premier rang en Angleterre.

Presque toutes les étoffes exposées nous ont paru d'un prix élevé et qui nous a surpris, car, en raison des conditions de travail, nous nous attendions à trouver le même bon marché que pour les tissus de la Bohême.

1° La mousseline laine 5/4 coûte le même prix qu'en France;

2° Le cachemire d'Écosse 5/4 est coté de 10 à 15 p. 0/0 plus cher;

3° Les satins de Chine brochés valent moins que les nôtres et coûtent le même prix;

4° La bombasine, cotée 7 fr. 80 cent., se ferait à Amiens à plus de 1 franc de moins.

La mousseline de laine pure imprimée était tellement chère, que nous avons dû supposer une erreur commise par l'exposant.

Certes, nous aurions là un débouché assez considérable, si le tarif russe n'y mettait obstacle; malgré les dernières modifications qui nous ont été plus favorables, nous ne pouvons encore aborder la Russie avec nos tissus lourds. Les tissus mérinos, mousseline de laine, etc., payent, à l'entrée, 1 rouble 80 kopecks (7 fr. 20 cent.) par livre russe[1], ce qui équivaut à une prohibition; et cependant le droit a été diminué de près de moitié!

Il n'en est pas de même de nos tissus légers mélangés de laine et de soie, unis ou imprimés; ils peuvent prendre un assez grand développement, mais seulement dans la consommation de la classe aisée.

Nous pouvons résumer en peu de mots ce que nous attendons du tarif nouveau:

La grande consommation continuera d'être alimentée par l'industrie russe, assez avancée pour que la protection qui la couvre lui suffise.

La consommation des objets de luxe et de mode continuera et même s'accroîtra au profit de la France.

La nation russe a quelque chose de l'imagination française: son goût se règle évidemment sur le nôtre; elle s'assimile nos créations avec une merveilleuse facilité; elle copie encore, mais elle copie bien et avec goût; elle saisit nos nuances, elle ne dénature pas nos idées, elle ne défigure pas nos dessins; enfin, on sent que la tendance est française chez ce peuple encore neuf.

[1] La livre russe vaut 409[gr],51.

Les artistes français qui séjournent longtemps en Angleterre y perdent quelque chose de leur manière : leur imagination s'affaisse ; c'est une flamme que l'esprit positif et froid des Anglais éteindrait à la longue, tandis qu'en Russie, au milieu de cette population intelligente et vive, qui n'aspire qu'à vivre de la vie française, ils ne perdent rien de leurs facultés créatrices : leur génie brille comme en France, les sympathies leur sont acquises ; ils sentent qu'ils sont compris, il semble qu'ils n'aient pas changé de milieu et qu'ils soient encore dans leur pays.

Avec le goût, la persévérance et les habitudes de discipline qui caractérisent la nation russe, on peut prédire que, d'ici à un certain nombre d'années, lorsque les nouvelles générations auront complété leur éducation industrielle, l'industrie russe, aujourd'hui simple imitatrice, verra s'ouvrir devant elle un avenir brillant, où elle montrera, à son tour, un esprit d'invention original et fécond.

RÉCOMPENSES DÉCERNÉES.

XIIe CLASSE.

Tissus de laine.................... 2 médailles de prix.

BELGIQUE.

L'industrie lainière, qui florissait en Belgique pendant le moyen âge, s'y est maintenue, et forme encore de nos jours une des principales branches de son commerce d'exportation.

La Belgique produit peu de laine ; la division du sol y est peu favorable à l'élevage des moutons : aussi sa production a-t-elle plutôt décru dans ces dernières années. On évaluait le nombre de ses bêtes ovines à 969,000 en 1816 ; on ne le portait plus qu'à 716,000 en 1846, ce qui représente une diminution de plus de 200,000 têtes. C'est donc à l'étranger que la Belgique demande la plus grande partie des laines qu'elle met en œuvre ; elle les laisse entrer sans droit. L'importation des laines brutes y monte annuellement à une valeur de 15 à 16 millions de francs : le Zollverein en fournit la moitié; la Russie, l'Angleterre, la France lui fournissent le reste.

Comme la production de la laine décroît en Belgique, comme, d'un autre côté, l'importation est à peu près stationnaire, on semble autorisé à en conclure que l'industrie lainière n'y a pas fait de progrès, et même qu'elle aurait plutôt rétrogradé depuis quinze ans.

M. Rondot, dans le rapport qu'il a fait en 1847, estimait, d'après les renseignements fournis par la chambre de commerce de Verviers, qu'il existait environ 200,000 broches de filature cardée ou peignée; que 558 établissements s'occupaient des tissus foulés ou ras; qu'ils employaient 7,000 métiers à tisser, 23,000 ouvriers, et une force motrice de 1,955 chevaux; qu'ils représentaient une somme de 117 millions de francs, engagée sous forme d'actions ou de fonds de roulement, et qu'ils produisaient 52 millions par année.

Il résulte du même rapport que la Belgique a exporté en tissus une valeur de près de 30 millions dans les deux années 1845 et 1846, qu'elle en a importé pour 20 millions, de telle sorte que, pour les deux années, l'exportation aurait surpassé l'importation de 10 millions[1].

La Belgique excelle dans la fabrication de la draperie; mais, en ce qui concerne la fabrication des tissus de laine peignée, elle ne fait que copier l'Angleterre et la France; elle cherche uniquement à s'approprier leurs inventions, en profitant des éléments de production à bon marché qu'elle possède sur son territoire.

FILATURE DE LA LAINE CARDÉE.

La filature de la laine cardée a fait de notables progrès, non pas seulement dans les belles fabriques de draperies de

[1] Les chiffres qui précèdent sont empruntés au rapport de M. Natalis Rondot (1847).

Verviers, mais aussi dans les usines qui filent à façon pour les tisseurs.

On remarquait surtout à l'Exposition de Londres l'exhibition de MM. Clément Xoffray et Cie, de Dolhain (Limbourg). Il y avait des fils en laine cardée pure, en laine cardée mélangée de coton, en laine cardée mélangée de bourre de soie; la série des numéros variait de 25 à 100 m/m au kilogramme. Ces fabricants poussent au besoin leur mélange de laine et de soie jusqu'au n° 200 m/m. Quelques numéros laissaient peut-être à désirer, et, avec les laines employées nous aurions produit des fils de 10 ou 15 numéros plus élevés; mais, en somme, cette exhibition aurait pu figurer dignement dans le département français.

FILATURE DE LA LAINE PEIGNÉE.

Il n'en est pas de la filature de la laine peignée comme de celle de la laine cardée : elle n'a fait aucun progrès en Belgique. Une seule usine belge avait envoyé des échantillons à Londres, et ils n'étaient pas de nature à attirer l'attention. La série des numéros variait du n° 20 au n° 160 m/m au kilogramme ; ces derniers fils fins avaient été faits exprès pour l'Exposition et laissaient beaucoup à désirer.

Les fils pour la passementerie se font assez bien. On utilise surtout pour la bonneterie le système de filature dit cardé peigné.

Les maisons qui filent la laine peignée l'emploient presque toujours dans leurs propres tissages; quelquefois même elles teignent et apprêtent leurs tissus, de telle sorte que la laine y entre à l'état de matière première et en sort à l'état de tissu tout préparé pour la consommation.

La Belgique importe, du reste, une partie des fils peignés qu'elle emploie; elle en tire d'Angleterre, de France et notamment de nos filatures de Tourcoing.

TISSUS DE LAINE PEIGNÉE PURE OU MÉLANGÉS.

Les tissus de laine peignée que fabrique la Belgique sont :

Les étamines, les camelots, les serges, les long-ells, les serges de Berry, le lasting, le thibet, le mérinos, le cachemire d'Écosse, la mousseline de laine pure laine, la mousseline chaîne coton, trame laine, l'orléans, le cobourg, le tissu alpaga, etc.

Le tout, sauf l'orléans, est assez médiocre.

Les produits envoyés par les Belges étaient peu nombreux et peu variés : c'étaient principalement des satins de Chine unis ou brochés et des orléans, des cobourgs, des paramattas, et des alpagas. Les satins de Chine étaient imités de ceux de Roubaix; mais ils ne pouvaient soutenir la comparaison avec leurs modèles, et l'on pouvait tout au plus les assimiler à ceux du Zollverein. Quant aux orléans, cobourgs, etc., ils étaient loin de valoir les tissus similaires anglais; à l'exception de quelques pièces, ils présentaient, en général, des défectuosités, des irrégularités dans le tissage. Nous ne faisons que mentionner les essais d'alpaga, et nous passons sous silence les tissus légers qui ne méritent pas une mention.

La Belgique, qui copie volontiers la France, ne paraît pas s'être occupée, du moins avec succès, de la fabrication de ces gracieuses étoffes en laine et soie, faites à Paris, Amiens, Roubaix et Reims.

Ce qu'il y avait, sans contredit, de plus remarquable dans la partie de l'exhibition belge dont nous avons à rendre compte, ce sont des tissus en laine et coton ou lin pour pantalons et paletots.

Les tissus pour pantalons se distinguent par l'intelligence et le goût des combinaisons. Le mélange du coton avec la laine et du coton avec le lin y est habilement pratiqué. Les dessins de rayures et de carreaux sont bien réussis, les couleurs sont vives et heureusement assorties ; ce qui s'explique surtout parce que cette fabrication se fait presque aux portes de Roubaix, et s'inspire du voisinage de cette ville si industrieuse. Nous n'avons, en effet, qu'à passer la frontière, et nous trouvons les métiers battants à Courtray, à Tournay, à Mouscron. Mais ce qui nous a le plus frappés, c'est l'extrême bon marché de ces tissus, principalement destinés à la consommation des populations ouvrières : le prix des tissus en laine et coton est de 80 centimes à 1 fr. 50 cent. le mètre ; celui des tissus coton et fil de 65 centimes à 1 fr. 05 cent. Ces prix sont tellement minimes, que nous avons pris les renseignements les plus minutieux pour être bien certains de leur exactitude. Il faut remarquer, d'une part, que les Belges copiant les dessins de Roubaix, sont dispensés de tout effort d'imagination, et, d'autre part, qu'ils disposent d'une main-d'œuvre à très-bon marché : le salaire de la journée des tisserands n'est que de 1 fr. 25 cent. à 1 fr. 50 cent., sur lesquels ils doivent payer leurs aides ; les femmes ne gagnent que 75 à 80 centimes. Ce n'est que pour les étoffes riches que le salaire du tisserand s'élève à 2 fr. 50 cent. ou 3 francs. On se demande comment l'ouvrier belge peut, avec de semblables salaires, subvenir aux besoins de sa famille.

Ces tissus se vendent en grande quantité pour l'exportation; ils sont achetés surtout par les Hambourgeois, qui les réexportent ensuite dans leurs comptoirs transatlantiques. Ils ont pris, dans ce commerce, la place des tissus anglais.

Les Belges ont également réussi dans la fabrication des tissus pour paletots, qu'ils ont imités des Anglais. C'est une copie des cassinettes, cachemirettes, etc. mais une bonne copie. Ils ne coûtent que 1 fr. 05 cent. à 1 fr. 25 cent. le mètre, et l'Angleterre ne les fait pas à meilleur marché.

La teinture et l'apprêt sont bien étudiés en Belgique ; les nuances sont bonnes et l'apprêt presque aussi bien donné qu'en Angleterre. Le vrai fondateur de cette industrie en Belgique, M. Vood, a su approprier ses apprêts et son pliage à chaque destination étrangère, et c'est une qualité précieuse.

On n'a pas pu décerner de récompense pour les tissus de laine pure ou mélangés, tandis que, pour les étoffes à pantalons communs, on a accordé 4 médailles de prix.

Des caisses de retraite et de secours ont été fondées dans ces dernières années, mais seulement dans quelques grands établissements de Verviers et de Gand.

RÉCOMPENSES DÉCERNÉES.

XIIe CLASSE.

Fils de laine	1 médaille de prix.
Tissus de laine	1 mention honorable.

XVe CLASSE.

Tissus mélangés	4 médailles de prix.
Idem	1 mention honorable.

ÉTATS-UNIS.

Au commencement de l'émigration des Anglo-Saxons dans l'Amérique du Nord, les bestiaux se vendaient 25 livres sterling par tête, et le fermier gagnait assez pour acheter aux marchands européens les étoffes destinées à le vêtir; mais le flot d'émigration augmentant, l'introduction du bétail devenant importante, sa reproduction prompte, le prix du bétail tomba (malgré l'accroissement de la population) successivement de 14 à 10, puis à 5 livres sterling. Les cultivateurs se trouvèrent dans la nécessité de faire leurs propres vêtements, et c'est ainsi que naquit l'industrie du pays. En 1770, la main-d'œuvre journalière était de 15 schellings.

En 1699, un édit du Parlement anglais défendit d'une manière formelle qu'aucune étoffe ou matière de laine et de coton fût transportée de son lieu de production à un endroit quelconque et par n'importe quelle voie.

En 1719, la Chambre des communes décida que l'érection des fabriques en Amérique tendait à l'affranchir de sa dépendance vis-à-vis de la mère patrie, et donna des instructions pour entraver l'industrie textile et encourager ce qui pouvait être profitable à l'Angleterre, comme les magasins d'approvisionnements, la confection d'agrès, etc. Enfin, les établissements industriels américains furent déclarés, en Angleterre, un mal public, et une amende de 500 livres ster. fut imposée à ceux qui n'auraient pas restreint leurs moyens de production trente jours après avoir été avertis.

Pendant la guerre de l'indépendance, les Américains donnèrent de l'élan à la fabrication des draps et des étoffes de laine; mais l'industrie était encore limitée, puisqu'elle n'avait son exploitation que dans les fermes ou dans les domiciles privés.

En 1791, le Gouvernement américain établit le premier tarif destiné à protéger les manufactures américaines, et l'on pense que c'est vers cette époque que la première fabrique de lainages fut élevée à Hartford, dans le Connecticut.

On produisait déjà, en 1810, dans cinq États : 1° en tissus de laine, coton, etc., pour 39,497,057 dollars; 2° en fils des mêmes matières, pour 2,052,120 dollars. On évaluait la production pour toute l'Union de 40 à 41 millions de dollars.

Le premier effort réellement industriel pour la fabrication des lainages fut tenté en 1813 et 1814 par une société qui s'établit à Gashen et y construisit une petite fabrique. La laine coûtait le prix énorme de 1 dollar 1/2 la livre, et les draps se vendaient 9 à 12 dollars le yard (52 à 70 francs le mètre), les mêmes draps qui seraient probablement considérés comme trop communs aujourd'hui et qui à peine vaudraient 1 dollar le yard. Cette première tentative ne fut pas heureuse.

La paix s'étant établie en Europe, les Anglais inondèrent le marché américain de leurs produits et la société perdit son capital.

A cette époque, un mouton mérinos était considéré comme une chose rare, et valait de 1,000 à 1,500 dollars (5,250 à 7,875 francs). On était très-fier d'en posséder un et heureux d'en posséder un à quatre personnes.

On prétend que le nombre des moutons était, en 1831, de 20 millions, donnant 50 millions de livres de laine lavée.

On importait alors en Amérique 5,625,962 livres de laine étrangère.

En 1840, des évaluations contradictoires portaient le nombre des moutons, les unes à 19,311,374, les autres à

35 millions, et nous n'avons pu savoir de quel côté était l'exagération.

Le chiffre total de la production de tous les articles où entre la laine pure ou mélangée était, à cette époque, de 20,765,124 dollars, et le nombre des ouvriers employés à la produire était de 21,342, répartis dans près de 4,000 établissements divers, manutentionnant les produits à tous les degrés de mise en œuvre et d'achèvement.

Le nombre des moutons était, en 1850, de 30 millions, devant leur origine, en grande partie, aux races saxonnes, espagnoles et françaises, qui ont servi aux croisements.

Les Américains ont aussi acclimaté les moutons de l'Angleterre des comtés de Kent et de Leicester.

Les moutons du pays sont de race assez commune : la race dominante est le *mérinos* dans ses diverses finesses. Ces moutons forment un peu plus de la moitié du nombre total aux États-Unis.

La race mérinos y est facile à élever : les moutons sont vigoureux et s'améliorent sur ce sol qui leur convient.

Les 30 millions de moutons produisent, déduction faite des agneaux, environ 55 à 60 millions de livres de laine (25 à 27 millions de kilogrammes).

L'industrie américaine est favorisée par un sol qui lui fournit une grande partie des matières premières qu'elle emploie; elle dispose de cours d'eau d'une grande puissance et faciles à exploiter; elle possède l'esprit d'entreprise, qu'elle pousse jusqu'à la témérité; des droits de 30 à 35 p. o/o la protégent contre les produits similaires de l'Europe; elle applique les progrès, les perfectionnements réalisés en Europe à mesure qu'elle en a connaissance; elle n'a pas d'écoles, pas d'expériences longues ou coûteuses à faire; elle n'applique que ce qui fonctionne bien; elle copie les tissus, les dessins, et approprie le tout aux besoins des consommations qu'elle dessert.

Ajoutons qu'aucun peuple ne pousse plus loin que les Américains l'amour de l'ordre, l'économie, les habitudes d'obéissance. Les ouvriers sont soumis, dans presque tous les établissements, à une discipline exemplaire : ils n'y sont admis qu'avec de bons certificats; ils s'engagent pour un an; ils sont logés en général, et les logements des deux sexes sont séparés. Les salaires sont bons et leur permettent de faire des économies. A Lowell, les femmes, après avoir payé leur pension, peuvent économiser chaque semaine 2 dollars (10 fr. 50 cent. environ); les hommes peuvent mettre de côté plus du double[1].

Les industriels américains ont pour système de travailler pour les masses, pour la grande consommation, qui, en effet, est considérable aux États-Unis. Le bon marché de leurs produits leur permet d'exporter sur une grande échelle et de faire concurrence aux produits anglais sur les marchés de l'Amérique méridionale, de l'Asie et de la Polynésie.

Un document récemment publié fait connaître le mouvement des affaires et leur immense développement aux États-Unis pendant la période de 1821 à 1851, c'est-à-dire en trente ans.

IMPORTATIONS.

Leur valeur totale,	en 1821,	était	de 62,585,724	dollars.
———————	en 1835	—	de 149,895,742	
———————	en 1851	—	de 223,405,072	

EXPORTATIONS.

Leur valeur totale,	en 1821,	était	de 64,974,382	dollars.
———————	en 1835	—	de 121,693,577	
———————	en 1851	—	de 217,523,201	

Si l'industrie continue à se développer, comme cela a eu lieu depuis dix ans, il n'y a nul doute que l'exportation ne dépasse notablement l'importation d'ici à dix ou quinze années.

Pour revenir à l'industrie qui nous occupe particulièrement, il résulte de renseignements statistiques que la valeur

[1] Mémoire de M. Simounet.

des articles de laine de tous genres fabriqués aux États-Unis a été :

Pour l'année	1840..........	de 110,729,000 francs.
————	1841..........	de 119,958,000
————	1842..........	de 129,952,000
————	1843..........	de 140,785,000

Ces chiffres parlent d'eux-mêmes, puisqu'ils constatent une augmentation de *30 millions de francs* en *quatre ans.*

M. Simounet a envoyé à l'appui d'un rapport où l'exactitude de la statistique s'unit aux observations les plus judicieuses et les plus consciencieusement recueillies, une quantité d'échantillons de tissus de coton et de laine qui montrent le degré d'avancement de l'industrie américaine, et qui font connaître le genre de consommateurs auxquels elle s'adresse. Cette collection donne une idée plus nette du progrès des Américains que les quelques produits exposés à Londres par une dixaine d'exposants tout au plus, et qui consistaient en tissus de coton imprimés, ou en coutil de coton, cotonnade, en châles de laine, cachemire laine, draps pour impression, etc. Il était de la dernière évidence que les Américains n'avaient attaché aucune importance à l'Exposition de Londres, et l'on était surpris du peu de souci qu'avaient montré les six États de l'est d'initier l'Europe à leurs progrès.

Les États-Unis renferment plusieurs établissements filant la laine peignée : c'est dans les États du Maine, de New-Hampshire, de Vermont et du Massachusets qu'ils se trouvent. Il se fait fort peu de fils destinés à la fabrication des mousselines de laine et autres tissus pour robes ; les fils le plus généralement produits sont ceux destinés aux tapis et à la bonneterie.

Il existe quelques établissements fabriquant la mousseline de laine et les serges, mais tellement peu importants qu'on pourrait presque les passer sous silence.

La production des États-Unis étant surtout dirigée, comme nous l'avons dit plus haut, vers les articles de consommation courante, leur progrès n'a pas empêché nos importations en articles de goût d'y prendre de plus en plus d'importance.

En 1830, les États-Unis ne nous demandaient que fort peu d'étoffes de laine peignée, pure ou mélangée; ce qu'ils achetaient surtout alors, c'était le coton imprimé.

Vers 1833 et 1834, les Américains commencèrent à employer les tissus de laine imprimés, et les variétés en laine et soie qui prenaient naissance.

En 1835, on voyait déjà certaines maisons commissionner pour 100,000 francs à la fois des tissus mousseline de laine imprimés et autres, mélangés.

En 1837 et 1838, les quantités de ces tissus commissionnés par l'Amérique du Nord s'étaient notablement accrues, et c'est de ce moment que datent leurs grandes affaires avec la France.

D'après nos tableaux de douanes, sur une valeur de 137 millions que nous avons exportée aux États-Unis en 1851, les tissus de laine figurent pour plus de 13 millions, soit pour le dixième.

Nos négociants et nos manufacturiers ont maintenant des dépôts, des maisons même, aux États-Unis. Les négociants américains viennent d'ailleurs eux-mêmes acheter en Europe, et nos étoffes de laine, et de laine avec mélange de soie, de coton, etc., sans cesse renouvelées et d'un goût bien approprié à la consommation américaine, tout en conservant le cachet français, sont l'objet de demandes considérables qui s'accroissent chaque année.

HOLLANDE.

La fabrication des étoffes de laine en Hollande est loin d'avoir aujourd'hui l'importance qu'elle avait autrefois.

On y fait encore, notamment à Leyde, des étoffes non croisées, rases et sèches, telles que le camelot poil et le polemieten.

Aucun de ces articles ne figurait à l'Exposition de Londres. Un seul fabricant avait apporté des velours unis et frappés, dits *velours d'Utrecht*, dont la fabrication était inférieure non-seulement à nos velours d'Amiens, mais encore aux velours du Zollverein, de l'Autriche, etc.

Il y avait des étoffes foulées assez intéressantes à étudier pour l'exportation des Indes, mais qui ne sont pas de notre compétence.

Les Anglais n'ont pu, ayant cependant la laine propre au polemieten, rivaliser avec les fabricants de Leyde pour le bon marché; il nous serait donc bien difficile d'y arriver, et l'on comprend que nos intelligents fabricants de Roubaix aient renoncé à entrer en lice.

SUISSE.

La Suisse fabriquait, dans le XVIIIe siècle, des étoffes rases, des camelots et des serges à Aarau, des étoffes en laine et soie à Berne. Elle a dû, en grande partie, cette industrie aux émigrés qui sont venus lui demander asile après la révocation de l'édit de Nantes.

Voici les observations recueillies par M. Wolowski, en 1847, lors de l'exposition de Zurich.

On fabrique à Wadenschwyl et à Mannedorf des tissus nommés, comme ceux d'Angleterre dont ils sont imités, *cassinettes* et *orléans*.

La laine employée dans les cassinettes vient de Hongrie et est filée en Suisse.

Elle se fabrique principalement à Wadenschwyl, sur les bords du lac de Zurich. Les prix varient de 1 fr. 25 cent. à 4 fr. 50 cent., selon la largeur et la qualité, et peuvent supporter la concurrence anglaise.

On évalue, dans le canton de Zurich, la production des lainages à 500,000 francs. Cette industrie occupe de 500 à 600 ouvriers.

On y tisse des étoffes unies fil et mi-laine et des circassiennes, dont M. Wolowski fixe la valeur à 235,000 francs.

La Suisse avait envoyé à Londres huit exposants, fabricants de tissus de laine mélangés de diverses matières. Les produits venaient des cantons de Neuchâtel, Saint-Gall, Zurich, Argovie et Bâle; ils consistaient en :

Cassinettes de couleurs diverses;
Orléans unis, quadrillés et façonnés avec soie;
Lastings satinés;
Moréens, étoffe pour ameublement;
Tissus divers mi-laine et avec poil de chèvre;
Damas pour ameublement.

Ces divers produits n'avaient pas un degré de perfection qui permît de leur accorder une récompense; mais l'imitation de ces tissus, presque tous nés en Angleterre, était néanmoins passablement faite. Leur bon marché surtout nous a frappés. Nous avons remarqué des étoffes convenant à la consommation du Levant et des côtes barbaresques, dont le monopole appartenait depuis longtemps aux Anglais, et qui maintenant leur font une rude concurrence, non-seulement parce qu'ils sont heureusement imités, mais aussi parce qu'ils sont livrés à des prix plus bas, ce qui menace de chasser l'article similaire anglais de ces marchés dans un temps donné.

Les Suisses manient parfaitement le métier Jacquart et font un usage fréquent et intelligent du battant brocheur, qui économise la matière dans les étoffes brochées. En somme, la concurrence suisse peut devenir assez redoutable pour les tissus mélangés.

SUÈDE ET NORWÉGE.

La division entre l'industrie de la laine foulée et celle de la laine peignée existe rarement dans les chiffres officiels.

En 1843, on a tissé pour 11,097,564 francs de tissus de laine, draps ou autres étoffes,

Dont 528,139 mètres de drap,

Et 39,659 mètres d'autres tissus pure laine ou mélangés.

Cette fabrication a occupé 4,600 ouvriers dans 132 fabriques.

Il n'y avait à Londres que quatre exposants ayant envoyé des objets en laine :

Un avait envoyé de la laine brute ;

Trois avaient exposé des draps, qui ne sont pas de notre compétence.

La laine brute était fort ordinaire, comparée à celle des puissances voisines du Nord.

ESPAGNE.

L'industrie de la laine, cette vieille gloire de l'Espagne, est bien déchue de nos jours.

On sait l'ancienne réputation des laines espagnoles : elle date du premier siècle avant l'ère chrétienne, époque à laquelle Marc-Columelle introduisit des béliers d'Afrique, qu'il croisa avec des brebis indigènes. L'histoire nous apprend qu'il se forma, au ve siècle, une association de propriétaires et de bergers pour l'accroissement et l'amélioration des troupeaux. Ce mouvement ne fit que se développer pendant le séjour des Maures. Le mode de voyage des troupeaux se régularisa ; on leur faisait passer l'été dans les montagnes de Léon, dans la Vieille-Castille, l'Aragon, et l'hiver dans les plaines de l'Andalousie et de l'Estrémadure. La laine d'Espagne acquit une célébrité universelle ; il s'en exportait, en 1780, une masse de 35,000 balles, dont un tiers pour la France, un tiers pour l'Angleterre, le reste pour la Hollande, l'Allemagne, etc.

On n'a pu nous renseigner sur le nombre des bêtes ovines que renferme actuellement l'Espagne. Les différentes provinces possèdent un assez grand nombre de moutons de race plus ou moins bonne, plus ou moins fine, mais tous de la race mérinos, qui a servi à créer les plus beaux tissus que possèdent aujourd'hui l'Europe et l'Amérique.

L'Estrémadure et Léon produisent les laines les plus belles et les troupeaux les plus abondants. Viennent ensuite les provinces de Castille, produisant des laines de moyenne finesse; puis les provinces d'Aragon et de Navarre, qui en produisent beaucoup, mais d'une qualité inférieure et commune.

Le nombre des moutons avait beaucoup diminué pendant les dernières guerres civiles. Quelques années de paix ont ramené la production de la laine à ce qu'elle était à peu de chose près.

Mais la laine d'Espagne, autrefois si admirable, est singulièrement dégénérée. Nous avons été attristés de l'examen que nous avons fait des toisons d'élite exposées à Londres. Les plus belles toisons contenaient des signes de l'abâtardissement de ces belles races.

On cherche aujourd'hui à régénérer les races. Quelques riches propriétaires, et surtout la couronne et le patrimoine royal, font de grands efforts pour y arriver; on dépense beaucoup, on crée des fermes modèles, on renouvelle les croisements avec les races étrangères, et l'on espère rendre aux produits espagnols leur antique renommée.

La filature de la laine peignée à la main se perd dans la nuit des temps, et fut la première industrie de l'Espagne. Toutes les montagnes de la Péninsule ont été, depuis nombre d'années, des centres d'industrie pour la laine. On fabriquait avec ces fils à la main des étamines, des anacostes et quelques articles mélangés de fil et de soie qui servaient de vêtements aux nombreuses communautés religieuses et aux femmes de la classe moyenne.

L'introduction des modes, et surtout la suppression des couvents, ont détruit cette industrie domestique qui faisait vivre des communes nombreuses. Il en reste encore des traces dans la Catalogne et dans la province de Valence.

Les premières filatures de laine peignée ont été créées il y a douze ans. Elles tendaient à se multiplier et à prendre de l'essor; mais, depuis l'établissement du nouveau tarif, ce mouvement s'est arrêté. Une partie du nombre des broches a cessé de tourner, et cependant le début avait été assez remarquable et semblait présager l'implantation d'une nouvelle et grande industrie, que l'abondance des laines mérinos permettait d'étendre et d'affermir.

Il y a trois ans à peine, on comptait en Espagne :

1° à Barcelone..	3	filatures, possédant ensemble	9,200 broches.
2° à Olot	1	....	1,600
3° à Cerdagne .	2	....	3,000
4° à Alcoy.....	1	....	1,000
5° à Trillo	1	....	1,200
6° à Séville....	1	....	1,300
7° à Valence...	1	....	1,000
Total.....	10	filatures contenant......	18,300 broches.

Ce nombre est peut-être réduit de moitié aujourd'hui.

Le peignage mécanique a été introduit en Espagne presque aussi vite que la filature mécanique. Les premières machines employées furent celles du système Collier.

Les fils n'atteignent pas généralement des numéros élevés, attendu que les étoffes de pure laine, comme la mousseline de laine fine et le mérinos, ne se fabriquent pas en Espagne; les numéros que l'on produit donnent une moyenne au demi-kilogramme de *30 à 32 mille mètres environ*, et servent dans des tissus mélangés de coton et surtout de soie, tels que des mousselines de laine chaîne coton pour l'impression, etc. Cependant la société anonyme espagnole a filé jusqu'au n° 45 m/m au demi-kilogramme et en fil passablement fait.

En admettant le numéro moyen de 32, la production de ces 18,300 broches devait être de 12 kilogrammes par broche et par an, ce qui donne un total de 220,000 kilogrammes de fils annuellement, valant de 2,000,000 à 2,800,000 francs au cours de 1849.

En général, tout ce que produit l'Espagne en tissus de laine peignée est grossier, et s'applique surtout à la consommation des basses classes des villes ou des travailleurs de la campagne; il ne se fait rien de beau et de fin.

Barcelone fabrique quelques damas de laine pour ameublement assez bien faits.

PORTUGAL.

Le Portugal est bien tombé depuis l'époque où la découverte de Vasco de Gama lui livra le commerce des Indes et de toute l'Asie.

L'industrie de la laine s'y était établie vers la fin du XVIIe siècle. Les progrès furent assez grands pour engager le Gouvernement à interdire l'entrée des tissus étrangers. Ses fabriques suffirent à alimenter le Portugal et le Brésil jusqu'en 1703. A cette époque, le traité avec l'Angleterre, connu sous le nom de traité de Methuen, leur porta un coup mortel, et cette industrie disparut presque entièrement. Les efforts du marquis de Pombal, pendant le siècle dernier, pour relever l'industrie de son pays, ont été infructueux.

Le Portugal ne s'est point relevé, et l'industrie de la laine peignée n'avait d'autres représentants à Londres que deux exposants d'origine française, fondateurs d'établissements modelés sur ceux de France. Celle des laines foulées n'était guère plus brillante. En laines brutes il y avait deux exposants; les spécimens étaient très-ordinaires.

MM. Lafourie et Cie avaient envoyé des tartans coton et laine et des ponchos pour l'Amérique du Sud qui ne supportaient guère la comparaison avec ceux des autres nations, et qui n'ont pu être mentionnés.

MM. Daupias et Cie avaient exposé des tissus pour gilets et pantalons beaucoup plus satisfaisants. Les mélanges de laine, coton et soie, étaient bien entendus pour produire de l'effet; on reconnaissait l'expérience française dans la touche de cet exposant, qui a obtenu une mention honorable.

La fabrique de MM. Daupias fut élevée en 1837, à la suite d'une réforme de tarif qui protégeait les produits qu'elle allait tisser et filer.

Les laines qui ont servi à fabriquer les fils et les tissus sont d'origine portugaise croisée, et la race en est due à M. Corréa, qui introduisit les premiers moutons mérinos.

RÉCOMPENSES DÉCERNÉES.

XVe CLASSE.

Tissus de laine mélangés.......... 2 mentions honorables.

TURQUIE.

L'Exposition a démontré à tout le monde ce que les industriels et les armateurs de tous pays savaient, c'est que l'industrie n'existe réellement que dans les pays chrétiens.

Les Mahométans, les Indiens, les Chinois, n'ont exposé que ce qu'ils faisaient beaucoup mieux encore il y a trois ou quatre siècles, et tout cela était fabriqué par les moyens primitifs. Les Indiens, soumis au joug des Anglais, ont moins rétrogradé; ils ont même fait un pas : l'industrie du châle cachemire en témoigne. Quant à la Turquie, elle a dégénéré comme toutes les autres nations de l'Asie et des côtes d'Afrique; elle a apporté des choses remarquables comme richesse et comme goût oriental. Mais ces broderies d'or et de soie, ces mélanges de soie, de coton, de laine et d'or, tout cela nous était connu. Nous les avons admirés comme on admire des armes précieuses d'un autre âge; comme on admire les collections des musées étrangers, où l'histoire des peuples se retrouve avec tous les objets qui leur servaient à diverses époques de l'âge du monde; mais pour l'industrie moderne elle n'existe pas.

ÉGYPTE.

Le Gouvernement avait envoyé de la laine brute blanche et beige de nature plus qu'ordinaire.

Quatre autres produits en tissus de laine pure, ou en soie et coton, avaient été aussi envoyés par le Gouvernement. Ils consistaient en ceintures de laine blanche, en étoffes pour vêtements, en laines noires et beiges assez communes et sans cachet particulier. Les tissus de soie et coton nommés chaki et cotué étaient assez bien faits; les dessins, fort simples, mais de ce style que l'on trouve dans les Échelles du Levant, le long de la côte de l'Asie Mineure, avaient bien le cachet de l'Orient, et ne témoignaient en rien de l'imitation des dessins que l'Europe envoie sur de nombreuses étoffes à Smyrne et à Constantinople.

TUNIS.

Le bey de Tunis, Mushir-pacha, avait envoyé une grande quantité d'objets en laine pure et laine mélangée de soie, de coton et d'or, dont la majeure partie étaient des vêtements confectionnés, dépendant du jury de la XXe classe.

Cependant il y avait quelques étoffes en soie et laine ou en laine pure manufacturées à Tunis, et qui, quoique n'ayant rien qui les fît remarquer comme fini dans la fabrication, possédaient un cachet et une ornementation orientale et mauresque, qui ne manquaient ni de goût ni de distinction. Les tissus pour burnous, quoique grossiers, étaient tissés avec des fils à la main qui ne présentaient pas trop d'irrégularités : la solidité de ces tissus leur assure une durée extraordinaire [1].

Rien ne rappelait, dans la nature des étoffes ni dans les dessins, la copie de l'Europe. L'industrie moderne n'avait pas encore pénétré jusqu'à Tunis.

CHINE.

Il n'y avait rien à l'exposition en tissus de laine du ressort de la XIIe classe. C'est à notre collègue, M. Arlès Dufour, qu'il est donné de parler des magnificences originales des soieries de ce grand empire.

M. Rondot, délégué en Chine, a traité d'une façon remarquable tout ce qui est relatif à l'industrie de la laine et ce qui concerne le commerce d'importation en Chine. Après cet écrit, il n'y a plus rien à dire.

Le commerce français sait que les draps qu'il peut envoyer doivent ressembler aux draps russes, anglais et belges, et surtout aux deux premiers ; il sait que les camelots imités de ceux d'Angleterre et de Hollande, et les polemieten de Leyde, sont goûtés en Chine, et que ces divers produits sont faciles à imiter

[1] La laine de toutes ces étoffes manque de douceur, quoique deux ou trois spécimens aient été faits en laine assez fine pour attirer l'attention sur ce que pourrait être un élevage soigné de la race des montagnes de cette régence.

comme contexture, mais que, pour y gagner, il faut soutenir la concurrence anglaise et hollandaise, et produire au même prix, ce qui est difficile, puisque la France ne produit pas les mêmes laines.

Nous nous contenterons de répéter, après M. Rondot, que les tissus de laine que portent les Chinois sont :

Le spanish stripe broad cloth, espèce de draps légers;

Le long-ell, espèce de serge comme celles de Picardie, de Champagne, etc.;

Le camelot, qui se faisait aussi jadis dans les mêmes provinces;

Le polemicten, qui est aussi un camelot, tantôt en chaîne soie, tantôt en chaîne laine.

Ce qui empêche, d'ailleurs, notre commerce de se développer en Chine, c'est le manque de retour. Nous ne consommons que peu de thé; nous n'en importons guère annuellement que 300,000 kilogrammes, tandis que l'Angleterre en importe 25 millions de kilogrammes, les États-Unis 8 millions, la Russie 4 millions de kilogrammes.

Dans les meilleures années, les échanges de la France avec la Chine n'ont pas dépassé 2 millions de francs. L'Angleterre et les Indes anglaises y vendent annuellement pour près de 200 millions de produits.

Notre influence morale est grande en Chine; la France y est estimée et respectée; mais notre influence commerciale, nos rapports ne peuvent s'étendre que par des modifications de tarif que le temps amènera peut-être, mais auxquelles on doit apporter une grande prudence et une étude approfondie des intérêts commerciaux, maritimes, industriels et agricoles.

FRANCE.

APERÇU HISTORIQUE ET STATISTIQUE SUR L'INDUSTRIE DE LA LAINE EN FRANCE.

L'histoire des progrès de l'industrie de la laine en France se lie intimement à l'histoire de la production de la laine brute.

Rolland de la Platière classait ainsi, vers le milieu du XVIIIe siècle, les laines brutes des diverses nations, suivant leur degré de mérite :

1° Espagne;

2° Hollande;

3° Angleterre;

4° Saxe, Hanovre, Marche de Brandebourg, Prusse actuelle, Silésie;

5° Palatinat;

6° Danemark (belle, mais sans nerf), Suède;

7° France;

8° Italie;

9° États barbaresques;

10° Possessions de la Turquie;

11° Russie.

Nous ne venions qu'au septième rang.

Cependant nous trouvons que, en 1711 et antérieurement, certains de nos troupeaux de Roussillon avaient plus de réputation que les plus belles laines d'Espagne.

En 1780, la France tout entière fabriquait des étoffes de laine; elle consommait une grande quantité de laines indigènes, mais ces laines étaient de qualité inférieure et revenaient à un prix double de celui des laines anglaises. Aussi tirions-nous de l'étranger la moitié de la matière brute que nous mettions en œuvre.

En 1783, la livre de laine anglaise valait 13 à 14 sous de France, et le prix moyen de la nôtre était de 25 à 27 sous la livre, soit 90 à 95 p. o/o de différence.

Cependant nous importions des laines de beaucoup d'autres provenances. Sur le total des importations de laines brutes, qui fut, en 1782, de 2,471,000 livres tournois, l'importation anglaise ne figurait que pour 312,000 livres tournois. La laine qu'elle nous fournissait alors servait surtout dans les étoffes appelées *bouracans*, ainsi que dans les camelots d'Amiens, d'Abbeville et de Lille.

La laine d'Espagne jouait aussi un grand rôle dans notre

fabrication au XVIIIe siècle; elle était principalement employée par Elbeuf, Louviers, Sedan, Reims, Abbeville, Amiens, Rouen et quelques points importants des fabriques du Midi. On la mélangeait toujours avec des laines de pays. L'introduction, par Bayonne seulement, montait à plus de 15,000 balles, et, en 1782, la France en reçut pour près de 14 millions de francs.

En 1787, l'importance générale des laines dépassa 20 millions de francs (20,884,000 livres tournois), et, la même année, nous exportâmes pour 4,378,000 francs de laine brute ou filée.

Quant à la production intérieure, elle avait ses sources principales dans la Champagne, qui fournissait alors 1,900,000 kilogrammes de laine; dans la Bourgogne, qui en récoltait 150,000 à 200,000 kilogrammes, et qui en consommait les trois quarts; dans la Picardie, dont le produit était considérable et trouvait à s'employer dans la contrée, concurremment avec les laines d'Espagne, de Hollande, d'Angleterre et de quelques provinces de France. Le Bigorre élevait beaucoup de moutons, et ceux de Bagnos étaient fort estimés. La Provence avait aussi d'excellents troupeaux et en grande quantité. Certains propriétaires de la Camargue et ceux du pays appelé Craü possédaient les crus les plus renommés. Dans la Camargue seule, on comptait plus de 40,000 moutons donnant de belles laines[1].

On voit, d'après une nomenclature faite par des auteurs du XVIIIe siècle, et qu'il est inutile de reproduire ici, que les meilleures races, même avant le croisement qui les a modifiées, étaient déjà produites par les contrées qui fournissent encore aujourd'hui les crus les plus estimés.

Ce fut le président de la Tour-d'Aiguis qui, avant le règne de Louis XVI, tenta les premiers essais de croisements. Il échoua d'abord avec le bélier d'Afrique; mais, en 1757, il

[1] Aujourd'hui que ces laines ont été améliorées par le croisement, elles sont nerveuses, d'une grande finesse et d'une éclatante blancheur.

réussit complétement avec des béliers espagnols : c'est donc à lui que nous devons la première introduction en France de cette belle race de mérinos qui produit aujourd'hui l'une des meilleures laines du monde et qui est pour nous la source d'un commerce si florissant.

En 1776, Louis XVI obtint du roi d'Espagne 200 béliers ou brebis de la race pure de Léon et de Ségovie; il en confia le soin au naturaliste Daubenton, qui, depuis dix ans, s'occupait sans grand succès de croisements entre les races de Roussillon, de Flandre et d'Angleterre. En 1786, il obtint encore 367 béliers ou brebis qui devinrent la souche du fameux troupeau de Rambouillet; en 1799, la France reçut, par suite du traité de Bâle, 5,500 béliers ou brebis choisis dans les plus beaux troupeaux de la Castille. On en forma six établissements modèles comme Rambouillet, et le surplus fut réparti entre un certain nombre de propriétaires; on s'occupa activement de la reproduction, et déjà, avant 1809, nos manufactures commencèrent à tirer moins de laine de l'Espagne.

Napoléon disait : « L'Espagne a 25 millions de mérinos; je veux que la France en ait 100 millions. » Aussi fit-il établir 60 succursales de Rambouillet, où l'on se procurait gratis des béliers espagnols; et, par un décret de 1811, il obligea les propriétaires de troupeaux de race pure à livrer aux succursales les béliers dont ils pouvaient se passer. Sous l'empire de ces croisements, nos qualités s'améliorèrent promptement; cependant, en 1812, les progrès de l'agriculture étaient moins sensibles que ceux de l'industrie manufacturière de la laine, bien que, dans cette année, la production de la laine brute se soit élevée, selon Chaptal, à 81 millions de francs.

Nos désastres interrompirent ce progrès : beaucoup de nos bergeries furent dépeuplées au profit de l'Allemagne, et, en 1814, la sortie de nos bêtes à laine ayant été autorisée, tous nos voisins avancèrent rapidement sur nos traces; mais, à la faveur de la paix, le mouvement d'amélioration reprit et se continua avec une nouvelle énergie.

Nous avons donné tout à l'heure le tableau du mérite relatif des différentes provenances de laine brute au XVIII° siècle; voici maintenant la classification de celles produites aujourd'hui par les divers États, dans l'ordre de leur valeur relative :

1° Saxe et Silésie.	Laines de nature mérinos, la plupart d'entre elles prenant leur origine dans la race espagnole.
2° Hongrie et Bohême.	
3° France	
4° Prusse et Autriche.	
5° Russie.	
6° Australie.	
7° États allemands divers	
8° Espagne	
9° Italie.	
10° Turquie, États barbaresques.	
11° Angleterre.	Laines longues et brillantes, n'ayant point d'analogie avec les autres.
12° Hollande.	

D'après les types exposés à Londres, les laines de l'Amérique du Nord seraient à mettre au niveau des beaux crus d'Allemagne et de France, si les essais avaient été faits sur une plus grande échelle.

En résumé, nous ne produisions pas, dans le siècle dernier, la moitié des laines qui nous étaient nécessaires : nous ne produisions que des laines communes, que l'on consommait sur les lieux mêmes, sous forme de tissus grossiers; nous devions demander à l'étranger les trois cinquièmes des laines que l'industrie réclamait.

Aujourd'hui nous possédons des laines magnifiques; nous avons pris place dans les premiers rangs : il est vrai que notre production est insuffisante, et que nous sommes encore obligés d'importer le cinquième des laines mérinos à peigne que nous mettons en œuvre; mais il y a cette différence qu'autrefois nous importions des laines supérieures aux nôtres pour le peignage, tandis qu'au contraire celles que nous importons actuellement sont inférieures à celles que nous produisons

Voici comment on peut estimer la valeur actuelle de la fabrication lainière en France.

MM. Yvart et Moll évaluent le nombre des moutons de toute nature à 38 millions, d'autres le portent à 40 et même 45 millions; nous croyons pouvoir adopter le chiffre de 40 millions.

Chaque toison, en moyenne, y compris les agneaux, pesant, lavée à dos, environ 1k,800, les 40 millions de bêtes ovines donnent un chiffre de 72 millions de kilogrammes, qui valent au minimum 3 fr. 50 cent. le kilogramme, prix moyen de toutes les qualités, soit......... 252,000,000f

La moyenne de l'importation des trois dernières années 1849, 1850 et 1851 est, droit acquitté, de[1]........................ 55,000,000

Total des laines employées....... 307,000,000

Si l'on admet, ce qui est assez exact, d'après une nombreuse série de prix de revient bien établis, que la valeur de la laine brute n'entre que pour un tiers, au plus, dans le prix d'un tissu quelconque, au moment où le consommateur l'achète, il en résulte que le total des tissus de laine fabriqués en France s'élève à....................... 921,000,000f

L'exportation moyenne, pour les trois dernières années, est de.................. 116,000,000

Il resterait............ 805,000,000

de produits consommés à l'intérieur.

On doit admettre ces calculs comme étant plutôt au-dessous qu'au-dessus de la vérité, car :

[1] Nous avons tenu compte d'une chose qu'il est difficile d'empêcher, même malgré la préemption, l'insuffisance de la valeur déclarée, qu'on abaisse souvent pour payer un moindre droit; c'est ce qui nous fait porter la valeur de l'importation à 55 millions, au lieu de 52 millions que donne le chiffre officiel.

1° Le chiffre des moutons est porté à son minimum, et, si le recensement en était fait aujourd'hui, il dépasserait 40 millions, à en juger par l'accroissement des troupeaux chez un grand nombre de fermiers que nous connaissons ;

2° Le prix moyen de 3 fr. 50 cent. le kilogramme de laine lavée à dos est plutôt inférieur au prix réel, vu l'amélioration considérable des laines en France depuis quinze ans, surtout pour les laines à peigne, qui se vendent plus cher que les autres ;

3° Enfin, nous n'ajoutons à la laine brute que deux fois sa valeur pour les frais de triage, dégraissage, peignage, cardage, filature, redégraissage pour le peigné, dévidage du fil, ourdissage, valeur des lisses et peignes à tisser, tissage, trameuses attachées à l'ouvrier, épluchage, découpage, foulonnage, tirage à poil, tondage, teinture, apprêt, blanchiment, impression, etc., bénéfice des peigneurs, filateurs, tisseurs, teinturiers et autres manutentionnaires, bénéfice des marchands de gros, des commissionnaires, et bénéfice du détaillant : or, d'après nos calculs sur une nombreuse série de tissus, nous trouvons que les façons ou main-d'œuvre et bénéfices divers entrent tantôt pour deux fois et demie, et tantôt pour trois fois plus que la valeur de la laine brute employée.

Si l'on veut se reporter aux estimations que nous avons données de la valeur de la fabrication lainière en Angleterre, on verra que nous l'avons évaluée à 925 millions. Nous venons de démontrer que la fabrication française était d'au moins 921 millions. Ainsi la valeur de la fabrication atteindrait à peu près le même chiffre dans les deux pays.

Comparons maintenant les exportations et suivons leurs progrès.

Pour obtenir des termes comparables, nous devons ajouter aux chiffres concernant les tissus de laine ceux des tapis et de la bonneterie, ainsi que cela existe sur les états de douane anglais.

La moyenne des exportations françaises des années 1827 à

1836, pour les tissus de laine divers, y compris les tapis et la bonneterie, en général, a été de........ 38,000,000f

Les exportations des mêmes produits pendant l'année 1851 se sont élevées à[1]....... 122,500,000

Le progrès accompli en vingt ans a donc été de 220 p. 0/0.

Les exportations de l'Angleterre ont été, en 1830, de........................ 118,000,000f

En 1851, de........................ 246,500,000

L'accroissement n'est, en vingt années, que de 110 p. 0/0 environ.

Ainsi les exportations françaises en lainages se sont accrues de 220 p. 0/0 pendant les vingt dernières années, tandis que les exportations anglaises ne se sont accrues que de 110 p. 0/0;

C'est-à-dire que la proportion d'accroissement a été double pour la France de ce qu'elle a été pour l'Angleterre.

Il y a vingt ans, la France n'exportait que 38 millions de francs, tandis que l'Angleterre exportait 118 millions ou plus du triple.

Aujourd'hui la France exporte 122 millions, l'Angleterre 246 millions, ou le double, au lieu du triple.

Remarquons que nous exportons même en Angleterre. Nous lui avons envoyé :

Fils de laine :

En 1848........................ 1,060,000f

En 1850........................ 1,870,000

Tissus de laine :

En 1845........................ 11,500,000

Eu 1848........................ 12,800,000

En 1850........................ 20,959,000

Les tissus que nous envoyons en Angleterre consistent en

[1] Les tissus de laine peignée figurent, dans l'exportation de 1851, pour près de 70 millions; mais il eût fallu, pour plus d'exactitude, en distraire quelques étoffes cardées ou mélangées de cardé, qui se trouvent comprises dans la catégorie intitulée, sur les états de douane: Étoffes diverses.

mérinos et en étoffes de nouveautés. En 1845, le mérinos entrait pour près de moitié dans cette exportation; en 1848, il y entrait pour une proportion encore plus grande; en 1850, il n'y a plus figuré que pour un quart. L'accroissement des dernières années provient entièrement des créations de toute sorte qui sont dues au génie inventif de nos fabricants, et que la mode s'est empressée d'adopter.

Nous avons dit que, déduction faite des exportations, les tissus de laine consommés en France montaient à 805 millions. Si, des 925 millions que produit l'Angleterre, on distrait les 246 millions qu'elle exporte, on voit que sa consommation intérieure se réduit à 679 millions.

Tous les calculs qui précèdent s'appliquent à l'ensemble de la fabrication lainière, c'est-à-dire à la fabrication de la laine cardée et de la laine peignée. Il serait assez difficile d'assigner la part de chacune de ces deux fabrications, en dressant une statistique séparée des laines de natures différentes qu'elles emploient; mais nous pouvons recourir à un autre moyen pour connaître la valeur de la fabrication de la laine peignée, dont nous devons nous occuper ici plus spécialement.

Il résulte de recherches faites avec soin, que la France possède 850,000 broches de filature de laine peignée. Admettons que, sur ces 850,000 broches, il y en a 50,000 qui chôment pour diverses causes et 800,000 qui soient toujours en activité. Chaque broche produit en moyenne, au n° 40 (ancienne échée), 12 kilogrammes de fil, représentant 19 kilogrammes de laine lavée à fond, qu'on ne peut évaluer à moins de 5 fr. 25 cent. le kilogramme. Les 800,000 broches emploieraient donc 15,200,000 kilogrammes de laine lavée à fond, ayant, en chiffres ronds, une valeur de 80 millions.

De nombreux calculs sur les manutentions que subit la laine depuis le triage jusqu'à l'impression ou la teinture, et sur les divers bénéfices qu'elles laissent aux divers fabricants, marchands et manutentionnaires, nous ont donné près de trois fois la valeur de la laine lavée. Ne la portons qu'à deux fois et demie; le chiffre total de la fabrication s'élèverait à 280 millions, chiffre en rapport avec les détails statistiques de la production des divers districts qui tissent la laine peignée, abstraction faite du double emploi des fils qui s'échangent entre eux[1].

Nous compléterons ces renseignements statistiques en donnant un relevé approximatif du nombre des ouvriers employés à la fabrication de la laine peignée.

Nous venons de dire que la France possédait 850,000 broches, dont 800,000 en constante activité. Ces 800,000 broches produisent 9,600,000 kilogrammes de fils, représentant 8,400,000 toisons, dont 5,800,000 environ et au minimum proviennent des bergeries françaises.

Les bergers, laveurs, tondeurs, trieurs, dégraisseurs, peigneurs, fileurs et employés forment un total de 51,000 personnes occupées recevant un salaire de 26,182,975 francs[2].

La mise en œuvre des fils emploie : des fabricants de peignes et de harnais ou lisses, des dévideuses, ourdisseuses, encolleurs, noueurs de chaînes, des tisseurs, des trameuses, éplucheuses, découpeuses, des employés nombreux, des contremaîtres de tissage, des coureurs pour visiter les ouvriers, des messagers, etc., etc. On estime, d'après des calculs souvent répétés dans diverses villes manufacturières, que deux métiers à tisser occupent cinq personnes avant, pendant et après la confection du tissu. Nous trouvons, d'après des calculs faits sur une grande quantité de pièces de toute finesse et de toutes dimensions, qu'un ouvrier tisseur utilise annuellement environ 80 kilogrammes de laine filée. Or les 9,600,000 kilogrammes de fils produits annuellement don-

[1] Toute la portion des fils de laine qui ne se tissent pas et sont transformés en tricot ou en tapisserie faite à la main est plus que compensée, dans le chiffre total de production de la laine peignée, par l'emploi de la soie ou de la bourre de soie dans les tissus unis ou façonnés mélangés, où il entre plus de façon, et qui donnent lieu à un gain plus fort et à des manutentions dernières plus coûteuses.

[2] Nous devons cette statistique à notre collègue M. Billiet, qui l'a dressée avec le plus grand soin, et seulement jusqu'à la filature inclusivement.

nent du travail à 120,000 métiers; deux métiers emploient cinq personnes : c'est 300,000 ouvriers occupés au tissage et à ses annexes.

On peut, sans exagération, affirmer que les manutentions de la teinture, du blanchiment, de l'impression, de l'apprêt, et le personnel utilisé à la vente des produits emploient plus de 20,000 individus.

Nous trouvons donc, en récapitulant :

Ouvriers occupés jusqu'à la filature inclusivement.	51,000
——— au tissage.	300,000
——— aux manutentions et à la vente.	20,000
Total	371,000

En évaluant à 1 fr. 25 cent. en moyenne le salaire des 320,000 individus pour 300 jours de travail, on arrive, en y ajoutant le salaire jusques et y compris la filature, à la somme de *146 millions,* distribués annuellement à 371,000 personnes, hommes, femmes et enfants (393 fr. 55 cent. par an et par ouvrier).

En résumé, l'industrie de la laine peignée produit annuellement une valeur de 280 millions; elle occupe 371,000 individus, auxquels elle distribue 146 millions de salaires; elle procure à nos populations un vêtement on ne peut mieux approprié aux nécessités du climat, et elle fournit à notre commerce un élément d'échange qui contribue à établir la prééminence du goût français dans le monde entier.

PEIGNAGE DE LA LAINE.

Le peignage de la laine à la mécanique est devenu tellement important aujourd'hui, que l'histoire de sa naissance et de ses progrès doit être rapidement esquissée ici.

C'est à la France qu'appartient l'initiative des premiers essais de peignage mécanique.

Jusqu'en 1814, aucune tentative n'avait été faite pour remplacer le peignage à la main auquel on n'avait apporté que des améliorations insignifiantes.

A cette époque, M. Rawle de Rouen fit une carde à peigner qui fut peu goûtée et tomba dans l'oubli.

Plus tard, en 1826, une autre invention fut produite par M. Godard, d'Amiens : c'était un cardage mécanique. On se borna à quelques essais, mais le principe était bon, et M. John Collier, mécanicien fort habile auquel M. Godard céda ses droits en octobre 1832, apporta successivement à cette machine différentes améliorations.

En 1840, madame veuve Collier la perfectionna encore, en évitant par une nouvelle inclinaison des broches, la fatigue que subissaient les filaments de la laine.

Le chargeage des roues peigneuses se faisait, d'ailleurs, à la main très-irrégulièrement, et les mèches entremêlées et à demi feutrées offraient une résistance qui brisait les filaments.

MM. Scillière et Heywood, de Schirmeck (Vosges), eurent alors l'idée de préparer la laine sur la carde, de l'ouvrir, et d'en dresser les filaments sur des tambours chauffés à la vapeur. Ils préparèrent ainsi des rubans d'un volume assez gros, qu'ils chargèrent sur les roues peigneuses au moyen d'une autre invention ingénieuse, et qui leur est due également, qu'ils nommèrent chargeuse mécanique.

La chargeuse fournissait très-vite et très-régulièrement à l'une des roues la quantité de laine nécessaire pour garnir le disque.

La laine, dressée et ouverte par la carde, se peignait avec une telle facilité, qu'on put accélérer notablement le mouvement des peigneuses et porter leur production de 25 ou 30 kilogrammes à 40 et 41 kilogrammes par jour.

On doit à MM. Risler et Schwartz, de Mulhouse, l'addition des cylindres supplémentaires adaptés au chariot de la machine Collier, et les rouleaux d'appel, mécanisme utile pour enlever les barbes du ruban.

L'invention du peigne étironneur pour enlever la blousse

leur appartient aussi, de même que d'autres perfectionnements qui complétèrent ces peigneuses.

On arrêtait les peigneuses pour les charger. M. Pradine, de Reims, trouva le procédé du peignage continu, et leur fit produire 75 à 80 kilogrammes par jour.

A ces diverses inventions se joignirent d'autres créations. M. Griolet rapporta d'Angleterre le peignage à peignes verticaux, produisant un excellent peigné, mais donnant une trop grande quantité de blousses.

Le peigné cardé cherchait, pendant ce temps, à se faire jour. M. Richard-Lenoir utilisa la cardeuse en 1828, mais sans succès.

MM. Paturle-Lupin et Seydoux eurent leur système. La carde dite vaudoise leur rendit des services.

M. Crétènier et autres firent des cardes plus ou moins perfectionnées pour faire des peignés sans blousse; mais toutes ces découvertes ne donnèrent que des résultats très-médiocres à la filature et des fils plus ou moins chargés de boutons.

Le peignage à la main se perfectionna, d'ailleurs, par une foule de petites inventions et par des appareils à chauffer les peignes. Mais tout cela ne pouvait empêcher le progrès mécanique de se développer : les recherches étaient incessantes, et, dans ces dernières années, le système Collier, qui paraissait devoir vivre encore de longues années, reçut une grave atteinte par l'introduction en France de la machine dont MM. Lister et Holden ont le brevet, et qui fonctionne à Saint-Denis (près Paris), et par la concurrence de la peigneuse de Josué Heilmann, aujourd'hui exploitée dans les ateliers de construction de MM. Nicolas Schlumberger et Cie, et connue dans l'industrie sous le nom de peigneuse Schlumberger.

Nous ne décrirons pas ces derniers systèmes; on peut consulter les brevets.

MM. Lister et Holden, de Saint-Denis, se servent, pour préparer la laine avant le peignage, de la carde Seillière, plus ou moins modifiée par eux. Leur machine produit un peigné à filaments égaux, non brisés et d'une grande pureté; elle donne par jour une quantité notable de cœur, supérieure à celles obtenues jusqu'à présent par les systèmes connus.

MM. Nicolas Schlumberger n'ont pour leur machine peigneuse qu'une préparation assez incomplète et qu'ils devront modifier profondément.

Les manufacturiers qui tirent le meilleur parti de leurs machines peigneuses sont ceux qui se servent soit de la carde Seillière, soit du tambour Poupiller que MM. Nicolas Schlumberger apprécient.

La laine peignée par ce système donne un ruban aussi pur que celui d'un beau coton Géorgie.

Ce ruban, comparé à celui produit par la machine Lister, lui est supérieur par le lustre soyeux et le dressage des brins; il est aussi un peu plus pur.

Une bobine de fil et une pièce entièrement tissée avec la laine ainsi peignée se reconnaissent instantanément; on sent que le problème est résolu et qu'on va faire avec cette machine tout ce qu'on faisait avec le coton.

La peigneuse Schlumberger, qui ne faisait, en débutant, que 20 kilogrammes par jour d'une laine de moyenne finesse, fait aujourd'hui jusqu'à 40 kilogrammes.

La lisseuse de MM. André Kœchlin et Cie dégraisse et sèche la laine instantanément; elle est un intermédiaire entre la machine à peigner et la filature; il en résulte que la filière se suit sans interruption; il y a économie de temps et d'argent, et ces préparations si parfaites donnent aux mull-jenny la possibilité de filer la laine peignée comme le coton.

La réduction moyenne qui s'est opérée, depuis 1834, sur la façon du peignage, entre l'ancien procédé à la main et les derniers systèmes que nous venons d'énumérer, est de plus de 50 p. o/o.

Les laines peignées étaient peu nombreuses à l'Exposition de Londres, et aucun produit n'égalait les peignés de MM. Nicolas Schlumberger exposés dans les cases de quelques manufacturiers français.

FILS DE LAINE.

Dès le xve siècle, on faisait déjà en Picardie, en Flandre, etc., d'assez grandes quantités de fils de laine à la main, qu'on employait à tisser des étoffes rases, dont la fabrication avait été introduite par les Flamands et dont l'exportation prit, au xvie siècle, un développement d'une certaine importance.

En 1755, dit Rolland de la Platière, un sieur Brisson fit l'essai d'une mécanique à filer la laine; mais elle ne réussit point. Tous les fils de laine se faisaient donc à la main; on les nommait *sayette*. Les environs d'Abbeville en fournissaient en abondance, et ces fils, ainsi que ceux de Saint-Étienne, en Lyonnais, étaient fort estimés. On donnait la laine à filer à des ouvriers du dehors que l'on faisait surveiller par des contre-maîtres. Tous les fils s'achetaient en halle et non ailleurs, et les filaciers (ou filatiers) avaient seuls le droit de les vendre.

Les fils destinés aux étoffes rases se tiraient du Soissonnais ou de la Hollande, et la Picardie, à elle seule, en employait, en 1780, pour 12 millions de francs, filés en France ou à l'étranger. La Saxe, à cette époque, produisait trop de fil pour ses propres fabriques; ils étaient fins, bien faits, et nous en importions de grandes quantités. Ils se vendaient, comme en France, par paquets composés d'écheveaux de la même longueur et du poids de 6 à 9 onces; quelques-uns cependant étaient assez fins pour ne peser que 3 onces le paquet.

En 1780, un nommé Price (importeur des apprêts anglais en France) inventa une machine pouvant filer indistinctement la laine, le coton et le lin, et obtint le privilége de l'exploiter seul pendant un certain temps. Il demanda au Gouvernement un local pour y établir de grands ateliers; mais il ne put l'obtenir. On ne vit donc fonctionner cette machine que chez son auteur. Selon Rolland, elle marchait sans engrenages, sans courroies, cordes ni poulies, si ce n'est celles établissant la communication entre le moteur et le système mis en mouvement. Elle était simple, peu coûteuse, d'une marche égale et douce, et pouvait occuper 25 fileuses autour d'une circonférence de dix pieds de diamètre. D'une seule main, un enfant tournait la manivelle qui imprimait le mouvement à quatre de ces mécaniques. C'était, de la sorte, 100 ouvrières occupées, dont chacune filait deux fils à la fois.

Nous dirons deux mots seulement du poil de chèvre, qu'on commença à employer à la fin du xve siècle et qui devint d'un grand usage pour les tissus d'Amiens. Il nous arrivait tout filé du Levant, par Marseille, en balles de 250 à 300 livres, et se vendait de 3 à 12 francs la livre; mais, comme l'on employait généralement plus de basses qualités, la commune du prix ressortait à 4 fr. 50 cent.[1].

Ainsi, jusqu'au commencement du xixe siècle, on n'employait que des fils de laine faits à la main dans la confection des tissus ras et mélangés. Ces fils, fabriqués par des hommes et surtout des femmes, présentaient à la teinture de graves difficultés. Toutes les pièces, bien que fabriquées avec des fils provenant de la même laine, offraient des barres ou nuances différentes; circonstance que des chimistes distingués ont attribuée à l'emploi de la salive et à l'influence du sang de l'ouvrière sur la matière animale.

Jusqu'en 1816, les fileurs à la main gagnaient de 60 à 75 centimes par jour, en faisant 62 à 65 grammes de fil pendant les quatorze à quinze heures de travail.

Ces fils se vendirent, jusqu'en 1822, par petits paquets d'une livre ou 500 grammes. Le numéro du fil était déterminé par le nombre d'échées qui se trouvaient dans un paquet : l'échée était de 700^m, 222$^m/_m$, dévidés sur une circonférence de 1^m, 485$^m/_m$.

Les numéros 35 à 50, plus haut numéro qui se fit en 1822, valaient de 20 à 40 francs le demi-kilogramme. Certaines chaînes fines écrues, du poids de 8 onces (245 grammes), coûtaient de 80 à 84 francs le kilogramme.

[1] Voir Rolland de la Platière pour le fil de poil de chèvre.

On employait, pour filer une trame 50, la laine peignée qui fait aujourd'hui les numéros 80 à 90.

La laine peignée valait, selon la qualité, de 24 à 50 francs et plus le kilogramme; c'est ce qu'on paye, de nos jours, de 8 à 16 francs, et avec une plus grande pureté dans le produit.

En même temps qu'on essayait, de 1809 à 1810, le cardage et la filature du cardé à la mécanique, dont l'introduction est due à MM. Cockerill et Douglas, on cherchait l'application du métier mull-jenny à la filature de la laine peignée. On tâtonna de 1809 à 1812. Dans cette dernière année, un mécanicien nommé Dobo, habitant de Reims, obtint le prix proposé par la Société d'encouragement et monta, chez MM. Ternaux et Jobert-Lucas, à Bazancourt, les premières machines préparatoires pour l'étirage de la laine peignée.

Dobo, en prenant le peigné des mains des peigneurs, le préparait d'abord avec une carde qui tenait plus de la briffaudeuse actuelle de Poupiller que des cardes employées pour la draperie et la filature du coton.

Lorsque cette machine était chargée de laine, on obtenait un anneau qui, rompu, formait un long ruban, qu'on laminait ensuite par un série d'étirages sans peigne. Quand il n'était plus que douze à quinze fois plus fort que le fil cherché, on le livrait au métier mull-jenny; mais il subissait auparavant, et pour le mettre sur bobine, une opération qui consistait à donner, par un mouvement de frottement et de va-et-vient roulant le ruban, de l'adhésion aux filaments, et une solidité telle, qu'il pût subir une certaine tension sans en être sensiblement altéré. C'est en cet état que la bobine allait s'établir derrière le métier mull-jenny ou sur un continu, dont MM. Ternaux et Jobert-Lucas se servaient pour faire les premières chaînes, d'ailleurs assez mauvaises, qui donnaient tant de mal aux pauvres ouvriers tisseurs.

Tels étaient les moyens primitifs et imparfaits, pour la plupart, empruntés à la filature du coton, dont disposait Dobo, homme modeste et ingénieux, qui n'en a pas moins la gloire d'être parvenu le premier à faire, par des procédés mécaniques, ce que, jusqu'à lui, on n'avait su produire qu'à la main. Ajoutons que Dobo avait bien apprécié la dissemblance existant entre la laine et le coton; il avait jugé, avec raison, que la torsion qu'on donnait aux mèches de coton produirait un mauvais effet sur les mèches de la laine, et son mouvement de va-et-vient frotteur fut une belle découverte. Mais la grande lacune qui se faisait remarquer dans les machines Dobo, c'était l'absence des peignes, qui jouent un rôle si important.

Les choses en étaient là en 1816 et 1817, lorsque apparurent les inventions de Laurent, de Clanlieux et Lasgorsoix.

Laurent créa des peignes avec des plateaux à crénelure parallèles aux rangées d'aiguilles; ces peignes étaient cylindriques et semblables à ceux faits par les frères Girard pour la filature du lin. C'est par ces peignes qu'il évita ce qu'on appelle vulgairement les barbes, ou l'enroulement de la laine autour des peignes.

Nota. Il n'existe pas d'historique de cette belle industrie de la laine peignée mérinos, et, malgré le cadre restreint qui nous est imposé pour ce rapport, il nous est impossible de ne pas décrire ce qui constituait chaque progrès accompli, tout en évitant les détails techniques et les descriptions de machines.

En 1819, de Clanlieux et Lasgorsoix firent des peignes montés sur les mailles d'une chaîne à articulations, composés de deux manchons superposés dont les aiguilles pénétraient au-dessus et au-dessous de la nappe de laine. Le jeu de ces mailles était très-ingénieux : c'était un perfectionnement de l'idée de Laurent.

Ces constructeurs composaient leurs assortiments de filature de la manière suivante :

1° Une machine tortillonneuse;
2° Un défeutreur à 2 peignes;
3° Un tambour à 4 peignes;
4° Un réduit à 6 peignes;
5° Un réduit à 12 peignes;
6° Cinq mull-jenny de 160 broches.

L'application des peignes aux machines préparatoires et la présence du rotin-frotteur à mouvement continu, quelque imparfaites qu'elles fussent, étaient donc une nouvelle conquête que venait de faire l'industrie de la laine peignée, grâce à Laurent, dont le nom prend place après celui de Dobo.

Cependant on filait encore à la main en 1820, parce qu'on ne pouvait obtenir à la mécanique que des chaînes très-irrégulières et qu'il était très-difficile d'employer, tellement qu'un malheureux tisseur pouvait à peine faire 40 centimètres d'un mérinos commun en douze ou quatorze heures de travail avec une chaîne filée mécaniquement. Ce n'est guère que vers 1822 qu'on commença à employer un peu plus la chaîne faite à la mécanique.

Les trames étaient également très-irrégulières et avaient une multitude de rattaches et de coupures. L'œuvre de la production était laborieuse : une broche produisait presque moitié moins qu'aujourd'hui; on n'obtenait alors au plus que des n°s 40 au demi-kilogramme, en faisant 12 à 15 p. o/o de déchets, avec des laines peignées dont on fait facilement à présent des n°s 70 à 80 au demi-kilogramme, avec 2 p. o/o de déchet. Cette laine peignée, non filée, valait alors 45 francs le kilogramme; on le paye, de nos jours, 14 francs. C'est à l'agriculture que l'honneur de ce progrès immense revient, et aussi quelque peu à l'industrie du peignage.

Le mécanicien Flintz commence la deuxième période de l'histoire de la filature mécanique. Il inventa des peignes cylindriques à aiguilles ayant une inclinaison de 12 degrés par rapport à la ligne tendant à l'axe du cylindre. Ces peignes étaient sans barrettes et plus petits que ceux de Laurent. Les aiguilles étaient plus courtes, plus fines, plus rapprochées. Le système de Flintz avait le double avantage de mieux retenir la laine et d'en détacher les boutons, tout en évitant les barbes, si nuisibles aux produits.

M. de Fourment fut l'un des premiers à utiliser ces peignes, et livra de meilleurs produits à l'industrie.

Néanmoins, les fils ainsi faits étaient encore entachés de

grandes imperfections, qui devaient bientôt disparaître sous l'influence de nouveaux progrès dus à MM. Villeminot-Huard, Bruneau, etc.

M. Villeminot-Huard, de Reims, imagina un frotteur à doubles manchons superposés, saisissant la mèche à la sortie du cylindre lamineur, pour la rouler et la conduire au tube sans intervalle libre; on obtenait de cette manière une mèche d'une grande résistance et d'une parfaite égalité.

Il appliqua aussi les tubes compresseurs, qui firent disparaître les irrégularités de tension des anciens.

Jusque-là les assortiments avaient été composés de machines produisant des rubans d'un gros volume et qu'on foulait dans des boîtes de fer-blanc. Ces rubans s'altéraient par la manipulation des travailleurs, et même à la moindre impression atmosphérique.

M. Villeminot-Huard fit disparaître tous les rubans et créa des machines à plusieurs étirages successifs pour les premiers passages; la laine, prise aux mains du peigneur, se trouvait réunie en un grand nombre de bouts et mise sur canelles au début du travail; ces canelles supprimèrent les boîtes de fer-blanc. De frisés et rebelles qu'étaient les filaments, ils devinrent tendus, luisants et dociles à l'action du travail des machines subséquentes.

Trois machines de ce genre produisaient plus de travail utile que six ou huit d'autrefois et l'on n'avait plus que des bobineurs, dont six ou sept à frotteurs.

C'est vers 1832 à 1835 que les bobineurs à frotteur remplacèrent les rotins-frotteurs. Les bâtis des métiers se firent en fonte; on construisit les machines plus grandes; on porta le nombre des broches des mull-jenny de 120 et 160 à 200 et 240 broches, et l'on augmenta ainsi notablement la production.

Le tortillonnage, cette préparation destinée à dresser la laine et à lui ôter sa tendance à revenir sur elle, se perfectionna. Dans ces dernières années on a supprimé le tortillonnage, opération longue, et on lui a substitué un système d'étirage chauffé soit à la vapeur, soit au gaz, qui dresse la laine instantanément.

Le système étant régularisé, l'industrie de la laine peignée prit bientôt place à côté des industries les plus avancées et les plus productives du pays.

Jusqu'en 1844, les constructeurs s'étaient occupés d'améliorations partielles, mais qui laissaient toujours aux machines une tache originelle. Leur enfantement avait été pénible; il fallait les remplacer souvent, les réparer plus souvent encore, limiter la vitesse : d'où résultaient de grands dommages.

La régénération commença en 1844 : M. Villeminot-Huard et M. Bruneau aîné, de Rethel, son digne concurrent, se mirent à construire de nouveaux modèles. Tout fut calculé, étudié et coordonné avec un admirable ensemble : économie de force motrice, durée, stabilité et élégance furent autant de problèmes résolus.

Ces nouveaux modèles furent exécutés à l'aide de machines-outils, qui compensèrent par leur plus grande économie la plus grande dépense de matière première exigée par l'agrandissement de toutes les machines.

Les fils devinrent magnifiques et les frais de production se réduisirent considérablement.

Les mull-jenny n'ont pas trouvé place dans cet historique; car leur principe est resté le même depuis leur application à la laine. Nous en dirons cependant quelques mots.

Dans l'origine, on prit la mull-jenny de la filature du coton; on y ajouta un quatrième cylindre et on l'appliqua à la laine; le progrès, qui ne sommeille jamais, s'exerça sur des détails de construction qui améliorèrent cette machine.

L'Angleterre créa ces belles mull-jenny-self-acting qui rendent de si grands services dans la filature du coton; elle les appliqua à la laine longue et en tira un merveilleux parti, ainsi que nous l'avons dit dans le rapport historique anglais.

M. Cordier-Nobécourt, de Saint-Quentin, fut le premier qui importa le self-acting pour filer la laine; il en acheta quinze du système Poters et mit un soin et un zèle extrêmes à en tirer parti. Il réussit, et l'honneur d'avoir introduit et fait fonctionner ces machines pour la laine mérinos, à ses risques et périls, lui restera.

M. Bruneau aîné, constructeur de Rethel, fit venir deux métiers self-acting, en prit les modèles et en construisit pour divers établissements. Ces métiers fonctionnent chez lui, chez MM. Billiet et Huot, à Rethel, et ailleurs; on compte maintenant 40,000 à 50,000 broches de ce système en France.

Les mull-jenny ordinaires doivent à M. Dollfus-Mieg, de Mulhouse, la commande des tambours par engrenage, et à M. Muller, de Thann, la suppression de ces tambours et la commande par engrenages appliqués directement aux broches. On obtint des broches mues par engrenage une économie notable. Ces deux améliorations sont dignes d'être citées comme un véritable progrès industriel.

On peut évaluer l'économie obtenue soit par le perfectionnement des métiers à filer, soit par l'application des nouvelles préparations de la filature, à plus de 20,000 francs par an pour un établissement de 6,000 broches, comparaison faite avec le même nombre de broches construites de 1835 à 1840, et en calculant sur la filature d'un n° 60 au kilogramme.

Jusqu'à présent, le renvideur mécanique, ce puissant métier, convient peu à la filature des trames très-fines; mais il n'a pas dit son dernier mot.

Une usine à filer, élevée à neuf en 1835, moteur et bâtiments compris, coûtait, à Reims, environ 90 à 100 francs la broche; aujourd'hui, elle ne coûterait guère plus de 60 à 70 francs.

On peut poser en fait que, par le seul progrès accompli dans la construction des machines à filer et des moteurs à vapeur ou hydrauliques, l'établissement d'une filature de laine peignée coûte, en 1851, 40 p. o/o de moins qu'en 1835 et 50 p. o/o de moins qu'en 1816.

L'augmentation obtenue dans la vitesse a donné cet autre résultat, que la production de 1,000 broches, qui était à peine, en 1835, de 6,000 kilogrammes, est aujourd'hui, en 1851, de 10,000 à 12,000 kilogrammes, selon que l'usine file une trame 50 ou une trame 40 en moyenne.

C'est en 1812, nous l'avons déjà dit, que fonctionna la première filature de laine peignée à Bazancourt.

Le Câteau, Rethel et Reims en élevèrent; Paris suivit ce mouvement, puis Roubaix et Amiens. Le Câteau et Cercamp s'élevèrent hardiment et donnèrent une grande impulsion à cette industrie. A voir l'audace d'entreprise de M. Paturle-Lupin et de M. Defourment, on sentait que, avec de tels hommes, cette création nouvelle devait vivre et devenir un jour une des gloires du pays.

L'Alsace ne suivit ce mouvement qu'en 1838; mais elle débuta, avec son élan accoutumé, par 30,000 à 34,000 broches. MM. André Kœchlin et compagnie construisirent le premier établissement, confié à la direction de M. Risler-Schwartz. Aujourd'hui, on y compte plus de 50,000 broches; et qui sait où cela s'arrêtera, sur cette terre de progrès mère des Kœchlin, des Gros, des Odier, des Hartmann, des Dollfus et des Nicolas Schlumberger?

Ce n'est que de 1820 à 1826 que les fils de laine peignée reçurent une application un peu large et entrèrent dans la consommation. Les tissus mérinos et quelques nouveautés parisiennes leur durent la vie, et la lutte commença d'une manière brillante.

Après MM. Ternaux et Jobert-Lucas, à Bazancourt, viennent M. Richard-Lenoir, à Paris, qui éleva deux établissements, avec l'aide de Dobo; MM. Harmel frères, à Warmeriville; M. Dieudonné, à Rethel; MM. Fournival frères; M. Prévost, de Paris; M. Eugène Griolet, de Paris; M. de Fourment, à Cercamp; M. Bonjour, à Ribemont; MM. Legrand père et fils, à Fourmies; M. Tranchart-Froment, à Rethel; M. Dobler, à Lyon; M. Billiet, à Paris; M. Hindenlang, etc., etc.

C'est à MM. Legrand père et fils, aidés de l'expérience de notre collègue M. Billiet, que Fourmies doit, depuis 1826, la filature de la laine, grand bienfait pour cette contrée. Le village de Fourmies, qui était minime, est devenu aujourd'hui un grand centre de production, puisqu'il fait mouvoir plus de 80,000 broches pour la laine peignée seulement.

M. Tranchart-Froment, de Rethel, s'installa à la Neuville, dans une usine monumentale de 30,000 broches.

M. Billiet, aussi modeste qu'il est habile filateur, après avoir élevé une filature avec M. Wateau, et aidé M. Legrand de Fourmies, fonda à Rethel un établissement destiné à filer ces merveilleux produits qui aident au développement de la belle nouveauté de Paris, et qui lui ont assigné le premier rang sur cette place.

M. Hindenlang, aujourd'hui à Cramoisy, n'a commencé la filature de la laine que vers 1838, et s'est distingué dès son début.

L'établissement du Câteau date de 1818. MM. Paturle-Lupin et compagnie l'installèrent immédiatement sur une vaste échelle. La tâche était alors immense et chanceuse. Mettre toute une fortune dans une industrie qui naissait était chose hardie. Le succès couronna leurs efforts, et leur administration fut si active et si intelligente, que, au bout de quelques années, ils acquirent une réputation universelle et qui a toujours grandi.

La filature de la laine au rouet subsista à Amiens jusqu'en 1823. A cette époque, les premiers essais de filature à la mécanique commencèrent. De 1826 à 1828, il y eut un accroissement notable dans le nombre des broches.

L'extrême Nord et Roubaix doivent à MM. Degrandel et compagnie les premiers essais de la filature de la laine peignée; mais les vrais introducteurs de cette industrie furent MM. Grimonprez.

Nulle part, en France, le progrès n'a marché d'un pas aussi rapide que dans les industrieuses villes de Roubaix et de Tourcoing, qu'on pourrait appeler les Bradford et Halifax de la France.

D'après un travail remarquable fait par M. Mimerel, en 1843, le département du Nord comptait déjà, à cette époque,

250,000 broches à filer la laine peignée et cardée, et 90,000 broches de retordage.

On employait près de 600 chevaux de force motrice.

Le capital en machines était évalué à 15 millions de francs environ, pour la filature et le retordage seulement.

Le numéro moyen qu'on faisait en 1843 était le n° 34, échée de 710m.

Aujourd'hui :

Le numéro moyen est monté à 37, sans que la quantité produite soit diminuée;

La broche produit 12 kilogrammes, au lieu de 10 kilogrammes.

Le nombre des broches s'est accru de près d'un quart depuis 1843.

On peut se faire une idée de la prospérité des affaires à Roubaix, depuis 1849, par les faits suivants :

1° On a employé près de 500,000 kilogrammes de laine matière première de plus en 1850 qu'en 1849. (Nous ne pouvons prendre 1848 pour point de comparaison.)

Le nombre de kilogrammes de laines brutes consommées par cette industrieuse contrée est annuellement de près de 7,500,000 kilogrammes.

2° On a produit 174,000 kilogrammes de fils de plus en 1850 qu'en 1849.

3° Les filatures de cardé ont livré à la consommation, dans cette année, près de 100,000 kilogrammes de plus, et les broches se sont accrues d'un huitième.

Prospérité inouïe, et qui prouve ce que peuvent l'ordre et une lutte persévérante contre les mauvaises passions.

La façon de la filature s'est presque toujours soutenue à 6 centimes l'échée en moyenne, et le filateur a pu gagner, pendant près de trois années, des bénéfices modérés, mais réguliers, tandis que, dans les dix ans qui ont précédé 1848, la rétribution du filateur se répartissait ainsi sur trois années :

Pendant la première, on obtenait 6 centimes, et il y avait bénéfice;

Pendant la deuxième, 5 centimes, ce qui donnait un peu plus que le pair;

Pendant la troisième, 3 centimes 1/2 à 4 centimes : il y avait perte.

Tous frais et amortissements couverts, le bénéfice moyen était vraiment peu de chose.

Voici quelle a été la progression du nombre des broches en France :

Le nombre des broches n'était, en 1829, que de 240,000. Après les désastres commerciaux de 1830 à 1831, l'industrie de la filature prit un nouvel essor; d'autres établissements se créèrent, et, vers 1844, on comptait, tant en laine mérinos qu'en laine longue, près de 600,000 broches.

Malgré tous les embarras que cette industrie rencontrait dans sa marche, son développement alla toujours croissant. En 1847, on comptait 750,000 broches; en 1850, 800,000; enfin, d'après un recensement des broches nouvelles ajoutées à quelques filatures seulement, ce nombre est aujourd'hui de 850,000, et, dans quelques mois, atteindra près de 900,000.

La filature de la laine peignée à la mécanique commença en Angleterre, de 1790 à 1793. En soixante ans, ce pays est arrivé à faire mouvoir 875,830 broches; mais, dans ce nombre, sont comptées celles qui filent le poil de chèvre et l'alpaga, deux industries considérables et qui doivent utiliser au moins 150,000 broches.

La France en éleva 200,000 dans les quinze premières années de son laborieux enfantement, et, dès qu'elle se sentit sur un sol ferme et sûr, elle ne mit que vingt-deux ans pour en ériger 650,000. Le progrès est ici complétement de notre côté.

Dans ce nombre ne sont pas comprises les broches de retordage.

Dès que nous comptons dans le chiffre de nos broches les laines longues et les fils à bonneterie, nous devons réduire le numéro moyen que nous comptions ailleurs à 50 ancien pour la laine mérinos seule, et qui donnait 10 kilogrammes de production par broche et par an : le numéro moyen réel, pour tous les fils, peut être évalué à 40 ancienne échée (28$^m/_m$ au demi-kilogramme), et sa production à 12 kilogrammes annuellement.

Nos 850,000 broches livrent donc aujourd'hui près de 10 millions de kilogrammes de fils à la consommation.

Voici le tableau de l'abaissement de prix obtenu pendant les trente-deux dernières années, c'est-à-dire depuis la naissance de la filature jusqu'en 1851 :

En 1820-22, une chaîne au n° 35 coûtait de 60 à 70 francs le kilogramme;

En 1834-36, de 24 à 26 francs;

En 1850-51, elle coûte 14 francs, et c'est une année prospère.

La laine peignée a subi à peu près la même décroissance.

Voici maintenant le progrès accompli pour la finesse des numéros obtenus de 1825 à 1851. Nous nous servirons de la trame qu'on a filée longtemps avant de faire des chaînes convenables :

En 1825, on obtenait des trames de 60 à 70, mal filées;

En 1830, de 100 à 120, assez médiocres;

En 1835, de 120 à 130, assez bonnes;

En 1840, de 140 à 150, bonnes;

En 1845, de 150 à 200, très-bonnes;

En 1851, de 200 à 300, parfaites et sans rivales au monde.

L'échevettage ancien de 700^m étant le seul existant en 1825, nous nous en servons pour échelle de graduation.

Certes, il est impossible de constater un plus magnifique résultat obtenu en vingt-six années.

L'emploi du renvideur mécanique nous promet de nouveaux progrès.

Il fallait aux machines, de 1828 à 1832, pour mener 1,000 broches, 20 personnes, et l'on produisait 6,000 kilogrammes.

Les renvideurs mécaniques se comptent par assortiments de 800 broches, c'est-à-dire 2 métiers de 400 broches, qui occupent 11 personnes. Cela donne 13 ou 14 ouvriers pour 1,000 broches.

Veut-on savoir ce que sont devenus les salaires au milieu de tous ces progrès; on en jugera par le tableau suivant :

NOMBRE DES OUVRIERS.	SALAIRES A RETHEL[1] POUR 1,000 BROCHES.		SALAIRES A PARIS[1] POUR 1,000 BROCHES.	
	Par jour.	Pour 300 jours.	Par jour.	Pour 300 jours.
EN 1828.				
6 femmes	1f 10c	1,980f 00c	1f 25c	2,250f 00c
5 fileurs	3 00	4,500 00	4 50	6,750 00
5 rattacheurs. (Enfants.)	1 20	1,800 00	1 25	1,875 00
2 bobineurs	0 50	300 00	0 60	360 00
1 homme de peine	1 50	450 00	2 00	600 00
1 contre-maître	....	1,500 00	....	1,800 00
TOTAL	....	10,530 00	....	13,635 00
EN 1851.				
6 femmes	1f 10c	1,980f 00c	1f 50c	2,700f 00c
5 hommes	3 00	4,500 00	4 50	6,750 00
5 rattacheurs. (Enfants.)	1 20	1,800 00	2 00	3,000 00
1 bobineur	0 50	150 00	0 60	180 00
1 homme de peine	2 00	600 00	2 50	750 00
1 contre-maître	....	1,800 00	....	2,000 00
TOTAL	....	10,830 00	....	15,380 00

[1] La division du travail est la même des deux côtés.

On remarquera que les salaires ont très-peu augmenté en province; néanmoins, en 1851, on paye davantage 19 personnes qu'on n'en payait 20 en 1828. La hausse a été plus sensible à Paris, en raison de la plus grande difficulté d'y vivre à bon marché.

L'ouvrier parisien fait plus de travail dans un temps donné que celui de la province, ce qui réduit les salaires presque au même niveau.

Non-seulement le salaire a augmenté, mais la journée de travail est diminuée de deux heures; mais on emploie moins d'enfants et plus d'adultes; mais l'ouvrier a le temps de s'instruire; il peut faire, surtout dans l'industrie de la filature, plus d'économies, et, s'il est rangé, mettre, chaque année, une bonne somme à la caisse d'épargnes. Les caisses de secours s'organisent de tous côtés et lui viennent en aide pour le temps de la maladie. Ajoutons que ses vêtements sont meilleurs et moins chers, sa nourriture plus abondante et plus saine, son logement, surtout en province, plus propre, plus aéré, moins malsain.

FILATURE DE LA LAINE CARDÉE.

D'autres, plus compétents que nous ne le sommes, pourront rendre compte des progrès mécaniques de la filature de la laine cardée et décrire les procédés. Les renseignements que nous possédons ne sont pas assez complets pour en établir l'historique avec autant de vérité que nous avons pu le faire pour le peigné. Ce que nous avons constaté, c'est que le progrès n'a pas été moins grand depuis l'introduction des métiers de Cockerill et Douglas jusqu'aux innovations ou perfectionnements de M. Mercier.

En 1810, on ne faisait que des numéros peu élevés, destinés à la confection des draps et des casimirs; et cet état de choses dura assez longtemps. Depuis douze à quinze ans, les progrès ont été immenses; les fils cardés s'utilisent dans une foule de tissus pour les gilets, les châles, les étoffes légères même.

Les circassiennes, les napolitaines, ont offert un aliment inépuisable aux filateurs du cardé; les fils fins sont si admirables, qu on les utilise souvent dans le broché des châles pour simuler le toucher du cachemire

A partir du n° 20 les numéros se sont élevés graduellement jusqu'à un degré de finesse inouï et qu'aucune nation n'a pu atteindre, tout en employant des laines beaucoup plus fines que les nôtres, numéro pour numéro.

Nous possédons des usines qui filent de 100,000 à 250,000 kilogrammes par an, qui font mouvoir 10,000, 15,000 et 20,000 broches.

M. Croutelle, MM. Lantein, ont exposé des produits qui ont été admirés des jurés anglais.

MM. Lantein et Cie avaient dans leur case des fils de couleur, depuis le n° 7 jusqu'au n° 75 m/m, qui ont été mentionnés particulièrement. Cette maison produit 200,000 kilogrammes et pousse ses numéros en écru jusqu'à 80,000 mètres.

MM. Sentis père et fils vont à des numéros plus élevés encore : ils filent un fil mixte très-beau et très-net; sur 2 millions d'affaires, ils exportent pour 1,500,000 francs, et principalement en Angleterre.

On trouve dans leur usine une école pour les enfants; un médecin attaché à l'établissement visite les ouvriers trois fois par semaine. La caisse de secours a suffi pour tous les chômages qu'occasionnaient les maladies.

Sur les 350 ouvriers qu'ils emploient, les deux tiers sont logés dans l'usine.

M. Croutelle neveu, de Reims, a été mis en première ligne. Ses produits variaient : pour la chaîne, de 20 à 25 m/m, en gras et en laine de France et d'Allemagne, et, pour les trames, de 60 à 120 m/m, en laine d'agneaux de France et d'Allemagne. L'opinion du jury fut qu'on n'avait jamais vu une telle perfection unie à une si grande finesse.

Cet industriel a été placé, pour les produits en cardé, sur la même ligne que MM. Paturle-Lupin, et que MM. Billiet et Huot pour les fils peignés.

Le jury a été frappé de l'admirable encollage des chaînes destinées au tissage mécanique, et de leur élasticité.

M. Croutelle a beaucoup amélioré le sort des ouvriers de Pont-Givart : ils font tous des économies. Il leur a donné une école gratuite pour les enfants et les adultes ; ils lui doivent leur bien-être matériel et l'instruction qui les moralise et les éclaire.

C'est, entre tous les exposants qui avaient des fils cardés à Londres, ceux que le jury a distingués et récompensés ; et ce jury était d'une grande sévérité.

Les fils cardés de la France s'exportent en Angleterre, en Belgique, en Allemagne, en Autriche, et sont de plus en plus appréciés.

Les procédés mécaniques de nos cardes et de nos métiers à broches sont aussi parfaits qu'aucun de ceux inventés par les Anglais, qui nous ont précédés de plus d'un demi-siècle.

FILS DE LAINE EXPOSÉS À LONDRES.

Sur 25 filateurs de laine peignée ou cardée, 2 ont été classés, pour les récompenses, dans la catégorie des fabricants de tissus. Sur les 23 autres exposants, 9 ont obtenu la médaille de prix, et 3 d'entre eux eussent été désignés pour la grande médaille du conseil, si cette distinction eût été maintenue : ce sont MM. Paturle-Lupin, Seydoux, Siéber et Cie, Billiet et Huot, et Croutelle neveu.

C'est à MM. Paturle-Lupin qu'on a dû les plus hauts numéros de trame exposés ; ils étaient filés à 110 $^m/_m$ pour la chaîne et 200 $^m/_m$ en trame.

MM. Billiet et Huot ont fait de la chaîne à 122 $^m/_m$ et de la trame à 185 $^m/_m$. Après eux venaient MM. Lachappelle et Levarlet, Hindenlang aîné, Lucas frères, Roger frères, etc.

Les fils pour tissus de nouveautés provenant de M. Billiet ont excité l'admiration du jury, et justifiaient bien la réputation dont ils jouissent à Paris.

La variété de nos fils Thibet ou beiges, mélangés de soie, a frappé le jury anglais, qui a pris une haute idée de la fécondité et des ressources variées de l'imagination de nos fabricants.

En résumé, ce qui a été constaté sans opposition, c'est notre supériorité pour la filature de laine mérinos peignée et celle des cardés fins; c'est aussi la nécessité pour chaque peuple qui veut nous imiter de se servir de nos modèles et de nos procédés de filature. (La seule idée que nous ayons empruntée est l'application du renvideur mécanique.) Nulle part on ne file aussi fin qu'en France, et les fils fins faits pour l'Exposition de Londres par les nations nos rivales eussent été poussés à 10, 20 et même 30 numéros de plus au kilogramme, avec les mêmes laines, par nos fabricants.

FILATURE DU CACHEMIRE.

Les premières filatures furent élevées en 1815 par MM. Hindenlang père et Foster, à Montmartre, Petit-Jean et Richard-Lenoir à Paris; les fils qu'on faisait alors étaient fort mauvais.

En 1818, M. Polino devint directeur de la filature de M. Hindenlang, et M. Foster s'associa à M. Thayer. A partir de 1819, grâce à un peignage très-soigné, repassé deux et trois fois, on produisit d'assez bons fils.

L'opération du peignage coûtait 8 à 9 francs le kilogramme et le fil se vendait 1 franc du numéro, soit 80 francs le kilogramme pour un n° 80; cela dura jusques vers 1823.

Les fils baissèrent de 25 p. 0/0 de 1823 à 1827.

En 1821, M. Polino s'établit à son compte, et M. Biétry simple ouvrier d'abord chez M. Richard-Lenoir et ensuite chez M. Hindenlang, monta une petite filature.

Il y avait 4 filateurs de cachemire à l'Exposition de 1823.

En 1827, deux ou trois filateurs nouveaux parurent : M. Dupuis-Drouet produisit à l'Exposition du cardé cachemire, c'est-à-dire la matière cachemire, non peignée, cardée et filée seulement pour brocher les châles.

Le succès de la filature du cachemire peigné ou cardé se soutint jusqu'en 1836; on utilisait alors près de 4,000 ouvriers employés aux diverses préparations préliminaires et à la filature, et quelques cents métiers à faire de beaux tissus 5/4, 6/4 et 7/4. En 1840, la décadence commença pour cette industrie, non comme décroissance de qualité, car jamis plus grande perfection ne fut acquise dans une industrie, grâce aux efforts de MM. Hindenlang, Biétry, Gimbert, etc., etc.; une partie des filateurs succomba sous le poids de pertes énormes d'autres liquidèrent, et il en reste peu aujourd'hui.

Nous ne rechercherons pas les causes de cette décadence, ce rapport ne devant en rien discuter les questions du tarif : constatons seulement que ce produit magnifique a un pied dans la tombe; qu'il était né viable, et qu'il a brillé d'un vif éclat pendant une période de vingt ans : constatons qu'il a donné naissance à la plus merveilleuse industrie dont la France puisse s'enorgueillir, et qui a fait la réputation des Ternaux, des Rey et des fabricants plus modernes dont les produits splendides, exposés à Londres, ont étonné le monde.

Les filateurs du cachemire étaient au nombre de trois à l'Exposition universelle : MM. Hindenlang, Biétry, Pesel, et Menuet; les deux dernières maisons ont été récompensées pour leurs tissus, et l'on a reconnu l'excellence des fils y employés, et dont quelques spécimens garnissaient les cases.

Le jury a été réellement frappé de la beauté d'un produit si difficile à amener à la perfection, et qui ne le cédait en rien à ceux de la laine peignée; il a admiré les fils exposés par M. Hindenlang, et dont la série s'étendait de 60 à 276 m/m (environ n° 390 ancien) au kilogramme, et c'est à la science dont il avait fait preuve qu'on a décerné une médaille.

TISSUS DE LAINE.

Le tissage de la laine est tellement ancien en France, qu'il serait difficile d'assigner une date à son origine : on sait qu'en général il formait l'occupation des femmes. Il ne se manifesta guère de progrès dans cette industrie qu'à l'époque des croisades, qui nous firent connaître les belles étoffes de l'Orient : nous voyons que déjà, au XIVe siècle, nos produits avaient assez de réputation pour que, lors du passage de l'empereur Charles de Luxembourg à Reims, en 1378, on crût lui faire un don précieux en lui offrant des tissus de laine de cette ville. Si l'on en croit une chronique, les étoffes qui, en 1395, furent envoyées à Bajazet Ier pour la rançon de quelques seigneurs français furent regardées comme ce que l'on pouvait offrir de plus riche et de plus curieux; on louait également beaucoup la beauté des étoffes offertes à Charles VII en 1435.

Ainsi, dès la naissance des arts manufacturiers en Europe, la France marque sa supériorité dans la fabrication de tous les tissus de fantaisie où l'art et l'imagination avaient un rôle à jouer : le goût et le sentiment du beau, qui semblent innés chez elle, lui conservèrent cette première place conquise dès le début; le sceptre de la mode est resté constamment entre ses mains.

Henri IV, aidé de Sully, prépara la gloire industrielle de la France et rivalisa, à cet égard, avec la reine Élisabeth. Ce que Henri IV et Sully avaient commencé, Colbert l'acheva; il fit faire d'immenses progrès à l'industrie, et notamment à celle de la laine.

La prospérité dont Colbert avait doté la France alla croissant jusqu'à la révocation de l'édit de Nantes, qui fit passer à l'étranger tant d'ouvriers et de chefs de fabrique : c'est aux Français émigrés que l'Allemagne fut redevable de la naissance de son industrie d'étoffes de laines rases, telles que serges, étamines, crépons, etc.; elle reçut d'eux nos procédés de teinture et de fabrication, et l'Électeur les encouragea par des récompenses et des pensions.

Parmi les inventions précieuses qui se rattachent à la fabrication des tissus, nous devons signaler celle de la navette volante, qui eut lieu vers 1737 et s'appliqua d'abord aux étoffes étroites : elle est due aux Anglais, qui l'abandonnèrent pendant quelques années, en raison des grandes difficultés qu'ils rencontrèrent d'abord dans son application ; ils la reprirent vingt à vingt-cinq ans plus tard, et ce ne fut que quarante à cinquante ans après eux que la France commença à s'en servir.

En avançant dans le XVIIIe siècle, nous trouvons quelques documents plus précis: nous voyons dans Rolland de la Platière (1780 à 1785) que Lille, Reims, Amiens, le Mans,

Aumale, etc., fournissaient à l'Espagne de grandes quantités de tissus de laine peignée. Amiens, centre de l'industrie des différents districts de la Picardie; Reims, métropole de l'industrie de la Champagne; la Flandre, qui comprenait les manufactures de Roubaix, de Lille, etc., formaient, comme aujourd'hui, les grandes divisions principales : le Maine, le Poitou, la Touraine, formaient une quatrième catégorie, mais d'une moins grande importance.

Au reste, d'après un examen et des recherches sérieuses, nous pouvons affirmer que les étoffes de laines rases se fabriquaient presque partout en France, quoiqu'en moins grande quantité que dans les centres que nous venons de citer, et qu'elles étaient en partie notable consommées sur les lieux mêmes de la production.

Il se faisait dans le Bigorre beaucoup de tissus de laine peignée, surtout en qualités fines, et notamment celui appelé barége, servant aux voiles pittoresques des femmes du Béarn. Ce barége était tissé avec des fils à la main, en belles laines de Bagnos et autres qu'on mêlait parfois à de la laine d'Espagne.

Le Languedoc avait des manufactures considérables de tissus de laines il exportait surtout dans le Levant, et, sur une valeur de 24 millions de marchandises de toute sorte qu'il expédiait, il y avait 14 millions de tissus de laine, dont il produisait la meilleure partie.

Rouen avait aussi une fabrication de tissus de laines rases très-variées : ils se faisaient soit en pure laine, soit en laine et soie mélangées, soit enfin en coton et soie, unis ou rayés, brochés même avec de l'or ou de l'argent; cette fabrication avait succédé à celle des draps, qui y avait existé jusqu'au XVIIe siècle. Rouen faisait, au XVIIIe siècle, à l'intérieur et à l'étranger, un commerce considérable de ces étoffes, qu'il ne produit presque plus aujourd'hui,

On tissait des étoffes rases dans plus de quarante villes diverses; les étoffes dites de première qualité se faisaient avec des laines anglaises ou hollandaises : nos laines étaient trop communes pour les tissus fins.

Dans beaucoup de localités, cette fabrication se suivait simultanément avec celle des draps : les provinces qui produisaient des excédants les revendaient aux grands centres, tels qu'Amiens, Reims, Paris, Rouen, etc., sortes de dépôts qui, à leur tour, alimentaient les provinces qui ne pouvaient se suffire, ou exportaient leur trop plein sur les différents points de l'Europe et des colonies françaises ou étrangères.

A partir de 1780, les Anglais commencèrent à nous faire une rude concurrence en livrant leurs tissus à 20 p. o/o au-dessous des nôtres. Ils imitaient notre fabrication, qui, ainsi que nos teintures, restait cependant supérieure à beaucoup d'égards.

La main-d'œuvre des Anglais était plus élevée; mais ils avaient une telle abondance de laines qu'elles valaient 40 à 50 p. o/o moins que les nôtres; ils trouvaient moyen d'abaisser encore leur prix de vente en diminuant la largeur et le nombre de fils de leurs tissus, tout en s'étudiant à leur conserver l'apparence des nôtres, tandis que les ordonnances des jurandes et des maîtrises nous enfermaient dans un cercle infranchissable et ruineux. Bientôt cette concurrence nous frappa sur tous les points. Notre production s'amoindrit en raison du défaut d'exportation. Ce ne fut qu'au commencement du XIXe siècle, auquel nous allons arriver, que la transformation de nos laines ouvrit devant nous un nouvel avenir.

Nous avons retracé l'historique déjà bien connu des essais faits pour le croisement de la race d'Espagne, alors la première du monde; nous avons vu qu'ils furent dirigés avec intelligence sous le règne de l'infortuné Louis XVI, mais que c'est à l'énergie, à la volonté puissante et irrésistible de l'empereur Napoléon qu'on dut la création de ce type de moutons mérinos français qui n'a pas d'égal en valeur pour l'industrie de la laine peignée.

Il y a deux faits que nous devons proclamer bien haut :

Le premier, c'est que, sans l'introduction de la race espagnole dans nos bergeries, et sans toute l'habileté de nos agriculteurs, nous végéterions dans la dépendance des nations voisines et nous serions réduits à nous vêtir de leurs étoffes. C'est à cette révolution admirable dans l'élève des bêtes ovines que nous devons la belle industrie de la filature de la laine peignée mérinos; c'est à elle que nous devons la splendeur des industries du tissage de la laine peignée à Paris, à Reims, à Roubaix, à Amiens et à Saint-Quentin.

Le second fait, c'est que l'aspect, la qualité, le caractère de nos tissus modernes, en un mot tout ce qui leur fait accorder, depuis quarante à cinquante ans, le nom d'inventions nouvelles, est dû principalement à la nature particulière de la laine peignée obtenue par le croisement espagnol. Il y a eu peu, très-peu d'inventions dans la contexture des étoffes, dans leur montage sur les métiers, qui sont encore les mêmes qu'au XVIIIe siècle. C'est grâce à la laine mérinos que le XIXe siècle a changé la physionomie des tissus des siècles précédents.

Le XVIIe et le XVIIIe siècle surtout avaient vu naître une variété très-grande de tissus qui se faisaient avec le métier à la lame ou avec le métier à la tire. La France donnait le ton et la mode comme aujourd'hui. Nous avons constaté que, presque chez tous les peuples fabricants de l'Europe, nos étoffes dites de nouveautés servaient déjà de types, et que l'on y copiait déjà les créations de Paris, d'Amiens et de Reims, qui les alimentaient de leurs idées en même temps que de leurs tissus.

Citons quelques exemples, afin de mieux faire ressortir la filiation des deux industries du XVIIIe et du XIXe siècle.

Il y avait deux grandes divisions pour les tissus du XVIIIe siècle :

1° Les étoffes en laine pure, lisses ou croisées, façonnées, et qui se fabriquaient plus particulièrement en Flandre et en Champagne, à Lille et environs, à Reims et environs;

2° Les étoffes mélangées de soie, qui se fabriquaient plus spécialement à Amiens et environs et à Paris, concurremment avec les étoffes de pure laine.

Les principales étoffes rases du XVIIIe siècle étaient composées de tissus à pas simples et de tissus à pas croisés. Dans cette dernière catégorie étaient rangés tous les dessins produits par de petites armures obtenues par le jeu des lames.

Les étoffes dites toiles ou lisses étaient grenées soit par la chaîne, et on les disait alors baracanées, soit par la trame, et on les disait camelotées.

Lorsqu'on les variait par de petites côtes, formées d'une plus grande quantité de fils, on les disait basinées.

Voici les noms des principaux tissus qui défrayaient la fabrication de nos divers centres industriels avant le XIXe siècle : les camelots, polemieten, serges, étamines, tamises, duroy, crêpon, turquoises, basins, grains d'orge, calmandes, burats et buratés; la popeline, tissu de soie et de déchets de soie, et enfin une série nombreuse de tissus légers, tels que : les grisettes, les ferrandines; les étoffes légères, gracieuses, mêlées de soie, de laine, de coton, de lin, de poil de chèvre, en unis, rayés, à carreaux, ou brochés à fleurs. Ces tissus étaient la base de la fabrication servant aux vêtements courants; ils étaient tous désignés comme étoffes d'été.

Cependant le baracan, l'étamine du Mans, la serge de Reims, faits en fils doublés ou retordus et plus épais, pouvaient servir pour le printemps et pour l'automne, et aussi pour habits d'hommes.

Ces tissus légers ou forts et les gazes, fabriqués surtout à Paris, sont le point de départ d'une bonne partie des tissus fondamentaux créés dans notre siècle avec la laine de mérinos peignée.

En voici quelques exemples :

XVIIIe SIÈCLE.	XIXe SIÈCLE.
L'étamine, l'une des sortes du XVIIIe siècle, se faisait avec chaîne de laine un peu tordue et avec trame un peu ouverte. Tamise, tissu toile léger, se faisait avec chaîne et trame un peu tordues.	C'est de là que dérive la mousseline de laine pure.

Serges croisées des deux côtés à 4 lames.	d'Aumale, de Blicourt, etc., etc., sans envers, chaîne de laine un peu tordue, trame de laine à 1 fil avec plus ou moins de torsion, selon le genre de serge.	C'est de là que dérive le mérinos.
Serge de Rome avec envers à 3 lames.	Croisée d'un seul côté; chaîne de laine simple; trame de laine un peu ouverte.	C'est de là que dérive le cachemire ou mérinos d'Écosse.
Serges fortes à 4 lames.	Croisées des deux côtés pour habits d'homme; chaîne de laine retordue à 2 fils; trame de laine simple un peu forte.	C'est de là que dérive le mérinos double, dit drap d'été.
Étamine brochée; chaîne de laine pure, trame de laine.		A dû donner naissance, chez les Anglais, au stoff, importé ensuite en France.
Étamine glacée; avec chaîne en soie organsin et trame laine fine pure.		C'est de là que dérive le chaly.
Gaze de Paris; chaîne et trame en soie et quelquefois mélangées.		C'est de là que dérive le barége, gaze en soie et laine.
Barége pure laine des Pyrénées.	Tissu léger avec chaîne et trame filées à la main et fortement tordues.	C'est de là qu'est né le barége pure laine qui se tisse avec fils faits mécaniquement, et qui produit des tissus 2/3, et surtout des châles par centaines de mille.
Buratte; en chaîne bourre de soie retordue, et trame en laine pure.		A donné naissance, à Paris, à la mousseline indoue, en 1834 et 1835, et ensuite à la toile de Perse exploitée par Amiens.
Popeline; tissu toile en chaîne de soie avec trame galette.		Le foulard chaîne soie, trame bourre de soie de Lyon, et celui né à Paris en 1840, qui se fait en quantités énormes, sont la copie exacte de la popeline; et certes ceux qui les recréaient devaient les croire inédits.

Il existe encore d'autres dérivés qu'il serait trop long d'énumérer; il suffit de citer les tissus formant le fond de la fabrication actuelle.

On voit clairement par cette nomenclature et ces espèces de

certificats d'origine, que la véritable source des merveilles enfantées en tissus au XIXe siècle gît dans la création du type de la laine mérinos.

C'est à l'aspect tout nouveau de cette laine, à sa flexibilité, à son toucher, à sa teinte mate, que l'on doit l'industrie nouvelle, dans sa forme apparente, de la laine peignée.

Si nous voulons maintenant comparer notre industrie de la laine peignée à celle des autres nations, voici les différences que nous signalerons entre elles, après avoir analysé les produits envoyés à l'Exposition de Londres.

L'Angleterre réalise le bas prix, par l'application presque universelle de la mécanique au tissage, par la combinaison économique des étoffes qu'elle crée ou qu'elle copie, par la perfection des teintures et surtout des apprêts, qui leur donne beaucoup d'apparence, par une organisation administrative du travail qui épargne un grand nombre de bras, par le bon marché des capitaux, de l'outillage, des transports et surtout du combustible. Elle travaille et n'a voulu travailler, jusqu'à présent, que pour la grande consommation; elle y a tellement réussi que la lutte est presque impossible avec elle.

L'Allemagne tend à arriver au même résultat par le bas prix de sa matière première qui a, en outre, l'avantage d'être très-facile à travailler, par une main-d'œuvre qui compense à peu près l'économie des mécaniques anglaises, par une patiente et intelligente copie des procédés anglais et français, qui lui épargne les frais de modèle qu'exigent les créations mécaniques, enfin par l'imitation des tissus français ou anglais, qui lui épargne les frais énormes de nos cabinets de dessin remplis d'artistes de talent bien rétribués; elle paye six ou huit fois moins l'artiste qui décalque que celui qui crée constamment.

Entre ces rivaux redoutables, la France vient prendre la place que lui assurent son génie inépuisable, son dessin gracieux, élégant, sans cesse varié, qui fait un objet d'art d'une étoffe ordinaire par le prix. Elle s'interpose entre ces deux grands producteurs à bon marché, grâce à ses qualités spéciales ; peu à peu elle forme le goût des consommateurs du globe, qui s'épure à son contact ; elle les amène à payer quelque chose de plus pour obtenir un produit qui flatte les yeux et qui parle à l'imagination.

Cependant l'industrie française ne se repose pas uniquement sur ses artistes et sur ses chimistes, qui en sont arrivés à lui faire produire l'aquarelle sur ses étoffes comme sur le plus beau vélin. Tout en maniant son crayon fécond et sa belle palette, elle a su améliorer sa matière première, la rendre plus douce, plus fine, plus flexible, la filer au moyen des plus parfaites mécaniques du monde, et l'employer dans les meilleures conditions. Cette étude constante porte ses fruits ; à sa supériorité artistique, elle commence à joindre l'économie dans la production. La distance, bien qu'encore considérable, entre les prix anglais et les nôtres tend à diminuer : aussi voyons-nous, surtout depuis six ou sept ans, nos débouchés extérieurs s'accroître dans des proportions notables.

On peut dépeindre le caractère industriel de chaque nation en divisant d'abord les industriels en deux classes ; la première, contenant les industriels créateurs ; la seconde les industriels exploiteurs.

En France, la majeure partie des fabricants sont créateurs ; en Allemagne, en Autriche, en Belgique, aux États-Unis, ils sont exploiteurs.

La Russie exploite toutes les créations s'appliquant à la classe aisée ou moyenne ; elle crée davantage pour tout ce qui s'adresse aux masses, et alors ces créations ont le cachet moscovite uni au genre de l'Orient.

L'Angleterre exploite sur une échelle immense ; elle copie, transforme tout ce qui porte un caractère de goût et d'imagination, et réalise un grand profit en l'appliquant aux masses.

Mais, en outre, elle crée avec un merveilleux talent des tissus dans lesquels elle tire un grand parti des matières nouvelles que chaque partie du monde produit. Sans la magnifique exposition des fils et tissus d'alpaga, de poil de chèvre, de vigogne et autres mélanges, l'industrie de la laine peignée, en Angleterre, n'eût offert qu'un spectacle fort ordinaire là où la France brillait avec éclat.

L'industrie de la laine peignée de la France était, à Londres, à la hauteur de ses objets d'art proprement dits; elle excitait comme toujours la convoitise des consommateurs de tous pays. Néanmoins la France se renferme trop dans l'exploitation unique de la laine mérinos, et n'utilise pas assez les autres matières textiles qui, devenant un moyen d'échange, donneraient un aliment continuel à son commerce et à sa navigation.

Ce qui constitue un de nos grands désavantages, c'est qu'en France le génie commercial est au-dessous du génie artistique et industriel; nous savons fabriquer, mais nous ne savons pas, aussi bien que les Anglais et les Américains, étudier les marchés extérieurs, assurer à notre production un écoulement en rapport avec son importance, exploiter la réputation de nos produits.

En Angleterre, la science commerciale l'emporte encore sur le génie industriel, tout grand qu'il est : chez elle, le commerce est la vie de la nation. La puissance des capitaux lui a permis dès longtemps l'établissement de comptoirs directs sur tous les points du globe; sa marine lui donne le fret à bon marché. Elle peut ainsi réaliser, sur l'achat des matières premières et sur les frais de transport, des économies qui lui livrent la possession des marchés étrangers. C'est dans le défaut de nos moyens d'exportation et surtout d'installations de comptoirs directs que réside la principale cause de notre infériorité.

Joignons-y encore l'absence d'étude des objets propres à chaque contrée. Nous avons trouvé, en parcourant les auteurs qui ont écrit sur l'industrie et le commerce de la France au XVIIIe siècle, cette même opinion reproduite, et notamment au sujet des grandes exportations que nous fîmes dans l'Amérique du Nord lorsque ce peuple rompit avec la métropole et commença la guerre de l'indépendance : « Nos négociants, « dit l'auteur, envoyèrent des cargaisons, mais ils les compo- « sèrent de rebuts; ils semblaient croire que ce que les na-

« tions du continent ne voulaient pas, était assez bon pour « l'Amérique. Cela nous nuisit beaucoup. »

Maintenant encore on traite trop légèrement l'exportation, et des soldes nullement appropriées aux besoins du pays où on les envoie prennent la place de genres qu'on devrait créer exprès, soit pour le Levant, soit pour les Amériques, qui aiment beaucoup les produits français. Suivons l'exemple des Anglais, ces grands maîtres dans le commerce lointain. Nous avons perdu presque toute la consommation des draps dans le Levant, parce qu'au lieu des draps légers nécessaires aux Orientaux, nous leur avons envoyé des draps forts; et c'est aujourd'hui l'Angleterre, la Prusse, la Saxe et la Belgique qui leur fournissent ces draps.

Ce n'est pas tout. Nous sommes à une époque où les luttes de l'industrie sont substituées aux luttes guerrières : les succès commerciaux valent mieux que les conquêtes de territoires. Nous avons conquis une place sur les divers points du globe; il faut agrandir le cercle. C'est ce que nous ne ferons jamais tant que de fortes lignes de navires à vapeur ne seront pas organisées dans nos principaux ports marchands, pour atteindre directement les points principaux où vont depuis longtemps les navires des Anglais et des Américains, et où aborderont bientôt les navires allemands et autrichiens, car Trieste organise une ligne pour l'Amérique, malgré sa position au fond de l'Adriatique.

La célérité et la certitude pour les étrangers de recevoir toujours leurs marchandises en temps opportun et à heure fixe, influent énormément sur le chiffre des affaires.

La première année de l'établissement des paquebots anglais avec le Levant, l'Angleterre a vu les transactions s'augmenter à son profit de 38 millions.

En résumé, ce qu'il faut à la France pour accroître encore son exportation, et surtout en tissus de laine, ce sont les trois choses suivantes :

1° Appliquer plus qu'elle ne le fait son goût exquis à la fabrication des tissus destinés à la consommation des masses, en y employant beaucoup plus le métier mécanique, qu'elle néglige trop;

2° Créer des comptoirs directs sur les principaux marchés;

3° Organiser une puissante marine à vapeur qui porte rapidement la marchandise et les passagers à destination.

Nous terminerons ces considérations générales par une dernière observation.

Nous avons souvent entendu dire que le consommateur français payait plus cher que celui de l'Angleterre, sans pouvoir redresser publiquement cette erreur; nous croyons devoir le faire ici, puisque notre mission a été de nous éclairer sur les causes économiques de sa production.

Avant d'arriver au consommateur anglais, un tissu de laine donne presque toujours plusieurs bénéfices. Voici la filière qu'il suit :

Une pièce d'orléans coûtant 18 pences le yard au fabricant, est vendue par lui 19 pences au gros négociant résidant à Bradford ou Halifax, par exemple. Le gros négociant la vend 20 1/2 au marchand de gros ou demi-gros de Londres; celui-ci la vendra 22 pences au détaillant, qui la fera payer 25 au consommateur.

C'est environ 38 p. 0/0 de profits divers que le consommateur doit payer.

Le fabricant français vend presque toujours directement au détaillant; cette tendance se manifeste de plus en plus, et nous voyons même souvent ce dernier acheter en écru et faire imprimer ou teindre le tissu à façon à Paris ou en Alsace. L'intermédiaire de gros ou demi-gros disparaît de plus en plus.

En admettant que la différence du prix de revient soit, au minimum, de 20 à 25 p. 0/0 entre les fabricants des deux pays, et que le fabricant français gagne net 5 p. 0/0 sur le détaillant qui, à son tour, gagnera net 10 p. 0/0, vous aurez un total de 35 à 40 p. 0/0.

Il est donc évident que la constitution commerciale des

deux pays rend la situation des deux consommateurs à peu près la même, et qu'en définitive, malgré les causes qui renchérissent notre production, le consommateur français ne paye pas plus cher le même tissu que le consommateur anglais.

Pour l'exportation, c'est l'opposé de ce qui se passe pour la vente à l'intérieur. Les intermédiaires, dans le commerce extérieur de l'Angleterre, disparaissent ou se bornent à un seul. Ils sont, au contraire, très-nombreux dans le commerce extérieur de la France. Nos tissus passent par une multitude de mains avant d'arriver au consommateur étranger, et ils ne parviennent jusqu'à lui que surchargés de frais.

Quand il n'y aura plus qu'une différence de 10 p. o/o entre nous et les Anglais pour les tissus propres aux masses, le goût de notre nation rétablira la balance.

C'est donc un bon marché de 15 à 20 pour o/o à conquérir, et nous avons indiqué quelques-uns des moyens qui nous conduiront à ce but.

Après ces appréciations comparatives, nous allons passer en revue nos principaux centres de fabrication qui avaient envoyé leurs produits à Londres, et qui s'y sont montrés avec tant d'éclat.

Les divers comptes rendus de nos expositions nationales ont été assez incomplets depuis 1798 jusqu'en 1834 environ, en ce qui concerne la nomenclature des tissus créés. Pour suivre la magnifique industrie de la laine peignée mérinos jusqu'au degré de perfection qu'ont attesté l'Exposition française de 1849 et celle de Londres en 1851, et pour satisfaire ainsi au programme indiqué par la circulaire de l'honorable président de la commission française du jury à Londres, nous avons dû, parmi les anciens fabricants (dont une partie existe encore fort heureusement), prier ceux qui ont contribué le plus à poser les solides fondations de cette belle industrie, de fouiller dans leurs souvenirs et d'exhumer de leurs archives les détails de ce passé qui leur coûta tant de labeur. Nous avons trouvé chez tous une complaisance inépuisable et l'approbation la plus vive de l'idée de M. le baron Dupin. C'est à l'aide de leur correspondance et de leurs notes que nous traçons l'historique qui va suivre, et auquel nous joindrons ce que nous avons pu recueillir sur la statistique de l'industrie lainière de chaque grand centre depuis le XVIIIe siècle.

FABRIQUE DE PARIS.

Nous commencerons notre revue par la fabrique de Paris, et l'on en comprendra facilement la raison. Quelque soit d'ailleurs le mérite industriel des différentes fabriques de France qui produisent les tissus de nouveautés, elles n'alimentent leur goût qu'au foyer de la pensée parisienne; leurs dessinateurs ne créent leurs compositions, leurs coloristes n'enluminent, leurs teinturiers ne teignent, leurs ouvriers ne tissent que pour mettre au jour et réaliser l'idée qu'ils ont reçue de Paris par indication ou par inspiration.

C'est qu'à Paris chaque consommateur est un juge et devient un guide sûr pour le marchand, pour le négociant, pour le manufacturier, qui s'emparent de ses impressions. Il n'apprécie que ce qui est bien; il ne consacre que ce qui est beau et de bon goût. La grisette comme la grande dame, l'artisan comme le dandy, ont reçu et conservent sans le savoir toutes les traditions de l'art. C'est donc Paris qui donne la direction à la fabrication nationale.

Ce n'est pas là, d'ailleurs, un fait nouveau : déjà, au XVIIIe siècle, la fabrique de Paris était célèbre par ses tissus de nouveautés. La fabrication des gazes de divers genres y était considérable, et elle a maintenu sa réputation pendant tout le XVIIIe siècle. On faisait alors, comme de nos jours, des gazes unies rayées, quadrillées ou brochées. Cependant le nombre des métiers, qui était de 30,000, en 1770, était descendu, en 1780, à 10,000 seulement, par suite de l'émigration qui avait eu lieu vers la Picardie et l'Artois, mais surtout vers Saint-Quentin et ses environs, où la main-d'œuvre était de beaucoup meilleur marché qu'à Paris.

La fabrique de Paris embrasse trois grandes divisions principales, que nous nommerons par ordre d'ancienneté et d'importance.

La première comprend les gazes unies et façonnées, avec leurs divers mélanges de matière, les tissus mérinos, les cachemires d'Écosse, les mousselines pure laine ou avec chaîne de coton, les baréges pure laine, les satins de Chine, les valencias, etc., etc.

La deuxième comprend les châles brochés fins ou communs, du ressort du rapporteur de la XVe classe.

La troisième comprend les tissus pour gilets, les tissus pour ameublements, les damas, les étoffes pour tentures, portières, etc., dont le travail a beaucoup d'analogie avec le genre gilet.

Pour apprécier l'état actuel de la fabrique de Paris, il ne faut pas la considérer dans Paris seulement; elle embrasse, en réalité, plusieurs départements voisins, et les établissements manufacturiers qui en ressortent sont plutôt encore dans les départements du Nord, de l'Aisne et du Pas-de-Calais, que dans Paris même.

On voit que les nécessités qui avaient déterminé, dès la fin du siècle dernier, les fabricants à installer des métiers dans les districts industriels du Nord, ont continué à se faire sentir. C'est la conséquence de la lutte qui existe entre les manufacturiers: on cherche à obtenir la main-d'œuvre au meilleur marché, et l'on établit son industrie, dans les localités où le bas prix de la nourriture permet à l'ouvrier de se contenter d'un moindre salaire.

Avant 1780, M. Santerre, fabricant de Paris, jeta à cet effet les yeux sur un centre habité par d'anciens et fort habiles tisserands : ce centre, est le pays situé entre Saint-Quentin, Guise, Cambrai et Valenciennes, où, plus d'un siècle et demi avant 1780, on tissait les étoffes de lin dites linon, claires, gazes, joncs et batiste. Il choisit pour lieu de son établissement le village de Fresnoy-le-Grand, situé à quatre lieues de Saint-Quentin, et il y plaça, comme contre maître gérant, le nommé François Frulot, qui y monta la fabrication des gazes de Marly, d'Italie, de Chambéry, carnassières, etc., faites avec chaîne et trame de soie. Nous citons ces tissus, parce qu'ils furent le point de départ des tissus mélangés actuels.

Ce fut aussi un autre contre-maître de M. Santerre, nommé Durrieu, qui fut en Angleterre à la recherche du passage de gaze adapté au harnais, dit passage anglais, et qu'il rapporta à la grande satisfaction des fabricants, qui s'en servent encore.

C'est donc bien à M. Santerre et à ses agents, que revient le mérite de l'introduction des tissus légers autres que le lin dans les départements du nord de la France.

Il fit fabriquer aussi les gazes dites d'Artois, au moyen du procédé dit perles devant le peigne.

En 1808 seulement, on utilisa largement cette invention, en la perfectionnant au moyen d'une mécanique très-simple, celle dite à chien, et on produisit des espèces de broderies par l'effet de cordons promenés sur un fond de gaze ou de toile, de manière à former dessin. Cette petite invention enrichit plusieurs communes, et notamment le village de Maretz, qui acquit ainsi une grande réputation.

Le battant au plumetis, qui complète cette invention et qui produit l'effet d'une broderie à l'aiguille, fut un grand progrès. On l'introduisit à Saint-Quentin et dans les communes environnantes vers 1820 à 1823.

Beaucoup de fabricants de Paris, et entre autres MM. Bellanger, Lupin père, Dumas, Descombes, Collin, Renouard père, Pépin, imitèrent plus tard l'exemple de M. Santerre; ils acquirent un renom et furent, à leur tour, imités par beaucoup d'autres; et dès lors cette industrie s'échappa du foyer primitif et se répandit dans les villages environnants.

Lorsque les ouvriers furent formés au travail de la soie pour le tissu à la lame, on leur fit faire, sur le métier à la tire, qui a précédé le métier à la Jacquart, et qui existait depuis longtemps, des gazes brochées dont le fond était en soie grége et les dessins en soie cuite, donnant ainsi une opposition tranchée sur le fond.

Ces métiers de broché fournirent de l'occupation aux enfants comme tireurs de lacs, et le besoin en devint si grand, lorsque, en 1808, la fabrication du châle vint se joindre à celle des tissus, qu'on fut obligé de recourir aux hospices de Paris et de Péronne pour s'en procurer.

De 1805 à 1816, on produisit aussi l'étoffe nommée madras, en soie et coton. C'est le premier anneau de la chaîne admirable des tissus mélangés du XIXe siècle.

L'industrie de la fabrique de Paris débordait et envahissait la Picardie. C'est de 1819 à 1820 qu'on construisit à Fresnoy-le-Grand, et ensuite à Bohain, de beaux ateliers, et qu'on y introduisit pour la première fois le métier à la Jacquart.

L'emploi du jacquart eut de la peine à s'acclimater chez les ouvriers picards, à cause de la hauteur du métier; mais il finit par prévaloir, et l'obligation d'élever les plafonds de leurs maisons et de construire des espaces plus aérés, plus éclairés et plus commodes, améliora beaucoup leur santé.

La fabrication des tissus légers en gaze rendit les temps de chômage plus rares. En outre, grâce à la facilité de maniement du métier, les enfants purent travailler dès l'âge de quatorze à quinze ans, ce qui forma vite les nouvelles générations de tisseurs. L'aisance de la population et l'amélioration de ses conditions d'existence datent de cette époque.

En quelques années, la fabrique de Paris, à l'aide de l'habile et intelligent ouvrier picard, devint celle de la France et de l'Europe qui produisit le mieux et à meilleur compte les gazes les plus diaphanes et les plus élégantes. Ses articles prirent rang parmi les productions les plus importantes du pays et furent désormais désignés sous le nom générique de gazes de Paris, que Lyon même fut obligé d'adopter.

Il vint un moment où, par suite des changements de la mode, les gazes de soie ne furent plus aussi recherchées du consommateur français et étranger. Les fabricants de Paris dûrent songer à modifier leur fabrication; ils furent bien servis dans leurs desseins par le développement que prenait la race des moutons mérinos.

C'est à Rethel qu'on fit les premiers fils mérinos à la main; les maisons Lacroix, Fournival, Béglet, s'en occupèrent notamment.

Les fabricants de Paris appliquèrent à la gaze les fils de laine à la main, et plus tard les fils faits mécaniquement.

Le premier essai fait par eux vers 1816 fut l'imitation de cette légère mousseline de laine qui se faisait dans les Pyrénées. Le nom séculaire de barége, appliqué à une foule de variétés de gazes soie tramée laine, n'a pas d'autre origine.

A cette époque, l'encollage et le parage, qu'on n'inventa que quand il fallut se servir des chaînes de laine filée mécaniquement, n'existaient pas. On se contentait de mouiller les chaînes laine filée à la main; elles n'étaient pas d'un emploi facile, et les fabricants de Paris, mécontents des résultats obtenus, firent tisser de la trame de laine sur de la chaîne en soie. Cette transformation s'opéra de 1818 à 1820.

Ils obtenaient de cette façon une économie sur le prix et une gaze plus légère.

Le barége se fit d'abord sur chaîne d'organsin cuit, et ensuite sur une chaîne de soie grége; la réduction du prix amena une consommation notable et une forte exportation. On occupait alors 3,000 ouvriers à cette fabrication. Ils gagnaient jusqu'à 5 francs par jour, et le tissu se vendait 6 francs l'aune. On le tissait alors en laine et en soie de couleur et en genres très-variés.

On fit le barége écossais, qui eut un grand succès, notamment chez M. Lupin père. On le brocha ensuite avec des petits dessins, lancés en soie cuite sur le fond. On fit des écharpes, des fichus de soie, et des turbans de la même étoffe lamée d'or et d'argent.

M. Ternaux utilisa le premier la filature du duvet de cachemire.

C'est vers 1820 que la maison Lupin créa le tissu cotepaly, étoffe diaphane ayant une chaîne en coton et une trame en soie grége; on en fit de grandes quantités.

En 1822, la gaze chaîne soie tramée en cachemire fut créée chez M. Ternaux. Elle eut un immense succès. Puis vint la bengaline en soie et coton, et les matières les plus chères et les moins chères qui existent marchèrent côte à côte.

De 1821 à 1822, la fabrique de Paris prit un caractère de nouveauté plus décidé et plus mobile.

M. Depouilly vint pour la première fois s'établir à Paris. C'est ici le cas de parler de ce génie industriel si varié, auquel on doit tant de choses neuves.

En 1805, deux grandes maisons se montèrent à Lyon pour la fabrication de la haute nouveauté : M. Charles Depouilly et M. Camille Beauvais en étaient les chefs. Ils jouèrent tous deux un grand rôle.

Antérieurement à cette époque, tous les tissages qui n'employaient pas le métier à la tire, marchaient avec des lisses, et rarement on dépassait le nombre de 8 à 10. On commença, avec les premières années de l'Empire, à utiliser un plus grand nombre de lisses, et on alla jusqu'à 120. Elles étaient conduites par une mécanique d'invention lyonnaise, appelée *à la Ponsin*, qui ne pouvait produire que des petits dessins. Jusqu'en 1816, on n'employa que cette mécanique. Pour éviter en partie le préjudice des fluctuations du cours des soies, qui étaient fréquentes et variaient de 40 à 50 p. 0/0, on songea à créer des tissus mélangés de soie et de coton.

Le genre chiné, qui joue de nos jours un rôle si brillant, fut employé en 1816. Le chiné ne se faisait alors qu'en nouant les chaînes de soie avec des parchemins et des cordes, et la partie qui restait libre se teignait seule. Le prix était élevé, le travail lent, et l'on ne pouvait obtenir de fleurs.

Toutes ces difficultés firent chercher à M. Depouilly un autre moyen; et, après des essais qui durèrent plus de deux années, il inventa l'impression sur chaîne.

Lorsqu'on commença à appliquer la mécanique de Jacquart, M. Depouilly comprit tout de suite le parti qu'on devait en tirer et l'essor qu'elle lui permettait de donner à ses idées. C'est sa maison qui établit le premier métier de ce genre; et la réalisation du lisage des dessins dut beaucoup à ses soins.

M. Schirmer, son associé, trouva le moyen de les mettre en carte. Ce qu'il fit différait de l'ancienne mise en carte pour la tire: son procédé était remarquable, et sans lui la mécanique Jacquart restait imparfaite.

Les moyens qu'il a employés survivent encore, mais avec de grands perfectionnements.

Avant de se servir de l'invention de Jacquart, il fallut surmonter d'énormes difficultés et dépenser beaucoup de temps et d'argent!

Nous devons en dire deux mots ici, car la jacquart est la seule invention appliquée aux métiers à tisser à la main qui ait eu une grande valeur depuis cinquante ans[1].

Jacquart avait un génie inventif, mais les mécaniques qu'il faisait n'étaient pas assez précises pour faire un tissu parfait; les maîtres-ouvriers qui s'en servaient ne rendaient aux fabricants que de la mauvaise marchandise; il en résultait d'énormes rabais, et ces ouvriers les reléguèrent dans un grenier ou les brûlèrent. Cette belle invention tomba dans le discrédit, et ceux qui l'avaient employée menaçaient Jacquart de le jeter dans le Rhône.

M. Depouilly rassura Jacquart, l'enferma dans un de ses ateliers pendant six mois, et, avec l'aide de bons menuisiers et serruriers, il perfectionna son œuvre: il en sortit une bonne mécanique, marchant bien, et que M. Depouilly eut encore grand'peine à faire adopter. Cette création a pris, depuis lors, dans l'industrie, un rang qu'elle ne doit plus quitter.

Jacquart reçut la croix de la Légion d'honneur en 1819. Lorsqu'on lui annonça cette nouvelle, il s'écria, avec sa modestie habituelle: « Ce n'est pas moi qui l'ai méritée, mais

[1] L'invention de Jacquart n'est qu'un magnifique perfectionnement du métier à tisser de Vaucanson, qui date de 1744; Jacquart avait vu ce métier lorsqu'il visita, vers 1800 à 1801, le Conservatoire des arts et métiers de Paris.

« bien M. Depouilly, qui a fait réussir ma mécanique. » Ce fut vers cette époque qu'on fit revivre les étoffes ombrées par l'ourdissage; elles avaient déjà joué un grand rôle au XVIIIe siècle.

En 1817, M. Depouilly monta l'établissement de la Sauvagère; il y employa des matières diverses que les ouvriers ne voulaient pas travailler chez eux. Il fabriqua des tissus avec chaîne en coton simple n° 150, passée dans les maillons de la Jacquart: c'était attaquer hardiment la difficulté.

Il arriva peu après à Paris, rue de Paradis-Poissonnière, et donna aussitôt une forte impulsion à la nouveauté, en organisant à Paris de grands ateliers de tissage, où il eut jusqu'à 300 métiers battants.

En 1824 et 1826, il fonda les succursales de tissage de Walincourt et de Trois-Villes (Nord): on y préparait les matières, on les teignait, on les chinait, pour ensuite les faire tisser dans les villages. Le cabinet de dessin de Paris alimentait les fabriques de Lyon, Paris, etc.

L'article le plus saillant qu'il créa à cette époque fut la grenadine, avec trame en soie ondée, dont on fit d'immenses quantités.

M. Ternaux, de son côté, adjoignait à M. Albert Simon, qu'il commanditait, un Lyonnais, fort habile fabricant, M. Théophile Jourdan. La lutte existant entre ces deux grandes maisons, M. Depouilly conservant néanmoins toujours l'avantage, produisit des gazes extrêmement variées, plus riches d'aspect, plus savantes de fabrication.

MM. Dufour frères entrèrent en lice, et furent les premiers introducteurs du tissage des étoffes mélangées de laine et de soie à Saint-Quentin. Cette célèbre ville de fabrique, dont l'industrie remonte à plusieurs siècles, n'entra que tardivement dans la nouvelle voie, malgré sa proximité des villages choisis par les Parisiens, parce que, de 1815 à 1825 la fabrication des tissus de coton pur y était plus florissante que partout ailleurs.

Ce n'est qu'en 1823, lorsque l'Alsace s'empara de la fabrication du calicot, de la percale et du jaconas, que le tissage de la laine s'implanta réellement à Saint-Quentin, qui l'exploite aujourd'hui avec sa vieille habileté.

C'est à Trois-Villes, de 1827 à 1830, et à Saint-Quentin, de 1833 à 1844, que furent créées les principales étoffes écrues destinées à l'impression, et notamment les tissus fondamentaux qui ont vivifié l'industrie de l'Europe et développé les relations de la France avec l'Amérique.

Vers 1822, M. Depouilly créa les tissus légers de soie et de poil de chèvre. Les tissus en poil de chèvre datent du XVIIe et du XVIIIe siècle, mais ils ne consistaient qu'en étoffes assez lourdes. M. Depouilly eut le mérite de faire revivre cette matière et d'en tirer de charmants effets.

L'époque de 1820 à 1830 fut féconde pour les tissus légers mélangés. L'exposition que fit M. Depouilly, rue de Paradis, en 1828, attira une foule considérable et brilla d'un vif éclat.

Jusqu'en 1826, sauf le croisé mérinos, la fabrique de Paris n'avait exploité que des tissus légers. M. Camille Beauvais vint et fut le premier introducteur de la fabrication des tissus de nouveautés que nous appellerons *articles forts*, en opposition avec l'ancienne série des gazes.

Le grand talent de M. Depouilly consistait à unir avec un goût remarquable et à mettre en harmonie les nuances des tissus qu'il créait. Nul fabricant ne dirigeait un dessinateur mieux que lui, et il en a formé qui fussent demeurés des artistes ordinaires sans ce feu sacré qu'il savait leur inoculer.

M. Camille Beauvais apportait peut-être moins de coquetterie dans ses créations; mais il était doué comme lui, et dans un genre différent, de la plus fertile imagination qui se puisse rencontrer.

La ville de Lyon lui doit une foule de créations qui, quoique un peu en dehors de notre cadre, forment une chaîne dont les anneaux doivent être rattachés aux chaînons de ses inventions de Paris. Nous en citerons quelques-uns seulement. Il fit des imitations de fourrures pour garnitures de robes; il fabriqua le premier la peluche dite *duvet de cygne*, dont il se fit des masses. Il obtint sur ce tissu des combinaisons de chine imitant les fourrures, telles que la martre, le petit-gris, le chinchilla. Le manteau qui servit à l'impératrice Joséphine fut son œuvre; il était nacarat dans le bas de la queue traînante, et de là se fondait et se graduait par nuances cerises et roses jusque dans le haut, qui était d'un blanc pur. C'est la première application de l'ombré dans le sens d'une chaîne.

Il découvrit la manière dont les Chinois procédaient au retordage des trames du crêpe de Chine.

Il fut l'auteur des moires à réserves.

Le premier cylindre gravé pour gaufrer les tissus fut produit d'après son idée et à ses frais. C'était une imitation du crêpe. 300,000 mètres de satin et de gros de Naples, avariés ou mal fabriqués, sortirent, réparés par ce moyen, des fabriques de Lyon.

Retiré des affaires avant l'âge de quarante ans, il vint demeurer à Paris; mais l'activité de son imagination était telle, qu'il ne put supporter le repos.

Il entreprit, avec M. d'Aultremont, d'introduire en France la race des moutons anglais à laine longue. Ils rapportèrent d'Angleterre, outre les notions nécessaires à cette introduction, le plan de la machine à apprêter les popelines anglaises et autres tissus du même genre, et la firent construire, à Paris, par un mécanicien de la rue des Gravilliers, nommé Thonnelier.

A leur retour, une société fut formée. Le roi Charles X et quelques membres de l'aristocratie y prirent des actions. On imposa à cette société l'obligation d'introduire, à ses frais, 200 ou 300 brebis et béliers, pour chercher à les acclimater en France; mais cet essai n'atteignit pas le but que M. Beauvais s'était proposé.

M. d'Aultremont fut quelque temps directeur de la fabrique, qui prit le nom de manufacture royale de la Savonnerie. Il donna bientôt sa démission, et M. Camille Beauvais, plus habile fabricant, le remplaça.

Les premiers tissus fabriqués furent les popelines unies,

rayées, écossaises ou façonnées à la Jacquart. On les commença avec des fils anglais, et l'on continua avec des fils à la main des environs de Valenciennes, car il n'existait alors, pour ce genre de fil, que la filature de M. Vuillamy, de Nonancourt (Eure). D'ailleurs, la chaleur des doigts de la fileuse enveloppait mieux les filaments de la laine dans le fil. C'était aussi la méthode anglaise, qui fut seule en usage jusqu'à ce qu'on eût trouvé le moyen de griller le poil des fils de laine faits mécaniquement.

Les popelines de la Savonnerie eurent une grande réputation.

Le Pondichéry leur succéda; il eut un immense succès. Ce tissu dérivait de l'alépine d'Amiens, qui se teignait et s'employait du côté laineux. La Savonnerie le fit fabriquer en chaîne cuite et apprêter du côté de la soie, ce qui en fit un produit tout à fait neuf. Ce succès rendit la vie à l'alépine d'Amiens.

M. Paturle-Lupin, qui alors ne fabriquait que du mérinos, et M. Louis Piédanna, firent une concurrence habile à la Savonnerie.

Le foulard chaîne soie, trame laine anglaise, vint ensuite, et fut soumis à des essais d'impression chez Romers frères, à Saint-Denis.

Ces tissus de la Savonnerie et une foule d'autres figurèrent avec éclat à l'Exposition de 1829.

La révolution de 1830 fit mettre en liquidation la Savonnerie. Pendant les quatre années que vécut cette fabrique, elle jeta un vif éclat; elle posa à Paris les fondements de cette catégorie d'étoffes dites *tissus forts*, qui depuis furent exploitées à Paris, à Roubaix et à Rouen, lorsque M. Auber y fonda ses belles usines pour le tissage de la laine.

En même temps que la Savonnerie débutait à Paris, d'autres champions entraient en lice.

MM. Eggly-Roux prirent un rang distingué dans l'industrie parisienne; ils présentaient, en 1829, à l'Exposition, l'imitation en laine mérinos du stoff anglais, qu'ils nommèrent *mérinos damassé*, et qui eut un succès mérité; ils créèrent le tissu memphis et celui nommé *luxor*.

En 1826-27, M. Théophile Jourdan, l'habile fabricant qui avait été appelé à Paris par Ternaux, dirigea l'usine de Trois-Villes. Il en sortit la mousseline de laine, ce précieux et utile tissu qui a donné et donne encore la vie à tant de districts manufacturiers. On la fit d'abord, alors que M. Depouilly fondait cette fabrique, en 1825, en laine dure, genre de la laine anglaise. L'article en laine mérinos fut long à se développer; on l'avait inventé pour servir à l'impression, et l'impression sur laine se faisait mal à cette époque. Ce n'est guère qu'après 1830 que ce tissu prit un développement qui devint immense.

En 1828, M. Théophile Jourdan crée le chalys, tissu qui eut un grand et beau succès, en uni ou en façonné, et surtout en impression.

Le beau chalys uni se vendait alors 6 fr. 50 cent. l'aune; on le ferait aujourd'hui à 1 fr. 50 cent.

Celui imprimé valait 9 francs; le même se ferait de 2 francs à 2 fr. 50 cent.

La mousseline laine cinq quarts unie se vendait 12 francs l'aune; on la fait aujourd'hui à 2 fr. 50 cent.

Celle en deux tiers se vendait imprimée 6 à 7 francs, sur des tissus valant en écru 2 fr. 75 cent. l'aune. C'est ce qu'aujourd'hui on vendrait 2 francs le mètre, tout imprimé.

La fabrication de ce produit augmenta de 1834 à 1837. De 1837 à 1838, ce qu'on en imprima fut immense; c'est de là que datent les grandes affaires avec les États-Unis.

L'impression au rouleau apparaît sur mousseline de laine pure. On en vendit alors des masses de 2 fr. 90 cent. à 3 fr. 25 cent. C'est ce qu'on fait aujourd'hui de 1 fr. 50 cent. à 1 fr. 75 cent.

La perfection croissante de ce produit permit de le teindre et de le vendre en uni. Une maison de Saint-Quentin le fit alors avec des rayures de soie et de coton.

En 1829, 1830 et 1832, M. Jourdan crée la gaze et la

toile de Smyrne, la dona Maria et une foule de tissus dont plusieurs s'exploitent encore.

Les premiers essais se font aussi à Trois-Villes, vers 1831-1832, du tissu cachemire d'Écosse en 2/3, qui sert aujourd'hui avec succès à l'impression.

Tous ces tissus se variaient par des armures, des rayures de satin, des dessins à la Jacquart. Jusqu'en 1833, on les vendait principalement en Europe; après cette époque, le débouché des États-Unis s'ouvrit pour eux. De 1828 à 1834, les métiers à la Jacquart se multiplièrent beaucoup en Picardie.

Après la liquidation de la Savonnerie, M. Théodore Morin, très-habile fabricant formé à cette école, s'associa à M. Rey, et les créations qu'ils firent marquèrent au milieu de celles de cette époque.

D'autres fabricants distingués, MM. Germain Thibault, Dumas et Germain, Vatin, Hennequin, Hennecart, auquel on doit les premières gazes à bluter, importées de la Suisse, Coignet et autres, produisirent de charmantes nouveautés. On doit à M. Croco les tissus en coton et laine dits crêpes Rachel, dont l'industrie de Roubaix s'empara, et qui lui ouvrit une ère nouvelle. Tous ces fabricants apportèrent leur contingent d'innovations, et contribuèrent au développement de la grande industrie dont nous essayons l'historique.

Cette industrie était si vivace, qu'elle traversa les révolutions de 1830 et de 1848; elle se relevait après chaque crise, et elle reparaissait avec un nouvel éclat, que constatèrent les expositions de 1834 à 1849 en France, et de 1851 à Londres.

C'est en 1833 que parut ce tissu si bien approprié à la consommation des masses, la mousseline de laine chaîne coton qui se tisse aujourd'hui mécaniquement.

Trois maisons l'essayèrent simultanément : MM. Mariage frères, André et Jules David, etc., le présentèrent en même temps sur le marché de Paris; peu de tissus ont fourni une pareille carrière.

La France en produit aujourd'hui plus de 100,000 pièces;

l'Allemagne, l'Autriche, la Russie, l'exploitent largement; l'Espagne même le tisse.

L'Angleterre surtout en a tiré un grand parti; l'introduction des tissus en chaîne coton dans l'Yorkshire en 1834-1835 et l'habileté des teinturiers de Bradford y ont répandu la vie et opéré une de ces révolutions dans le tissage qu'on ne voit pas deux fois dans un siècle : c'est par millions que se comptent les pièces de tissus en chaîne coton qui se produisent chaque année.

Tout cela est dû à une idée française.

L'industrie de l'impression fut la cause principale de l'accroissement de l'industrie de la laine peignée. Le consommateur de tous les rangs y trouve à satisfaire ses goûts; car on lui offre des tissus de laine et coton de 75 centimes à 1 fr. 25 cent., des tissus de pure laine de 1 fr. 25 cent. à 3 francs, et des tissus laine et soie de 90 cent. à 1 fr. 75 cent. et 2 francs.

L'élégance, la solidité, le bon marché, sont mis à la portée de toutes les bourses, et le pauvre peut se vêtir de laine, comme, il y a vingt-cinq ans, il se vêtait de coton.

De 1838 à 1842, l'article gaze prit un nouvel élan par l'introduction des baréges écrus pour l'impression et la création de la gaze balsorine; on n'avait fait, jusqu'alors, le barége qu'en fils de couleur. La balsorine, effet de toile et de gaze alternées en travers, était l'imitation d'un tissu de lin du XVIIIe siècle nommé jonc : le barége fit des millions de pièces, la balsorine des centaines de mille; les Anglais et les Allemands les copièrent en chaîne coton trame laine, et les colonies en furent encombrées.

Le barége se vendit d'abord 2 fr. 75 cent. l'aune en écru; on le fait aujourd'hui de 60 à 75 centimes le mètre.

La balsorine se vendit d'abord de 3 francs à 3 fr. 25 cent. On la ferait maintenant de 80 centimes à 1 franc le mètre.

Ces deux idées, dues à une maison de Saint-Quentin établie à Paris vers 1833, ont été surtout avantageuses aux populations ouvrières de la Picardie; car là où l'on ne comptait que quelques centaines de métiers de nouveauté laine, on en compta, en moins de quelques années, par milliers.

En 1834, M. Depouilly fonda l'usine de Puteaux; il y reprit l'impression sur chaîne : grâce à ses perfectionnements, on commença à fabriquer des tissus en laine et soie et en laine et coton, avec impression sur chaîne. On vit encore ce remarquable industriel, aujourd'hui presque septuagénaire, briller à Londres d'un vif éclat.

De 1840 à 1844, le barége pure laine, qui s'était fait en 1816, se reproduisit en châles pour l'impression, grâce aux progrès de la filature mécanique : ces châles se sont faits par millions pour l'Angleterre.

L'immense diversité des tissus rendrait trop long leur historique : nous avons poussé nos investigations aussi loin que possible, nous n'avons reculé devant aucune peine pour chercher la lumière, nous avons un faisceau de preuves écrites confirmant les faits que nous racontons sur les inventions et leurs auteurs; ce devoir accompli, nous déclinons toute responsabilité au sujet des créations que telles ou telles personnes s'attribueraient et dont elles réclameraient la paternité.

La dernière des quinze dernières années a vu s'aggraver un fait que nous devons signaler pour compléter la série de nos observations à Londres : c'est la copie de nos dessins tissés ou imprimés.

Ce n'est plus seulement sur nos échantillons et sur nos étoffes que les étrangers puisent les imitations du goût français, c'est chez nos dessinateurs surtout.

Les dessins sont devenus une industrie considérable; plusieurs des cabinets de l'Alsace et de Paris sont de véritables maisons de commerce : toutes les fabriques du monde viennent y puiser; le goût français s'achète, et nos produits ne se reconnaîtront plus bientôt que par le talent apporté dans l'assemblage des nuances.

Les étrangers, surtout les Anglais, payent cher et font de fortes commandes : ils ont ainsi une certaine préférence; or il est difficile à nos artistes de ne pas produire des ressemblances avec les dessins des fabricants français, de telle sorte que nos fabricants impriment souvent des dessins qui ont, sans qu'ils s'en doutent, une grande analogie avec ceux qui doivent paraître à Manchester, à Glasgow et à Londres, et quelquefois avant les nôtres.

Il serait à désirer que les fabricants français eussent tous des cabinets de dessin chez eux : ce commerce n'aurait pas pris une pareille extension; leurs produits auraient eu un cachet spécial et original; ils auraient, en réalisant ce conseil, une plus grande variété de genres qui ne se rencontreraient pas avec les idées anglaises ou allemandes.

Il est telle maison qui consomme pour 20, 40 et jusqu'à 60,000 francs de dessins par an : avec de telles sommes on formerait des cabinets, et, dussent-ils coûter un peu plus cher, nos industriels recouvreraient la différence par la vente de choses plus originales et moins connues : on s'emparerait des crayons de premier et de deuxième ordre, et il ne resterait à l'étranger que les crayons de troisième ordre.

Nos collègues expérimentés, M. Gaussen et M. Persoz, ont pu le constater à Londres. Les étrangers se trouvent trop bien de l'achat des idées françaises, pour que ce commerce ne s'accroisse pas chez nous; et bientôt nous en arriverons à une lutte de prix pour le dessin qui nous sera préjudiciable, car les artistes ne se créeront pas d'un jour à l'autre, et en raison du besoin qu'on aura des dessins.

S'il faut que cette fâcheuse innovation des dix dernières années se maintienne, et que nos manufacturiers n'en comprennent pas assez la portée pour faire leurs dessins chez eux, nous devrions alors, pour ne pas manquer d'artistes distingués à Paris, fonder une école de dessin où l'on enseignerait la théorie de la fabrication; car il est peu de fabricants à Paris et ailleurs qui puissent lutter, pour l'instruction spéciale, avec les jeunes gens de la fabrique lyonnaise. Après peu d'années, les fabricants pourraient puiser dans cette belle pépinière d'artistes fabricants.

Quelques hommes éminents, comme les Depouilly, les

Amédée Couder et autres, seraient aptes à diriger une telle fondation.

Les étrangers sentent la nécessité d'avoir des artistes spéciaux: des écoles de dessin industriel se fondent chez eux, en Allemagne, en Autriche, en Russie, et surtout en Angleterre, depuis 1851.

Toutes les nations peuvent acquérir l'aptitude à bien fabriquer ou à faire le négoce avec le monde entier; mais il faut une longue étude du beau antique et moderne pour créer, dessiner, et pour manier la couleur, et elles veulent y arriver, quoiqu'elles n'aient pas à un haut degré ce génie particulier qui nous est propre.

Les Anglais ne se bornent plus à acheter les dessins en France; ils veulent, à l'aide de nos belles et fines gravures, ne rien altérer de leurs contours, et pour cela ils commencent à faire graver leurs dessins chez nous. C'est là un fait grave et qui portera une rude atteinte à celles de nos grandes industries qui reposent sur la valeur de nos idées, et dont l'impression est la base.

REIMS.

La Champagne, dont les principaux centres de production étaient Reims, Châlons, Vitry, venait après la Picardie et la Flandre pour les burats, les étamines buratées, les voiles et autres tissus-ras ou demi-ras, soit en laine toute peignée, soit en laine partie peignée et partie cardée.

En 1782, un état de ses fabriques, dû à M. Taillardat de Sainte-Gemme, inspecteur des manufactures, et communiqué à Rolland, constate une fabrication de 69,500 pièces en divers tissus, représentant une valeur de 8,286,400 francs.

Quelques années plus tard, dans un rapport à l'assemblée provinciale de Champagne, les procureurs-syndics annonçaient que l'on avait fabriqué, en 1786, 94,616 pièces valant 10,909,702 francs. On employait pour les faire un quart de laine d'Espagne et trois quarts de laine du royaume. 30,000 personnes étaient occupées à cette fabrication, dont une partie des produits s'exportait en Espagne, en Portugal, en Italie et dans le Levant, où ils soutenaient la concurrence des Anglais.

M. Clicquot, inspecteur général des manufactures, dit, dans un autre mémoire, que Reims produisait, en 1787, pour environ 9 millions de tissus.

J. B. Gérusez évalue à 13,500,000 francs la valeur de son commerce en 1790. La révolution lui porta atteinte, et il ne s'était encore relevé, en 1808, qu'à 9,500,000 francs.

En somme, de tous les documents existants depuis 1760, il résulte que la fabrique de Reims était demeurée, pendant plus de cinquante ans, presque stationnaire.

L'abolition des maîtrises et jurandes et la création du type mérinos devaient porter bien haut le progrès de Reims dans les quarante et une années qui suivirent 1808. En effet, nous voyons, d'après un document de M. Henriot, l'un des premiers fabricants de cette ville industrieuse, document peut-être un peu exagéré, que la production était, en 1834, de 60 millions de francs.

Un autre document la porte, en 1837, à 65 millions.

La chambre de commerce de Reims s'est livrée depuis lors, et à deux et trois reprises, à des recherches statistiques dirigées avec un soin qu'il serait à désirer de voir imiter par toutes nos villes manufacturières. Le document qu'elle publia, en 1849, porte la production totale de Reims, pour les fils et les tissus, au chiffre de 69,830,000 fr.[1], dont 23,090,000 fr.

[1] PRODUCTIONS DE REIMS ET ENVIRONS POUR 1849.

600,000	kil. de laine peignée, à 9f 50c le kil.	5,700,000f	
800,000	— de fils de laine peignée, à 13f le kil.	10,400,000	
780,000	kil. de fils de laine cardée en gras, à 6f 50c le kil.	5,070,000	23,090,000f
240,000	kil. de fils de laine cardée dégraissée, à 8f, le kil.	1,920,000	
	A reporter		23,090,000

sont attribués à la production du peignage et de la filature de laine peignée ou cardée.

Quantité	Désignation	Valeur	Total
	Report.......		23,090,000^{f}
75,000	pièces de mérinos unis de 70^{m}, pesant 12^{k} à 150^{f} la pièce.......	18,750,000	
5,000	pièces de mérinos double chaîne de 50^{m}, pesant 14^{k} à 300^{f} la pièce.	1,500,000	21,330,000
6,000	pièces de mérinos écossais de 65^{m}, pesant 12^{k} à 180^{f} la pièce.....	1,080,000	
3,000	pièces étamines à bluteau de 24^{m}, pesant 2^{k} à 20^{f} la pièce	60,000	
500	pièces de burats et voiles de 58^{m}, pesant 3^{k},500 à 200^{f} la pièce..	100,000	
20,000	pièces de napolitaines et draps de dame 4/4 de 115^{m}, pesant 15^{k} à 180^{f} la pièce...............	3,600,000	
10,000	pièces de napolitaines 9/8 5/4 de 115^{m}, pesant 20^{k} à 250^{f} la pièce.	2,500,000	
17,000	pièces de flanelles croisées pure laine de 120^{m}, pesant 14^{k} à 220^{f} la pièce....................	3,740,000	
8,000	pièces de flanelles lisses pure laine de 65^{m}, pesant 7^{k} à 135^{f} la pièce.	1,080,000	
3,000	pièces de flanelles chaîne coton de 120^{m}, pesant 10^{k} à 110^{f} la pièce.	330,000	25,410,000
55,000	pièces de manteaux de 50^{m}, pesant 12^{k} à 160^{f} la pièce..........	8,800,000	
8,000	pièces de circassiennes de 55^{m}, pesant 7^{k} 500^{gr} à 75^{f} la pièce...	600,000	
1,000	pièces de draps et cannelés de 80^{m}, pesant 13^{k} à 180^{f} la pièce....	180,000	
10,000	pièces de gilets et pantalons de 20^{m}, pesant 4^{k} à 60^{f} la pièce......	600,000	
10,000	pièces d'articles pour robes de 45 à 55^{m}, pesant de 4 à 10^{k} à 100^{f} la pièce	1,100,000	
800,000	châles écossais et brochés, chacun pesant 650^{gr} et valant 5^{f}	4,000,000	
16,000	pièces de couvertures, pesant 2^{k} 500 à 15^{f} la pièce.........	220,000	
		69,830,000	69,830,000

La fabrication de Reims a été considérable depuis trois ans. La filature a marché sans relâche, et ce mouvement a dû être en rapport d'accroissement avec les fabriques de Picardie et du Nord. Dans ce cas, en évaluant l'augmentation de production à 10 p. o/o, Reims a dû arriver, dans ces trois années, au chiffre de 75 millions environ.

L'accroissement annuel de la production de Reims fut donc, en moyenne, de 1,500,000 francs de 1808 à 1834. Il n'aurait été, en prenant le document de M. Henriot pour point de départ, que de 300,000 pendant les quinze années qui précédèrent 1849, ce qui nous fait présumer qu'il y a eu exagération dans les chiffres donnés approximativement en 1834 et 1837.

Les anciennes étoffes disparaisent tous les jours; mais, en revanche, des tissus nouveaux, admirablement créés pour la grande consommation, tels que la napolitaine, les flanelles écossaises, les tissus à manteaux, produits qui donnent la vie à la laine mérinos, se font pour plus de 20 millions de francs.

La fabrication du mérinos occupe, dans le rayon industriel de Reims, plus de 120,000 broches en laine peignée, pour une production estimée 21 millions environ.

Celle des tissus en laine cardée, presque concentrée dans Reims, occupe environ 150,000 broches.

Reims vend à d'autres villes de France ou exporte à l'étranger, tant en fils peignés qu'en cardé et en laine peignée seulement, pour près de 20 millions de francs.

La Champagne a donné naissance à beaucoup de tissus nouveaux depuis le commencement de ce siècle; quelques-uns ne font pas partie du cadre qui nous est tracé, et entrent dans la catégorie des tissus en cardé foulés ou non foulés.

La grande création du XIX° siècle en tissus de laine peignée mérinos est l'étoffe appelée mérinos. Elle était la première en date; elle reçut le nom du type magnifique de moutons auquel elle devait la naissance. C'est à Reims qu'en revient l'honneur, de même que pour le premier essai de la filature mécanique de la laine peignée.

La première pièce de tissus nommés châles d'abord, et ensuite mérinos, a été fabriquée à Reims vers 1801; elle est attribuée à un fabricant de tissus nommé Dauphinot-Palloteau[1]. Cette pièce fut vendue par lui à MM. Jobert-Lucas et Cie, associés, à Reims, de la maison Ternaux. Ils prirent un brevet; mais l'invention était dans le type de la laine, et non dans le tissu lui-même. Ils dûrent laisser cette création dans le domaine public, et contribuèrent à la développer, initiative qui leur appartient comme la création de la première filature de laine peignée.

A l'époque où le mérinos fut créé, la navette volante, cette invention anglaise, datant de 1737 environ, n'était pas encore répandue; il fallait deux ouvriers pour faire marcher un métier, un tisseur et un lanceur. On ne commença à employer la navette volante, pour cette fabrication, qu'en 1817.

Le prix de façon de l'aune d'un mérinos 5/4 valait, en 1811, 6 fr. 75 cent., et celle d'un 6/4 était payée 11 francs, ce qui fait penser qu'on a dû payer plus cher encore à l'origine.

Malgré ces prix, qui paraissent incroyables, le salaire des ouvriers n'était pas très-élevé, d'abord parce qu'ils travaillaient à deux sur un métier, ensuite à cause de leur inexpérience et des difficultés inouïes que présentait le tissage de fils très-délicats. On faisait de trente à quarante centimètres par jour. Les très-habiles seulement gagnaient de 5 à 6 francs.

En 1818, un mérinos de 7 à 8 croisures, considéré aujourd'hui comme ce qu'il y a de plus ordinaire, se payait 2 fr. 15 cent. l'aune pour la façon de l'ouvrier, et se vendait 15 à 16 francs.

Les progrès accomplis dans la fabrication du mérinos se trouvent résumés dans le tableau suivant, qui donne l'échelle croissante de la qualité comme nombre de croisures au

[1] Les renseignements que nous avons obtenus sont presque unanimes pour donner à M. Dauphinot-Palloteau le mérite de l'idée première.

1/4 de pouce et l'échelle décroissante des prix à diverses périodes.

Nous partons de l'an 1820; nous allons de cinq en cinq ans jusqu'à 1850, et nous prenons la qualité de 9 croisures, à laquelle nous donnons pour valeur le chiffre unitaire de 100 francs en 1820.

Année		Croisures, valeur
Année 1820	9	100^f
—— 1825	10	90
—— 1830	11	70
—— 1835	12	70
—— 1840	13	65
—— 1845	14	60
—— 1850	16	55

L'augmentation de finesse, de douceur et de perfection pour le fil et les tissus est de 77 p. o/o.

La diminution du prix, dans la même période, est de 45 p. o/o.

Ainsi, pendant que, d'une part, la valeur intrinsèque des tissus augmente du chiffre énorme de 77 p. o/o, de l'autre, le prix se réduit de 45 p. o/o, et tout cela au profit du consommateur.

Nous devons l'authenticité de ces chiffres vraiment extraordinaires à l'obligeance de M. Sieber, de la maison Paturle-Lupin, Seydoux, Sieber et Cie.

On verra, par les détails que nous donnons en note, les causes de cet abaissement de prix[1].

Ces résultats ont été obtenus en conservant à peu près les mêmes salaires aux ouvriers, et même en les augmentant pour la plupart. Ainsi :

[1] Les causes de cette diminution sont multipliées :

De 1816 à 1818, les échées de 700 mètres se payaient, à la filature à façon, 35 cent. le numéro au demi-kilogramme; aujourd'hui le prix moyen de trois années est de 2 1/2 le numéro.

Une trame, n° 40 au demi-kilogramme, valait, en 1816-18 comme façon de filature, 28 francs le kilogramme; elle se file aujourd'hui pour 2 francs.

Outre cette économie directe, il s'en produit une indirecte très-importante. Les fils faits mécaniquement étant plus réguliers, plus solides, se tissent plus facilement, et la façon du tissage a pu être réduite à 1 franc pour ce qui se payait de 3 à 4 francs le mètre, sans réduire la journée; car

Les journaliers et hommes de peine, qu'on payait de 1 fr. à 1 fr. 50 c., gagnent aujourd'hui de 1 fr. 50 c. à 2 fr. 50 c.

Les femmes, qui gagnaient de 60 à 75 centimes, gagnent de 1 franc à 1 fr. 50 cent.

Les fileurs à la main, qui gagnaient 60 centimes à 1 franc, sont remplacés par des fileurs à la mécanique, qui gagnent de 2 fr. 50 cent. à 3 fr. 50 cent., et même plus.

le tisseur fait aujourd'hui 2 1/2 ou 3 mètres de la qualité dont il ne faisait autrefois que 60 à 80 centimètres.

Voilà une économie de 2 à 3 francs, jointe à la première, ce qui fait de 6 à 7 francs par mètre.

Les filatures mécaniques ont seules pu produire les quantités nécessaires à la fabrication actuelle du pays, pour l'alimentation de laquelle il faudrait deux millions de fileurs à la main, soit environ le huitième de la population ouvrière active de la France.

A ces causes d'économie, il faut en joindre d'autres :

Ainsi, un fabricant fait dix ou quinze fois plus d'affaires aujourd'hui que jadis, et il obtient les mêmes résultats en réduisant son gain. Ce fabricant, qui faisait, en 1815, 100 pièces de mérinos de 30 mètres, tenait un certain rang. Il prenait un bénéfice de 5 à 6 francs par mètre, ce qui était ordinaire pour un tissu nouveau qu'on vendait de 20 à 25 francs le mètre. Maintenant, un fabricant du même ordre fait 1,200 pièces de 60 mètres; il ne prend que 25 centimes de bénéfice par mètre; il obtient à peu près le même résultat; mais c'est pour le consommateur une diminution de près de 5 francs par mètre à joindre aux 6 à 7 francs précités.

Il y a une économie de 1 fr. 50 cent. environ sur les teintures, apprêts et autres mains-d'œuvre diverses.

Les marchands en détail, de leur côté, ayant augmenté leurs affaires dans la même proportion que le fabricant, se contentent d'un moindre gain par pièce.

Enfin, l'agriculture a fait de notables progrès dans l'élevage des troupeaux; elle les a augmentés, et elle en est arrivée à vendre le kilogramme de laine 30 p. 0/0 de moins qu'en 1820.

Ajoutons à cela les progrès du peignage; la laine peignée, qui entre dans la fabrication d'un mérinos fin, coûte aujourd'hui 12 à 14 francs le kilogramme, quand elle coûtait jadis 24 à 30 francs, ce qui représente encore une économie de 2 fr. 50 cent. par mètre.

En réunissant toutes ces économies, sans parler de la réduction du profit des intermédiaires, nous arrivons au chiffre d'environ 15 francs par mètre. On comprendra, d'après cela, comment, grâce aux progrès de la filature, on achète, en 1851, à 5 francs le mérinos qui se vendait de 20 à 25 francs en 1816.

L'industrie, en occupant des bras, a amélioré la journée de l'ouvrier des champs. Le journalier, qui gagnait 75 centimes, obtient maintenant 1 fr. 50 cent. à 1 fr. 75 cent., et les fermiers n'en trouvent pas autant qu'ils le voudraient.

Le cachemire d'Écosse 5/4, tissu croisé d'un seul côté, qui parut en 1830 chez M. Lacarrière, à Paris, fut repris par Reims, en 1837, avec succès; on en fabrique beaucoup aujourd'hui, et surtout pour l'exportation.

C'est la contexture de ce tissu que l'Angleterre a adoptée pour le cobourg, ce rival dangereux du mérinos.

Le métier à tisser n'a pas progressé comme les mécaniques pour le peignage et la filature de la laine.

On peut citer la grande invention de Jacquart, l'introduction en France de la navette volante et l'application, par imitation des Anglais, du tissage mécanique.

Il y a donc encore beaucoup à faire pour le tissage de la laine, et de la laine pure surtout.

Le tissage mécanique des étoffes en pure laine a été essayé surtout depuis 1820 jusqu'en 1840. Des industriels très-distingués, MM. Cordier et Cie, à Saint-Denis, Poupart de Neuflize, à Mouzon, Sourdeaux et Sentis, à Creteil, Henriot aîné, à Reims, Cambronne frères, à Saint-Quentin, ont fait des épreuves et ont échoué; il en a été de même en Alsace. Les résultats furent toujours très-mauvais.

Les essais faits par M. Croutelle neveu, de Reims, de 1836 à 1844, avec une patience infatigable, ont enfin été couronnés de succès, et il est parvenu à tisser mécaniquement sur de la chaîne de pure laine, de 50 à 60,000 duites ou fils de trame en douze heures de travail, soit 9 à 10 mètres d'un cachemire d'Écosse à 17/18 croisures. Le tissage à la main fait à peine le tiers de cette quantité.

Il a produit aussi des flanelles qui se tissent merveilleusement. Son tissage mécanique fut détruit, en 1848, par la fureur sauvage de quelques misérables accompagnés d'hommes égarés, et il a renoncé à rétablir de nouveau cette belle industrie. D'autres en profitent, car il a communiqué libéralement ses procédés.

MM. Polliard et Carpentier ont aussi leur système de tissage mécanique adapté à la flanelle; ils en tirent de beaux résultats.

Si le tissage mécanique de la chaîne simple en laine peignée en arrive à s'exploiter en grand, le nom de M. Croutelle pourra prendre rang à côté de celui de Jacquart; car ce sera, pour le tissage du métier à la lame appliqué à la laine pure, la plus belle découverte de ce siècle.

AMIENS

Les lainages d'Amiens et de Beauvais, comme ceux de Lille et de Reims, étaient déjà renommés au XIIIe et au XIVe siècle.

Dès le XVe siècle, des ouvriers flamands introduisirent à Amiens la fabrication des tissus ras, unis et croisés, en laine pure ou laine mélangée de soie, damassés, etc. On en trouve la preuve dans un règlement de 1566 ayant rapport à cette industrie.

C'est vers 1566 qu'on commença à y fabriquer les serges; en 1572, on y ajouta les camelots, des serges d'un nouveau genre, et diverses étoffes en laine peignée et filée au petit rouet. Depuis cette époque, l'industrie prit un essor toujours croissant; et Amiens resta supérieur à toutes les villes de France qui ont essayé ses tissus, et même à tous les pays de l'Europe qui les ont le mieux traités.

De tout temps, l'on a reconnu aux fabricants picards un grand mérite, soit pour l'invention, soit pour la reproduction parfaite des tissus se fabriquant en France ou à l'étranger; ils ont trouvé un aide puissant dans l'intelligence des ouvriers. Cette observation, faite par les auteurs qui ont écrit sur l'industrie du XVIIIe siècle, a encore aujourd'hui toute sa valeur.

Le tisserand picard est encore aussi intelligent, aussi prompt à saisir et à exécuter les choses les plus nouvelles, quelle que soit la contexture des tissus et de quelques matières qu'ils se composent. C'est ce qui a amené dans les mains des manufacturiers picards de certains districts, tels que Saint-Quentin, l'exécution de ces mille tissus de fantaisie que l'imagination du commerçant parisien invente et multiplie chaque jour.

Il est fâcheux que, dans les rayons où l'habileté d'exécution du tisserand picard est la plus saillante, il se refuse absolument au travail de l'atelier, préférant l'indépendance de sa chaumière même à un salaire plus élevé, malgré l'obligation où il est de perdre trois ou quatre jours par mois pour aller chercher sa chaîne et sa trame et reporter sa pièce chez le fabricant.

La panne-laine, qui a été un des articles principaux de la fabrication d'Amiens, se faisait déjà en France au commencement du XVIIe siècle. Ce ne fut que vers la fin de ce siècle que nous copiâmes la panne-poil des Anglais qui en expédiaient de grandes quantités. Le bas prix de notre main-d'œuvre nous permit de leur enlever la plus forte partie de ce commerce avec l'Espagne; car les matières venant du Levant, nous nous les procurions aux mêmes prix qu'eux. Amiens a eu, dans ses murs, jusqu'à 3,000 métiers tissant les pannes-laine, qui se faisaient en laine de France, et les pannes-poil qui se tissaient avec les poils de chèvre du Levant.

La Saxe, la Prusse, l'Angleterre, la Hollande, fabriquaient des pannes et des peluches; mais, si ce n'est en certaines sortes de pannes-laine, elles ne luttaient ni pour la qualité ni pour le prix avec Amiens, qui exportait alors en Espagne, en Amérique, en Italie, en Allemagne, en Russie, etc. L'Espagne et l'Amérique consommaient, au XVIIIe siècle, jusqu'à 60,000 pièces de pannes et peluches, et Paris en absorbait également de grandes quantités.

Parmi les articles qui ont prospéré à Amiens, il faut encore citer les camelots, qui y ont occupé à la fois près de 4,000 métiers; les serges, dont on faisait 15 à 20,000 pièces par an; les peluches, occupant 1,300 tisserands.

Au XVIIIe siècle, Amiens rivalisait avec l'Angleterre pour toutes les étoffes où entraient la soie et le poil de chèvre.

Il se fonda même à Amiens, en 1770, une fabrique de gaze

qui eut du succès; elle faisait avec perfection des gazes unies, rayées, brochées de toutes largeurs, en fils de lin ou de soie.

Dans le rayon dont Amiens était le chef-lieu industriel, les arrondissements les plus importants étaient Abbeville, Crèvecœur, Grandvilliers, dont les produits étaient également remarquables, tant comme fils simples ou retordus que comme tissus. A la fin du XVIIIe siècle, les étoffes de laine étaient encore la branche la plus importante du commerce d'Abbeville; et ses étoffes rases s'exportaient dans le royaume de Naples et dans toute l'Italie. Les baracans ou bouracans d'Abbeville étaient préférés à ceux de l'Angleterre.

Voici un tableau des étoffes que produisait la Picardie, leurs noms, leur valeur moyenne, et le nombre des métiers qui servaient à leur fabrication.

TISSUS DIVERS.	NOMBRE de MÉTIERS.	NOMBRE de PIÈCES.	PRIX des PIÈCES.	VALEUR TOTALE.
Camelot poil	350	3,000	380f	1,140,000f
Camelot-mi-soie	300	3,600	160	576,000
Camelot laine	450	3,500	120	660,000
Baracans ou étoffes baracanées	700	12,000	130	1,560,000
Prunelles soie	1,000	10,000	180	1,800,000
Prunelles laine	650	7,800	115	897,000
Pannes poil	800	7,000	240	1,680,000
Pannes laine	950	10,000	120	1,200,000
Velours de laine, etc.	450	4,500	180	810,000
Alençon, étamines, vire, crépons, gazes, etc.	300	3,600	200	720,000
Serges de Rennes, Minorque, basins, turquoises, etc.	1,200	14,400	180	2,592,000
Tamises, grains d'orge, durois, etc.	400	6,000	100	600,000
Serges dites d'Aumale, de Londres, Châlons, Anacoste	2,000	16,000	100	1,600,000
Serges de Blicourt, de Crèvecœur	1,500	2,500	250	625,000
TOTAUX	11,050	103,900	»	16,360,000

L'estimation ci-dessus est faite sur l'étoffe sortant des mains du tisserand, et, si l'on tient compte de ce que certains fabricants dissimulaient une partie de l'importance de leur fabrication, afin d'éviter le droit qui se payait au bureau de visite des tissus, on peut évaluer à 18 ou 19 millions le chiffre réel de la production pour les tissus sortant du métier.

Dans le tableau qui va suivre, nous indiquons la valeur qu'atteignaient les tissus qui font l'objet du tableau précédent, lorsqu'ils étaient livrés à la vente, soit de l'intérieur, soit de l'exportation.

ÉTOFFES DE LAINE RASE DE LA PICARDIE EN 1780.

Laines en nature, françaises et étrangères....	3,680,000f	7,430,000f
Laines filées, poils divers, soie, etc.........	4,080,000	
Filature, peignage, dégraissage, etc., des 3,680,000 de laine.		9,770,000
Façons des ouvriers, frais de tissage, ourdissage, dévidage, lisses, peignes, sur 150,000 pièces..................		
Teinture des matières ou des fils avant tissage...........		
Drogues de teinture, blancs, apprêts..................		
Bénéfice des marchands de laine, de fils et de soie, etc., et du fabricant..................................		1,300,000
Frais généraux divers et profit net des marchands en gros..		2,000,000
Total...............		20,500,000

Nous venons de montrer ce qu'était l'industrie d'Amiens avant le XIXe siècle, et le beau rôle de cette intelligente cité dans le commerce du monde.

La fabrication des anciennes étoffes du XVIIIe siècle y est aujourd'hui bien limitée, et tend à disparaître entièrement. Amiens, Beauvais, Abbeville et leurs environs tissent encore les escots, les serges, les tamises, les anacostes, les prunelles, camelots, etc.; mais tout cela se consomme en France: la concurrence de l'Angleterre a, depuis plus de cinquante ans, annulé nos exportations en ce genre.

Il se faisait encore, en 1834, pour environ 5 millions et demi de ces vieux tissus; il ne s'en fabrique plus aujourd'hui que pour 2 millions.

Le chiffre total de la production lainière, donné par la chambre de commerce d'Amiens en 1834, était de 30 millions de francs. L'alépine, tissu créé avant 1825 et commencé avec des fils à la main par MM. Soyez et Retourné, et qui figurait pour 20 millions dans cet état, ne compte plus aujourd'hui que pour 500,000 francs. Ces 23 millions, qui sont à déduire de 1834, ont été beaucoup plus que remplacés par la création de ravissantes étoffes nouvelles et le progrès des velours d'Utrecht.

Voici le tableau de la production d'Amiens en 1851 :

Anciennes étoffes du XVIIIe siècle, 20,000 pièces pour..	2,000,000f
Cachemire d'Écosse, 25,000 pièces pour............	2,500,000
Satins français pour chaussures, etc., 8,000 pièces pour.	2,000,000
Étoffes à gilets, laine et coton, genre cachemire	1,500,000
Alépines..	500,000
Baarpour unis.....................................	600,000
Serges unies chaîne soie..........................	1,000,000
Articles divers laine et coton	400,000
Étoffes nouvelles pour robe en laine et soie	7,000,000
Pallas, peluches unies et frisées, 4,800 pièces..........	600,000
Pannes laine et pannes poil de chèvre, 1,000 pièces ...	200,000
Velours d'Utrecht, 52,000 pièces	12,600,000
Passementerie et lacets	1,200,000
Tapis et moquettes	1,500,000
Laines peignées et filées s'expédiant en grande partie dans les districts environnants à 25 lieues à la ronde, et même à Paris..	18,000,000
Total concernant les tissus et les fils à leur sortie des mains du fabricant..................	51,600,000
Bénéfices des marchands en gros, des détaillants et intermédiaires évalués ensemble à 15 p. o/o au minimum en chiffres ronds	7,400,000
Totaux.................	59,000,000

Comme on le voit, la bonneterie de laine, estimée 25 millions, n'est pas comprise dans cette statistique.

Les tissus d'Amiens ne se sont réellement développés qu'après l'établissement de la filature de la laine peignée mérinos, qui n'eut lieu, dans cette partie de la Picardie, que vers 1825.

Plus de trente espèces de tissus créées depuis, et qui ont reçu un développement énorme, ont porté dans le monde la conviction que la cité industrieuse du XIX° siècle dépassait de beaucoup celle qui brilla, pendant les deux siècles précédents, d'un vif éclat. Les Soyez, veuve Cailleux et fils, Henriot, Févez, prirent leur part de ces succès; de même que MM. Mollet-Warmé frères, qui créèrent une foule de ces gracieuses étoffes qu'il serait trop long d'énumérer ici. Cette intelligente maison, dont les produits furent admirés à Londres, ne date cependant que de 1841.

Les velours d'Utrecht, qui se faisaient si bien au XVIII° siècle, ont acquis, grâce à notre beau type mérinos, un immense développement; il s'en fabriquait pour près de 900,000 francs en 1834 : cette valeur représentait 2,400 pièces; aujourd'hui, il se produit 52,000 pièces, valant 12,600,000 fr. L'exportation de ce magnifique velours se fait grandement, malgré la concurrence sérieuse de l'Allemagne, qui les vend à 10 et 15 p. 0/0 de moins.

Presque tous les poils de chèvre consommés pour cette fabrication sont fournis par l'Angleterre, qui monopolise ce produit que nous devrions filer comme elle. On peut évaluer la production des fils de poil de chèvre anglais à 10 ou 12 millions de francs, qui, convertis en tissus prêts à être consommés, doivent donner lieu à un chiffre d'affaires de 24 à 25 millions. Cela vaut la peine de créer quelques filatures.

Les tissus d'Amiens s'exportent surtout dans les deux Amériques, du Nord et du Sud. Leur richesse et leur goût exquis compensent en partie la différence de prix qui existe entre eux et les similaires anglais et allemands.

Les tissus unis se font en majorité par les petits fabricants ouvriers des environs d'Amiens, qui viennent les vendre le samedi à la ville. Ces braves gens sont en même temps moissonneurs, batteurs en grange, extracteurs de tourbe, etc.;

la femme travaille en l'absence du mari, et il n'est pas rare de voir battre des métiers pendant dix-huit heures sur vingt-quatre.

Les tisseurs gagnent de 1 franc à 2 fr. 50 cent. par jour, selon qu'ils travaillent chez eux ou en ateliers.

Les femmes gagnent de 75 centimes à 1 fr. 25 cent.

FLANDRE, ROUBAIX, LILLE.

La Flandre française, au XVIIIe siècle, possédait de nombreux troupeaux à laine longue. Outre les laines du pays, ses fabriques employaient celles d'Angleterre, de Hollande et d'Espagne.

L'industrie des laines peignées était déjà importante à Roubaix, qui, ainsi que Tourcoing, avait des fabriques de calmandes, de prunelles, de satin turc, de turquoises, de camelots, de serges, dont une partie s'exportait en Espagne et ailleurs.

Lille faisait un commerce étendu de tissus de laines rases, pure laine ou mélangés, qui avaient de l'analogie avec ceux de Reims et d'Amiens.

L'industrie moderne ne débuta à Roubaix que de 1825 à 1830. Avant 1830, Roubaix et Tourcoing achetaient leurs fils de laine ou employaient des fils à la main.

L'industrie de la laine peignée mérinos y arriva plus tard. On ne doit lui compter qu'une vingtaine d'années d'existence. C'est, avec l'Alsace, les plus jeunes des districts manufacturiers qui aient employé le type mérinos.

Roubaix s'empara de la fabrication du stoff, introduite en France par M. Auber, de Rouen.

En 1840, il s'y fabriqua des tissus mélangés d'alpaga par la trame; ils eurent un grand succès, et il est fâcheux que ce premier succès n'ait pas amené la continuation de l'emploi de l'alpaga.

Roubaix produit en même temps les tissus pour robes, pour ameublements et pour gilets et pantalons; il réunit à la fois les similaires d'une partie de la fabrication de Paris et de Reims et ceux des fabriques de Bradford, d'Halifax et de Huddersfield.

Jusqu'en 1843 environ, Roubaix s'attachait à reproduire les riches tissus créés à Paris et à Rouen; il les appropriait merveilleusement à la consommation des masses, et, malgré leur bon marché et leur transformation, ils conservaient encore leur cachet primitif de bon goût.

Ce qui prouve que travailler pour le consommateur du bon marché est une excellente chose pour le développement d'un pays, c'est qu'en vingt-deux ans Roubaix a atteint le chiffre de production de Reims, et doit, s'il suit toujours cette route, le dépasser de beaucoup avant quelques années.

Depuis 1843, nous avons vu la production de Roubaix changer un peu, ou, du moins, il admet des tissus riches qu'il crée ou imite de ceux de Paris, à côté de ses tissus bas prix; il modifie ses filatures ou en élève de nouvelles qui utilisent des laines fines qu'il puise dans nos fermes ou dans les docks de Londres, et, avec sa grande organisation à la Jacquart, il fabrique ces merveilleux satins, ces damassés, ces tissus satin de Chine Baarpour, Chambord, etc., qui excitèrent l'admiration de la France en 1849 et celle du monde en 1851, bien qu'il manquât encore à Londres quelques-uns des bons fabricants de Roubaix.

L'introduction du type mérinos à Roubaix s'est faite à l'avantage de nos éleveurs et au détriment des laines longues anglaisies. Elle a doté Roubaix d'une plus large exportation, et les Américains et les Anglais demandent ses produits fins.

Enumérer les tissus créés par Roubaix serait trop long; aucune fabrique en France, si ce n'est celle de la Picardie, que Paris alimente en grande partie, n'a marché d'un pas plus rapide, et n'a eu au même degré le mérite de fabriquer pour toutes les classes de consommateurs.

Un relevé très-complet, fait par M. Mimerel en 1843, indiquait le chiffre des laines brutes employées par Roubaix, Tourcoing et environs, pour 5,400,296 kilogrammes, sur lesquels il déduisait 864,128 kilogrammes employés pour couvertures, bonneterie, etc.; il restait donc, pour les tissus en laine pure ou mélangée, 4,536,168 kilogrammes, valant 17 millions de francs, soit 3 fr. 74 cent. le kilogramme en moyenne. On avait employé en plus pour 1,225,000 francs de soie et de coton, ce qui portait le total des matières à 18,235,000 francs.

Le chiffre total de la production de ces districts était de 63 millions; il varia de 2 ou 3 millions à peu près jusqu'en 1848. On obtenait donc, pour les tissus livrés au consommateur, une valeur de 3 1/4 fois plus forte que la valeur des matières brutes employées, c'est-à-dire 3 fr. 74 cent. pour la laine brute, et 9 fr. 35 cent. pour main-d'œuvre et bénéfices divers.

A cette époque, on employait peu de laines très-fines. De 1846 à 1851 on en utilisa une grande quantité, et on peut estimer que la valeur moyenne de 3 fr. 74 cent., en 1843, monta, au minimum, à 4 francs le kilogramme.

La différence entre le chiffre de la laine employée entre 1843 et 1850 est de 1,100,000 kilogrammes.

Le total des laines employées en 1849 est de 6,148,535 kilogrammes; celui de 1850, de 6,582,184 kilogrammes.

Ce mouvement ascensionnel s'est soutenu depuis.

En estimant cet excédant de 500,000 kilogrammes à 4 francs, en y ajoutant le coton et les soies employés, et que nous estimons au moins de 1,500,000 francs à 2 millions de francs, et enfin en accumulant toutes les mains-d'œuvre et bénéfices jusqu'à la mise en consommation, on arrive à un chiffre de 76 à 78 millions de produits pour 1851 à 1852.

Le nombre des métiers à la Jacquart seulement dépasse 10,000, chiffre indiqué en 1843 par M. Mimerel; il a dû s'accroître en raison de l'augmentation de production.

L'excédant de production de Roubaix en 1850, comparé à 1849, a été très-grand. On en jugera par quelques chiffres.

On a produit à Tourcoing, en 1850 :

400,000^{m} de molletons,	de plus qu'en 1849.
800,000^{m} de tissus de laine peignée,	
350,000^{m} de tissus à gilets et pantalons,	

C'est un progrès inouï quand on songe que tout cela s'est accompli à deux ans de distance de l'année désastreuse de 1848.

ALSACE.

Nous avons parlé du progrès de l'Alsace dans le rapport sur la filature de la laine peignée.

Après avoir vendu quelques chaînes et demi-chaînes à Lyon et à Paris, l'Alsace consomme tous ses fils.

Elle fabrique un chiffre restreint de mousseline pure laine; mais ce qu'elle produit en mousseline de laine et coton est énorme, et cette production n'a nullement nui à celle de la toile peinte, qui n'a pas diminué malgré cette concurrence et s'est même augmentée.

Il est telle maison de Mulhouse qui imprime annuellement de 15,000 à 20,000 pièces de mousseline chaîne coton, et qui en introduit plus de la moitié en Allemagne, malgré le droit élevé qui grève les tissus pesants.

C'est à la beauté du tissu, au bon goût des dessins et à la fraîcheur incomparable des couleurs que cette exportation est due; car les Allemands commencent à appliquer sur une grande échelle le tissage mécanique, dont ils s'occupaient déjà en 1843.

Si, en Alsace, toutes les industries introduites prennent des proportions colossales, il faut dire, pour rendre à chacun son mérite, que tous les tissus qu'elle produit ont pris naissance à Saint-Quentin ou environs : le calicot, la percale, le jaconas, le brillanté, la mousseline de laine chaîne coton, la mousseline pure laine, etc., etc.

TISSUS EXPOSÉS À LONDRES.

Ce qu'il faut dire tout d'abord, c'est qu'une partie des exposants de la France manquaient à Londres en 1851.

C'est qu'aucune maison française, dans l'industrie de la laine peignée, ne s'est préparée, n'a produit un tissu tout exprès pour le concours. Le premier mouvement a été contre l'Exposition universelle; et, quand on s'est décidé, le temps manquait pour concourir et exécuter de nouvelles idées.

Quelques maisons ont redouté la copie et n'ont envoyé que des tissus ou des dessins connus, et rien de la nouveauté qui allait paraître.

Malgré cela, l'industrie de la laine peignée mérinos n'avait pas d'égale à Londres.

Nous ne pouvons nous étendre sur le mérite des exposants français à Londres : nous sommes trop près de 1849; et le rapport si remarquable du jury central contient les noms et l'énumération des mérites de chacune des maisons qui n'ont porté à Londres que les tissus qui avaient paru à Paris.

Nous craindrions de refaire ce travail, et de rester au-dessous de l'œuvre de nos expérimentés et consciencieux collègues.

EXPOSANTS DE LA XIIe CLASSE.

MM. Paturle-Lupin, Seydoux, Siéber et Cie, exposaient des mérinos simples et doubles, des cachemires d'Écosse, mousseline de laine pure, des baréges et des bombasines soie et laine. Leur production est énorme et présente une perfection qu'on n'obtient ordinairement que sur une petite échelle. Ils occupaient alors plus de 12,000 personnes avec leurs 15,000 broches et leurs 4,500 métiers. Cette maison vient de porter sa production en fils à 30,000 broches; elle devra donc donner, dans peu de temps, du travail à un nombre de bras presque double. Quel que soit le malheur des temps, cette maison n'arrête aucune de ses machines; elle est vraiment la providence des cantons qui l'avoisinent. Personne plus qu'elle n'a contribué à porter haut le nom français dans le monde entier; elle y a personnifié le génie producteur de la nation et sa haute probité.

M. Dauphinot-Pérard, de Reims, représentait dignement le mérinos de Reims. Il occupe 500 personnes, en y comprenant les tisseurs, trameuses, etc.

M. Caillet-Frangville, de Bazancourt, égale M. Dauphinot pour le mérinos. Il occupe 400 personnes.

M. Petit-Clément, à Roult-sur-Suippe, n'occupe que 80 personnes; mais il fait du mérinos fort beau, et qui méritait la distinction obtenue.

MM. Robert-Mathieu et Boucher-Potier, à Reims, possèdent une belle fabrication dans le même genre.

M. David-Labbez, à Sains, fabrique particulièrement le mérinos bas prix, et le fait bien. C'est à la modicité de son prix pour les qualités communes que le jury a décerné la récompense. Cet industriel est filateur et tisseur, et occupe de 1,500 à 1,800 personnes. On lui doit une heureuse invention, celle des peignes à épeutir, terme de fabrication qui, en Picardie, signifie éplucher les boutons dont la pièce est criblée après le tissage. L'ouvrier avait la malheureuse habitude d'enlever les boutons et le duvet au moyen du papier de verre; il limait l'étoffe et l'avariait souvent. La petite machine de M. David-Labbez a obvié à cet inconvénient; elle abrége aussi le travail de l'épincetage, qui est fort lent.

La médaille obtenue par ce fabricant est donc doublement méritée.

Après ces citations des médailles obtenues pour la belle industrie du mérinos, nous devons dire deux mots sur le chiffre de sa production annuelle.

La statistique de Reims, publiée en 1849, portait à 86,000 pièces le nombre des mérinos produits, en uni, simple et double, et en écossais, et leur attribuait une valeur de 21,330,000 francs.

Si l'on ajoute un chiffre au moins égal de pièces produites par diverses maisons des départements de l'Aisne, du Nord, du Pas-de-Calais, de la Somme, de l'Oise, ayant pour chaque pièce une valeur pareille à celle donnée par Reims, on trouve le chiffre total de 40 à 42 millions de francs.

S'il importe de conserver intact ce beau fleuron de notre industrie de la laine peignée, il ne faut pas attendre pour cela que nos concurrents étrangers aient atteint le but qu'ils cherchent, notamment les Anglais, c'est-à-dire le tissage mécanique de la pure laine en chaîne simple.

L'Angleterre avait quelques pièces de mérinos fabriquées à la main qu'on pouvait comparer aux nôtres. Il n'y a pas là de quoi nous émouvoir, tant que le mérinos se tissera à la main. Mais, le jour où les Anglais parviendraient à appliquer la mécanique au mérinos, si nous nous laissions devancer, ce serait par millions qu'il faudrait compter le déficit de notre exportation.

Nous adjurons donc nos habiles fabricants de s'occuper sans relâche de l'application du tissage mécanique au mérinos et de mettre à profit les découvertes de M. Croutelle, qui a droit à la reconnaissance du pays.

Une commission de l'Yorkshire est déjà venue étudier cette question à Reims: c'est un avertissement; qu'il ne soit pas perdu!

AMIENS.

Deux maisons seulement sont venues à Londres: l'une d'elles, la maison Mollet-Warmé frères, d'Amiens, avait, après bien des sollicitations, pris à la hâte dans son magasin les premières pièces venues; elle est arrivée juste à temps pour prouver que cette antique ville n'a pas encore de rivale pour les étoffes riches et épaisses en laine et en soie. La crainte de la copie leur avait fait garder leurs dernières nouveautés inédites.

MM. Mollet-Warmé frères ont débuté, en 1840, avec 10 métiers; ils ont à présent 110 jacquarts en ateliers, et beaucoup de métiers à la lame, et ils occupent 500 ouvriers d'une manière presque permanente.

On leur doit la création de plusieurs beaux tissus.

Il est à regretter qu'Amiens n'ait envoyé que deux exposants.

ROUBAIX.

La ville de Roubaix n'était représentée à Londres que par quelques exposants; en revanche, les maisons qui ont obtenu une récompense sont de celles qui font l'orgueil de cette industrieuse cité.

Les principales étoffes exposées sont les stoffs en qualité fine : c'était s'attaquer directement à l'Angleterre; la lutte a été à notre avantage; les damas de laine, les satins de Chine, les chambords, etc.

Rien au monde ne peut être comparé à ces étoffes, qui en uni, en broché, et variées de cent manières, présentaient un cachet de perfection, de distinction, d'élégance de dessin, qui ont excité une admiration qui s'est traduite, de la part des jurés anglais, de la façon la plus énergique.

MM. Delattre père et fils étaient en première ligne. Ils occupent, pour toutes les manutentions, de 1,600 à 1,800 ouvriers des deux sexes; ils possèdent 12,000 broches de filature et 1,600 broches à retordre qui ne suffisent pas aux besoins de leurs tissages.

MM. Delfosse frères, à Roubaix, avaient exposé des tissus de même genre. Cette maison est la première qui ait tissé le satin de laine importé d'Angleterre. Son mérite n'a pas été contesté. Elle occupe de 800 à 900 ouvriers des deux sexes.

M. Pin-Bayard, de Roubaix, mérite les mêmes éloges. Il occupe de 500 à 600 personnes.

PARIS.

Presque tous les exposants de cette charmante et gracieuse industrie des tissus mélangés de Paris ont été classés, pour les récompenses, dans les XIIIe et XVIIIe classes. Nous n'avons donc à citer que deux maisons.

La première, d'origine saint-quentinoise, est la maison David frères et Cie. Ces manufacturiers ont dignement soutenu la réputation de leurs prédécesseurs, auxquels l'industrie de Saint-Quentin doit beaucoup.

Ils occupent près de 2,400 personnes.

M. H. Mourceau, de Paris, avait exposé de merveilleux tissus pour tentures, portières, ameublements, rideaux, tapis de table, etc., imitant les anciennes étoffes et les dessins de l'Orient et de Venise au moyen âge et à l'époque de la Renaissance. Ces tissus façon Gobelins étaient ravissants et laissaient à une immense distance les produits d'Halifax. Le jury n'a pas hésité à décerner la médaille à cette maison, qui emploie de 400 à 450 ouvriers.

MM. G. Schlumberger et Cie, à Mulhouse, ont été récompensés pour leurs tissus damassés en laine et soie pour rideaux et ameublements. Ils étaient au niveau des Anglais, des Allemands et des Viennois.

TISSUS DE CACHEMIRE.

MM. Biétry et fils ont été récompensés pour leurs tissus de cachemire pur. C'est une vieille réputation qui n'avait pas dégénéré à Londres.

MM. Pesel et Menuet, de Paris, étaient dans le même cas. Leurs tissus 5/4, 6/4, 7/4 et 8/4 étaient parfaits.

EXPOSITION DES TISSUS DE LA XVe CLASSE.

Nous n'avons à examiner dans cette classe que les étoffes pour gilets et pour pantalons.

Aucune nation ne dépasse l'Angleterre pour la perfection et le soin apportés dans le travail manuel; mais, si elle possède ces qualités au même degré que nous, il n'en est pas de même pour le goût des dessins.

Quelques-uns cependant pouvaient soutenir la comparaison, et la collection variée dont l'exécution avait été dirigée chez les fabricants par M. Schwann, négociant considérable de Huddersfield et membre du jury de la XVe classe, était fort belle, et notamment pour les genres dits *valencias.*

Pour le genre cachemire, rien n'égalait, à Londres, les tissus pour gilets de M. Patriau et de M. Croco. Ils soutenaient aussi, pour ce genre seulement, la concurrence des prix anglais, et nous pouvons prétendre à leur vendre de ces beaux tissus pour la classe aisée des consommateurs.

Pour les tissus valencias anglais ou allemands, la différence de prix qui nous sépare est de 25 à 30 p. 0/0. Les étoffes à gilets de Reims avec laine cardée ne brillaient ni pour le tissu, ni pour le dessin, ni par le bon marché. Les Anglais font beaucoup mieux.

Ainsi, en résumé, pour les étoffes riches à gilets qui tirent leur valeur du dessin et de l'assemblage des nuances, nous dominons les étrangers; mais, pour toutes les sortes communes ou de moyenne qualité, nous ne pouvons lutter. Il en est de même pour les tissus pour pantalons en coton, en bourre de soie mélangée de laine cardée et autres.

Dans la XVe classe nous avons à citer :

M. Ch. Patriau, de Paris. — Il a contribué à enrichir Reims de la fabrication de ces tissus riches genre cachemire, et il y a formé d'excellents ouvriers.

M. Croco, de Paris, date dans l'industrie depuis 25 ans, et y est bien connu par ses créations. Il s'était surpassé à Londres, et a vaincu des difficultés très-grandes de tissage dans quelques-unes de ses étoffes, soit dans celles imitant la broderie, soit pour les bandes écossaises obtenues par le travail de l'espoulinage. Son exposition a été appréciée des hommes instruits en tissage.

M. Fassin jeune, de Reims, a été récompensé pour les tissus reps et côtelés. Il occupe 100 ouvriers et tisse mécaniquement la flanelle.

MM. Lefebvre-Ducatteau frères, de Roubaix, qui occupent plus de 1,500 personnes, qui ont une filature de laine peignée et une de laine cardée, et qui se servent du système de peignage N. Schlumberger, ont été remarqués à Londres, comme ils l'avaient été dans nos expositions françaises, pour leurs belles étoffes à gilets.

RÉCOMPENSES DÉCERNÉES.

XIIe CLASSE.

Fils de laine..................	9 médailles.
Idem.........................	2 mentions honorables.
Tissus de laine................	17 médailles.
Idem.........................	2 mentions honorables.

XVe CLASSE.

Tissus de laine et de cachemire...	4 médailles.
Idem.........................	4 mentions honorables.

TABLE DES MATIÈRES.

XIIIE JURY.

SOIERIES ET RUBANS,

PAR M. ARLÈS-DUFOUR.

MEMBRE DU JURY CENTRAL DE FRANCE.

COMPOSITION DU XIIIe JURY.

MM. Georges TAWKE-KEMP, manufacturier à Londres, Président	Angleterre.
ARLÈS-DUFOUR, Vice-Président	France.
Thomas WINKWORTH, ancien manufacturier à Londres	Angleterre.
Samuel COURTAUD, fabricant de crêpe à Londres	Angleterre.
le lieutenant-colonel Henry DANIEL, de la cavalerie de la garde	Angleterre.
Thomas JEFFCOAT, fabricant de rubans à Coventry	Angleterre.
Antonio RADICE, Vice-Président de la chambre de commerce, à Vérone	Italie.
J. VERTU	Sardaigne.
Charles WARWICK, négociant à Londres	Angleterre.

HISTORIQUE.

L'industrie française des soieries et rubans a occupé une trop belle place à cette Exposition pour que, malgré l'espace restreint qui m'est assigné, je puisse me dispenser d'entrer dans quelques détails et de citer quelques dates et quelques chiffres de son *passé* et de son *présent*. Mais, avant tout, je signalerai à l'attention et aux méditations des hommes qu'il plaira à Dieu d'appeler à gouverner la France deux faits qui ont puissamment agi sur la vie de cette admirable branche de la richesse nationale : je veux parler de l'oubli dans lequel elle est restée, grâce, sans doute, à son éloignement de Paris, lorsque, dans le but de protéger le travail national, les gouvernements ont établi des prohibitions ou des droits prohibitifs, ou encore des primes d'exportation. Cette industrie n'a été retardée ni endormie par aucune de ces faveurs si onéreuses au pays en général et si funestes aux industries qui les reçoivent : les soieries et rubans étrangers entrent en France avec un droit fiscal plutôt que protecteur. L'autre grand fait a, au contraire, pensé lui coûter la vie, qu'il a, en tout cas, affaiblie, retardée et menacée pendant trois quarts de siècle : c'est la révocation de l'édit de Nantes.

L'industrie des soieries paraît avoir été importée en Sicile, en Italie et en Espagne au XIIIe siècle, et de là, à la suite des guerres civiles et religieuses du XIVe et du XVe siècle, en France, en Suisse, en Angleterre et dans les Pays-Bas.

A Lyon, de 1650 à 1680, après deux siècles d'existence, le nombre des métiers varie entre 9,000 et 12,000.

Après la révocation (1689) et jusque vers 1750, il tombe et se traîne entre 3,000 et 5,000.

Vers 1760, le travail se relève enfin et les métiers sont de nouveau au nombre de 12,000; de 1780 à 1788 il monte à 18,000. De 1792 à 1800, la terreur, le siége de Lyon, la guerre les réduisent, comme la révocation de l'édit de Nantes, à 3,000 ou 4,000.

De 1804 à 1812, par le rétablissement de l'ordre et de la sécurité à l'intérieur, les métiers se relèvent à 12,000, nombre qu'ils ne dépassent pas durant tout l'Empire, malgré l'immense accroissement du territoire, mais à cause de la guerre extérieure.

Dès 1816, sous l'influence de la paix, les métiers s'élèvent à 20,000, et de 1825 à 1827 ils atteignent 27,000.

En 1837, malgré les déplorables et sanglants événements de novembre 1831 et d'avril 1834, le nombre des métiers monte à 40,000, et, à l'époque de la révolution de février 1848, il dépassait 60,000.

Cette révolution, qui a si profondément ébranlé le crédit et le travail de la France, n'a que momentanément arrêté la marche ascendante de l'industrie des soieries, et je ne crains pas d'avancer, en m'appuyant d'ailleurs sur les chiffres donnés par la condition publique des soies, que, malgré les préoccupations politiques qui n'ont cessé d'inquiéter le travail général, jamais elle n'aura été aussi florissante que depuis les événements de juin 1848 jusqu'à la fin de 1852.

Durant cette courte période, le nombre des métiers s'est accru de 10,000 à 12,000, et il dépasse certainement 60,000.

Cette situation exceptionnelle de l'industrie des soieries et des rubans tient à ce que plus de la moitié de ses productions s'exportant, elle souffre *relativement* peu des crises et même des révolutions intérieures, pourvu que ses débouchés extérieurs restent ouverts.

Ainsi, dans l'*exportation générale de tous les tissus* français, les soieries et rubans figurent pour 37 p. o/o. Et cependant cette belle industrie est presque la seule qui, pour enrichir le pays, ne lui impose et ne lui demande aucun sacrifice sous forme de droits, de prohibitions ou de primes d'exportation.

Les 60,000 à 65,000 métiers qui travaillent pour Lyon sont dispersés dans l'agglomération lyonnaise, le département du Rhône et les départements voisins.

Les agitations politiques, autant que la question de main-d'œuvre, ont fait porter les métiers loin de la ville; c'est aussi loin de la ville que se sont établis les premiers grands ateliers à métiers mécaniques.

De toutes les industries du tissage, celle des soieries est la plus en retard sous ce rapport, et cela s'explique principalement par la grande valeur des matières premières qu'elle emploie et qui élève bien plus que pour le coton, la laine et le lin, le capital qu'exige l'établissement des grandes usines. Néanmoins, si aucune crainte de guerre ne vient inquiéter nos fabricants sur l'avenir, de nombreux ateliers se monteront bientôt.

La transformation de l'industrie domestique par foyer,

par famille, en industrie concentrée, agglomérée par ateliers, n'est, selon moi, qu'une question de temps; elle doit s'accomplir pour la *soie* comme elle s'est accomplie pour le *coton*, et puis pour la laine, et enfin pour le lin et le chanvre, qui semblaient, bien plus encore que la soie, inhérents au foyer domestique. Pendant longtemps aussi on croyait que l'industrie des bronzes ne pouvait être concentrée, non plus que celle des fleurs, des modes, etc., etc.

La concentration du travail, en général, arrivera fatalement; elle est dans le courant, dans la force des choses et des idées.

Cette transformation améliorera-t-elle, en définitive, le sort des classes ouvrières? on doit le croire, car il est impossible de penser que Dieu permette une révolution aussi grande, aussi radicale, dans les habitudes, les mœurs, la vie de tout le peuple des travailleurs dans l'unique but du bon marché et de la perfection des produits.

Toutes les paroles, tous les écrits du chef de l'État respirent tellement ce noble sentiment de l'amélioration du sort physique, intellectuel et moral de l'ouvrier, qu'on ne peut douter du parti qu'il saura tirer de cette tendance manifeste des travailleurs à remplacer l'isolement du métier par la concentration de l'atelier, et à transformer progressivement leur condition de salariés en celle d'associés.

Depuis l'invention et la vulgarisation du métier Jacquard, qui a si puissamment contribué aux développements rapides et, on peut dire, universels, du tissage des étoffes façonnées, aucune invention essentielle n'a manqué dans la vie de notre industrie.

L'invention de Jacquard n'a pas seulement amélioré et facilité la fabrication; elle a, ce qui est bien plus admirable, amélioré, transformé le sort physique de l'ouvrier.

En effet, le métier Jacquard ne pouvant se placer que dans des ateliers très-élevés, et partant très-aérés, et tout atelier pouvant d'un jour à l'autre recevoir des métiers Jacquard, les propriétaires n'ont plus construit que des logements élevés, et peu à peu on a vu disparaître ces maisons à logements bas et insalubres.

L'invention de Jacquard a encore plus contribué à l'amélioration physique de l'ouvrier en supprimant en grande partie tout ce que le travail du métier avait de brutal et d'atrophiant.

Je ne crois pas exagérer en portant à 375 millions par an, pendant les années 1850, 1851 et 1852, la production des articles dans lesquels la soie domine.

190 à 220 millions s'exportent principalement :

Aux États-Unis,

En Angleterre,

En Allemagne,

Dans les mers du Sud,

En Russie,

En Suisse,

Dans les Pays-Bas et la Belgique,

Dans le Levant.

Ces 375 millions se composent d'environ 125 millions de diverses mains-d'œuvre et des bénéfices, et de 250 millions de matières premières.

Ces matières premières se composent à peu près de 140 millions, soies produites par l'agriculture française, filées et ouvrées par l'industrie française;

De 80 à 90 millions, soies étrangères, principalement de la Lombardie, du Piémont, de Naples, d'Espagne et du Levant;

Et enfin d'environ 25 millions de matières mélangées avec la soie, comme laine, bourre de soie, coton, lin, et or et argent.

Depuis quelques années, nos fabriques se remettent à employer les soies de Chine et de Bengale, dont elles semblaient avoir oublié l'emploi.

Le nombre de métiers employés au tissage des articles où la soie domine peut être évalué à environ 140,000, qui sont répartis à peu près comme suit :

60 à 70,000 (selon l'activité) travaillant pour Lyon dans diverses localités;
25 à 30,000 travaillant pour Saint-Étienne dans la ville et les environs, et surtout dans les montagnes voisines;
8 à 10,000 travaillant pour Nîmes et Avignon;
25 à 30,000 travaillant principalement pour les fabricants de Paris et répartis dans Paris, la Picardie, la Normandie, l'Alsace, la Moselle.

Les principaux centres de l'industrie des soieries et rubans sont donc Lyon et Saint-Étienne, dont les débouchés sont à peu près les mêmes; Paris, qui vient ensuite, étend chaque jour son importance pour la fabrication des articles où la soie domine.

RUBANNERIE FRANÇAISE.

Malgré la rude concurrence des fabriques de Bâle et les efforts moins redoutables de celles d'Angleterre, la rubannerie française n'a cessé de prospérer et de grandir. La production, qui, en 1840, atteignait déjà le chiffre de 65 à 70 millions, dépasse aujourd'hui celui de 80, dont 50 au moins sont exportés.

L'origine de cette industrie remonte, comme celle de l'industrie des soieries, au XIVe siècle, et, depuis lors, toutes deux ont suivi à peu près les mêmes phases, grandissant avec la paix, rétrogradant ou stagnant avec la guerre ou les persécutions religieuses.

Toutes deux ont acquis leur incontestable supériorité en dépit ou *à cause* de l'absence de protection sous forme de droits de prohibitions ou de primes d'exportation.

Saint-Chamond fut longtemps avec Saint-Étienne le centre de la rubannerie; mais, depuis vingt-cinq ans environ, Saint-Chamond n'est plus, pour ainsi dire, qu'un atelier de Saint-Étienne, malgré les efforts intelligents de quelques fabricants remarquables, comme MM. Grangier frères.

On peut avancer que, pour l'exposition de Londres, les fabriques de soieries et de rubans de toute l'Europe ont rivalisé de *frais* et d'efforts pour donner au monde commerçant l'idée la plus favorable de leur situation actuelle; je crois pouvoir affirmer que celles de France en ont fait le moins, et que presque toutes se sont bornées à exposer des articles choisis parmi leur production courante et même déjà connue.

Néanmoins, l'opinion publique les a immédiatement et unanimement placées tout au premier rang, et, plus tard, le jury a hautement confirmé le jugement du public en donnant à la chambre de commerce de Lyon l'unique grande médaille accordée aux tissus.

La France, représentée par 48 exposants, a obtenu 33 médailles;

L'Angleterre, pour 68, 23;

La Suisse, pour 45, 12;

Le Zollverein, pour 42, 7;

L'Autriche, pour 20, 4;

La Russie, pour 13, 5;

La Sardaigne, pour 8, 4;

L'Espagne, le Portugal, la Hollande, la Suède et la Norwége, la Chine, la Turquie, l'Égypte, Tunis, pour 70 exposants, ont obtenu 3 médailles.

Ainsi, plus de vingt nations ont été représentées par 315 exposants, qui ont obtenu 91 médailles, dont 33 ont été données aux 48 exposants français.

Pour les rubans, cinq nations seulement ont été représentées :

La France, par 12 exposants, qui ont obtenu 4 médailles;

La Suisse (canton de Bâle principalement), par 24 exposants, 6 médailles;

L'Angleterre, par 15 exposants, qui ont obtenu 4 médailles;

L'Autriche, par 5 exposants, qui ont obtenu 2 médailles,

Le Zollverein, par 6 exposants, qui ont obtenu 2 médailles.

Tout le monde a été surpris du peu d'empressement qu'ont mis les fabricants de Saint-Étienne à répondre à l'appel du Gouvernement; ce n'est pas 8 représentants qu'ils auraient dû envoyer à ce grand concours, mais 50; alors le monde industriel se serait fait une juste idée de la riche variété et des ressources de fabrication, de couleur et de goût, qui distinguent cette belle branche de l'industrie des soieries.

ANGLETERRE.

Comme importance, son exposition venait après celle de Lyon; elle était même plus considérable par le nombre de ses exposants, qui était de 68. Elle a surpris et inquiété nos fabricants, dont beaucoup ne se doutaient pas des immenses progrès accomplis par elle depuis la levée des prohibitions.

La concurrence de l'industrie anglaise des soieries est trop menaçante et nous suit de trop près pour que je ne donne pas quelques détails sur son passé et sur son présent.

Son origine officielle remonte au XIV° siècle; mais son véritable essor date de la révocation de l'édit de Nantes (1685), qui l'enrichit de nos meilleurs fabricants, contre-maîtres et ouvriers de Lyon, Saint-Chamond, Saint-Étienne et du midi de la France. A cette époque, la plus brillante pour l'industrie anglaise jusqu'en 1701, les soieries étrangères entraient librement en Angleterre; mais de 1697 à 1701, les réfugiés français *victimes de l'intolérance* obtinrent, à force de suppliques et d'intrigues, des règlements, des priviléges, des tarifs *protecteurs*, et enfin la prohibition, non-seulement des soieries de France, mais même de celles de la Chine et des Indes.

Après ces mesures qui devaient soutenir et développer l'industrie des soieries et rubans en Angleterre, on la vit, au contraire, s'arrêter et végéter, de telle sorte qu'en 1824, lors de la levée de la prohibition par M. Huskisson, le nombre des métiers dans tout le royaume s'élevait à 24,000.

En 1829, cinq ans après, il était déjà de 50,000. Aujourd'hui, d'après le chiffre des soies importées et consommées, on peut l'évaluer à 100,000.

Sauf environ 30 millions de francs qui s'exportent, tous les produits de cette grande industrie s'écoulent à l'intérieur.

Avant la levée de la prohibition, 1824, l'Angleterre n'importait pas *officiellement* une livre de soierie étrangère, et, pour alimenter ses fabriques, qui étaient censées suffire à sa consommation, elle n'importait *qu'un* million de kilogrammes de soie.

Aujourd'hui, après vingt-six ans d'un régime de droits assez modérés sur les soieries, et dix ans d'*entière* franchise de droits pour les matières premières, l'Angleterre importe officiellement plus de 70 millions de francs de soieries et rubans, et ses fabriques reçoivent et emploient *trois* millions de kilogrammes de soie de toute provenance, mais principalement de la Chine, du Bengale, de l'Italie et du Levant.

S'il avait été possible de présenter, en regard des étoffes et rubans exposés, des échantillons des articles similaires fabriqués avant la levée de la prohibition, nos fabricants eussent été bien plus surpris et inquiets des progrès accomplis dans ce laps de vingt-huit années.

Et cependant, sous le rapport des dessins, du goût des dispositions et de l'entente des couleurs, cette exposition, malgré les frais et les efforts qu'elle a coûtés, laissait beaucoup à désirer.

Il est cependant de mon devoir de signaler deux exceptions si saillantes, que tout le monde les a remarquées, et de placer hors ligne, pour leurs façonnés comme pour leurs unis, MM. Stone et Kemp, de Spitalfields, Winkworth et Procter, de Manchester, qui, fort heureusement pour nous, ne sont encore que des exceptions.

Il s'en faut de beaucoup que les fabriques de rubans de Coventry aient progressé comme celles d'étoffes de Spitalfields et de Manchester. A deux ou trois exceptions près, toutes sont fort en arrière de Saint-Étienne, de Bâle et même de Vienne en Autriche. Elles ont cependant depuis longtemps quelques grands ateliers à métiers mécaniques; elles emploient même, avec beaucoup d'intelligence, les soies de Chine et de Bengale que nos fabricants connaissent à peine; mais le goût des dessins, l'entente des dispositions et des couleurs, semblent manquer généralement.

Il existe des tissages à la mécanique, non-seulement à Coventry et à Congleton pour les rubans, mais aussi à Manchester, Macclesfield, Glasgow, pour les étoffes.

SUISSE.

Après les fabriques de France et d'Angleterre viennent, comme importance et comme perfection, celles de la Suisse, qui se groupent principalement autour de *Zurich* pour les étoffes et de *Bâle* pour les rubans.

Ces deux centres occupent, dans leur canton et dans ceux qui les avoisinent, Zurich près de 20,000 métiers, Bâle près de 10,000. Ces métiers tissent généralement des articles inférieurs quant à leur valeur, mais remarquables quant à leur fabrication. Les travaux agricoles, qui occupent accessoirement les ouvriers tisseurs, font que, relativement à nos ouvriers, les ouvriers suisses font moins de travail que les nôtres; ainsi on peut admettre que les 20,000 métiers qui travaillent pour Zurich et les 10,000 qui travaillent pour Bâle produisent ensemble entre 50 et 60 millions de francs, tandis que le même nombre à Lyon et à Saint-Étienne en produirait 80 à 90.

L'exposition remarquable de 92 fabricants suisses n'a pas surpris nos fabricants, qui ont souvent souffert de leur concurrence; mais elle a étourdi les fabricants anglais, qui, pour la plupart, ignoraient probablement même l'existence de ces fabriques.

Comme nos fabriques et celles d'Angleterre, les fabriques de soieries et de rubans de la Suisse doivent leur origine et leurs premiers développements aux persécutions religieuses et politiques qui ont désolé l'Italie au XIIIᵉ et au XIVᵉ siècle, et les Pays-Bas sous la domination espagnole.

Quoique ce petit pays ne produise ni le fer, ni la soie, ni le coton, ni le charbon, ni même le blé pour se nourrir, ses fabriques n'ont cessé de progresser en perfection et en importance; c'est qu'elles ont toujours eu tout simplement la liberté d'acheter partout où bon leur semble, le fer, la soie, le coton, le charbon, le blé et les ustensiles.

ZOLLVEREIN.

Les fabriques de soieries et de rubans de l'association allemande sont principalement établies dans les provinces Rhénanes; il en existe cependant d'assez importantes à Berlin, à Brandebourg et aussi dans les montagnes de la Saxe.

Toutes ensemble occupent environ 30,000 métiers. Elles étaient représentées à l'Exposition par 40 fabricants, qui n'ont obtenu que 7 médailles.

Il ne faudrait pas les juger par leur insuccès auprès du jury et du public en général; elles sont bien dans le mouvement de progrès général qui se manifeste dans tous les pays industriels, et aucune ne possède des industriels plus éminents : il suffit de nommer les Diergardt, les Vanderleyer, les Simons, les Bœdinghausen, les Van-Bruck et tant d'autres.

Mais il paraît qu'en Allemagne, en général, et particulièrement dans le Zollverein, il a régné, à l'égard de l'Exposition universelle, beaucoup d'hésitation, et même de mauvais vouloir; c'est ce qui explique le peu d'efforts faits par les fabricants pour y figurer dignement.

AUTRICHE.

Les principales fabriques de soieries et de rubans, qui sont établies dans les environs de Vienne, étaient représentées par 20 fabricants, dont l'exposition a surpris les hommes compétents par la bonne exécution, la variété, l'entente, le goût des articles et particulièrement des étoffes pour meubles et pour ornements d'église.

Nouveautés, colifichets, mouchoirs, cravates, écharpes de tout genre, presque tous, il est vrai, fidèlement copiés sur nos nouveautés, étaient surtout remarquables.

L'exposition des fabriques autrichiennes, comme celle des

fabriques de Moscou, a fait d'autant plus de sensation, que la plupart des visiteurs ignoraient presque leur existence, et, en tout cas, ne se doutaient pas de leur importance.

Si l'Autriche entre, comme il en est question, dans un système commercial plus libéral, nul doute que nous ne souffrions bientôt de sa concurrence sur tous les marchés du monde.

Les fabriques de la Lombardie, qui, d'ailleurs,, sont au moins stationnaires, après avoir jeté jadis un si grand éclat, n'ont pas exposé.

RUSSIE.

La brillante exposition de l'industrie russe en général, et de ses soieries en particulier, a été un véritable événement et une grande surprise.

On savait bien qu'il existait quelques fabriques à Moscou, travaillant surtout pour l'Orient et la consommation ordinaire; mais presque personne ne se doutait que, depuis la levée des prohibitions et l'abaissement successif des tarifs, ces fabriques ont pris un élan remarquable, et que Moscou compte 15,000 métiers de soieries, dirigés par des fabricants très-habiles et très-hardis.

Rien ne manquait à cette exposition : depuis le fichu, l'écharpe de tissu léger, jusqu'aux robes, aux tentures les plus riches; l'assortiment était complet et ne le cédait en rien à celui de nos exposants. Il est vrai qu'on peut dire de cette exposition, comme de celle de l'Autriche et de l'Angleterre, que presque tous les articles de *nouveauté* étaient copiés des nôtres.

Il faut cependant excepter les brocarts, or et argent, pour meubles et ornements d'église, qui présentaient un tel cachet d'originalité, que j'ai cru devoir en acheter plusieurs comme spécimens à soumettre à nos fabricants.

D'après les renseignements officiels que je dois à l'obligeance du commissaire russe, M. de Schérer, les fabriques de Moscou emploient annuellement 270,000 kilogrammes de soie grége ou moulinée d'Europe et 400,000 kilogrammes de soie indigène.

Cette consommation fait supposer une production manufacturière de plus de 32 millions de francs.

Les produits les plus remarquables de cette brillante exposition provenaient des fabriques de MM. Kondrascheff, Paul Kolokolaïkoff, Polliakoff et Zamiatin, et Sapohnikoff, de Moscou.

SARDAIGNE.

Sept exposants ont dignement soutenu l'antique réputation des fabriques de Gênes et fait connaître celles de Turin.

Leurs velours unis et façonnés pour robes, gilets et tentures ne craignent aucune comparaison; je dirai même que, si leurs moyens de fabrication étaient plus développés, leur concurrence nous serait fort redoutable.

Les étoffes unies et façonnées méritent aussi des éloges; mais les velours les prennent et sont le véritable cachet de cette belle exposition.

Pendant des siècles les fabriques de Gênes ont eu le privilége de la fabrication des beaux velours; mais, depuis trente ans environ elles ont déchu ou sont restées stationnaires, tandis que celles de France et du Rhin ont décuplé leur fabrication dans cet important article.

Cette exposition prouve un réveil qu'on peut, en partie au moins, attribuer au stimulant donné par la réduction des droits sur les soieries étrangères.

Le nombre des métiers travaillant pour Gênes ou Turin peut s'évaluer à près de 5,000, produisant 9 à 10 millions de francs d'étoffes, dont 2 millions sont exportés, principalement en Amérique.

CHINE ET INDES.

La Chine est trop constante dans ses goûts et sa production, pour que l'exposition de ses produits, presque toujours les mêmes, ait pu surprendre. Ce sont toujours les mêmes beaux et économiques damas, les mêmes satins épais, les riches broderies sur châles et écharpes, mais peu d'articles ou de dessins nouveaux.

Nous ne lui rendons pas moins justice pour ses qualités de bon marché et d'exécution exacte, car, si sa concurrence nous touche peu sur les marchés d'Europe, qui suivent les mouvements de la mode, elle est souvent dangereuse pour nos produits sur les marchés des Amériques du Nord et du Sud.

La Chine produit les soieries généralement à meilleur marché que l'Europe; mais son éloignement du centre de la mode, en la tenant en retard de ses mouvements et de ses caprices, neutralise souvent ses avantages de bon marché.

L'exposition faite par la Compagnie des Indes des tissus pour robes, pour écharpes, châles, etc., etc., d'une variété et d'une richesse infinies, formait un ensemble admirable, et offrait aux artistes dessinateurs une brillante mine à exploiter.

J'aurais bien désiré user du crédit que m'avait ouvert le Gouvernement, pour acheter quelques spécimens de ces créations originales; mais la Compagnie n'a sans doute pas voulu disperser sa magnifique collection, car mes demandes sont restées sans réponse.

TURQUIE, GRÈCE, ÉGYPTE ET TUNIS.

L'exposition de la Turquie, dirigée avec une grande intelligence et un goût exquis par ses deux représentants, MM. Zohrab et le colonel Daniell, a produit une certaine sensation, car on y a vu le réveil industriel, qui semblait depuis longtemps éteint ou bien engourdi dans ce pays, où il fut jadis si brillant et si avancé.

Je n'ai rien de saillant à signaler dans les soieries exposées, mais je rends justice au choix des dessins et des couleurs et même à l'entente de la fabrication.

Les expositions de la Grèce, de l'Égypte et de Tunis, faites aussi avec goût et intelligence, nous ont parfaitement initiés aux habitudes ; au besoin, à la civilisation actuelle de ces pays si riches de souvenirs artistiques et industriels. Elles prouvent que, là aussi, on cherche à suivre le mouvement européen.

Les soieries exposées ressemblent à celles de la Turquie, et, comme elles, n'exigent aucune mention particulière.

ESPAGNE ET PORTUGAL.

L'ensemble de l'exposition espagnole a révélé un véritable réveil industriel.

C'est surtout le vieux royaume de Valence, jadis si florissant par son agriculture, ses arts et son industrie, ainsi que les fabriques de la Catalogne, dont l'exposition a prouvé qu'avec le rétablissement de l'ordre intérieur dans ce beau pays d'Espagne, le travail se relèverait vite.

Mais ces fabriques, auxquelles rien ne manque pour prospérer, ne reprendront leur ancienne splendeur que lorsque le Gouvernement se décidera enfin à détruire la contrebande, en réduisant les droits d'entrée *au-dessous* des primes de contrebande, dont le tarif est connu de tout le monde.

Quant au Portugal, ce pays jadis si renommé particulièrement pour ses fabriques de soieries, son exposition n'inspire qu'un sentiment de tristesse et je ne le cite que pour mémoire.

FIN.

TABLE DES MATIÈRES.

APPENDICE

AUX

XIE, XIIE ET XIIIE JURYS.

TABLEAU STATISTIQUE

EMBRASSANT LES PROGRÈS COMPARÉS

DES INDUSTRIES FRANÇAISES DU COTON, DE LA LAINE
ET DE LA SOIE

DEPUIS LA PAIX GÉNÉRALE,

PAR LE BARON CHARLES DUPIN,

PRÉSIDENT DE LA COMMISSION FRANÇAISE.

CONSIDÉRATIONS PRÉLIMINAIRES.

L'intention de la Commission française avait été qu'on s'abstînt de toute polémique à l'égard d'une grande question d'économie commerciale, qui divise aujourd'hui les esprits, et qui menace en sens divers les plus grands intérêts de l'industrie.

Deux membres ont cru pouvoir ne pas se renfermer strictement dans ce programme :

L'un a présenté des idées et des faits qui lui semblent justifier, dans leur ensemble, les mesures de protection imaginées depuis la paix générale ;

L'autre se prononce, au contraire, pour la suppression absolue de ces mesures et pour la liberté illimitée du commerce, en dehors de laquelle il n'aperçoit que stagnation, misère et sacrifices funestes.

La Commission avait certainement le droit de faire rentrer chacun de ses membres dans le programme imposé par sa prudence.

Elle avait confié, à ce sujet, au président une mission exécutive qu'il n'a pas cru pouvoir accomplir, parce qu'il a désespéré d'y parvenir dans un juste milieu qui satisfît tout le monde.

Il a trouvé plus simple et plus utile de présenter la série des faits complétant l'historique de trois grandes industries qui sont mises en présence. Par ce moyen, les juges impartiaux pourront apprécier les progrès comparés de la fabrication qui prétend être la plus libre dans son commerce, et conséquemment la plus progressive.

L'auteur de ce travail, statistique avant tout, et non pas dogmatique, ami d'une liberté généreuse mais circonspecte et clairvoyante, ami d'une protection suffisante mais préservée de tout excès, cet auteur ne réclame qu'une chose : il désire qu'on reconnaisse l'esprit de conciliation qui lui fait chercher, dans l'étude des faits accomplis, le moyen d'éclairer les hommes et de les rapprocher au nom de la vérité; tandis que l'esprit de système ne tend qu'à les diviser, à les aigrir, à les rendre injustes, et parfois injurieux les uns envers les autres.

Dans l'historique du XIIIe jury, l'un des plus habiles et des principaux commerçants en soieries de Lyon présente un éloge mérité des progrès d'une industrie qui fait la gloire de cette grande cité.

Ce n'est pas d'aujourd'hui que date une supériorité si flatteuse pour la France : elle remonte aux splendeurs du siècle de Louis XIV; anéantie sous les ruines de Lyon pendant la Terreur, elle s'est relevée par la protection éclairée du Premier Consul et de l'empereur Napoléon Ier.

Nous applaudissons aux progrès qui l'ont signalée surtout depuis la paix générale; ils font le plus grand honneur aux diverses classes productives qui concourent à la fabrication, au commerce des soieries. Nous espérons pour l'avenir la continuation de ces progrès, et peut-être des accroissements plus rapides encore.

Ces brillants succès ne peuvent fermer nos yeux sur des succès du même ordre obtenus par deux autres grandes industries, quoiqu'elles appartiennent à la catégorie de celles qu'on dit être endormies et presque énervées par la faveur, comme les fils indolents du riche et du privilégié.

On affirme que l'art de mettre en œuvre la soie est presque le seul qui, pour enrichir le pays, n'impose à l'État aucun sacrifice sous forme de droits, de prohibitions absolues ou de primes d'exportation.

Cette industrie, répète-t-on, n'aurait été ni retardée ni endormie par aucune de ces faveurs, si onéreuses au pays en général, et si funestes aux industries qui les reçoivent.

Nous n'avons pas la moindre peine à convenir, et nous convenons avec loyauté, que d'autres industries du genre le plus analogue, par exemple celles du coton et de la laine, ont reçu de telles faveurs, funestes ou non; nous confessons qu'elles les ont reçues pendant la presque totalité du temps dont la Commission française écrit l'histoire industrielle.

Cet aveu fait, nous exprimons le désir qu'on puisse défendre la France contre le reproche qu'on lui décerne, sous la forme de l'éloge, sur l'oubli qu'elle aurait fait de l'industrie de la soie, trop éloignée de Paris pour qu'on eût daigné la faire participer à des dons qu'on a cru longtemps précieux.

Après examen, il nous semble que la France n'a commis aucun acte ni d'oubli ni d'ingratitude à l'égard des brillants travaux de ses enfants qui travaillent si bien, quoique loin de la capitale. L'Administration française a souhaité les servir, et les a servis suivant son intelligence; elle a pu se tromper, mais à bonne intention, en leur accordant ce qu'elle regardait comme des faveurs, en leur épargnant ce qu'on pouvait regarder comme des rigueurs. Dès qu'il s'est agi de taxes onéreuses, elle a fait peser sur eux des charges bien moindres que sur des industries similaires, lorsque ces charges étaient réclamées au nom d'autres graves intérêts. Évidemment elle a cru répandre des bienfaits, même à l'égard des soieries; en bon citoyen, nous serions attristé qu'on en méconnût et la nature et l'étendue.

Dans les siècles précédents, il paraissait très-naturel, non-seulement à la France, mais surtout à l'Angleterre, de chercher à conquérir certaines grandes industries, et de commencer la conquête en assurant aux producteurs la possession indisputée du marché national.

C'est ce que fit l'administration britannique à l'égard des fabrications de lainages. Nous ne voulons pas juger ici ses mesures: mais elles étaient une marque d'intérêt pour cette nature de fabrications, et les effets en ont été considérables.

L'Angleterre alla plus loin : sans s'inquiéter des objections qu'eût pu faire à bon droit l'agriculture, afin de favoriser ce genre d'industrie, elle empêcha la sortie de ses propres laines. Ce pouvait encore être une mesure plus ou moins éclairée, plus ou moins opportune; mais c'était à coup sûr une marque d'intérêt pour la fabrication des lainages.

Pareillement, lorsque l'ancienne monarchie réservait pour la seule industrie française les soies produites par nos cultivateurs, elle montrait son vif intérêt pour nos fabricants de soieries. La mesure, au point de vue des idées modernes, peut être l'objet de toute critique imaginable, hormis une seule; ce n'était pas une marque d'oubli.

Après les grandes commotions de la Révolution, après les guerres qu'elle a suscitées, est survenue la paix générale, où des mesures nouvelles ont été successivement adoptées.

Quand, soit à droit soit à tort, et peut-être avec excès, l'agriculture en détresse, effrayée d'une invasion énorme des produits étrangers, a réclamé pour ses produits des protections puissantes, c'est le commerce de la soie qu'on a le plus ménagé.

En effet, des trois matières principales, le coton, la laine et la soie, que nous mettons en parallèle, c'est la soie que le Gouvernement a frappée du moindre droit à l'entrée. En voici la preuve authentique, prise dans l'année même où le

Gouvernement, après une révision officielle et générale, a fixé, pour les importations et les exportations, des valeurs normales établies d'après les prix effectifs de cette époque.

COMPARAISON DES DROITS IMPOSÉS À L'ENTRÉE, AVEC LA VALEUR DES MATIÈRES PREMIÈRES, EN 1825.

MATIÈRES IMPOSÉES.	MONTANT DES DROITS perçus à l'entrée.	VALEUR des MATIÈRES PREMIÈRES importées.
	fr.	fr.
Laines	3,100,150	9,414,190
Cotons	6,237,032	44,061,717
Soies	1,097,511	34,057,246

Le rapprochement de ces valeurs conduit aux conséquences que nous allons exposer.

Dès les premiers temps de la période de paix générale dont nous écrivons l'histoire industrielle, la France répartissait ainsi les charges que, soit à tort, soit à raison, elle imposait aux trois matières premières :

PROPORTION POUR CENT DES DROITS IMPOSÉS À L'ENTRÉE DE LA LAINE, DU COTON ET DE LA SOIE.

Droit imposé sur les laines étrangères, 32 $\frac{93}{100}$ p. o/o;

Droit imposé sur les cotons étrangers, 14 $\frac{16}{100}$ p. o/o;

Droit imposé sur les soies étrangères, 3 $\frac{22}{100}$ p. o/o.

Évidemment, ici, ce n'est point la soie qu'on traitait avec le moins de faveur. Les cotons payaient un droit presque *quintuple*, et la laine un droit *décuple*; c'est donc l'industrie de la laine qu'on traitait avec une rigueur excessive.

Lorsque nous voyons l'agriculture française, qui comptait à peine 30 millions de bêtes à laine au jour où l'Empire finissait, en compter aujourd'hui 40 millions, nous concevrons, malgré cela, que la mesure était peu sympathique, à coup sûr, pour les fabricants de lainage, et qu'ils ont dû la combattre. Sous un autre point de vue, qu'en peut conclure un observateur impartial ?

Une chose au moins : c'est que l'agriculture n'a pas éprouvé de ruine pour avoir été de la sorte protégée, et l'avoir été même avec excès.

A l'égard du droit d'entrée sur les cotons, il remonte au premier empire, lorsque la France comprenait les deux Flandres, la Hollande et d'autres pays éminemment favorables à la culture du lin. Napoléon craignait qu'un usage du coton trop rapidement étendu ne nuisît à l'usage des fils et des toiles de lin : nous nous rappelons le magnifique, et nous dirons presque le prophétique prix qu'il proposait pour la filature de ce filament indigène. On ne cite ici de tels faits que pour expliquer le droit sur l'entrée des cotons en laine; droit qui, nous devons l'avouer, n'a nullement atteint son but.

On avait aussi désiré protéger l'éducation des vers à soie en imposant les soies étrangères; mais le droit auquel on s'était borné depuis la paix générale était évidemment trop faible pour amener un résultat considérable. Aussi l'importation des soies étrangères s'est-elle accrue dans une proportion qui semble surpasser de beaucoup le progrès des soies indigènes.

Comme nous l'avons indiqué, depuis longtemps on avait fait emploi d'une autre mesure de faveur, non pas pour la production des soies françaises dont on prohibait la sortie, mais pour la fabrication de nos étoffes de soierie : il en résultait que certaines espèces de fils indigènes, uniques dans le monde pour leurs qualités et leur beauté, donnaient à certains de nos tissus une supériorité réellement exclusive.

De nouveau nous n'affirmons pas que la mesure fût parfaite, mais nous affirmons que ce n'était pas là de l'indifférence et de l'oubli.

Poursuivons l'examen des mesures adoptées, soit à droit, soit à tort, dans ce qu'on supposait être l'intérêt des soieries françaises.

QUELLE EST LA PROTECTION QU'ON A VOULU PROCURER AUX SOIERIES FRANÇAISES, CONTRE LES PRODUITS SIMILAIRES FABRIQUÉS PAR L'ÉTRANGER?

Voici l'un des sujets les moins connus et qui nous semblent faits pour inspirer le plus vif intérêt, si nous considérons l'importance et la beauté de l'industrie qu'on a voulu protéger.

À mon avis on serait peu juste envers l'Administration si l'on supposait que les droits qu'elle a fixés pour limiter la concurrence des soieries étrangères ont été des droits *fiscaux*, et non pas des droits défensifs.

Au sujet d'un commerce de soieries, qui représente plus de 200 millions tant à l'entrée qu'à la sortie, le total des droits sur les soieries étrangères ne s'élève pas à 850,000 francs[1]. Ce total n'est rien ; et, s'il signifie quelque chose, ce ne peut être que par l'appropriation aux soieries graduellement protégées. Voilà ce qu'il faut mettre en lumière.

Dans l'exposé qui va suivre, nous avons pris la proportion effective entre la valeur actuelle de chaque genre de soieries étrangères et le droit payé préalablement à leur mise en consommation; nous obtenons ainsi l'expression authentique du degré de protection donné par l'autorité publique. Entrons en matière.

Afin de mieux faire comprendre l'esprit d'après lequel a cru devoir opérer l'Administration française, nous avons ordonné, suivant des catégories croissantes, les degrés si remarquables de son échelle protectrice.

1re CATÉGORIE.

PROTECTION MOINDRE DE 6 P. 0/0 SUR LA VALEUR DES PRODUITS CONCURRENTS.

	Valeur actuelle des prod. étrangers.	Droit d'entrée.
Les rubans	100.	$5\frac{70}{100}$

Ce droit, trop faible pour être fiscal, n'est pas assez fort

[1] Voyez le dernier *Tableau général du commerce de la France pour l'année 1852.*

pour être efficacement protecteur. Il n'empêche pas les rubans étrangers, malgré notre goût parfait et notre rare habileté, d'entrer dans la consommation française pour une valeur de 7,445,412 francs. Cependant, tout faible qu'il est, il semble que ce droit sert de digue à 64,465,920 francs de rubans qui, dans une seule année, pénètrent sur notre territoire; les huit neuvièmes de cette énorme masse de produits, écartés de notre marché, s'écoulent par le transit; ils vont au dehors faire une concurrence formidable aux 75,542,488 francs de rubans que nous vendons aux différents peuples.

La prudence exige qu'on ne passe pas sous silence la proportion, de plus en plus prononcée, qui se manifeste en faveur des rubans étrangers introduits en France, puis versés sur notre marché ou réexportés pour lutter contre nous au dehors. On sera frappé de cette échelle croissante, dont j'ai calculé soigneusement les termes quinquennaux pour un quart de siècle, et les termes annuels de 1847 à 1851.

RAPPORTS ENTRE LA VALEUR DES RUBANS ÉTRANGERS ENTRÉS EN FRANCE ET LES RUBANS FRANÇAIS ENVOYÉS À L'ÉTRANGER.

ANNÉES.	RUBANS	
	FRANÇAIS.	ÉTRANGERS.
1825	100	17 [illegible]/100
1827	100	10 [illegible]/100
1832	100	26 [illegible]/100
1837	100	44 67/100
1842	100	49 79/100
1847	100	65 [illegible]/100
1848	100	73 [illegible]/100
1849	100	69 [illegible]/100
1850	100	73 [illegible]/100
1851	100	97 [illegible]/100

On ne doit pas être surpris, en contemplant cette effrayante progression, que le commerce de Saint-Étienne et celui de Saint-Chamond aient été frappés d'alarme, et qu'ils aient demandé d'être protégés par un droit moins misérable que celui de 5 p. o/o. Dussions-nous être appelé le plus illibéral des hommes par tous les commis voyageurs de l'étranger, nous ne pouvons nous empêcher de porter un extrême intérêt à la branche d'industrie nationale que nous voudrions voir plus réellement défendue. Enfin, nous serions tenté de penser que, même à l'égard des rubans, un peu de protection, bien entendue et modérée, pourrait servir à quelque chose; mais, encore une fois, nous n'osons rien affirmer.

Lorsque l'illustre Huskisson supprima la prohibition des soieries étrangères, parce qu'il ne pouvait pas en arrêter la contrebande, ce ne fut point avec un droit dérisoire de 5 p. o/o qu'il la protégea, mais avec un droit *cinq fois plus fort.*

Lorsque sir Robert Peel, après avoir défendu trente années l'agriculture, fut réduit à l'abandonner, bien qu'il proclamât la suppression de tout droit protecteur sur certains fruits de la terre, il maintint des droits de 15 et de 20 p. o/o sur les soieries étrangères. Le croira-t-on, de ce côté-ci du détroit? sur le sol sacré des droits supprimés, un droit protecteur de 10 p. o/o subsiste encore aujourd'hui pour protéger les soieries britanniques; et, lorsque les membres du Parlement applaudissent à l'affranchissement *absolu* du commerce, ils battent des mains; et ces mains sont couvertes de gants dont l'infériorité britannique est *protégée* contre les gants étrangers, par un droit de 25 pour cent!....

En 1852, voici quels étaient les droits d'entrée dont on frappait les soieries étrangères :

Dans le Royaume-Uni.............. 5,587,575 francs [1].
En France....................... 845,005

Par conséquent lorsqu'on célèbre, au sujet des soieries anglaises, le succès des lois éclairées et libérales de la Grande-

[1] *Finance accounts for the year 1852*, p. 30.

Bretagne, il faut ajouter : ces lois sont fondées, pour les soieries, sur le principe des lois imaginées et pratiquées par la France.

Voilà peut-être pourquoi l'on a vu prospérer simultanément cette magnifique industrie de la soie en Angleterre ainsi qu'en France? mais nous n'osons rien affirmer, même à l'aspect de ce qui paraît être l'évidence. Poursuivons notre examen.

2e CATÉGORIE.

PROTECTION DE 10 À 15 P. 0/0 ACCORDÉE À CERTAINES SOIERIES FRANÇAISES.

PRODUITS PROTÉGÉS.	VALEUR actuelle du produit étranger.	DROIT D'ENTRÉE.
Bonneterie de soie	100	10 $\frac{12}{100}$
Foulards écrus	100	14 $\frac{68}{100}$
Étoffes brochées de soie	100	14 $\frac{71}{100}$

Peu de bonneterie étrangère en soie traverse la France; l'Angleterre et l'Italie suivent d'autres routes pour vendre aux nations leurs produits de cette nature.

Au sujet des foulards, on s'est proposé de favoriser par un droit, qui maintenant approche de 15 p. 0/0, la fabrication des foulards français; on peut juger à quel point on a réussi par le simple rapprochement qui va suivre.

COMMENT ON A VU DÉCROÎTRE LA QUANTITÉ DES FOULARDS ÉCRUS IMPORTÉS POUR LA CONSOMMATION FRANÇAISE?

	Foulards étrangers admis à la consommation.
En 1842	11,199 kilogrammes.
En 1852	1,209

Par conséquent, en dix années, il paraîtrait que la consommation des foulards étrangers, en présence d'un droit, protecteur ou non, de 14 à 15 p. o/o, a diminué dans le rapport significatif de 100 à 11 : cela semble quelque chose.

A l'égard des étoffes brochées de soie, étoffes pour lesquelles la supériorité de la France est universellement reconnue, un droit de 15 p. o/o est presque *prohibitif*, et l'expérience le démontre. On le réduirait à 10 p. o/o, et nous n'en concevrions aucune alarme; mais je ne me crois pas assez compétent pour rien conseiller à cet égard.

3e CATÉGORIE.

SOIERIES FRANÇAISES PROTÉGÉES PAR DES DROITS DE 15 A 20 P. O/O DES VALEURS ACTUELLES.

SOIERIES PROTÉGÉES.	VALEUR ACTUELLE des produits étrangers.	DROITS D'ENTRÉE.
Soieries unies............................	100	16 $\frac{18}{100}$
Blondes ou dentelle de soie................	100	16 $\frac{[illegible]}{100}$
Soieries façonnées.........................	100	16 $\frac{[illegible]}{100}$
Passementerie de soie mêlée d'autres matières...	100	19 $\frac{[illegible]}{100}$

Le produit capital de cette catégorie est celui des *soieries unies*. Au sujet de ce genre simple, la France ne peut pas, comme à l'égard des genres *façonnés*, trouver sa supériorité dans l'excellence du dessin ni dans la fécondité de l'imagination, qui sont propres à nos artistes : cela semble expliquer le droit élevé qui se trouve indiqué dans cette catégorie.

On doit souhaiter de connaître à quel point cette protection est nécessaire à la France pour se défendre contre des pays où la main-d'œuvre de l'homme est à bas prix, comme en Suisse, et la force motrice donnée par la houille à bon marché, comme en Angleterre. Satisfaisons à ce désir.

ENTRÉE CROISSANTE DES SOIERIES UNIES ÉTRANGÈRES, DÉDUCTION FAITE DE LA CONSOMMATION FRANÇAISE.

	Valeur.
Année 1842....................	10,545,180 francs.
Année 1852....................	30,569,680

A ce progrès effrayant, il faut opposer un mouvement tout contraire éprouvé dans la portion réservée pour l'usage de la population française.

CONSOMMATION DÉCROISSANTE, FAITE PAR LES FRANÇAIS, DES SOIERIES UNIES ÉTRANGÈRES TENUES EN ÉCHEC AU MOYEN D'UN DROIT DE 16 À 17 P. 0/0.

	Valeur.
Année 1842..........................	321,970 francs.
Année 1852..........................	85,904

En présence de pareils faits, il semble à peu près impossible de penser qu'en France pendant ce laps de temps, la consommation de nos propres *soieries unies* n'a pas été, chez nous, puissamment et par là même heureusement protégée.

Si l'on supprimait le droit défensif établi sur les soieries unies, on verrait, nous le craignons, une invasion rapide et vaste du marché français par le genre étranger le *moins coûteux*; ce qui le rend si convenable à l'immense majorité des moyennes et des médiocres fortunes.

Cependant, pour l'avancement des sciences économiques, si l'on osait, par voie d'essai, aventurer l'existence des milliers de familles ouvrières adonnées au tissage des soieries unies, on pourrait demander la suppression du droit de 16 p. 0/0 qui défend, sur le sol français, ce genre simple de produits. On noterait soigneusement le bénéfice ou la perte qui s'ensuivrait, et l'on écouterait, *a posteriori*, les leçons de l'expérience. Peut-être aussi les spectateurs les moins curieux et les plus prudents, aimeraient mieux ne rien tenter?

4e CATÉGORIE.

SOIERIES FRANÇAISES PROTÉGÉES PAR DES DROITS DE 20 À 25 P. 0/0 DES VALEURS ACTUELLES.

SOIERIES PROTÉGÉES.	VALEUR ACTUELLE des produits étrangers.	DROITS D'ENTRÉE.
Passementerie de soie pure..................	100	21 $\frac{31}{100}$
Foulards imprimés..........................	100	22 $\frac{23}{100}$
Gaze de soie pure..........................	100	22 $\frac{82}{100}$
Crêpes brochés français....................	100	24 $\frac{45}{100}$

On a prétendu que le produit des soieries n'était jamais défendu par des mesures prohibitives : cela nous paraît une erreur. Nous n'en citerons qu'un exemple et nous en pourrions citer plusieurs autres.

DROIT RÉELLEMENT PROHIBITIF EN FAVEUR DES PRODUITS DE PASSEMENTERIE PURE SOIE.

(1852.)

PASSEMENTERIE ÉTRANGÈRE CONSOMMÉE PAR LES FRANÇAIS, malgré des droits protecteurs qui passent 21 p. 0/0.	PASSEMENTERIE FRANÇAISE VENDUE À L'ÉTRANGER.
14,365 francs.	5,047,668 francs.

En réalité, la France a voulu réserver son propre marché à la passementerie de soie, qui nécessite un double travail de filature et de tissage plus ou moins compliqué : elle a réussi.

5° CATÉGORIE.

PROHIBITION ABSOLUE.

Le tulle de soie étranger................. *Prohibé.*

On n'a pas encore cru qu'il fût possible, ou convenable, de lever cette prohibition.

Par le tableau simple et clair qu'on vient d'offrir au lecteur, on est bien loin de prétendre imposer aucune doctrine, ni de rien recommander, au nom de quelque théorie que ce puisse être.

L'exposition méthodique et fidèle des faits accomplis est l'unique objet que nous ayons le désir d'atteindre.

Et notre unique désir, c'est qu'en voyant des résultats dont aucun ne s'offre comme un désastre, à côté des intentions protectrices d'une Administration pour le moins bienveillante, on ne l'accuse plus d'avoir été ni sèchement oublieuse, ni radicalement ignorante, ni complétement aveugle.

Après avoir satisfait notre esprit sur ce qui concerne les soieries, passons à deux des plus grandes industries parmi celles qu'on trouve si peu capables de soutenir le parallèle, attendu la protection, déplorable ou non, qui les aurait desservies.

INDUSTRIES

QUI METTENT EN ŒUVRE LA LAINE ET LE COTON,

PLACÉES EN PARALLÈLE AVEC LES SOIERIES.

Dans la grande période pacifique dont nous écrivons l'histoire industrielle, le commerce français est constaté par des comptes officiels, dont le plus récent date de 1852 et dont le plus ancien remonte à 1818 : à l'année même où l'armée d'occupation, quittant la France, la laissait livrée à la libre action de son génie et de ses forces productives.

Voilà, par conséquent, depuis cette dernière époque, trente-quatre ans de progrès, un tiers de siècle, éminemment favorisé par la paix générale; c'est un laps de temps qui nous permet une étude sérieuse.

L'année 1818 est une époque remarquable, surtout parce qu'elle inaugure un régime maintenu jusqu'à ce jour, régime que nous voulons, non pas juger, mais constater simplement dans ses résultats.

Soit à droit, soit à tort, les deux industries du coton et de la laine ont été protégées; elles ont été favorisées par des restitutions de droits ou des primes, elles l'ont même été par des prohibitions. On peut en rougir si méfait il y a, on peut les réformer s'il y a lieu; mais il faut, avant tout, laisser voir la vérité dans l'étude des conséquences.

L'industrie qui met en œuvre la soie n'a été ni retardée ni entravée par aucune de ces faveurs, prétend-on, si onéreuses au pays en général, et si funestes aux industries qui les reçoivent.

Voilà certainement un contraste fait pour appeler au plus haut degré l'attention des observateurs impartiaux, qui cherchent, par l'étude des faits accomplis, à remonter, en évitant toute erreur, vers la connaissance des causes.

Sans rien contester, sans entreprendre aucune discussion, contentons-nous de rapporter ici des chiffres officiels qui constatent la quantité des matières que contenaient les produits exportés : quantité qui ne peut pas, comme les évaluations monétaires, être sujette à contestation. Nous donnerons ces résultats incontestables :

1° Pour les cotons ;
2° Pour les laines ;
3° Pour les soieries ;

Et nous mettrons en regard les deux époques extrêmes qui nous sont positivement fournies par l'Administration des finances.

TABLEAU DE LA QUANTITÉ DES PRODUITS FRANÇAIS EXPORTÉS (COTONS, LAINAGES ET SOIERIES), AUX DEUX ÉPOQUES EXTRÊMES DE LA PÉRIODE CONSTATÉE PAR DES COMPTES OFFICIELS.

NATURE DES TISSUS.	ANNÉE 1818.	ANNÉE 1852.
	kilogr.	kilogr.
Tissus de coton..........................	954,708	7,060,210
—— de laine..........................	1,221,954	3,942,607
—— de soie..........................	1,180,857	1,977,930

De ces chiffres, relevés avec soin sur les états officiels publiés par l'Administration des finances, nous déduisons arithmétiquement les conséquences que nous allons présenter.

PROGRÈS COMPARÉS QU'OFFRE LA QUANTITÉ DES MÊMES PRODUITS FRANÇAIS EXPORTÉS, DEPUIS 1818 JUSQU'À 1852 INCLUSIVEMENT.

Pour l'industrie des *cotons*, l'accroissement de la quantité des produits exportés s'élève à, ... 639 $\frac{52}{100}$ p. o/o.

Pour l'industrie des *lainages*, l'accroissement de la quantité des produits exportés s'élève à.......................... 222 $\frac{65}{100}$ p. o/o.

Pour l'industrie des *soieries*, l'accroissement de la quantité des produits exportés s'élève à.......................... 67 $\frac{50}{100}$ p. o/o.

Nous sommes charmé de voir qu'en trente-quatre ans l'exportation des soieries françaises ait augmenté de 67 p. o/o. Un semblable progrès n'est nullement à dédaigner; pour le produire, il a fallu l'activité, l'intelligence, le goût et l'imagination des commerçants et des fabricants, des artisans et des artistes de Lyon, de Saint-Étienne, de Saint-Chamond, d'Avignon, de Tours, de Nîmes et de Paris.

Si nous éprouvons une satisfaction aussi naturelle pour la belle industrie qui met en œuvre la soie, nous l'éprouvons au même titre et nous l'éprouverions au même degré pour les industries parallèles, qui mettent en œuvre la laine et le coton, si les progrès de part et d'autre étaient égaux.

Mais, pour les lainages, notre satisfaction doit être plus étendue et plus vive que pour les soieries; car il ne s'agit pas seulement d'un progrès de 67 pour cent, dans un tiers de siècle; il s'agit d'un progrès supérieur à 222 pour cent.

Et, si nous éprouvons ce plus grand plaisir pour l'industrie si féconde et si variée des lainages, nous l'éprouvons encore avec plus de vivacité pour l'industrie progressive par excellence, pour l'industrie des cotons, qui nous présente, en un tiers de siècle, un accroissement presque fabuleux : un accroissement qui surpasse 639 pour cent; un accroissement neuf fois supérieur à celui déjà si beau des soieries !...

Comment donc est-il possible que, par erreur, et dans un bon sentiment à coup sûr, on s'apitoie sur ces industries infortunées autant qu'aveugles de la laine et du coton, sur ces industries malencontreusement desservies par des mesures insensées qui, prétend-on, ruinent le Trésor, renchérissent les produits, et paralysent le progrès ?.....

N'est-ce pas une admirable paralysie que celle d'une race de travailleurs qui poursuit ses succès avec tant d'énergie et de vitalité, qu'en trente années elle accroît ses produits vendus à l'étranger, non pas seulement de 67 pour cent, comme la soie, mais de 222, comme la laine, et de 639, comme le coton!

Combien nous serions heureux si, pour l'ensemble des arts qui sont la force et la richesse de la France, le résultat général approchait, même de loin, du dernier de ces progrès, où l'on a cru voir de la somnolence et de l'atrophie!

Demandons-nous à présent si de pareils progrès, tout admirables qu'ils paraissent, n'ont pas été payés d'un prix désastreux par les finances de l'État?

COMMENT LE TRÉSOR PUBLIC EST INTERVENU DANS LES INDUSTRIES DE LA LAINE ET DU COTON.

Quel que soit l'intérêt que nous portons aux deux grandes industries de la laine et du coton, nous ne voudrions pas d'un progrès obtenu par des moyens artificiels, et qui seraient la ruine du Trésor : la fortune publique marche en première ligne dans l'estime qu'en fait notre patriotisme.

Pendant les trente-quatre années de paix générale dont nous examinons ici d'un œil impartial le mouvement industriel, le Trésor est intervenu de deux manières dans l'existence des magnifiques industries de la laine et du coton.

Par la première intervention, nous l'avons déjà dit, il perçoit des droits considérables sur les matières premières, la laine et le coton; ce qui certainement ne favorise ni la mise en œuvre, ni la vente des produits que l'on tire de ces matières.

Deux motifs ont guidé l'autorité publique dans cette perception d'un droit d'entrée aussi fort, et dont se plaignent vivement les manufacturiers.

Il est un motif financier, secondaire en réalité, mais que le Trésor ne trouvait pas à dédaigner, et qu'on ne peut condamner. Ne devons-nous pas en effet quelque indulgence à nos ministres des finances, qui s'efforcent de satisfaire au problème si difficile à résoudre en France : imprimer à la recette un progrès qui suive presque le progrès de la dépense ?

Quel a donc été le motif du premier ordre dans l'établissement d'un droit d'entrée sur les laines et les cotons étrangers? Le motif, nous l'avons déjà signalé : on a voulu défendre, on a voulu *protéger l'agriculture française.* On a voulu qu'elle pût lutter, non pas avec des avantages fiscaux, mais simplement *sans désavantage* commercial, contre les laines de pays où la terre est à vil prix, de pays où l'impôt foncier et les charges indirectes sont presque nulles en comparaison des charges de toute nature qui pèsent sur l'agriculteur français.

INDUSTRIE DU COTON.

Nous avons expliqué plus haut le motif qu'avait eu Napoléon Ier pour favoriser les cultures du lin et du chanvre, lorsqu'il a mis sur les cotons en laine un impôt alors d'autant plus modéré, que cette matière première n'était pas descendue au bas prix d'aujourd'hui.

Nous pouvons offrir, à l'égard des cotons, la preuve évidente que cet impôt n'a pas été suffisant pour étouffer le goût, ni même pour ralentir dans son progrès l'usage d'une matière si précieuse pour le vêtement du peuple.

PARALLÈLE DES QUANTITÉS DE COTON BRUT IMPORTÉ, AVEC LE POIDS DES COTONS OUVRÉS EXPORTÉS DE 1818 A 1852.

MOUVEMENT DE LA MATIÈRE PREMIÈRE.	ANNÉE 1818.	ANNÉE 1852.
	kilogr.	kilogr.
Coton en laine mis en œuvre..........	16,508,503	72,068,951
Tissus de coton exportés, plus 50 p. 0/0 de déchet lors de la mise en œuvre.............	1,271,436	10,590,321
Coton restant pour la consommation française...	15,207,067	61,478,630

Voilà donc le peuple français qui, malgré le fardeau du droit d'entrée établi sur les cotons, passe, en un tiers de siècle, de moins de 16 millions à plus de 61 millions de coton en laine : matière qu'il applique à ses besoins, à ses jouissances.

Le coton mis en œuvre par l'industrie française, s'il eût été tout réduit en tissu de largeur ordinaire, à 8 mètres de calicot par kilogramme de coton en laine, aurait représenté par habitant,

En 1818........................... 4 mètres;
En 1852........................... 13 mètres 2/3.

Ce qu'il y a d'extrêmement remarquable, c'est qu'en 1818 une longueur de 4 mètres de calicot ou de percale coûtait presque aussi cher que 13 mètres en 1852.

Nous nous adressons aux hommes qui font une étude approfondie des moyens d'augmenter le bien-être chez tout un peuple, et nous les prions de méditer sur le bienfait du progrès signalé par de tels nombres.

A l'égard de la soie, même en 1852, le poids total applicable à la consommation de chaque habitant n'équivaut point à 2/3 de mètre de soieries dans les largeurs ordinaires; mais ces 2/3 de mètre, au lieu d'être à meilleur marché qu'en 1818, sont aujourd'hui notablement plus chers. Le coupon si court de tissu soyeux que nous voyons correspondre à la part de chacun, lorsqu'il s'applique à la parure d'un peuple, ce peut être quelque chose, par la subdivision des rubans et la multiplication des tissus les plus vaporeux; mais, il faut en convenir, comme vêtement effectif et pour la généralité d'une population, cela semble peu de chose.

Aussi la grande importance des soieries françaises est-elle principalement dans le rôle qu'elles jouent comme produits consacrés au commerce extérieur.

INDUSTRIE DE LA LAINE.

Si nous passons maintenant à la troisième des grandes industries que nous mettons en parallèle, nous trouvons un peu moins facile que pour les cotons, de connaître le progrès obtenu dans la quantité des laines que la population française fait servir, sous mille formes, à ces usages si nombreux où le comfort le dispute à l'agrément.

Dans la belle et profonde étude du progrès des lainages, que renferme ce volume, on a pu voir quels étonnants résultats nous avons conquis depuis la paix, et quel heureux abaissement de prix a marché de pair avec l'accroissement de la consommation faite par l'ensemble de la population.

Lorsque, en 1814, l'empereur Alexandre vint visiter l'Angleterre, émerveillé de voir un public immense vêtu d'un drap substantiel, sans trous, sans rapiéçages disparates et surtout sans haillons, il ne put s'empêcher de demander avec une surprise naïve : Mais où donc est le peuple? J'ose affirmer qu'un empereur de Russie, s'il pouvait, à Paris, un jour de fête, voir le peuple assemblé au Champ de Mars, ou répandu des Tuileries à l'Arc de l'Étoile, aurait aujourd'hui plus de motifs encore, s'il voyait les vêtements substantiels de tout un sexe et les parures gracieuses de l'autre, à se demander aussi : Mais où donc se trouve le peuple français?

Dans l'enquête faite par la Chambre de commerce de Paris, on a prouvé que les seuls ouvriers de la capitale, occupés à des fabrications, au nombre de 362,000, gagnent par jour un million! On a trouvé que les industries réservées aux vêtements fabriquaient par an pour 240 millions d'effets; et, dans cette somme, les tailleurs d'habits, qui travaillent surtout avec des tissus de laine, confectionnent par an pour 80 millions de francs. Voilà des chiffres qui s'expliquent les uns par les autres : ils font comprendre le bien-être à l'intérieur et l'aspect du luxe au dehors, dans cette grande capitale qui représente, et, pour ainsi dire, résume dans ses splendeurs les prospérités de la France entière.

En même temps, et déjà nous l'avons indiqué, nous savons que le nombre des bêtes à laine, inférieur à 30 millions à la fin de l'Empire, n'est pas moindre aujourd'hui de 40 millions; de plus, ces 40 millions appartiennent à des races améliorées, quant aux toisons, avec une rare constance.

L'agriculture française a donc obtenu ce dont elle avait un éminent besoin : la possibilité de multiplier, de varier et de perfectionner une des espèces les plus importantes de nos animaux domestiques ; d'augmenter ainsi pour l'homme la nourriture animale beaucoup plus rapidement que ne s'est accrue la population humaine ; de fournir à la terre des quantités d'engrais beaucoup plus considérables, et d'accroître d'autant la production des céréales.

Voilà les résultats obtenus : que ce soit PARCE QUE le législateur *a cru* protéger l'agriculture, ou QUOIQUE, dans son oubli des théories, le législateur ait péché contre les doctrines qui décrètent comment les peuples doivent s'enrichir, la richesse est arrivée; elle coule à grands flots par le canal de l'industrie. N'est-ce pas là l'essentiel ?

SI LES SACRIFICES DU TRÉSOR, EN FAVEUR DES INDUSTRIES DU COTON ET DE LA LAINE, ONT ÉTÉ RUINEUX POUR LES FINANCES ?

En même temps que le législateur percevait un impôt sur l'entrée des laines et des cotons étrangers, afin de ne pas sacrifier le commerce d'exportation il restituait, sous le nom de primes, une partie de cet impôt; il opérait cette restitution, afin que les produits français pussent lutter, hors de France, avec ceux des autres nations industrieuses.

En 1848, le Gouvernement a fait un pas de plus. Pour parer au danger imminent d'une époque désastreuse, il a rehaussé temporairement la proportion des primes sur ces deux natures de produits. Il a même donné des primes à la vente des soieries françaises, quoique cette dernière industrie travaillât beaucoup avec des soies étrangères, qui ne payent, pour ainsi dire, plus de droits d'entrée.

Il nous a paru très-intéressant de faire le relevé comparatif des droits prélevés et des primes accordées à l'égard des laines et des cotons, pour deux périodes de cinq années, l'une antérieure et l'autre postérieure à la révolution de 1848.

MESURES FINANCIÈRES APPLIQUÉES AUX COTONS.

PREMIÈRE PÉRIODE DE CINQ ANNÉES AVANT 1848.

ANNÉES.	DROITS D'ENTRÉE sur les cotons en laine.	PRIMES sur LES COTONS OUVRÉS exportés.
	fr.	fr.
1843	12,975,305	709,841
1844	12,678,880	1,012,285
1845	11,143,641	1,524,510
1846	13,928,846	1,652,138
1847	9,814,561	1,567,138
TOTAL	60,541,233	6,465,912

Revenu net, les primes payées........ 54,082,321 fr.

SECONDE PÉRIODE DE CINQ ANNÉES, À PARTIR DE 1848.

ANNÉES.	DROITS D'ENTRÉE sur les cotons en laine.	PRIMES À LA SORTIE des cotons ouvrés.
	fr.	fr.
1848	9,748,380	1,810,947
1849	13,479,420	1,546,197
1850	10,483,563	1,382,090
1851	12,759,263	1,759,053
1852	15,602,050	1,592,186
TOTAL	62,072,685	8,092,282

BÉNÉFICES NETS DU TRÉSOR PUBLIC.

En définitive, les restitutions de droits, appelées primes,

ont été pour les deux périodes de cinq années que sépare le 1er janvier 1848 :

5 années avant 1848	54,075,321^f
5 années à partir de 1848	53,980,403
Total	108,055,724

On peut se plaindre, si l'on veut, au point de vue du Trésor, que la recette ne soit pas plus excessive; on peut se plaindre, au point de vue du fabricant, que la contribution soit beaucoup trop forte. Cependant il semble naturel de supposer que 108 millions de revenu net, en dix années, ne pourront jamais s'appeler *une ruine* pour le Trésor qui les perçoit.

Offrons la même série de faits comparés, à l'égard des revenus et des sacrifices qui concernent les laines et les lainages.

MESURES FINANCIÈRES APPLIQUÉES AUX LAINES.

PREMIÈRE PÉRIODE DE CINQ ANNÉES AVANT 1848.

ANNÉES.	DROITS D'ENTRÉE sur les laines étrangères.	PRIMES SUR LA SORTIE des lainages français.
	fr.	fr.
1843	8,523,252	3,657,786
1844	10,809,756	4,869,592
1845	11,143,641	5,134,511
1846	8,349,838	5,408,248
1847	6,878,728	5,704,033
TOTAL	45,705,215	24,775,070

Ici, les revenus sont presque doubles de la restitution des droits.

SECONDE PÉRIODE DE CINQ ANNÉES, À PARTIR DE 1848.

ANNÉES.	DROITS D'ENTRÉE sur les laines étrangères.	PRIMES DE SORTIE des lainages.
	fr.	fr.
1848	3,086,581	8,002,857
1849	9,064,308	6,940,766
1850	12,810,286	7,012,988
1851	7,338,050	7,534,962
1852	13,918,055	7,405,560
Total	46,217,280	37,803,133

Comme la taxe à l'entrée des laines est extrêmement élevée, il faut que les primes le soient en proportion. Néanmoins, pour les laines, la restitution des droits à la sortie laisse encore au Trésor un revenu net dont voici l'évaluation :

BÉNÉFICES NETS DU TRÉSOR PUBLIC.

Pour les 5 années avant 1848, de	20,930,145f
Pour les 5 années suivantes, de	8,414,147
Revenu net du Trésor, en dix années.	29,344,292

DERNIÈRES OBSERVATIONS.

Tels sont les faits qu'il nous a paru nécessaire de présenter aux bons citoyens, qui naturellement s'affligeraient à la pensée que deux industries, quelque brillantes qu'elles soient, contribuent à la ruine du Trésor.

En faisant ainsi connaître le véritable état des choses, nous n'en formons pas moins des vœux pour que la prospérité de nos finances permette, dans un prochain avenir, le dégrèvement général des matières premières : c'est le vœu des esprits les plus éclairés. Dans tous les cas, en présence du progrès merveilleux de nos meilleures industries, malgré des charges de cette nature, nous nous félicitons que ces charges n'aient pas produit les effets sinistres que l'on pouvait en redouter : cela doit rendre plus patients les amis d'un allégement si désirable [1].

On ne se bornera pas, sans doute, à cette expression de notre pensée sur un point unique. Après nous avoir suivi dans cet enchaînement de faits, rapprochés par le calcul et l'observation, dans ces parallèles d'où l'on doit s'attendre à voir jaillir quelque lumière, le lecteur peut-être nous demandera quelle conclusion prétendez-vous m'imposer ? A cela notre réponse sera simple et renfermée dans un seul mot : *Aucune.*

Au milieu de ce conflit d'intérêts et d'idées où tant d'esprits veulent régner, dans cette lutte où les systèmes opposés se disputent avec ardeur l'avantage de la victoire et surtout l'enchaînement des vaincus, nous n'avons pas l'arrogance de nous ériger en dictateur. Notre rôle est moins superbe et plus facile.

A des allégations absolues et tranchantes, nous avons voulu substituer l'exposé des faits accomplis, conformes ou non conformes, à des idées dominantes ou qu'on croit près d'être telles. Au lieu d'engager les hommes à décider d'autorité n'importe en quel sens, pourvu qu'ils tranchent, notre seule ambition est de mettre sur la voie qui mène à connaître l'état positif des choses ; sur la voie féconde où Descartes appelait l'esprit humain, lorsqu'il l'obligeait *à douter* pour le con-

[1] M. le ministre du commerce vient de présenter un allégement digne d'éloges au sujet des laines que nos navires iront chercher en Australie. Ces navires seront doublement favorisés : 1° par cette diminution de droit à l'entrée ; 2° par une différence sensible de taxation comparativement à la même importation produite par navires étrangers. Nous sommes heureux d'avoir à citer de pareils actes.

duire, non pas à l'incrédulité, néant des idées; non pas aux fluctuations sans issues du scepticisme, mais pour préparer l'intelligence à découvrir la vérité pure, affranchie de tout préjugé, et dégagée de toute erreur préconçue.

En définitive, le tableau qu'on vient de présenter ne doit être considéré que comme un simple et modeste essai.

Si des personnes éminentes daignent suivre les voies que nous indiquons, il en sortira des conséquences que nous osons croire fécondes, et nous serons heureux de nous voir surpassé par ceux qui viendront après nous.

FIN.

TABLE DES MATIÈRES.

XIVE JURY.

INDUSTRIES DU CHANVRE ET DU LIN,

PAR M. LEGENTIL,

PRÉSIDENT DE LA CHAMBRE DE COMMERCE DE PARIS.

COMPOSITION DU XIVe JURY.

MM. le comte VAN HARRACH, chambellan de l'Empereur, Président	Autriche.
Charles TEE, manufacturier à Barnsley, Vice-Président	Angleterre.
William CHARLEY, manufacturier à Belfast, Rapporteur	Angleterre.
John WILKINSON, filateur de lin à Leeds	Angleterre.
John MAC-MASTER, fabricant à Guildford	Angleterre.
John MOIR, fabricant à Dundee	Angleterre.
Carl NOBACK, commissaire allemand	Allemagne du Nord.
SCHERER, conseiller du ministère des finances	Russie.
GRENIER-LEFÈVRE, sénateur, président de la chambre de commerce	Belgique.
LEGENTIL, président de la chambre de commerce de Paris	France.

Ire PARTIE.

CONSIDÉRATIONS GÉNÉRALES ET HISTORIQUES.

Trente années et plus s'étaient écoulées depuis que le filage mécanique du coton avait été inventé en Angleterre. Ses progrès avaient été immenses : la France avait suivi sa rivale à peu de distance dans l'application de ce nouveau procédé; la laine se filait aussi mécaniquement; le lin seul avait résisté à toute innovation et restait encore dans le domaine primitif de la quenouille et du rouet.

L'Empereur, frappé des prodiges d'activité, de richesse et de puissance que l'Angleterre devait à l'extension incessante de l'industrie cotonnière, et reconnaissant en même temps dans le lin une matière filamenteuse d'un usage universel et douée des avantages les plus précieux, pensa que, pour faire concurrence au coton, le lin n'avait besoin que d'être, comme son devancier, filé par les procédés économiques et perfectionnés de la mécanique. Ce résultat, s'il était obtenu, devait ouvrir un avenir nouveau à nos manufactures, et servir merveilleusement les intérêts de la politique impériale : cette pensée donna naissance au fameux décret du 7 mai 1810, dont voici le premier article :

« Il sera accordé un prix d'un million de francs à l'inventeur, de quelque nation qu'il puisse être, de la meilleure machine propre à filer le lin. »

M. le comte de Montalivet, alors ministre de l'intérieur, publiait, au mois de novembre de la même année, le programme du concours, et annonçait que ce concours resterait ouvert pendant trois ans et ne serait fermé que le 7 mai 1813.

Le prix n'a point été adjugé; est-ce à dire qu'il n'ait point été gagné? Le contraire a été reconnu, et une justice tardive a été rendue à notre compatriote M. Philippe de Girard. S'il n'a pas reçu la récompense due à son invention, il faut se rappeler les cruelles préoccupations qui absorbaient la France et son gouvernement dans les années 1812 et 1813.

M. de Girard a vécu assez pour voir luire le jour de la réparation. Au mois de juillet 1840, le ministre du commerce proclamait à la tribune nationale :

« Que c'était à un Français, à M. Philippe de Girard, qu'il avait été donné de concevoir et de mettre en œuvre en France même la filature mécanique du lin; les preuves s'en trouvent dans les brevets d'invention et de perfectionnement des 18 juillet 1810, 14 janvier 1812, 24 août 1815, 11 septembre 1818, dans les archives du Conservatoire des arts et métiers et dans les ouvrages scientifiques, notamment dans celui de M. le comte Chaptal. »

Le même témoignage a été rendu en faveur de M. de Girard par la Société d'encouragement pour l'industrie nationale, dans sa séance du 24 août 1842 et par le jury de l'exposition française de 1844.

Des tentatives pour filer mécaniquement le lin avaient été faites avant M. de Girard et ont été renouvelées après lui : quelques-unes d'entre elles n'ont pas été tout à fait sans succès, mais leurs auteurs n'ont eu en vue que d'appliquer au lin, avec quelques modifications, les procédés mécaniques usités pour le coton, et ils n'ont pu faire que des fils communs : pour réussir, il fallait oublier tout ce qu'on savait de la filature mécanique du coton, et prendre son point de départ dans les opérations manuelles de la fileuse elle-même. Ses doigts vont chercher dans la poignée de lin la petite quantité de brins dont elle a besoin, les démêlent et les tendent régulièrement; elle les humecte avec sa salive.

M. de Girard a remplacé la première opération par une série de petits peignes qui, s'élevant et s'abaissant l'un après l'autre, pénètrent dans le ruban de lin, en divisent les filaments, les maintiennent bien parallèles, et les conduisent ainsi jusqu'au cylindre étireur; il a suppléé à la seconde, en faisant passer le ruban ou le gros fil à travers un réservoir d'eau chaude. L'effet de cette immersion est de dissoudre la matière glutineuse qui colle entre elles les fibrilles dont le filament est composé, et, en les amollissant, de leur permettre de glisser les unes sur les autres dans l'étirage; ce n'est que par ce moyen que le filage mécanique peut atteindre à un degré illimité de finesse.

Ces procédés ont été décrits très en détail dans le brevet pris par M. de Girard le 18 juillet 1810, et la description en a été renouvelée plus tard dans la patente que ses anciens associés prirent sans sa participation en Angleterre dans l'année 1815. Ils avaient été mis en pratique par M. de Girard lui-même dans les deux filatures qu'il monta, en 1813 et en 1815, rue Meslay et rue de Charonne, à Paris : en 1816, il les transporta dans la filature impériale d'Hirtenberg, en Autriche, et en 1819 dans la filature de M. Kraus, à Chemnitz, en Saxe.

Jusqu'à cette dernière époque, ils étaient inconnus des Anglais, et M. de Girard, en revendiquant son droit d'inventeur, en trouve la preuve dans un traité de la filature du lin publié en Angleterre en 1819 par Andrew Gray, constructeur de machines très-connu. Dans ce traité, on ne trouve aucune trace, ni des séries de peignes sans fin, ni de l'immersion des fils dans l'eau chaude.

Il résulte de ce qui précède, que M. Philippe de Girard a inventé la partie essentielle et constitutive du filage mécanique du lin, que ses procédés ont été perfectionnés sans doute, mais que leur principe est encore aujourd'hui adopté dans toutes les filatures en fin, et que, pendant sept ans, de 1813 à 1820, il a été seul à les appliquer.

Ce n'est en réalité que de la période comprise entre 1820 et 1824 qu'on peut faire remonter l'établissement en grand du filage mécanique du lin en Angleterre. Des essais plus ou moins heureux avaient été faits antérieurement, mais ils ne donnaient que des résultats incomplets. Du jour où l'on a fait emploi du système de l'eau chaude et des peignes sans fin, la révolution a été accomplie, et son invasion a été si subite et si générale, qu'en moins de dix ans, à partir de sa date, M. Marshall, de Leeds, avait monté dans ses ateliers plus de 40,000 broches, MM. Hives et Atkinson 30,000, et l'on comptait cent autres filatures en activité.

Si nous sommes entré dans les considérations qui précèdent, c'est que notre honorable collègue M. Charley, fabricant et blanchisseur à Belfast, nommé rapporteur de la XIVe section du jury international à laquelle nous étions attaché, avait, dans les considérations préliminaires de son rapport, fait honneur à l'Angleterre de l'invention et du perfectionnement du filage du lin par la mécanique. Nous avons cru devoir revendiquer pour la France le mérite de l'invention. Pour couper court à un débat dont le jugement eût demandé un autre tribunal et plus de temps, le XIVe Jury a décidé la suppression de ce paragraphe du rapport. M. Charley y a consenti avec une loyauté et une courtoisie parfaites; mais il nous importait, surtout pour l'honneur de notre pays, de justifier que ce n'était pas par un sentiment de patriotisme exagéré, mais par des motifs fondés et irrécusables, que nous avions contesté à l'Angleterre le mérite d'invention que le rapport lui donnait [1].

Du reste, sa part n'en reste pas moins fort belle dans la création de la filature mécanique du lin : c'est elle qui a inventé et perfectionné la plupart des machines préparatoires; qui a complété le système de l'assortissement des machines; qui a inventé le filage à sec des étoupes, complément obligé du filage du long brin du lin, et sans lequel la filature mécanique perdrait une partie de ses avantages économiques. C'est l'Angleterre en un mot qui a fait cette industrie ce qu'elle est aujourd'hui, c'est-à-dire une des plus belles, des plus productives, des plus ingénieuses qui existent.

Pendant plus de quatorze ans, l'Angleterre a été la seule à l'exploiter au moins sur une grande échelle. Lorsque, vers l'année 1834, quelques fabricants français se mirent à l'œuvre pour l'implanter sur le sol natal, il était naturel qu'ils empruntassent à l'Angleterre les machines perfectionnées dont elle faisait un usage si heureux et si bien éprouvé pour produire les beaux fils qu'elle envoyait sur nos marchés; mais l'introduction de ces machines présentait de grandes difficultés, car alors, en Angleterre, leur exportation était prohibée. Il fallait avoir étudié sur les lieux mêmes le mouvement et le jeu des

[1] Mon rapport a été écrit en 1851 et lu à la commission centrale du jury français en juin 1852; depuis lors, l'introduction qu'on vient de lire a perdu de son intérêt et de son à-propos : une loi du 7 janvier 1853, en accordant aux héritiers de Philippe de Girard des pensions à titre de récompense nationale, a solennellement consacré les droits de notre illustre compatriote à l'invention de la filature mécanique du lin : ne livrant mon travail à l'impression qu'en 1854, j'aurais donc pu m'appuyer sur ce monument législatif et supprimer les détails dans lesquels je suis entré, si je ne m'étais fait un devoir de publier mon rapport tel qu'il a été adopté par la commission, sans lui faire subir aucun changement ni retranchement.

métiers à préparer et à filer le lin pour les faire marcher avec profit. Ces difficultés furent vaincues, et, à partir de 1834, la France compta parmi ses richesses manufacturières une industrie de plus.

Au nombre des fabricants qui ont le plus contribué à la doter de ce nouvel élément de travail, se présentent les premiers MM. E. Feray et Cie, d'Essonne, et MM. Scrive, de Lille. Les machines importées d'Angleterre servirent de modèles à nos conducteurs. MM. Schlumberger et Cie, de Guebwiller (Haut-Rhin), MM. Decoster et Cie, de Paris, M. David, de Lille, et d'autres encore, se mirent promptement en mesure de construire les métiers à filer le lin et furent bientôt en état de satisfaire aux demandes des nouvelles usines qui se montaient.

L'importation des métiers anglais diminua d'année en année, et, bien que l'Angleterre ait levé depuis longtemps la prohibition d'exportation qui pesait sur eux, on en fait beaucoup moins venir d'outre-Manche; nos constructeurs rivalisent avec leurs rivaux étrangers, et MM. N. Schlumberger et Cie non-seulement sont en mesure de fournir aux demandes de leurs compatriotes, mais encore travaillent pour l'étranger : ils ont notamment monté plusieurs filatures en Allemagne. Si, pour se tenir à la hauteur des perfectionnements incessants qui se produisent en Angleterre, nos manufacturiers sont obligés de lui demander certaines machines de préparation, cette nécessité devient de moins en moins impérieuse : nos tableaux de douanes en font foi; ils n'accusent en effet qu'une valeur de 836,000 francs pour les machines propres à filer le lin introduites dans les deux années 1849 et 1850, pendant que, dans le même temps, le contingent des broches françaises à filer le lin s'est augmenté de 50,000.

Si la France a tardé trop longtemps à s'approprier la filature du lin, la Belgique et l'Allemagne ont encore montré moins d'empressement. A quoi imputer cette lenteur des trois nations les plus industrieuses de l'Europe continentale? La cause ne se trouve-t-elle pas dans ce fait qui leur est commun, à savoir, que c'est chez elles que le sol a été, de temps immémorial, le plus largement consacré à la culture du lin? C'est chez elles que le filage et le tissage de cette matière occupaient le plus grand nombre de bras, surtout les plus débiles; que les salaires étaient les plus modiques pour ce genre de travail qui s'alliait aux occupations des champs. Les produits fournis par le lin s'obtenant à des conditions qui semblaient les plus économiques, l'intérêt était moins sollicité de remplacer le travail manuel par les procédés mécaniques, et l'humanité reculait devant la douleur d'enlever à tant d'êtres faibles leur modique gagne-pain.

En outre, l'Angleterre possédait depuis longtemps de nombreux et habiles mécaniciens, sa population ouvrière était familiarisée avec l'usage des machines, l'exemple des grandes fortunes créées par l'industrie cotonnière était un puissant encouragement et les capitaux s'offraient aux entrepreneurs avec beaucoup plus d'abondance et de facilité que dans aucun autre pays de l'Europe : aussi se lança-t-elle la première avec ardeur dans la nouvelle carrière ouverte à son activité manufacturière. Elle prit sur toutes les autres nations qui auraient pu lui faire concurrence une avance considérable, qu'elle a non-seulement conservée, mais constamment agrandie, et elle marche sans s'arrêter avec le même succès dans cette voie de progrès.

D'après les résultats de l'enquête poursuivie en 1840 par les commissaires belges dans tout le Royaume-Uni, qu'ils ont parcouru, il y existait alors 1,001,940 broches, réparties dans 392 fabriques et partagées entre les contrées manufacturières comme il suit :

En Angleterre..	Comté d'York........	203,440
	Comté de Lancastre....	95,500
En Écosse........................		497,000
En Irlande,......................		206,000
	Ensemble...........	1,001,940

M. Porter, dans son ouvrage (*The Progress of the nation*), établit également, pour l'année 1839, l'existence de 392 fabriques en activité, plus celle de 23 en chômage. Ces 415 fabriques étaient desservies par 11,090 chevaux de force, dont 7,412 fournis par la vapeur et 3,678 par des moteurs hydrauliques. La force totale effectivement employée en 1839 était de 9,585 chevaux.

Quel a pu être, pendant les onze années écoulées de 1839 à 1850, l'accroissement du nombre de broches ci-dessus constaté? Aucune statistique n'est assez récente pour le faire connaître; mais, en rassemblant quelques documents dignes de foi, on peut arriver à une estimation assez exacte.

Il s'est fondé, en 1841, sous le patronage de la reine d'Angleterre et du prince Albert, une société pour l'extension et l'amélioration de la culture du lin en Irlande; cette société, composée des plus hautes notabilités aristocratiques et industrielles, publie le compte annuel de ses travaux. Nous trouvons, dans le rapport de 1850, que le nombre des broches tournant en 1841 était, pour toute l'Irlande, de 260,000, et qu'en tenant compte des constructions, additions en cours d'exécution, etc., ce nombre serait, pour 1851, de 390,000 : 41 usines à la première date, 73 à la seconde, renfermant les broches ci-dessus mentionnées.

Ce même document établit que, pour approvisionner les filatures irlandaises, il faudrait cultiver en lin 100,000 acres, tandis que la consommation de toutes les filatures du Royaume-Uni absorberait la récolte de 500,000 acres.

L'Irlande ne figure donc que pour un cinquième dans la consommation, et conséquemment dans la fabrication du lin dans tout le pays; cette proportion s'accorde avec les chiffres comparatifs de l'enquête belge que nous avons citée plus haut : ainsi, l'accroissement des broches en Irlande ayant été de 140,000 pour la dernière période décennale, il devrait être de 700,000 pour le Royaume-Uni tout entier, si la progression avait été la même pour toute l'industrie linière.

Ce chiffre est évidemment trop élevé; c'est dans la consommation de la matière première qu'il faut chercher la mesure la plus juste de l'accroissement des moyens de fabrication.

Suivant M. Porter, il a été importé dans le Royaume-Uni, pendant les trois années qui ont précédé 1840, 1,270,000 quint. anglais de lin par an, en moyenne. En ajoutant le produit d'environ 40,000 acres ensemencés *en lin* pendant chacune des années 1837, 1838 et 1839, nous aurons, à raison de cinq quintaux de filasse par acre (produit moyen d'un acre, suivant le rapport de la Commission royale) 200,000

Total de la consommation en 1839.... 1,470,000

En 1849, l'importation est de......... 1,806,000

Et l'étendue de la culture ayant été de 60,014 acres, la récolte a donné....... 300,000

Ensemble.......... 2,106,000 quint.

L'augmentation de la consommation a donc été de 43 p. o/o, ce qui, prenant pour base le nombre de 1,001,940 constaté en 1840 par la Commission belge, donnerait, pour 1849, le total de 1,432,300 broches. Si le chiffre de 700,000 nous paraît exagéré, celui de 431,000 peut mériter le reproche contraire, et l'opinion des hommes compétents attribue à l'Angleterre au moins 1,500,000 broches en activité pour l'année 1850.

Avec ces puissants moyens de production, l'Angleterre laisse bien loin derrière elle les autres nations qui sont entrées dans la voie industrielle qu'elle a ouverte.

La France, qui s'y est laissé devancer de douze années environ, puisque ses premiers établissements ne datent que de 1834 ou 1835, ne comptait, en 1840, que 57,000 broches; en 1844, ce nombre était porté à 120,000, réparties entre

58 filatures, et, en 1849, il s'élevait à 250,000 broches, qui alimentaient 103 filatures, occupant de 15,000 à 16,000 ouvriers et employant 4,300 chevaux de force.

Chaque période quinquennale avait donc presque suffi pour doubler les éléments de la production antérieure. Cette marche progressive a été ralentie par la révolution de 1848, mais n'a pas été entièrement arrêtée : ces deux dernières années ont ajouté au moins 50,000 broches aux 250,000 qui existaient déjà.

Nous avons vu plus haut que, dans l'Angleterre, les 392 filatures en activité pendant l'année 1839, faisaient tourner 1 million de broches et employaient 9,585 chevaux de force : chaque cheval menait donc environ 100 broches; en France, les 250,000 broches qui garnissaient, en 1849, 103 filatures réclamaient 4,300 chevaux de force : chaque cheval ne suffisait donc qu'à 60 broches environ. L'explication de cette différence se trouve dans la dissemblance des marchés ouverts à l'écoulement des produits des deux nations. L'Angleterre, exportant une très-grande partie de sa production, est obligée de concentrer ses plus grands moyens d'action sur des numéros de fil moyens ou fins, car les frais et les tarifs de douanes rendent les marchés étrangers inabordables aux fils trop communs; or, la filature en fin dépense beaucoup moins de force que la filature en gros. La France, au contraire, produit beaucoup plus pour sa consommation intérieure que pour le dehors; elle doit satisfaire à des consommations plus communes, et par cela même très-nombreuses. Le chanvre aussi joue dans notre filature mécanique un plus grand rôle que chez nos voisins.

Après la France vient la Belgique.

En 1835, elle n'avait encore qu'une seule filature;

En 1841, 8 usines faisaient tourner 47,000 broches;

En 1847, 15 fabriques avaient un matériel de 92,000 broches.

Nous n'avons pas la note des broches nouvelles montées depuis cette dernière année; nous savons seulement, par l'exemple de quelques anciennes filatures, qu'il y a une augmentation à signaler à ce chiffre de 92,000.

L'association des États du Zollverein possédait, en 1840, 22 ou 23 filatures munies de 60,000 broches environ.

Voici quelle était, dans les divers États, la répartition des établissements connus :

12 dans la Prusse, dont 7 ou 8 dans la Silésie;
3 dans la Bavière;
4 dans le grand-duché de Bade;
1 dans le Wurtemberg.

Ce nombre de filatures et de broches s'est sensiblement accru : on nous en donnait à nous-même l'assurance lorsqu'en 1844, étant allé à Berlin pour y étudier les produits de l'industrie exposés dans cette capitale, nous avions des rapports suivis avec les industriels de l'Allemagne; on nous signalait plusieurs filatures en cours de construction, plusieurs projets d'établissements dont la réalisation ne devait pas se faire attendre. D'après les renseignements les plus récents que nous nous sommes procurés, nous sommes fondés à croire qu'à la fin de 1851 le Zollverein atteignait, s'il ne le dépassait pas, le chiffre de 80,000 broches.

Enfin les États autrichiens n'ont ou plutôt n'avaient, en 1845, pour toute richesse de ce genre, que 8 filatures, travaillant avec 20,800 broches; c'est ce qu'atteste M. le baron de Reden dans le compte qu'il a rendu au Gouvernement prussien des produits de l'industrie exposés à Vienne en 1845. De cette dernière époque à 1851, ce nombre s'est accru de 8,000 à 9,000, en sorte qu'à la fin de 1851 il pouvait s'élever à environ 30,000.

Pour compléter notre revue, il nous resterait à inventorier les filatures qui peuvent exister dans la Russie et dans la Pologne; mais nous n'en parlons que pour signaler l'absence complète de renseignements dans laquelle nous sommes à leur égard.

Il n'est pas sans intérêt de mettre, pour chaque pays, le

nombre des établissements de filature en regard du nombre total des broches qu'il possède.

Prenant pour l'Angleterre l'époque de 1839, dont les chiffres régulièrement constatés n'ont rien de conjectural, nous trouvons que 1,001,940 broches garnissaient 392 filatures, donnant une moyenne de 2,555 broches pour chacune.

Si nous nous reportons à 1850, un accroissement de 500,000 aurait dû entraîner la création de 196 nouveaux établissements; mais ce dernier nombre n'a évidemment pas été atteint, les 500,000 broches nouvelles ayant dû, au moins pour la moitié, être montées dans les anciennes usines. Au lieu d'une addition de 196, n'en comptant qu'une de 98 au plus, nous aurons, pour l'année 1850, 490 filatures faisant tourner 1,500,000 broches : ce qui donne une moyenne de 3,060 broches par filature. Mais le monde entier sait qu'il existe en Angleterre des usines colossales dans ce genre : ainsi M. Marshall possède à Leeds une filature de 60,000 broches et à Shrewsbury une autre de 40,000 environ, ensemble 108,000; MM. Mulholland et Hind, de Belfast, font tourner plus de 60,000 broches dans leurs établissements; MM. Hives et Atkinson, M. Wilkinson, à Leeds, M. Baxter, à Dundee, comptent leurs broches, chacun par 30,000 ou 40,000. Il y aurait encore d'autres noms à citer dans cette catégorie de puissants industriels; si donc on mettait en dehors ces grandes exceptions, la moyenne ci-dessus serait sensiblement affaiblie.

En France, la moyenne, qui était, en 1844, d'un peu plus de 2,000 broches par chaque filature, puisque cette époque donne les deux nombres de 58 et de 120,000, s'est élevée, en 1849, à 2,500 environ, résultat de 250,000 broches, formant le matériel de 103 établissements.

La Belgique comptait, en 1841, 8 filatures et 47,000 broches; en 1847, 15 filatures et 92,000 broches : c'est, en moyenne, 6,000 broches par filature, un peu moins à la première époque, un peu plus à la seconde.

Dans le Zollverein, les 60,000 broches reconnues existantes

en 1840 correspondaient à 22 ou 23 filatures : la moyenne était donc de 2,600 à 2,700.

Enfin les États autrichiens comptaient, en 1845, 20,800 brochese en 8 filatures, ou, en moyenne, pour chacune, 2,600 broches.

En résumé, en Angleterre, en France, dans le Zollverein et dans l'Autriche, la moyenne du nombre de broches par filature ne varie que de 2,500 à 3,000. La Belgique seule se distingue par une moyenne beaucoup plus élevée, puisqu'elle dépasse 6,000

Ce résultat prouve, contre l'opinion de beaucoup d'industriels, que les petits établissements, même en Angleterre, peuvent se soutenir à côté des plus grands, et que, sous le soleil de l'industrie, il y a de la place pour tout le monde.

La mécanique, en détrônant le travail manuel, ne légitime son usurpation que par la perfection et surtout par le très-bon marché qu'elle atteint; c'est ainsi qu'elle excite et développe presque sans limite la consommation, et trouve, avec le temps, le moyen d'employer plus de bras qu'elle n'en a fait chômer.

La filature mécanique du lin ne s'est pas écartée de cette règle générale; M. Porter, dans son ouvrage déjà cité nous en fournit les preuves suivantes.

Dans un tableau comprenant les années de 1813 à 1833 inclusivement, il nous présente la diminution progressive du bundle (réunion de 200 leas ou écheveaux et sixième fraction du paquet anglais), parallèlement avec l'accroissement progressif du nombre d'écheveaux dans la livre. Il en fait ressortir ce fait que la longueur d'une livre de fil de la finesse moyenne, correspondant à l'époque de sa fabrication, était, en 1813 et 1814, de 3,330 yards, et, en 1833, de 11,170 yards, tandis que le prix du bundle était réduit de 29 sh. 6 d. à 10 sh. 9 d. Il en conclut que le prix du fil est tombé, en vingt ans, à la neuvième partie du taux qu'il atteignait à la fin de la guerre, bien que, pendant cette période, le prix de la matière première n'ait baissé que de 50 p. o/o.

Cette conclusion n'est pas tout à fait exacte, car elle suppose que les 3,330 yards de fil contenus dans la livre en 1813 et 1814, et correspondant environ au n° 12 anglais, ne valaient que le tiers des 11,170 yards de 1833, représentant du fil des nos 35 à 40 : or, la même longueur de fil étant sensiblement plus chère quand il est gros que quand il est fin, on sera bien plus près de la vérité en admettant seulement une réduction de 80 p. o/o du prix primitif, au lieu de celle de 90 p. o/o que M. Porter fait ressortir.

De 1834 à 1839 inclusivement, la baisse a été beaucoup moins grande.

Dans le tableau qui fait suite à celui que nous venons de citer, on voit que, dans le cours des trois années 1834, 1835, 1836, la livre anglaise contient en moyenne 38 leas ou 11,400 yards, et que le prix du bundle est de 11 shillings 10 d. 1/2; que, par contre, dans les trois années dernières, 1847, 1848 et 1849, la contenance moyenne n'est que de 32 leas ou 9,600 yards; mais le prix du bundle descend à 7 sh. 1 d.; il y a donc sur les prix une réduction de 41 p. o/o, atténuée par la diminution du nombre des leas contenus dans la livre, de telle sorte que la baisse réelle ne peut être estimée à plus de 35 p. o/o.

Ce dernier résultat se trouve confirmé par un autre rapprochement de chiffres.

Il a été exporté d'Angleterre en fils de lin les quantités suivantes :

	Poids en livres.	Valeur déclarée.
En 1834.............	1,533,325	136,312 liv. st.
En 1835.............	2,611,215	216,635
En 1836.............	4,574,504	318,772
	8,719,044	671,719 liv. st. ou,

en francs, 16,793,975; ce qui met le prix de la livre anglaise à 1 fr. 92 cent.

Cette exportation s'est élevée :

En 1847, à........	12,688,915	649,893 liv. st.
En 1848, à........	11,722,182	493,449
En 1849, à........	17,264,033	732,065
	41,675,130	1,875,407
		ou 46,885,175 francs.

La livre de fil revient donc à 1 fr. 12 cent. ; et la comparaison de ces deux prix fait ressortir une différence en moins de 41 p. o/o, exactement la même que celle ci-dessus reconnue, et qui doit être ramenée à 35 p. o/o par les raisons que nous avons données.

Nous avons vu que, de 1813 à 1833, la baisse a été d'au moins 80 p. o/o, et que, de 1834 à 1840, elle s'est limitée à 35 p. o/o. La cause de cette différence n'échappera pas à la moindre attention. A la première période se rattache la création de la filature mécanique, dont l'influence a été aussi grande que rapide sur les prix de revient.

Dans la seconde, l'économie du prix n'a pu résulter que du perfectionnement des machines, de leur emploi plus intelligent, d'une plus grande aptitude des ouvriers ; nous ajouterons, de la concurrence, qui a dû mettre des limites aux énormes profits qu'ont recueillis les premiers manufacturiers qui ont appliqué la mécanique à la filature. L'Angleterre présente, dans cette industrie, plusieurs exemples célèbres de grandes fortunes rapidement acquises.

Par ce qui précède on voit que l'Empereur, avec la prescience du génie, avait deviné l'avenir de la filature du lin, et qu'il n'exigeait rien de trop, lorsqu'il mettait pour condition au prix d'un million, offert à l'auteur du meilleur système de machines propres à filer le lin, que ces machines procureraient, suivant la nature et la destination des fils, une économie de 6 à 8 dixièmes sur la filature à la main.

Les conséquences économiques de l'application de la mécanique au filage du lin ne se sont pas bornées à la production de la Grande-Bretagne ; elles se sont étendues également à tous les pays consommateurs et tout à la fois fabricants de cette même matière textile. Il n'en pouvait être autrement, puisque ces pays, moins la France, ont toujours tenu leurs marchés ouverts aux fils anglais, sans opposer une barrière à leur entrée; on ne peut pas, en effet, regarder comme telle un droit de 1 fr. 25 cent. par 100 kilogrammes, établi dans les États du Zollverein ou de 2 fr. 25 cent. dans l'Autriche. La Belgique avait aussi tout d'abord ouvert ses marchés aux fils étrangers, et ce n'est que dans ces derniers temps qu'elle a opposé des droits élevés à leur entrée.

La France seule a, de tout temps, cherché, dans des droits gradués suivant les qualités introduites, le moyen de protéger ses filatures contre la concurrence étrangère; cette protection, qui, dans l'origine, n'était guère que de 5 p. 0/0, peut s'élever aujourd'hui, par le remaniement du dernier tarif, à 20 p. 0/0 au moins; mais, une fois cette digue franchie, les produits étrangers se répandent sur notre marché comme sur tous les autres et viennent niveler tous les prix.

Lorsqu'on cherche, antérieurement à 1835, c'est-à-dire avant l'introduction du filage mécanique en France, à déterminer le cours des fils de lin, on est fort embarrassé, parce que les fils à la main n'avaient point de numérotage régulier: chaque localité avait ses usages et son mode de composer et de vendre le paquet; enfin, il y avait une grande variété de prix de contrée à contrée. Le seul document sur lequel nous ayons pu nous appuyer est le tableau des valeurs officielles des marchandises importées ou exportées dressé en 1826: nous y voyons que la valeur des fils de lin était de 3 fr. 85 c. par kilogramme; mais à quelle finesse moyenne correspondait ce prix? C'est une appréciation assez arbitraire à faire.

M. Porter a trouvé que, de 1813 à 1814, la finesse moyenne des fils en Angleterre était représentée par une longueur de 3,330 yards par livre anglaise, soit environ 7,000 mètres au kilogramme. La commission française chargée de la révision des valeurs officielles, a fixé, pour 1850, le prix de 1 fr. 40 cent. par kilogramme de fil d'une longueur de 6,000 mètres et moins, et celui de 2 fr. 10 cent. pour le fil de 6,000 à 12,000 mètres au kilogramme. La moyenne que nous cherchons ne peut pas dépasser cette dernière catégorie, qui représente à peu près la moyenne actuelle: c'est donc le chiffre de 3 fr. 85 cent. de 1824 qu'il faut mettre en regard de l'un des chiffres de 1 fr. 40 cent. ou 2 fr. 10 cent. fixés en 1850 pour se rendre compte de l'abaissement des prix du fil.

Le numérotage régulier des fils étant la conséquence de l'application des machines au filage, les variations survenues dans les prix des fils du jour où ils ont été filés mécaniquement sont plus faciles à constater.

Ainsi, en 1835 et 1836, le n° 30 anglais, en lin mouillé, de qualité courante se vendait 80 francs le paquet; en 1851, il se livre pour 55 francs. Nous choisissons, comme type, le n° 30 anglais, représentant 18,000 mètres au kilogramme, parce qu'il est l'objet de la plus grande consommation. Le paquet de ce numéro pesant 18 kilogrammes, le prix de 4 fr. 45 cent. par kilogramme de la première période est descendu aujourd'hui à 3 fr. 05 cent. Il y a donc eu un abaissement de 31 p. o/o de 1835-1850.

Cependant la matière première, dans les quinze dernières années, n'a pas sensiblement varié de prix. La baisse a donc porté tout entière sur le filateur, et il n'a pu y faire face qu'en déployant une plus grande habileté dans l'emploi des machines, en leur faisant produire davantage et en obtenant une plus grande finesse avec des matières moins chères; ces résultats ont été acquis sans imposer aucune réduction de salaire à l'ouvrier. Le rapporteur du Jury de l'exposition de 1849, dont l'expérience fait autorité dans la filature, en rappelant les résultats ci-dessus énoncés, constatait sur le prix des fils une diminution, depuis 1844, de 15 p. o/o, et il ajoutait que la matière brute figurant pour 60 p. o/o environ dans le prix de revient des fils de la plus grande consommation, la baisse de 15 p. o/o sur le prix de la marchandise se traduisait en une diminution de 33 à 35 p. o/o sur les frais de fabrication.

La diminution des prix des fils a marché de pair avec l'accroissement du nombre des broches à filer; cela résulte du rapprochement des chiffres ci-dessus. Une autre remarque non moins intéressante à consigner, c'est l'influence de ces deux faits sur l'importation des fils étrangers.

Ne nous attachant qu'aux fils simples écrus mis en consommation,

Nous voyons que, en 1837, la quotité importée est de 3,472,923 kilogrammes; cinq ans après, en 1842, elle s'élève à 10,240,322 kilogrammes.

C'est dans cette période de six années que le filage mécanique a commencé à prendre pied en France : ses commencements ont été assez timides, puisque l'année 1840 ne fournissait encore que 57,000 broches; mais, en 1844, leur nombre s'élève à 120,000 broches, et l'importation n'est plus que de 7,677,488 kilogrammes. 1849 voit tourner 250,000 broches, et l'importation tombe à 772,880. Elle avait été, en 1847, de 1,849,893, et, en 1848, de 370,919; elle se relève un peu en 1850, et remonte à 973,574.

La situation critique des affaires en France depuis trois ans a pu, sans doute, restreindre nos approvisionnements de l'étranger, de même que le changement apporté au tarif des douanes, en 1842, dans un sens plus protecteur, a dû avoir un effet semblable sur l'importation; mais, sans méconnaître l'importance de ces deux causes, on est fondé à croire que leur action n'a été que secondaire dans la marche régulière et successive de ce fait que nous avons signalé, à savoir : la diminution progressive des prix des fils et de leur quantité importée de l'étranger, marchant parallèlement avec l'augmentation du nombre de nos filatures indigènes et des broches qui les garnissent.

On peut donc féliciter l'industrie de la filature française d'avoir en grande partie reconquis le marché national. Il est un autre but offert à ses efforts : c'est de reprendre, sur les marchés étrangers, une place digne de son habileté et de son renom dans le monde industriel.

Sur ce terrain, la lutte est beaucoup plus difficile; il faut combattre à armes égales, sans autre protection que la perfection et le bon marché du produit, et on a affaire à des concurrents armés d'une longue expérience, sachant unir au plus haut degré la qualité à l'extrême économie dans les moyens de production, régnant en maîtres depuis longtemps sur ces marchés du dehors et prêts à tous les sacrifices pour conserver leur monopole.

Ces réflexions vont trouver leur confirmation dans les tableaux comparatifs des exportations des trois puissances qui possèdent la presque totalité des métiers mécaniques à filer le lin qui existent dans le monde entier : l'Angleterre, la France et la Belgique.

Dans les quantités que nous allons citer, il n'est fait aucune distinction de la nature des fils, qu'ils soient simples, retors, unis, blanchis ou teints.

EXPORTATIONS DES FILS DE LIN.

ANGLETERRE.

	Poids en livr. angl.	Val. décl. en livr. st.	Poids en kilogr.	Valeur en fr.
1837.	8,373,000	479,300	3,793,376	11,982,500
1842.	29,491,000	1,025,500	13,359,423	25,637,500
1849.	17,264,000	732,065	7,820,592	18,301,625

Ces chiffres, fournis par M. Porter, présentent, dans la moyenne des prix déclarés aux trois différentes époques (3 fr. 16 cent. le kilogramme, 1 fr. 92 cent. et 2 fr. 34 cent.) des différences assez fortes dont nous n'avons pas l'explication; c'est donc par les poids plutôt que par les prix qu'il faut apprécier l'exportation anglaise.

BELGIQUE.

Nous partons de 1843, ne trouvant pas antérieurement de documents officiels qui nous donnent le poids des fils exportés.

Les années de 1843 à 1846 inclusivement présentent une exportation moyenne en poids de 2,024,443 kilogrammes.

2.

Elle est, pour 1847, de 1,376,281 kilogrammes; valeur en argent, 4,303,856 francs: soit, en moyenne, 3 fr. 12 cent. par kilogramme. Si nous appliquons ce chiffre à la moyenne des quatre années qui ont précédé 1847, l'exportation se traduirait par une valeur annuelle de 6,300,000 francs. L'année 1847, par la disette qu'elle a éprouvée, n'a pas été favorable à la production ni à la consommation, et il est naturel de penser, à défaut de documents positifs, qu'à partir de cette dernière année la Belgique a dépassé ou au moins a retrouvé son chiffre d'exportation annuelle de 6,300,000 francs.

FRANCE.

1837.	207,639 kilogrammes, valeur officielle	1,266,149f
1842.	222,387	1,437,637
1849.	109,572	764,032

Les tableaux belges et anglais comprennent, sans distinction, les fils de lin et de chanvre; mais ces derniers n'y figurent que pour ordre : ils sont sans importance.

Les chiffres que nous venons de signaler, si on les met en regard les uns des autres, portent avec eux leur commentaire. Nous espérons que l'industrie française, en voyant le terrain que ses rivaux ont gagné sur elle, ne se découragera pas et redoublera d'efforts pour diminuer sinon pour effacer la distance qui la sépare d'eux. Le Gouvernement peut la seconder dans cette tâche.

La filasse étrangère paye, à son entrée en France, 5 fr. 50 c. par 100 kilogrammes. Ce droit réagit sur le prix de la matière indigène et rend la lutte d'autant plus difficile avec nos concurrents; il trouverait sa compensation dans un drawback à la sortie de 7 fr. 50 cent. par 100 kilogrammes de fil et de 10 francs par 100 kilogrammes de toile. Il y a déjà longtemps que nos industriels réclament cette amélioration, qu'ils n'invoquent que comme un acte de justice.

En comparant, pour chaque nation, les poids avec les prix, on remarquera que le kilogramme de fils exporté de l'Angleterre est estimé, en moyenne, 2 fr. 50 cent., et celui de la Belgique 3 fr. 12 cent.; tandis que le kilogramme de fil expédié par la France est évalué à plus du double.

Cette différence s'explique par la raison que l'Angleterre et la Belgique composent leurs expéditions à l'étranger en très-grande partie de fils simples écrus; que la France, au contraire, exporte très-peu de ce genre de fils. Ce que l'étranger lui demande, ce sont des fils ou blanchis ou teints, et particulièrement des fils retors. Dans le chiffre de 744,032 francs représentant l'exportation de 1849, ceux-ci figurent pour 516,000 francs.

Nous retrouvons ici le caractère distinctif de l'industrie française. C'est par les façons qu'elle sait donner aux produits les plus simples, par le prix que son art et son goût y ajoutent, qu'elle les fait adopter et rechercher par l'étranger.

Dans les développements que nous venons de donner à l'industrie du filage, nous n'avons point parlé du chanvre : c'est qu'il ne se file encore à la mécanique qu'en minime quantité. On ne cite pas, en Angleterre, en Belgique ni dans d'autres pays, d'établissements qui filent exclusivement le chanvre; la France elle-même n'en possède qu'un très-petit nombre, de peu d'importance. Il en est un, toutefois, situé à Angers, qui mérite une exception honorable par la perfection de ses produits. Chez nous, comme au dehors, le chanvre, en général, ne se file mécaniquement que dans quelques-unes de nos grandes filatures de lin, sur des métiers à sec destinés à filer de gros numéros.

La baisse si grande que nous avons signalée dans le prix des filés a dû nécessairement entraîner les prix de la toile; mais, comme la façon du tissage n'a pas encore subi sa révolution mécanique, les toiles n'ont pu éprouver, dans leurs cours, une dépression aussi forte que les fils. Nous ne pouvons, en effet, considérer que comme des exceptions, et non comme un fait général, le petit nombre comparatif de métiers à tisser le lin qui existent en Angleterre ou en France.

Le tissage, toutefois, n'est pas resté stationnaire. Autrefois, il était exclusivement éparpillé dans les chaumières; aujourd'hui, il se pratique assez fréquemment, notamment en Angleterre, dans des ateliers où le travail, mieux ordonné et mieux surveillé, acquiert plus de perfection. Si le tissage manuel a pu lutter jusqu'ici contre la mécanique, il faut bien reconnaître que c'est au prix des plus pénibles efforts, en réduisant ses salaires à la dernière limite du possible, et cependant il n'a pas échappé entièrement aux attaques de sa rivale. En 1839, on ne comptait en Angleterre que 300 métiers mécaniques à tisser le lin; leur nombre aujourd'hui s'élève à un millier, qui est répandu principalement en Écosse.

En France, on compte environ 600 métiers mécaniques à tisser la toile, dont 300 dans le département du Nord, 150 dans le Calvados, et le reste disséminé dans plusieurs autres départements.

Ce nombre est bien minime en comparaison de tous les bras employés à chasser la navette, et l'on est tenté de faire des vœux pour qu'il ne s'augmente pas. Le tissage de la toile, si peu rémunéré qu'il soit, s'allie bien avec les travaux intermittents des champs : il se quitte et se reprend facilement; il utilise les moments perdus; il occupe la mère et la fille au dévidage, à l'ourdissage, etc., quand elles ne montent pas elles-mêmes sur le métier. Il est, à tous ces égards, d'une grande ressource pour l'ouvrier de la campagne.

Le filage mécanique, en fournissant au tisserand des fils égaux, réguliers, faciles à travailler, lui a permis de faire un cinquième de plus de besogne par jour, et, par conséquent, de pouvoir réduire son prix de façon sans rien perdre de son salaire journalier. Il n'a pas été moins utile au petit fabricant qui tisse pour son propre compte. Celui-ci perdait autrefois un temps précieux à courir les marchés pour assortir ses fils de chaîne et de trame; il n'avait que ses yeux et sa pratique pour guides; il était souvent obligé d'acheter une plus grande quantité de fils pour pouvoir choisir celle dont il avait besoin. Aujourd'hui, il trouve à sa porte toutes les qualités de fil, distinguées par un numérotage régulier. Quand il est fixé sur la finesse qu'il veut donner à sa toile, il est sûr de se procurer immédiatement les sortes de fil convenables, et il n'en prend que ce qu'il lui en faut. Il emploie donc plus fructueusement son petit capital.

Lorsqu'on cherche à se rendre compte avec quelque exactitude de la diminution du prix de la toile, on ne trouve pas facilement de base pour asseoir ses estimations. La toilerie présente une très-grande variété dans ses produits : largeur, finesse, force, destination, modes du tissu, nature de la chaîne et de la trame, tout est dissemblance et rend la comparaison difficile, on n'a pas, d'ailleurs, pour se guider, un numérotage régulier dans les tissus, qui soit uniformément adopté par tous les pays de production et de consommation.

Voici les seuls éléments d'appréciation que nous ayons à présenter pour l'Angleterre; c'est à l'ouvrage de M. Porter que nous les empruntons :

La pièce de canvas n° 37 (toile à voile) se vendait, en 1813.................................. 30 shillings.

En 1833................................ 18

Diminution, 40 p. o/o.

En 1834, l'Angleterre exportait 67,834,000 yards de toile, d'une valeur déclarée de 2,358,000 livres sterling, ou, en francs, 58,850,000 francs. Le yard valait donc 0f,8675.

En 1849, l'exportation est de 111,259,000 yards, la valeur de 3,209,000 livres sterling, ou, en francs, 80,225,000 francs. Le yard n'est plus que de 0f,7208.

Différence en moins, 16 p. o/o.

Ainsi, de 1813 à 1834, diminution........ 40 p. o/o.

De 1834 à 1849........................ 16

Mais les 16 p. o/o portant sur le cours de 1834, déjà réduit de 40 p. o/o, ne donnent, sur le prix primitif, que 10.

En résumé, la diminution de 1813 à 1849 est de 50 p. o/o.

Cette déduction n'est rigoureuse qu'autant qu'on admet que l'exportation s'est composée, aux deux époques de 1834 et de 1849, des mêmes espèces de toiles; mais, si nous ne pouvons pas prouver qu'il en ait été ainsi, rien ne nous semble indiquer le contraire, et ce rapprochement nous paraît suffire pour une évaluation approximative, la seule que nous puissions donner.

En France, la baisse sur les toiles a été moins forte; pour en apprécier l'importance, nous avons choisi l'espèce de toile qui nous a paru être le type de la consommation moyenne, et nous l'avons prise dans la fabrique de Lisieux, l'un des centres de la plus grande fabrication en France.

La toile qu'on appelle un compte 28, c'est-à-dire qui, sur une largeur de 115 centimètres en écru, emploie 2,800 fils en chaîne, se fabrique avec des fils n° 28 anglais en chaîne et 35 en trame.

La même finesse dans la largeur de 90 centimètres ne comporte plus que 2,200 fils en chaîne. Cette dernière espèce de toile, quand le blanchiment en réduit la largeur à 80 centimètres, est ce qu'on continue à appeler un 2/3 (dénomination conservée de l'ancien usage de l'aune de 120 centimètres).

Voici les diminutions que cette espèce de toile a subies:

En 1827, prix d'un compte 28, 2/3: l'aune, 2 fr. 45 cent. ou 2 fr. 5 cent. le mètre;

En 1840, 1 fr. 45 cent. le mètre;

En 1850, fr. 20 cent. le mètre.

De la première à la dernière époque, la diminution est de 42 environ p. o/o; pour la plus grande partie, elle se manifeste dans l'intervalle de 1827 à 1840: cela doit être, car ce n'est qu'en 1838 qu'on a commencé, à Lisieux, à employer le fil mécanique, et l'économie qui en est résultée n'a pu se faire sentir qu'un an ou deux après. Ainsi, de 1827 à 1840, la baisse est de 30 p. o/o environ; de 1840 à 1850, 17 p. o/o seulement.

C'est à peu près la même marche qu'a suivie la réduction du prix des toiles en Angleterre.

Dans les départements de la Sarthe et de l'Orne, où l'on emploie des fils de chanvre filés en partie à la main, les prix des grosses toiles se sont beaucoup mieux soutenus; depuis 1836 ils n'ont pas fléchi de plus de 12 à 15 p. o/o.

Mais, par contre, la dépréciation des toiles fines a été bien autrement considérable.

La toile 2/3 en compte 40, qui, en prenant la base adoptée ci-dessus pour le compte 28, présente dans sa chaine, sur une largeur de 80 centimètres, 3,130 fils, valait:

De 1825 à 1826, 4 fr. 80 cent. le mètre;

En 1835, 3 fr. 85 cent.;

En 1851, elle ne s'est plus vendue que 2 fr. 10 cent.: c'est donc une baisse de 56 p. o/o.

Quelque soin que nous ayons pris à contrôler les renseignements que nous avons puisés aux meilleures sources, nous ne les offrons, toutefois, que comme des appréciations qui pourront servir à des comparaisons ou à des déductions générales.

En 1840, l'enquête belge n'avait constaté, sur le prix des toiles indigènes, depuis 1825, qu'une baisse moyenne de 21 p. o/o environ.

Si l'on suit la proportion dont l'Angleterre et la France donnent l'exemple, on pourrait calculer que, de 1840 à 1851, la diminution a été moitié moins forte que dans la période précédente: on arriverait donc ainsi à une réduction sur les prix de 30 p. o/o environ. Ce n'est là, nous l'avouons, qu'une simple conjecture, que nous donnons avec toute réserve en l'absence de documents positifs.

Nous avons cherché à nous rendre compte de l'influence que la baisse des prix des toiles et des fils avait exercée sur la consommation intérieure de chaque pays, et nous n'avons pu parvenir à des résultats assez certains pour les présenter avec quelque confiance. M. Porter fait observer que, si le bon marché des toiles a dû en favoriser la consommation, une réduction non moins forte des prix des marchandises de coton a pu séduire et captiver le consommateur. Le seul chiffre que nous puissions citer est celui que nous extrayons du rapport de la commission belge sur l'Angleterre, en lui en laissant la responsabilité.

D'après Mac-Culloch, la production totale de l'industrie linière pouvait être évaluée à 8 millions de livres sterling, dont l'étranger enlevait les 3/8 au moins; en 1838, il en aurait même consommé près de la moitié. S'il est donc vrai qu'il reste à peu près 120 à 125 millions de francs de toile à l'intérieur, on arrive à ce résultat que la consommation en toile de chaque habitant de la Grande-Bretagne pourrait être évaluée à 4 fr. 75 cent.: ce chiffre était basé sur les faits constatés en 1838, et sur une population de 26 millions; s'il était exact alors, il devrait l'être encore aujourd'hui, car, en examinant l'importation des matières premières et l'exportation des fils et tissus pour cette année 1838, et les comparant avec les mouvements des années suivantes, on ne remarque presque pas de différence. Un plus grand aliment à la consommation n'aurait pu être fourni que par la production intérieure de la matière brute, et nous verrons plus loin qu'il n'y a pas lieu d'en tenir compte.

En France, voici par quels calculs nous arrivons à l'appréciation que nous cherchons.

Le rapporteur du jury de l'exposition française de 1849 a évalué la somme totale des valeurs créées annuellement par l'industrie du lin et du chanvre à la somme totale de	245,000,000f
Ses calculs, basés sur les chiffres officiels de nos tableaux de douanes, bien qu'il ne les ait présentés qu'avec réserve, acquièrent de sa compétence personnelle un certain degré d'autorité.	
Comme il s'agit ici de chercher une moyenne, nous croyons devoir distraire de la somme ci-dessus 15 millions qui y sont compris pour la valeur de la batiste, cet article étant d'une consommation de luxe et tout exceptionnelle, ci	15,000,000
Reste (à reporter)..........	230,000,000

Report.....		230,000,000f
Mais nous devons y ajouter : 1° la valeur des fils importés, s'élevant, pour 1847 (c'est l'année qui a fourni plusieurs de ses chiffres au rapporteur), à........	7,583,000f	
Moins la valeur des fils exportés	873,000	
	6,710,000	
Cette somme, étant convertie en toile, s'augmenterait de moitié (en admettant, ce qui a été souvent reconnu dans les enquêtes, que la façon n'entre que pour 1/3 dans le prix de revient de la toile), ci pour cette moitié.	3,355,000	
Total........	10,065,000	
2° La valeur des toiles importées, s'élevant à.....	8,291,000	
Pour la valeur de l'importation.................	18,356,000	
De cette somme il faut déduire le montant des toiles exportées..............	11,991,000	
Il est donc resté dans la consommation intérieure		6,365,000
Total général.............		236,365,000

Cette somme, répartie sur 36 millions d'habitants, donne, pour la consommation annuelle de chacun, 6 fr. 55 cent.

Nous n'avons trouvé, pour l'habitant de la Grande-Bretagne,

que 4 fr. 75 cent. : le Français, est donc, en ce qui concerne l'usage de la toile, mieux pourvu que l'Anglais dans la proportion de 6 fr. 55 cent. à 4 fr. 75 cent. Mais, si nous traduisons ces chiffres en mètres et que nous supposions que le prix moyen du mètre soit, en France, de 1 fr. 20 cent. et, en Angleterre, de 1 fr. seulement, le Français emploiera à son usage 5m,50 de toile par an et l'Anglais 4m,75.

S'il entrait dans notre tâche de faire les mêmes recherches comparatives sur la consommation de la laine et du coton dans les deux pays, il est hors de doute que l'Angleterre reprendrait largement sa revanche.

L'immense développement de la filature et du tissage, en augmentant la demande du lin, aurait dû être le plus puissant encouragement pour sa culture dans les pays qui tout à la fois produisent et mettent en œuvre cette plante textile. Il n'en a été rien, au moins jusqu'aux trois dernières années.

Le *Morning-Chronicle*, qui a donné une attention toute particulière à la question linière en Angleterre, faisait observer qu'un trait distinctif de la culture du lin en Irlande, c'est que sa production avait diminué dans la proportion de l'augmentation de la demande. En 1841, on comptait en Irlande 41 filatures et 260,000 broches; en 1849, 73 filatures et 339,000 broches. En ajoutant à ce dernier nombre les établissements nouveaux en construction et les additions faites aux anciens, la fin de l'année 1850 devait voir tourner, en Irlande, environ 400,000 broches.

En comparant le nombre des acres ensemencés en lin avec le nombre des broches en activité, on arrivait à ce résultat : qu'en 1841 le nombre des broches était 3,1 fois plus grand que le nombre des acres, tandis qu'en 1849 les broches étaient 5,6 plus nombreuses. De 1841 à 1849, la surface de la terre cultivée en lin avait perdu 25,000 acres environ, et l'étendue de cette culture pour 1849 était inférieure de plus de moitié à celle de 1844.

L'autorité du journaliste n'aurait peut-être pas suffi pour donner une créance entière aux chiffres comparatifs que nous citons, si nous ne les avions trouvés adoptés et invoqués dans des publications spéciales sur le sujet qui nous occupe.

Il ne nous appartient pas de rechercher les causes qui ont pu influer sur la décroissance de la culture du lin en Irlande; l'état politique et social de cette contrée explique bien des choses.

Nous ferons observer que cette décroissance s'est arrêtée, ainsi que le prouvent les nombres suivants :

En 1848, on a ensemencé en lin	53,863	acres.
En 1849, ————————	60,014	
En 1850, ————————	79,000	
Pour 1851, on compte sur.....	123,000	

Les deux premiers chiffres sont tirés du rapport présenté, en 1850, à la Société royale pour l'encouragement et l'amélioration de la culture du lin en Irlande, et je dois les deux autres à un négociant recommandable de la Cité qui s'occupe beaucoup, par état et par goût, de tout ce qui touche à la culture et au travail du lin.

Le retour de l'agriculture irlandaise vers le lin est attribué par quelques auteurs au rappel de la loi sur les céréales; nous pensons qu'il est dû aussi en bonne partie au zèle, à l'activité et aux efforts d'hommes dévoués à la prospérité de leur pays, qui se comptent en grand nombre aussi bien dans l'aristocratie que dans l'industrie rurale ou manufacturière. Cette élite de bons citoyens forme des sociétés dans une multitude de districts agricoles et manufacturiers; on tient de fréquentes réunions, on procède à des enquêtes, on s'adresse aux hommes les plus compétents, on fait connaître à tous les intéressés les meilleures méthodes, les procédés les plus utiles, on publie et on répand des instructions mises à la portée du praticien.

En tête de ces sociétés nous devons citer la Société royale de l'Irlande, dont nous avons déjà parlé; elle s'est placée sous le patronage de S. M. la reine d'Angleterre et du prince Albert son président. Le vice-président est le lord lieutenant de l'Irlande; les autres membres de son comité sont également des personnages marquants par leur haute position et par leurs connaissances spéciales.

Cette société ne se borne pas à de simples instructions; pendant chacune des trois années 1848, 1849 et 1850, elle a distribué aux districts les plus pauvrés une somme de 25,000 fr. à titre d'encouragement.

Le but qu'aujourd'hui poursuivent avec le plus d'instance tous ces protecteurs de l'industrie du lin, c'est de diviser cette industrie en deux parts bien distinctes: l'une sera du domaine exclusif de l'agriculteur, qui préparera la terre, sèmera le lin et le récoltera; l'autre sera dévolue à l'industrie, qui achètera le lin en rames, le fera rouir, le teillera et l'apportera tout préparé sur le marché. Cette division du travail se pratique assez souvent en Belgique: le cultivateur trouve à vendre son lin sur pied ou arraché à un intermédiaire qui se charge des préparations à lui donner avant de l'offrir en vente au consommateur. Cette pratique a été tentée mais n'a pu s'acclimater en Angleterre.

Cependant, il faut bien le reconnaître, un des obstacles les plus grands à l'extension de la culture du lin, ce sont les opérations du rouissage, du teillage, etc., qu'il faut lui faire subir: d'abord, parce que ces opérations ont leurs difficultés et que de leur réussite dépend le plus ou moins bon parti qu'on tire du lin; en second lieu, parce qu'elles demandent du temps et reculent pour le cultivateur le moment de réaliser sa récolte. Nul doute que, s'il pouvait faire argent de son lin aussitôt qu'il est arraché du sol, il ne fût beaucoup plus disposé à se livrer à sa culture.

Affranchir le cultivateur de la nécessité du rouissage n'est pas seulement une question d'argent, c'est avant tout un intérêt de salubrité publique. Il est généralement reconnu qu'il s'exhale des routoirs, surtout lorsqu'ils sont établis dans une eau stagnante, des miasmes nuisibles à la santé.

L'inventeur qui paraît s'être le plus près approché de ce but est M. Schenck, dont le système s'est fait connaître dès 1847; il consiste dans l'emploi de l'eau chaude et ne demande que soixante heures d'immersion des tiges de lin. Son procédé, expérimenté par les hommes les plus capables, a déjà pour lui d'honorables approbations; cependant il ne paraît pas que la question soit entièrement jugée, et la Société royale ne le recommande encore qu'avec une certaine circonspection.

Après M. Schenck est venu, dans les premiers mois de l'année 1850, M. Doulan, qui supprime le rouissage; par un broyage mécanique, il sépare la tige ligneuse du filament, il file la filasse à sec, et fait débouillir le fil avant le tissage. Ce procédé ne peut évidemment s'appliquer qu'à des fils et à des tissus très-communs.

Enfin, M. le chevalier Claussen plonge la tige du lin dans un bain de composition chimique : trois heures d'immersion suffisent pour détacher la filasse de la tige ligneuse qu'elle enveloppe; il va plus loin, il blanchit complétement la filasse, la divise et la cotonise pour ainsi dire, afin de la rendre propre à se substituer, dans le filage et dans le tissage, au coton lui-même.

Malgré les calculs présentés par M. Claussen, et malgré les spécimens de fils et de tissus blancs et de couleur que nous avons vus dans sa montre à l'Exposition universelle, nous ne sommes pas convaincu qu'il y ait avantage à faire du coton avec le lin. Le vrai coton du lin, c'est l'étoupe; pourquoi ne pas réserver le cœur du lin qui produit un élément textile plus précieux que le coton?

Nous imiterons la réserve du XIVe Jury qui n'a pas voulu se prononcer sur le mérite de l'invention de M. Claussen, non plus que sur les autres procédés, laissant leur appréciation et leur jugement au IVe Jury, dont une section spéciale était chargée des matières textiles.

Mon abstention est d'autant plus naturelle, que déjà notre savant collègue, M. Payen, a été chargé, par M. le ministre de l'agriculture et du commerce, de l'étude des divers systèmes inventés pour perfectionner ou remplacer le rouissage du lin et ses préparations, qu'il a publié un travail sur le procédé

Schenck, et qu'il ne manquera pas d'éclairer des lumières de son expérience et de sa science, toutes les questions qui se rattachent à ces nouvelles découvertes.

Cette anomalie que nous venons de remarquer pour l'Angleterre, de la culture du lin décroissant, en même temps que son emploi se multipliait prodigieusement, se remarque, dans une moindre proportion, toutefois, en France.

Ainsi, de 1836 à 1843, on cultivait annuellement :

177,000 hectares en chauvre;
97,000 en lin.

274,000

En 1845, la culture n'était plus que de :

158,000 hectares en chanvre;
90,000 en lin.

248,000

Cet état stationnaire et même rétrograde peut s'expliquer, jusqu'à un certain point, par cette raison, que les départements de la France, dont le sol procure les meilleures récoltes en lin, tels que le Nord, le Pas-de-Calais, la Somme, l'Aisne, l'Oise, ont trouvé plus de profit à cultiver la betterave à sucre.

Toutefois, dans ces deux dernières années, on a fait des essais importants dans les départements de Seine-et-Oise, de Seine-et-Marne et du Finistère.

Dans la Seine-Inférieure et dans l'Eure, dès l'année dernière, il y a eu accroissement considérable dans le nombre d'hectares ensemencés en lin; le pays de Caux, proprement dit, a consacré à cette culture le double des terres qu'il y destinait habituellement. Le mouvement est donné, et il est à espérer que, loin de s'arrêter, il se continuera et s'étendra.

Seconder ce mouvement sera l'œuvre de nos comices agricoles, dont l'institution tend à se répandre sur toute la surface de la France.

Le reproche d'apathie encouru par la France peut également s'adresser à la Belgique.

Sur les 2,496 communes entre lesquelles ce royaume est divisé, on en compte 1,458 qui ensemencent le lin sur une superficie de 40,998 hectares, et récoltent annuellement 20,902,900 kilogrammes de lin teillé.

Lorsque la commission belge a voulu se rendre compte du mouvement qui s'était opéré dans la culture du lin, de 1825 à 1840, elle a trouvé que, sur 291 communes, le nombre des hectares avait augmenté de.................. 3,832 hect.
Et que, sur 527, il avait diminué de......... 3,323

L'importance de la culture n'avait pas varié sur les autres communes : c'est donc un accroissement tout à fait insignifiant................ 509 hect.

Nous avons quelque raison de croire que cette situation n'a pas sensiblement changé depuis 1840.

Dans notre rapport sur l'exposition de Berlin, ouverte en 1844, sans pouvoir préciser l'importance de la production du lin et du chanvre dans les États de l'association du Zollverein, nous avons reconnu qu'elle était bien loin de suffire à leurs besoins.

Nous trouvons dans le mémoire de M. le baron de Reden sur l'exposition de Vienne, en 1845, que la production du lin, dans tous les États de la monarchie autrichienne, est de 1,500,000 quintaux de Vienne, et que la récolte du chanvre s'élève à 800,000 quintaux.

L'auteur se plaint de l'absence de progrès qui se remarque dans la production du lin et du chanvre, malgré tous les efforts du Gouvernement et des associations nombreuses qui se vouent à l'amélioration de l'agriculture : il en trouve la cause dans l'imperfection des préparations de la filasse, et notamment du rouissage, qui sont abandonnées à de petits cultivateurs sans ressources, et trop souvent sourds aux idées du progrès.

Ainsi, c'est un fait général bien constaté, que, dans tous les pays où le filage et le tissage du lin et du chanvre sont le plus largement pratiqués, malgré l'accroissement prodigieux de consommation, qui a été la conséquence de l'invention du métier mécanique à filer, la culture et la production de ces matières premières sont restées à peu près stationnaires; qu'il a fallu suppléer à l'insuffisance des récoltes intérieures par de larges approvisionnements tirés de l'étranger, notamment de la Russie, pour les qualités ordinaires et communes, et de la Belgique, pour les fines.

Mais, ainsi que nous l'avons déjà indiqué, l'Angleterre entre, depuis trois ans, dans une voie nouvelle : elle fonde ses espérances d'amélioration sur la division du travail. Quand le cultivateur n'aura plus à s'occuper que de préparer la terre, de l'ensemencer, et de récolter le lin, quand il pourra réaliser sa récolte aussitôt qu'elle aura été enlevée de la terre, il sera bien plus disposé à augmenter la culture du lin; de l'autre côté, l'industrie, en s'emparant des opérations du rouissage et du teillage, y apportera la perfection et l'économie qui résulteront d'un travail plus intelligent et mieux organisé.

Déjà, depuis deux ans, une douzaine d'établissements spéciaux se sont créés pour mettre en pratique le système Schenck : ce nombre tend à s'augmenter, et sera doublé ou triplé bientôt; que les nouveaux procédés donnent ou ne donnent pas tous les résultats qu'on en attend, la révolution n'en est pas moins faite. L'industrie une fois mise en possession des préparations du rouissage, du teillage, etc., ne s'en dessaisira plus; elle améliorera ou changera ses moyens de travail, s'il est utile, mais ne restera jamais impuissante.

L'Angleterre trouve dans son sol les éléments de travail que réclament et peuvent réclamer un jour ses nombreuses manufactures. L'Irlande, à elle seule, suffit et peut suffire à tous ses besoins, présents et futurs.

L'étendue du sol arable irlandais est de :

19,441,944	acres (l'acre est de 65 ares 60 centiares);
2,416,664	sont à déduire comme ne pouvant être cultivés avec profit.
17,025,280	Dans ce dernier nombre on compte :
4,900,000	qui ne sont pas mis en culture, quoiqu'ils soient susceptibles de l'être.
12,125,280	sont donc cultivés annuellement.

Mais les 4,900,000 acres ci-dessus peuvent être défrichés en partie et porter à 15 millions le total de la superficie productive; ce chiffre nous est donné par les diverses publications que nous avons lues sur ce sujet.

Il est également admis que chaque acre en lin rapporte en moyenne 5 quintaux anglais ou environ 250 kilogrammes de filasse, ce qui équivaut à 380 kilogrammes par hectare (en France, la moyenne est de 375 kilogrammes; en Belgique, de 500).

La Grande-Bretagne possède 1,500,000 à 1,600,000 broches, qui consomment annuellement 120 à 125 millions de kilogrammes de lin en filasse, dont elle tire plus des trois quarts de l'étranger.

Pour trouver chez elle-même la totalité de son approvisionnement, l'Angleterre n'aurait à ensemencer en lin que 500,000 acres.

Or l'extension de cette culture n'est rien moins qu'impossible; l'Irlande à elle seule y suffirait, puisqu'elle n'aurait qu'à y consacrer une trentième partie seulement de son territoire cultivé et cultivable. Cette proportion est à peu près atteinte par la Belgique, qui, sur 1,500,000 hectares de terres arables, en emploie 41,000 à cette culture, soit environ la trente-sixième partie.

Il est, d'ailleurs, généralement reconnu que, sur le sol irlandais, le lin vient très-bien, qu'il offre à peu près toutes les espèces de qualités, sauf les qualités extrafines, que la Belgique seule est en possession de fournir.

Le mouvement qui pousse l'Angleterre vers le développement de l'industrie linière semble entraîné par cette pensée, que ses immenses fabriques de coton sont menacées de manquer de la matière première dont elles font une si prodigieuse consommation; cette crainte est exprimée par les hommes d'État aussi bien que par les publicistes : remplacer le coton par le lin, ou au moins suppléer à l'insuffisance de l'approvisionnement du produit américain par l'abondance du produit indigène, tel est le but qu'on poursuit hautement. N'est-ce pas un fait assez curieux à signaler, de voir l'Angleterre, après quarante ans, entrer dans la voie que l'Empereur s'était proposé de frayer lorsque, en 1810, il offrit le prix d'un million à l'inventeur du métier mécanique à filer le lin? Les motifs qui animent les Anglais peuvent différer de la pensée impériale, mais au moins le but avoué est-il le même.

Nous terminons ces considérations générales par cette réflexion :

Dans le filage mécanique du lin, nous avons eu le stérile avantage de l'invention; les Anglais ont très-largement recueilli les profits de l'application.

Aujourd'hui, ils portent toute leur attention sur les meilleurs traitements à faire subir au lin aussitôt qu'il est arraché du sol : s'ils réussissent, et il n'est guère permis d'en douter, il y aura à la fois perfection et économie dans le produit. Nous laisserons-nous devancer dans ce nouveau progrès comme nous l'avons déjà été dans le filage? Nous faisons appel à la vigilance de l'administration publique et au patriotisme éclairé des hommes qui se dévouent aux intérêts de notre industrie agricole et manufacturière.

II° PARTIE.

MATIÈRES TEXTILES, PRÉPARATION, FILAGE, TISSAGE.

JUTE ET CHINA-GRASS.

Le titre de la XIV° classe ne parlait que des produits manufacturés du lin et du chanvre, mais les exposants de ces matières premières appelaient aussi l'attention du jury sur des matières filamenteuses similaires, telles que le chanvre de Manille, le lin de la Nouvelle-Zélande, le China-grass, le jute ou chanvre indien, les fibres de l'ananas, etc.: aussi les membres de cette classe avaient-ils cru devoir s'occuper de toutes ces matières filamenteuses sans distinction de leur nature, et s'en emparer non-seulement à l'état de fils et de tissus, mais encore à l'état de simple préparation, de rouissage, de teillage et de peignage.

Lorsque tous les travaux du grand jury international ont été terminés, et que le résultat en a été livré à la publicité, nous avons reconnu, par la distribution des récompenses, que la IV° classe avait revendiqué les préparations des matières premières susénoncées et en avait fait valoir les mérites. Nous passerons donc sous silence les observations que nous avions faites à leur sujet et les jugements qui avaient été portés par notre commission; toutefois, comme elle comptait dans son sein des hommes très-versés dans la connaissance des matières filamenteuses, et notamment M. Wilkinson, de Leeds, qui est au premier rang parmi les plus grands et les plus renommés filateurs de l'Angleterre, nous croyons devoir, pour l'honneur de notre industrie, et surtout pour la justice éclatante rendue à l'exposant, énoncer dans quels termes notre commission décernait la médaille de prix à M. Dumortier, de Rousbecque, près Lille, pour du lin roui dans la Lys :

« Lin préparé suivant le système de Courtray, et considéré « comme le meilleur et le plus parfait de l'Exposition. »

Cet éloge a un très-grand prix, puisqu'il a été obtenu en

présence des Belges et des Anglais; si les premiers jouissent, de temps immémorial, d'une supériorité incontestable dans les travaux préparatoires du lin, il faut reconnaître aussi que, depuis quelques années, les Anglais ont fait dans cette voie de très-grands progrès, et qu'ils les poursuivent constamment avec une grande ardeur.

L'exemple de M. Dumortier prouve donc que nous pouvons assurer à nos lins de France tous les avantages que des soins généralement plus intelligents et mieux entendus donnent aux lins belges. Avis à nos agriculteurs, et avis également à nos comices agricoles, qui ont la preuve qu'en poussant à ce genre d'amélioration leurs encouragements doivent porter fruit.

Nous laissons donc à la quatrième classe le soin de déterminer la nature spéciale des matières filamenteuses qui ont de l'analogie avec le chanvre et le lin, le mode de traitement qui leur est propre, leurs diverses qualités. Nous dirons seulement que la plupart de ces matières ne nous ont présenté rien de nouveau ni rien de remarquable; deux seulement ont fixé notre attention, le jute et le China-grass.

Le jute, ou chanvre indien, est un filament grossier qui ne peut satisfaire qu'à des usages communs; nous l'avons vu employé seul ou mélangé avec le chanvre pour faire des hamacs, des sacs, des bâches, etc. Mais ce qui nous a frappé, c'est l'emploi qui en a été fait à tisser des tapis de pied en raies de couleur, à des prix fabuleusement bas: on nous a montré des factures d'un fabricant, A. Warden, à Dundee, cotant à 4 pence le yard la largeur de 18 pouces anglais et 7 pence 1/2 le yard la largeur de 36 pouces anglais.

Ce qui se traduit en mesure et monnaie françaises environ par:

45 centimes le mètre de 45 centimètres de large,

85 centimes le mètre de 90 centimètres de large.

Cette espèce de fabrication a été importée en France par la maison Cohin aîné, Bocquet, Saint-Évron et Millescamp, mais, en l'important, elle l'a perfectionnée: au lieu d'un tissu creux, léger et jarreux, et par conséquent peu convenable à sa destination, elle a fait un tissu serré, fort, uni; elle l'a orné de dessins plus soignés et imitant les meilleurs modèles dans leurs genres. Les prix, il est vrai, en sont plus élevés; ils ont été établis pour la largeur de 53 à 55 centimètres à 1 franc, pour celle de 85 à 90 centimètres à 1 fr. 50 cent., ce qui est encore un grand bon marché.

Nous désirons que la consommation vienne encourager les efforts que font ces honorables fabricants pour populariser l'usage des tapis, en en faisant descendre le prix à la portée des plus petites bourses; nous sommes, sous ce rapport, bien en arrière de nos voisins, et cependant il n'est personne visitant l'Angleterre qui n'ait été frappé des avantages que, pour la santé, non moins que pour le comfort et l'allégeance des soins de la maternité, présente l'usage universellement répandu des tapis, même dans les habitations les plus modestes: ce qui est de luxe chez nous est de première nécessité pour les Anglais.

La mission française envoyée en Chine rapporta, à son retour en France, comme échantillons, plusieurs pièces des espèces de toile fabriquées et usitées dans les contrées qu'elle venait de parcourir. Ces tissus se remarquaient par leur lustre et par leur fermeté : la finesse en était très-variée; son point de départ était assez bas et arrivait par échelons à un degré qu'atteint à peine la batiste française. Notre attention alors ne fut fixée que sur le tissu lui-même; quant à son élément constitutif nous n'avons pas appris qu'aucun de nos fabricants ait songé à se l'approprier ni à en faire l'application: les Anglais ont fait cette tentative, et nous avons vu, dans plusieurs de leurs montres, au Palais de Cristal, des spécimens de China-grass (c'est le nom donné à cette espèce de filament), soit à l'état brut, soit dans ses diverses transformations, résultant des premières préparations du peignage, du filage, du tissage.

Pour nous renfermer dans notre spécialité, nous ne nous occuperons que des fils et tissus.

Les fils du China-grass sont remarquables par leur blancheur, leur brillant, leur lustre et leur rigidité; ils peuvent atteindre une grande finesse. Nous en avons eu la preuve sous les yeux : sont-ils tissés, les mêmes qualités se reproduisent, surtout si le tissu est simple ; elles s'atténuent beaucoup si le tissu est croisé ou compliqué d'armures. Cette opinion a été pour nous le résultat de l'examen que nous avons fait de plusieurs pièces de coutil à pantalon appelé *drill*, ainsi que d'une grande nappe damassée à fleurs. Cet effet est naturel, car la lumière joue d'autant mieux sur un fil qu'il est moins brisé et moins tourmenté dans son emploi.

Nous avons cru remarquer dans les tissus fins une certaine quantité de boutons ; ce défaut provient, à notre avis, de ce que le filament du China-grass est sensiblement plus court que celui du lin, et que son extrémité est d'une ténuité moins imperceptible, en sorte que les soudures bout à bout se prononcent davantage.

Un mérite qu'on doit lui reconnaître c'est qu'il prend parfaitement la teinture et s'approprie bien toutes les nuances, même les plus délicates.

Le célèbre M. Marshall est l'industriel qui a fait les plus longs et les plus persévérants efforts pour doter son pays de ce nouvel élément de travail ; il y a sept ans qu'il s'en occupe. Il a fait des essais nombreux et construit des métiers spéciaux, et il n'y a que deux à trois ans qu'il a livré au commerce et à l'industrie ses fils de China-grass. Ce n'est pas seulement au tissage qu'il les destine ; il a présenté un assortiment complet de toutes nuances, en fils retors, d'une exécution très-remarquable.

A notre avis toutefois, le meilleur parti qu'on ait tiré du fil du China-grass, c'est de le mélanger dans les tissus avec des fils de laine, de soie et de coton. Nous avons vu, par exemple, dans l'exposition de M. Tee, de Barnsley, l'un de nos collègues du jury, des toiles de laine dont la trame était en China-grass : l'aspect était brillant, le toucher ferme, et les plis se tenaient et s'arrondissaient bien. Nous avons remarqué des étoffes à gilets dans lesquelles le China-grass produisait des reflets argentins d'un bon effet. M. Tee avait des imitateurs dans plusieurs fabricants de sa contrée. Un fabricant de Norwich a essayé de remplacer, dans la popeline, la soie par le China-grass; et il nous a semblé que cette tentative pouvait ouvrir la voie à de nouvelles applications et qu'il était bon de la signaler.

Ce qui, jusqu'à présent, a arrêté et entravera peut-être encore longtemps l'usage du fil de China-grass, c'est sa cherté. M. Tee nous a assuré qu'à égalité de numéro il était d'un grand tiers plus cher que le fil de lin : cette différence est énorme sans doute quand le China-grass ne remplit que l'emploi du lin; mais, s'il peut suppléer la soie, ou même seulement la bourre de soie, dans les étoffes à robes ou à meubles, son emploi pourra devenir comparativement économique. Nous croyons que l'essai vaut bien la peine d'être tenté par nos fabricants d'articles fantaisie.

La Commission royale de Londres avait divisé la XIVe classe en 6 sections et en 24 chapitres; leur nomenclature était de nature à faire hésiter le dévouement le plus résolu, mais notre commission spéciale reconnut qu'il y avait lieu à apporter une grande simplification dans la classification. Elle divisa le travail en deux parties, la première comprenant :

1° Les préparations du lin et du chanvre et autres matières analogues;

2° La filature;

3° Le retordage des fils;

4° Les cordes et cordages;

La seconde partie se composant :

1° Des grosses toiles dites *canvas*, soit toiles à voiles, à bâches, à sacs, etc.;

2° Des toiles fortes en brin et en étoupes, blanches ou écrues, des œuvrés communs, des toiles croisées communes propres à différents usages, des toiles rayées ou à carreaux pour la literie, des toiles dites *dowlas, hollands*, et enfin des toiles destinées à l'exportation;

3° Des toiles fines de toute espèce;

4° Des drills, des damassés;

5° Des batistes blanches avec ou sans impression, des linons de fil, etc.

Nous suivrons, dans notre rapport, les divisions et subdivisions ci-dessus indiquées ainsi.

Ire DIVISION.

CHAPITRE Ier.

PRÉPARATIONS.

Nous avons fait connaître plus haut que la IVe classe s'était emparée de la spécialité dont il s'agit, et que cette attribution avait été consacrée par la Commission royale. Pour éviter tout conflit, nous nous abstiendrons d'entrer dans les détails de l'examen que nous avions fait; nous nous en référons à nos collègues de la IVe classe, qui auront éclairé des lumières de la science et de l'expérience les questions intéressantes que le sujet de ce chapitre a fait naître.

CHAPITRE II.

FILATURE MÉCANIQUE ET MANUELLE.

Les développements dans lesquels nous nous sommes étendu en débutant ont mis en relief les immenses résultats qu'a eus l'application de la mécanique au filage du lin et du chanvre pour tous les pays qui s'en sont emparés, et spécialement pour l'Angleterre. On n'en aurait eu, toutefois, qu'une idée bien imparfaite, si l'on n'avait dû ne former son opinion que sur les produits exposés à Londres.

Dix filatures seulement sont entrées dans la lice : trois anglaises, quatre françaises, deux belges, une wurtembergeoise.

Parmi les premières se distinguait la filature de MM. Hives et Atkinson, de Leeds, qui offrait aux éloges des connaisseurs une série de paquets de fils de lin jusqu'au n° 325, de l'exécution la plus soignée et la plus parfaite. L'attention des membres anglais du jury s'est spécialement portée sur les fils provenant des lins anglais récoltés par MM. Warnes et Jumenington, de Norfolk, dont la qualité ne le cédait en rien aux fils produits par les beaux lins de Courtray. On remarquait aussi dans la montre de ces messieurs des fils de China-grass et ses préparations à tous les degrés.

MM. Hives et Atkinson n'avaient pas besoin de l'épreuve de l'Exposition pour fonder leur réputation; elle remonte à l'origine de la filature en Angleterre, et elle est toujours restée au premier rang. La médaille de prix leur a été décernée.

M. Swaun, de Leeds, n'avait exposé que des fils de qualité fort ordinaire et ne dépassant pas le n° 70; aussi son nom n'a-t-il pas trouvé place dans le rapport du jury.

MM. Marshall, de Leeds, avaient dédaigné d'exposer des fils de lin; ils ont pu penser que leur réputation dans ce genre n'avait plus rien à gagner. Ils se sont contentés de soumettre au jugement du public et du jury un produit encore assez peu connu, des fils de China-grass. Nous avons donné, au commencement de cette partie de notre travail, quelques détails sur cette nature de fils, et nous avons attribué à MM. Marshall la grande part qui leur appartient dans la création des procédés propres à traiter avec succès cette matière filamenteuse; nous ne les répéterons pas : nous dirons seulement qu'ils ont mérité à MM. Marshall la médaille de prix.

Ç'a été, pour la France, un honneur assez grand de voir placer sur la même ligne que les célébrités d'outre-Manche que nous venons de désigner MM. Dautremer et Cie, de Lille. Leurs numéros de 100 à 320, en lin, ont été jugés d'une parfaite régularité et d'une bonne exécution, supérieurs à tous les autres produits du même genre, les Anglais exceptés : en conséquence, ils ont été jugés dignes de la médaille de prix.

Quant à MM. Scrive frères, de Lille, leur importance comme grands et habiles manufacturiers n'a pas été méconnue; mais le jury s'était fait un devoir, à moins de cas tout exceptionnels, de ne consacrer qu'un seul article de son rapport à chaque exposant : en conséquence, devant retrouver le nom de MM. Scrive au chapitre des toiles et damas, il a remis à décerner à ces industriels, pour l'ensemble de leurs produits, la médaille de prix qu'il était déjà dans sa pensée de leur allouer.

Le jury a procédé de la même manière à l'égard de la société de Landerneau, qui, parmi ses toiles à voiles, avait présenté des fils de finesse ordinaire d'une bonne exécution : c'est au chapitre du tissage qu'elle a reçu la récompense qu'elle avait si largement méritée.

MM. Lainé-Laroche et Max Richard, d'Angers, étaient les seuls qui eussent exposé des fils de chanvre mécaniques; ils ont acquis dans ce genre une supériorité incontestée : elle n'a point été méconnue par MM. les Anglais; mais, dans cette filature, dont la finesse de numéro ne peut s'élever bien haut, ils n'ont pas reconnu de grandes difficultés à vaincre, ni par conséquent la nécessité d'un mérite supérieur, et l'établissement, d'ailleurs, n'ayant pas une grande importance, ils se sont arrêtés, nonobstant nos instances et nos prétentions qui étaient plus hautes, à la simple mention honorable.

Des deux établissements de la Belgique, l'un la filature Gantoise et l'autre la filature de Tamise, le premier seulement a été mentionné honorablement, et il a dû cette distinction à la bonne qualité de ses fils d'étoupe en numéros ordinaires.

La filature de Tamise a été passée sous silence,

Aussi bien que la filature d'Unrach, dans le Wurtemberg.

Ainsi, c'est la France seule qui a soutenu l'honneur du continent vis-à-vis de l'Angleterre.

FILS À LA MAIN.

La Belgique a toujours excellé dans ce genre de travail; les prodiges de finesse que produisent ses habiles fileuses ne sont pas des tours de force stériles : elle en a l'emploi dans ses dentelles superfines, qui sont l'une des gloires de son industrie. Dans le rapport que nous fîmes, en 1847, sur l'exposition de Belgique, nous avons constaté avoir vu des fils qui étaient cotés à 104 florins de Brabant l'once, ou environ 7,000 francs le kilogramme, c'est-à-dire qu'ils présentaient une valeur plus que double de celle de l'or pour le même poids.

Ce sont de ces fils que nous avons admirés à Londres dans la montre de M. Berthelot et Bonté, de Courtray. Leur finesse égalait le n° 1200 pour chaîne et 1600 pour trame; impossible de rien voir de plus fin, de plus régulier, et on était étourdi en songeant quel degré de patience, d'habitude, de dextérité, de délicatesse, exige un pareil travail.

Le jury a décerné aux exposants la médaille de prix. Elle eût été plus justement appliquée à l'ouvrière qui a fait ces chefs-d'œuvre, si elle avait été connue.

Trois mentions honorables ont été décernées à deux industriels prussiens, fabricants de toile, MM. Balenius et Notte et M. E. Ermendorf, et à un exposant du Hanovre, M. Schulze, de Bodenteich.

Plusieurs autres expositions de ce genre étaient dues à des établissements de charité; dans ce nombre nous avons remarqué des fils poussés jusqu'au n° 760, filés par une Anglaise, Jane Magyll, âgée de quatre-vingt-quatre ans, et d'autres d'une finesse également très-grande qui étaient l'ouvrage d'une jeune fille de dix ans. Ces ouvrières étaient recommandées à la Commission supérieure anglaise pour des secours pécuniaires avec médaille commémorative.

Nous citons ces exemples pour appuyer notre opinion que le mérite de ces chefs-d'œuvre est personnel à leurs auteurs et que c'est ceux-ci qu'il faudrait récompenser et non les exposants.

CHAPITRE III.

FILS À COUDRE.

L'industrie du retordage des fils pour la couture a été longtemps très-florissante à Lille; elle ne craignait aucune concurrence, et vendait ses produits avec succès à l'étranger. Cette ancienne supériorité est vivement contestée aujourd'hui à notre cité du Nord. Les Anglais et les Belges n'ont plus rien à nous envier, et les produits dans ce genre qu'ils avaient exposés ont été placés par le jury avant les nôtres. Il est vrai que cette spécialité de notre industrie n'était représentée que par un seul industriel, M. Verstraete, de Lille, tandis que les exposants anglais et belges étaient assez nombreux pour que le jury ait pu distinguer par la médaille de prix, parmi les premiers, MM. Fintaysen Bonpfield et Cie, de Glasgow, Holdesworth et Cie, de Leeds, et, parmi les seconds, MM. Cumont-Declercq, d'Alost, Cooreman, à Rebecq-Rognon, et donner encore une mention honorable à MM. Titley Totham et Walker, de Leeds (Angleterre), et Élias Coots, d'Alost (Belgique).

En général, la fabrication de la filcterie a manifesté des progrès marqués : la variété et le fini du travail ne laissent rien à désirer ; les teintures sont bien nuancées et bien réussies, et les fils brillent par un beau lustre. Chacun des exposants a droit à ces éloges dans une proportion plus ou moins grande, mais aucun ne les mérite aussi complétement que MM. Marshall, de Leeds; ces grands fabricants se sont ouvert de nouveaux débouchés pour leurs fils, en en faisant retordre, teindre et apprêter une partie à l'usage de la filcterie, et le succès, qui a toujours couronné leurs entreprises, ne leur a pas fait défaut dans celle-ci.

CHAPITRE IV.

CORDES ET CORDAGES.

Par leur valeur, par la difficulté de leur travail, par la nécessité de leur parfaite exécution et par les conséquences qu'elle peut avoir sur la vie des hommes, les grands cordages de la marine tiennent le premier rang dans la catégorie dont il s'agit.

Ayant à lutter contre l'Angleterre, qui possède une marine

marchande et militaire si nombreuse, si riche et si puissante, c'eût été déjà beaucoup de soutenir la comparaison; que dire donc de l'avantage que nous avons obtenu sur nos rivaux de la Grande-Bretagne! C'est à MM. MERLIÉ-LEFÈVRE et Cie, d'Ingouville près le Havre, que nous devons ce succès. Leurs grands et gros câbles ont enlevé tous les suffrages des connaisseurs et des praticiens. Après un examen approfondi fait en dehors du jury par un fabricant anglais et par un ingénieur de la marine française, la supériorité de nos compatriotes a été reconnue et consacrée par la décision du jury, et la seule médaille de prix qui ait été donnée à la fabrication des cordes et cordages a été sans aucune contestation décernée à MM. Merlié-Lefèvre et Cie.

L'Angleterre n'a obtenu qu'une mention en faveur de M. MALWAY, de Salisbury, pour un grand assortiment de cordes en lin de tout genre, s'appliquant à des usages nombreux et variés.

Chacune des puissances ci-après dénommées a reçu une mention honorable pour l'un de ses exposants, savoir :

L'Espagne, pour la FABRIQUE ROYALE DE CARTHAGÈNE;

La Russie, pour M. CAZATIL, de Saint-Pétersbourg;

La Belgique, pour M. GOENS, de Termonde;

La Hollande, pour M. VAN DEN HOOGEN, de Dordrecht.

Nous avons réclamé la même mention au moins pour MM. BLAIS, LETELLIER et Cie, de Gonfreville (Seine-Inférieure), dont les beaux produits approchaient de ceux de MM. Merlié-Lefèvre et Cie; mais on a répondu à nos instances que, dans ce concours particulier, le lot de la France était assez beau pour qu'elle dût s'en contenter.

IIe DIVISION.

TISSUS DE LIN, DE CHANVRE OU D'AUTRES MATIÈRES FILAMENTEUSES.

Lorsque, par goût et par devoir, nous avons été appelé à étudier l'état de l'industrie toilière en Belgique, en Allemagne et en Angleterre, nous n'avons pu nous empêcher de faire un retour assez peu satisfaisant sur cette même industrie en France. A voir le peu de prix que nous attachons à varier et à améliorer notre fabrication, et surtout à parer nos produits, on pourrait penser que nous bornons notre ambition à satisfaire aux besoins les plus ordinaires de la consommation intérieure, que nous nous résignons à demander à nos voisins les articles fins et de luxe, et que nous renonçons à leur faire concurrence sur les marchés lointains. En effet, la France se partage, en quelque sorte, en plusieurs zones, dont chacune a sa spécialité de fabrication et de consommation. Dans le Dauphiné et dans une partie du Midi, les toiles dites de Voiron, sont d'un emploi presque exclusif; dans la Lorraine, on fabrique et on consomme les toiles qui portent ce nom; le Mans et la Mayenne ont leur genre particulier; dans la haute Normandie, le pays de Caux, Rouen et ses alentours font usage des toiles de Fécamp, appelées aussi toiles Guibert; Lisieux et Vimoutiers se distinguent entre toutes les fabriques indigènes par l'excellente toile de cretonne, dont l'usage, jadis presque limité à la Normandie et à Paris, commence toutefois, depuis une dizaine d'années, à se répandre sur la surface de la France; enfin, dans le Nord, Armentières est le centre d'une fabrication active et étendue, notamment pour les toiles à teindre et à doublure et pour le linge de table et de corps.

Mais que, au milieu de cette diversité de fabrication, un exportateur veuille composer une pacotille de toiles à chemise de qualités graduées depuis le prix le plus ordinaire jusqu'au plus élevé; qu'il demande un apprêt, un pliage, des enveloppes appropriés au goût du pays destinataire : à quel grand marché pourra-t-il, en France, s'adresser? S'il porte, au contraire, sa commande à nos voisins les Belges, aux Allemands et avant tous aux Anglais, il n'aura que l'embarras du choix, chez ces derniers surtout; il saura de suite où trouver des assortiments nombreux de toiles de toutes qualités, dont chacune est indiquée par un numéro spécial. On lui offrira un choix complet dans chaque degré de finesse. Il pourra demander le blanc, le métrage, le pliage, l'apprêt, l'enveloppe qu'il désire. On mettra sous ses yeux dix modèles pour un, et, s'il a quelque chose de spécial à exiger, il sera servi à souhait et dans le plus bref délai. Pourquoi n'offrons-nous pas les mêmes avantages à l'acheteur? Ce n'est pas la qualité qui manque à nos toiles, ce n'est pas même le bon marché. Nous filons aussi bien que nos concurrents, et, s'ils ont un peu d'économie sur nous pour leurs fils, nous trouvons une compensation dans le plus bas prix du salaire de nos tisserands. La génération qui nous a devancés n'a-t-elle pas vu la France exporter des quantités considérables de toiles de la Bretagne dans l'Amérique, et surtout dans les colonies espagnoles? Les noms de Platillas, Creas, Plougastaël, etc., n'indiquaient alors que des toiles d'origine française; aujourd'hui, c'est tout au plus si le souvenir en a survécu dans la mémoire de quelques-uns de nos anciens négociants. Ce commerce est tout à fait perdu pour nous; il a été recueilli par nos rivaux, et ces noms que nous venons de citer, nous les avons retrouvés dans l'exposition de Londres, étalés sur des toiles exclusivement allemandes et anglaises.

Plusieurs raisons se pressent pour répondre à la question que nous avons posée, et heureusement qu'aucune n'est de nature à nous décourager. Nous nous bornerons à en citer une seule, et cette citation ne sera même qu'une répétition de ce que nous avons dit, à ce sujet, dans le rapport que nous avons fait sur l'exposition de Berlin, en 1845; mais il y a des choses utiles dont la réalisation n'arrive qu'à force d'instances et de redites. Oui, le principal mérite qui, sur les marchés étrangers, fait donner la préférence aux toiles de nos concurrents, c'est qu'elles sont mieux blanchies, mieux pliées, en somme mieux traitées que les nôtres. Ce n'est pas chose indifférente pour le vendeur que de savoir donner à sa toile un coup d'œil coquet et séduisant. Nous avons reconnu, par notre propre expérience, que ce mérite, tout extérieur qu'il est, se paye très-bien par l'acheteur, et nous avons vu plus d'une fois, à finesse égale, une toile irlandaise se vendre 8 à 10 p. 0/0 plus cher qu'une toile française.

Nous appelons donc de tous nos vœux l'établissement, dans nos pays de tisseranderie linière, d'usines où soient mis en pratique les procédés les plus perfectionnés du blanchiment et de l'apprêt, tels qu'ils sont usités en Angleterre. Nous demandons à nos fabricants, au lieu de livrer au commerce de gros rouleaux de toile de 100 à 120 mètres, peu maniables et très-difficiles à bien apprêter, de diviser leurs pièces par métrages uniformes d'une longueur raisonnable et suffisante, par exemple, pour une douzaine de chemises; d'en bien soigner le pliage, d'en orner les enveloppes; de donner, en un mot, à l'acheteur une idée favorable de la marchandise par la recherche mise à sa parure.

Le fabricant saura bien façonner son tissage suivant la variété et la qualité demandées, lorsqu'il sera sûr d'être bien secondé par le blanchisseur et l'apprêteur. Nous avons déjà vu des essais heureux de toiles faites à l'imitation des toiles d'Irlande. Pour le genre du tissage, la qualité, et même pour le prix, ils ne laissent rien à désirer. Nous espérons pouvoir bientôt en dire autant pour le blanc et pour l'apprêt.

Ce dernier mérite, sur lequel nous insistons tant, n'est pas, en Angleterre, particulier aux toiles blanches et fines; il distingue également les toiles communes. Nous avons eu, à Londres, l'occasion de le remarquer dans des toiles de qualités très-légères, teintes ou tissées à rayures et carreaux de couleur, à usage de corps, d'habillement ou de literie, destinées à l'exportation, bien qu'elles fussent d'un très-grand bon marché.

C'est l'Écosse plus spécialement qui fabrique les toiles communes de toute espèce, et elle les livre au commerce à un si bas prix, que, pendant plusieurs années, nous avons pu en importer en France des quantités considérables, malgré des droits élevés et de lourds frais de transport. Aujourd'hui, cette introduction a presque cessé; nous fabriquons nous-mêmes ce que nous importions. On tisse, en Écosse, des toiles écrues avec des fils de lin légèrement colorés en jaune, pour imiter la teinte du chanvre. C'est qu'en Angleterre cette dernière matière filamenteuse ne fournit pas beaucoup au tissage, et le peu de toiles de chanvre que nous y avons vues étaient d'un vilain gris. La France est privilégiée sous ce rapport, et ni l'Angleterre ni aucun autre pays du continent ne présente un marché aussi bien fourni que le nôtre en toiles de chanvre d'une belle couleur naturelle, de toutes qualités et de toutes largeurs.

Après les observations ci-dessus, que nous a dictées bien moins un esprit de critique que le vif intérêt que nous portons à notre industrie linière, nous devons rendre justice aux heureux efforts qu'elle a faits pour satisfaire par ses propres produits aux exigences de notre marché national et en expulser les étrangers.

Ainsi la moyenne de nos importations de toiles étrangères a été, pendant la période décennale de 1837 à 1846, de 2,800,000 kilogrammes, représentant une valeur officielle de 16,700,000 francs.

En 1850, la somme de l'importation n'est plus que de 1,457,000 kilogrammes; valeur officielle, 8,275,000 francs.

Le travail de la rectification des valeurs officielles a réduit cette dernière somme de 8,275,000 à 6,174,000 francs.

Dans un sens inverse, l'exportation offre aussi une amélioration.

La moyenne décennale ci-dessus donne les chiffres suivants à l'exportation :

914,000 kilogrammes; valeur officielle, 12,436,000 francs.

En 1850, ces quantités s'élèvent à 1,051,000 kilogrammes; valeur officielle, 14,798,000 francs.

Notre exportation a donc augmenté d'un sixième environ; mais, en présence de l'immense développement de l'industrie en France et dans le monde entier depuis quinze ans, on peut dire que gagner aussi peu c'est presque perdre.

Il faut, d'ailleurs, tenir compte de ce fait, que les trois huitièmes de l'exportation dont nous parlons s'écoulent sur les marchés réservés de l'Algérie et de nos colonies.

4.

Nous ne comprenons pas dans les chiffres ci-dessus nos batistes, qui font un article à part.

Nous reprenons l'ordre des subdivisions du rapport anglais.

Iʳᵉ SUBDIVISION.

GROSSES TOILES CONNUES EN ANGLETERRE SOUS LE NOM DE *CANVAS*, TOILES À VOILES, À PEINTURE, À SACS, À BÂCHES, ETC.

Dans cette catégorie, les toiles à voiles jouaient naturellement le premier rôle : aussi ont-elles obtenu le plus grand nombre de récompenses; cinq médailles de prix ont été distribuées entre les exposants suivants, savoir :

MM. Milvain et Harford, de Newcastle sur la Tyne;

Nos compatriotes MM. Malo et Dixon, de Dunkerque;

La manufacture impériale de Russie;

La manufacture royale d'Isabelle, en Espagne;

Et M. Kums, d'Anvers, en Belgique.

Il n'a point été fait de distinction entre les toiles de chanvre et les toiles de lin. Le mérite comparatif de ces deux natures de toiles a été l'objet d'un débat assez long en France, et le lin a fini par s'y faire admettre en concurrence, sinon par se faire préférer; en Angleterre, il y a longtemps qu'il a gagné sa cause.

Toutes les toiles qui ont valu la médaille à leurs auteurs se recommandaient par les mérites propres à ce genre, c'est-à-dire la force et la régularité. Celle de MM. Malo et Dixon se sont fait remarquer, en outre, par la régularité et la netteté de leurs lisières.

MM. Milvain et Harford, dont la fabrication est des plus considérables, ont eu l'idée de tisser dans la largeur de leur toile une bande longitudinale croisée, dans le but d'augmenter la force de résistance du tissu. Jusqu'à quel point cette innovation sera-t-elle heureuse? L'expérience ne l'a pas encore démontré; elle n'en est pas moins digne de remarque, et un de nos plus habiles fabricants nous a dit en augurer très-bien.

M. Morrman Vanlaere, de Gand, appelait l'attention du jury par un assortiment de toiles à voiles en lin et en chanvre, en brin et en étoupe. Il exposait, en outre, une toile très-forte à bâche de 2^m, 70 de large et bon nombre de toiles dites russias blanchies. La bonne confection de tous ces genres lui a valu une médaille de prix.

La même récompense a été donnée à MM. Douglas frères, d'Arbroath (Écosse), qui possèdent un important établissement de tissage mécanique.

Enfin, la médaille a été également acquise à M. Haro, de Paris, qui a exposé une toile à peinture ayant près de 8 mètres et demi de largeur. Cette toile se distinguait non-seulement par sa dimension mais encore par la préparation chimique qui lui a été donnée.

C'est un grand service rendu à l'art de la peinture que de lui fournir des toiles d'une grande surface sans couture et surtout des toiles préparées de manière à se conserver toujours bien lisse et sans gerçure. Ce double problème a été résolu par M. Haro, et il a ainsi bien justifié la récompense dont il a été l'objet.

Les mentions honorables ont été au nombre de 12, savoir : 7 pour les Anglais, 2 pour les Belges, 1 pour l'Allemagne et 2 pour la France; ces deux dernières ont été recueillies par M. Joubert-Bonnaire, d'Angers, et par MM. Heuzé, Radiguet, Homon, Goury et Leroux, gérants de la Société linière de Landerneau : leurs deux établissements n'avaient, en toiles à voile, que des tissus de chanvre; leur fabrication a été reconnue irréprochable et appréciée avec éloge par le XIVe jury.

En résumé, sur 8 médailles, la France en a reçu 2; elle a, en outre, deux mentions honorables, et cependant elle n'avoit que 4 exposants dans cette partie, qui pussent avoir des prétentions fondées, car le cinquième était la maison Lainé Laroche et Max Richard, d'Angers, qui avait été récompensée pour ses fils, et ne pouvait, en conséquence, rien attendre pour ses toiles à voiles, qu'elle ne présentait, d'ailleurs, que comme des spécimens propres à faire apprécier le mérite de sa filature,

IIe SUBDIVISION.

TOILES FORTES EN BRIN ET EN ÉTOUPES BLANCHES OU ÉCRUES, OUVRÉS COMMUNS, TOILES CROISÉES COMMUNES PROPRES À DIFFÉRENTS USAGES, TOILES RAYÉES ET À CARREAUX, TOILES BLANCHES DITES DOWLANS, HOLLANDE, ETC., POUR L'EXPORTATION.

La grande variété de toiles comprises sous ce titre se fabrique en Écosse : aussi, sur 5 exposants honorés de la médaille, on compte 4 Écossais et un seul Irlandais ; sur 8 mentions honorables, 7 ont été attribuées à des Écossais, une seulement à la Belgique.

Le principal mérite de ce genre d'article est dans son bon marché. Il est, en grande partie, tissé à la mécanique.

Dans les toiles légères écrues, nous avons remarqué des largeurs de 60 à 63 centimètres valant 30 et 35 centimes le mètre ; d'autres de 66 à 68 centimètres valant 50 et 55 centimes le mètre ;

Des articles légers pour doubler et pour rembourrer des habits, de 56 centimères de large, au prix de 22 à 30 centimes le mètre ;

Des toiles très-fortes pour pantalons de troupe appelées ducks, largeur 75 centimètres, cotées à 1 fr. 15 cent. et 1 fr. 20 cent. le mètre ;

Des œuvrés communs dits huckabach, de 60 à 65 centimètres, au prix de 65 à 80 centimes le mètres;

Des serviettes de toilette de 1 mètre de long sur 55 centimètres de large à 6 fr. 60 cent. la douzaine; il y en avait même à 5 fr. 15 cent. ;

Des toiles à chemise ou à draps, en 76 centimètres, à 86 centimes le mètre; en 101 centimètres à 1 fr. 40 cent. le mètre; en 2m 25 à 2 fr. 25 cent. le mètre.

Pour juger ces toiles, il faut les voir; ce que nous pouvons affirmer, c'est qu'elles nous ont paru très-apparentes pour leur prix, bien traitées, et qu'elles sont l'objet d'une large exportation.

C'est dans cette classe qu'ont été rangées les toiles en fils blanchis ou simplement lessivés, et connus sous les noms de créas et plougastael, qui étaient facturées sur le pied de 75 à 80 centimes le mètre.

Ainsi que nous l'avons dit, les Anglais étaient, à l'Exposition, presque sans concurrents dans la variété d'articles que nous traitons ici; c'est qu'en réalité la lutte avec eux est bien difficile dans ces sortes de toiles.

IIIe SUBDIVISION.

TOILES FINES UNIES DE TOUTES LARGEURS, OUVRÉES EN QUALITÉS FINES, DITES *DIAPERS*, À OEIL DE PERDRIX (*BIRDS EYE*).

Les Anglais, les Belges, les fabricants du Zollverein et d'autres contrées de l'Allemagne, avaient fourni un large contingent à la catégorie des tissus de fil dont nous nous occupons. La France, au contraire, n'y avait qu'un seul représentant : c'était la maison de MM. Scrive frères, exposant, sous la raison Scrive frères et Dansset, un assortiment de toiles tissées mécaniquement de bonne qualité courante. Le nom de ces habiles industriels devant se retrouver à la IVe subdivision, le rapporteur anglais a cru devoir attendre le moment où il s'occuperait d'eux pour la dernière fois, afin de réunir leurs divers titres et de les récompenser dans leur ensemble.

C'est l'Irlande qui fournit en plus grande abondance, dans le Royaume-Uni, les toiles fines et même celles de qualité ordinaire; l'Écosse se voue presque exclusivement au genre le plus commun.

La tisseranderie anglaise emploie généralement des fils mécaniques, cependant nous avons remarqué quelques pièces d'une grande finesse dont la chaîne seule était composée de fils mécaniques et dont la trame était filée à la main.

Nous ne nous rappelons pas avoir vu une seule pièce de

toile fine anglaise dont la chaîne et la trame fussent toutes deux filées à la main.

Dans les toiles fines de la Belgique, au contraire, le plus grand nombre parmi les plus belles était fait tout en fils à la main.

Quelques-unes non moins remarquables n'avaient de fils mécaniques que dans la chaîne, et on en comptait peu d'une grande finesse qui ne fussent tissées qu'en fils mécaniques.

Les différents pays de l'Allemagne compris ou non dans le Zollverein qui sont renommés pour leur fabrication toilière n'avaient pas manqué d'afficher avec une certaine affectation sur les étiquettes de leurs belles toiles que la chaîne et la trame étaient filées à la main, pour leur donner la garantie d'une plus grande durée.

Cette garantie a-t-elle toute la valeur qu'on veut lui attribuer? C'est une question qu'il est permis de se faire et qui n'est pas résolue de la même manière, même par les plus habiles connaisseurs. Il est seulement un fait bien constant, c'est que les toiles faites exclusivement en fils à la main coûtent beaucoup plus cher. C'est ainsi que M. Van Ackere, de Wevelghem (Belgique), demandait 20 francs le mètre pour une toile contenant 80 fils en chaîne par centimètre; il est vrai que la chaîne était en fils retors à deux bouts. Un autre fabricant, M. Thibau Accon, d'Iseghem, se faisait distinguer par une pièce de toile blanche filée et tissée à la main de 700 fils en chaîne, large de 94 centimètres, cotée 18 francs le mètre.

Ces toiles étaient véritablement très-belles et d'une qualité irréprochable, mais leur mérite était coté bien cher.

Parmi les toiles allemandes, nous avons remarqué aussi de très-beaux spécimens. Pour les bien apprécier il faut être habitué à leur genre : elles paraissent à l'œil un peu creuses et pas assez closes, et cependant elles sont d'un bon et agréable usage.

La comparaison la plus significative que nous ayons faite était celle d'une toile irlandaise, la plus belle et la plus fine que nous ayons pu trouver dans l'Exposition, avec une toile belge de M. Parmentier, d'Iseghem. Toutes les deux étaient écrues et avaient été tissées en fil mécanique; c'était la filature de Saint-Léonard, en Belgique, qui avait fourni les fils employés par M. Parmentier. Le prix de la toile irlandaise était environ de 10 francs le mètre, celui de la toile belge de 13 francs; et cependant, au point de vue de la finesse, l'avantage était à la première. Son tissage était d'une régularité parfaite, mais le toucher en était un peu mou et cotonneux; la toile belge avait un aspect plus lisse, plus de fermeté à la main, annonçait mieux le caractère distinctif du lin et semblait devoir faire un usage plus agréable. La préférence à donner à l'un ou à l'autre de ces chefs-d'œuvre de l'industrie linière est une question à résoudre par le consommateur.

Sous le nom de diaper, les Anglais font une grande quantité de toiles ouvrées à petit grain, qui sont d'un emploi fort agréable et fort précieux, soit pour la toilette, soit pour les usages de la première enfance.

Nous avons vu avec satisfaction ce genre de tissu s'imiter en France avec succès.

Nous ne répéterons pas tout ce que nous avons dit du blanchiment, de l'apprêt, du pliage et de l'enveloppe, toutes façons si fructueusement données aux toiles, et dans lesquelles les Anglais excellent; les Belges et les Allemands font des efforts pour les imiter, mais il leur en reste encore à faire.

D'après ce que nous avons dit du nombre et du mérite des exposants, on ne sera pas surpris de la quantité des médailles et des mentions décernées dans cette subdivision, savoir :

MÉDAILLES.

5 à l'Angleterre,
2 à la Belgique,
1 à la Prusse,
1 à la Silésie prussienne,
1 à la Bohême.

MENTIONS HONORABLES.

3 à l'Angleterre,

2 à la Belgique,
1 à la Moravie,
3 à la Prusse, fabrique de Bielefeld.

Nous avions à la tête de notre commission M. le comte Harrach, de Janowich, en Moravie; comme président, il a été mis hors de concours. Cela ne doit pas nous dispenser de mentionner avec éloge la grande variété de produits qu'il avait exposés, et, pour rester dans notre spécialité, nous rendrons justice à ses toiles tissées en fils mécaniques ou en fils à la main, à ses mouchoirs de batiste; nous louerons surtout ses damassés en fils unis et de couleur propres à la tenture des appartements et à la doublure des voitures.

IVᵉ SUBDIVISION.

DRILLS, COUTILS À PANTALON, COUTILS À LIT ET TOILES DAMASSÉES.

Les Anglais excellent dans la fabrication des drills pour les usages de l'armée; ils en varient les armures, et nous avons remarqué des articles portant les noms de Commodore et de Wellington dont l'effet était heureux, et qui, par leur force, convenaient bien à leur destination.

Quelques pièces de drills tissées en fil de China-grass n'ont pas entièrement répondu à ce que nous attendions de l'emploi de cette espèce de filament; elles n'avaient pas plus de brillant et d'éclat que si elles avaient été tissées en fils de lin, et elles présentaient plus d'irrégularités et plus de petits bouchons.

La Belgique et le Zollverein avaient exposé également des coutils à pantalon, écrus, blancs et avec rayures. Ces articles avaient bien le mérite de leur genre, mais ils ne nous ont offert rien à signaler.

Nous n'avons non plus rien à dire des coutils à lit de la fabrique de Turnhout, en Belgique, ni d'autres tissus croisés pour différents usages. Nous avons à signaler seulement l'emploi des fils de lin avec la laine; ce mélange a présenté, pour robes ou pour gilets, des articles de bon goût et d'une exécution très soignée; leur aspect était encore plus séduisant lorsque le fil de China-grass était substitué au fil de lin. Le tissu ainsi fabriqué, pour robe notamment, avait un toucher souple et fermé, ses plis s'arrondissaient bien, et son brillant avait quelque chose de la soie.

Le vice-président de notre commission, M. TEE, fabricant à Barnsley, se distinguait par les divers produits de ce genre qu'il avait exposés, et il comptait autour de lui des rivaux également fort habiles.

Sa position de membre du jury l'a exclu du concours.

Pendant de longues années, et jusqu'à ces derniers temps, la Saxe avait eu le privilége de couvrir de ses magnifiques services damassés les tables des rois, des princes et de la haute opulence. Elle ne reculait devant aucune exigence de dessin, de chiffre, d'armoirie; elle savait bien se faire indemniser de ses frais.

Mais ce privilége lui a été disputé avec succès, du jour où l'on a appliqué le métier à la Jacquart au tissage des damas de fil; devant les ressources infinies de cet admirable outil de fabrication, toutes les difficultés ont disparu. Qu'y a-t-il d'impossible, de difficile même, à l'ouvrier qui a tissé le testament de Louis XVI, le portrait de Jacquart et d'autres chefs-d'œuvre de ce genre? Aussi avons-nous vu les Français, quand ils ont abordé ce genre de fabrication, y réussir du premier coup, et, s'ils ne lui donnent pas plus d'extension, c'est que la consommation ne les encourage pas assez. L'usage du linge damassé est bien moins répandu en France que dans les pays étrangers; que la demande arrive, et si capricieuse, si exigeante qu'elle soit, elle sera satisfaite au delà même de ses désirs, et elle le sera au meilleur marché possible, si elle donne beaucoup à travailler; car, dans ce genre, il n'y a plus de difficulté sérieuse d'exécution, et le bon marché sera en raison directe de l'activité de la demande : là est toute la question.

Si nous jugions de l'extension qu'a prise en Angleterre la consommation du linge damassé par les nombreuses pièces qui étaient étalées sous nos yeux, nous en aurions une grande opinion. Un espace considérable des murs du Palais de cristal était tapissé de nappes de toutes dimensions, dont quelques-unes dépassaient les proportions ordinaires : elles présentaient les portraits de la reine Victoria, du prince Albert, d'autres personnages, le dessin du vase de Portland et une infinité d'autres compositions plus ou moins riches et toutes d'une excellente exécution. Il y avait surtout des fonds d'une grande finesse et d'une grande régularité.

Tous ces damas étaient exécutés par le métier à la Jacquart.

En Saxe, au contraire, si nous sommes bien informés, il n'y a que les dessins ordinaires qui se tissent à la Jacquart; les compositions les plus riches et les plus compliquées s'exécutent encore à la tire.

La Westphalie a aussi sa réputation pour les services damassés, et elle les tisse à la Jacquart.

Les différentes contrées de l'Allemagne avaient envoyé un assez grand nombre d'exposants dans ce genre de tissu. La France n'en comptait que trois, MM. Scrive frères, Daudré et Grassot.

Les premiers, sous les noms de Scrive frères et Scrive frères et Dansset, avaient déjà fixé l'attention du jury, qui avait ajourné au moment où il aurait à s'occuper pour la dernière fois de leurs produits l'allocation de la récompense à laquelle ils avaient droit à plusieurs titres. C'est donc à cet endroit du rapport que la médaille de prix a été décernée à MM. Scrive frères pour l'ensemble de leurs fabrications.

M. Grassot, de Lyon, a obtenu la même médaille. Ce n'est pas à la variété, à la richesse des dessins par lui exposés qu'il a dû cette récompense; lorsque la commission a fait son travail, elle n'avait vu qu'une partie presque insignifiante de l'exposition de M. Grassot; le reste n'était pas déballé. Cela ne l'a pas empêchée de rendre justice au mérite et à la perfection du travail.

Pour que la fleur ou le sujet qu'on veut représenter par le tissage fasse l'illusion du dessin, il faut que les contours en soient aussi nets et aussi purs que possible; si les bords de la fleur sont marqués par une série de petites dentelures, la pureté de la forme est altérée, la figure grimace désagréablement et l'œil est choqué. C'est ce qu'on remarque habituellement dans les services de linge damassé. En France, par l'habileté à monter le métier, à lire et à mettre en carte le dessin, cet inconvénient n'existe presque plus : au lieu de tracer le contour du sujet par la levée de plusieurs fils, ce qui donne une ligne déchiquetée, on ne lève qu'un seul fil à la fois; par ce procédé, les bords du sujet sont aussi nettement dessinés que s'ils étaient arrêtés par une ligne continue.

Ce mérite a été bien apprécié par le jury, et il l'a prouvé avec empressement par la récompense qu'il a décernée à M. Grassot.

Il a rendu également justice à la variété, à la richesse et souvent aussi au bon goût des compositions des services damassés fabriqués par la Saxe et par d'autres contrées d'Allemagne. Nous devons avouer cependant que nous n'avons remarqué ni nouveauté dans les dessins ni progrès dans l'exécution. La France et l'Angleterre sont en mesure de faire à l'Allemagne une rude concurrence.

Toutefois, 4 médailles de prix ont été attribuées aux Allemands;

4 à des fabricants de l'Irlande;

1 à un Anglais, pour la fabrication des drills.

Quant aux mentions honorables, elles ont été ainsi distribuées :

5 à des Anglais, pour des damassés en fil et pour des drills;

1 à M. Daudré, fabricant français, qui avait exposé de beaux services damassés et des nappes de grande dimension;

1 à la baronne de Mengden, de la Russie, pour services damassés;

1 à un Hollandais;

2 à deux Allemands;

1 à un Belge;

1 à un Suisse.

Vᵉ SUBDIVISION.

BATISTES, LINONS, TOILES BATISTES UNIES ET IMPRIMÉES.

Dans tous les pays où la fabrication de la toile est en honneur, on a fait depuis longtemps et on continue de faire de nombreuses tentatives pour lutter avec la France dans le tissage de la batiste. Ces efforts n'ont pas été tout à fait infructueux; en Belgique et en Allemagne, on est quelquefois parvenu à imiter, jusqu'à un certain degré, le genre de tissu connu chez nous sous le nom de batiste de Bapaume, et c'est surtout dans la fabrication des mouchoirs de poche qu'ils nous ont serrés de plus près.

En Irlande, un grand nombre de fabricants, si nous en jugeons par les produits exposés, s'adonnent largement à ce genre de tissage; mais tous leurs efforts aboutissent plutôt à imiter le linon batiste que la batiste proprement dite. Leur tissu est très-clair, assez inégal, et n'a pas le fond brillant, clos et serré, malgré son extrême finesse, de notre belle batiste.

Le genre dans lequel les Irlandais sont le plus redoutables, c'est dans les toiles batistes qu'ils impriment; la couleur, en couvrant le fond, dispense le tissu du lustré et du brillant qui en fait le mérite lorsqu'il se consomme en blanc : ces toiles batistes sont livrées au commerce à un très-grand bon marché, qui fait passer les acheteurs sur leurs défauts.

Au surplus, nous avons vu sans peine et même avec un secret orgueil, le nombre de nos concurrents étaler leurs produits dans ce grand bazar de toutes les industries du monde entier : c'est qu'en réalité cette concurrence a fait ressortir d'une manière incontestable la prééminence et l'excellence de nos batistes. Tous les visiteurs ont admiré la finesse, la régularité, le brillant des beaux spécimens provenant de la fabrique de Valenciennes.

Le jury a été le premier à reconnaître leur mérite, et, s'il n'avait pas été lié par une espèce d'exclusion systématique pour les tissus, nos batistes auraient été honorées de la grande médaille. Nous en avons eu l'assurance au début des travaux du jury; lorsqu'il nous a fallu y renoncer, nous avons obtenu en compensation que la France, au lieu d'une grande médaille, en aurait deux de prix et qu'il ne serait alloué de médaille à aucune autre nation, afin de bien constater notre supériorité.

C'est en exécution de cette décision que les deux seules médailles allouées à cette subdivision ont été appliquées, l'une à MM. Mestivier et Hamoir, de Valenciennes, et l'autre à MM. Boniface et fils, de Cambrai.

Pour être juste il aurait fallu donner la même récompense à MM. Godard et Bontemps, et à MM. Guynet et Becquet, les premiers ayant leur fabrique à Valenciennes, les seconds à Cambrai, et demeurant les uns et les autres à Paris; mais notre part étant déjà assez belle, nous avons été forcés de ne pas montrer plus d'exigence, de peur de compromettre notre succès.

Après ces deux médailles de prix, trois mentions honorables ont été recueillies par les Français, savoir :

MM. Godard et Bontemps;
Guynet et Becquet;
Legrand-Daniel, à Avesnes.

Les Anglais en ont obtenu trois, la Belgique une et la Bohême une.

Arrivé au terme de notre tâche, nous sommes heureux de déclarer hautement que nous n'avons eu qu'à nous féliciter des excellents rapports que la communauté de travail a établis entre nos collègues anglais, allemands, belge, russe et nous. L'accord le plus complet a présidé à nos décisions. Notre unanimité est une garantie de leur justice : cette impartialité, qui n'a point exclu les égards et une bienveillance réciproques, nous a constamment guidés dans notre rapport. Puisse, à défaut d'autre mérite, celui-ci ne pas nous être refusé! notre ambition ne va pas au delà.

TABLEAU DES RÉCOMPENSES DÉCERNÉES PAR LE XIVe JURY.

NOMS DES ÉTATS.	NOMBRE des EXPOSANTS par chaque pays.	RÉCOMPENSES OBTENUES.		SUR 100 EXPOSANTS.	
		Médailles de prix.	Mentions.	Médailles de prix.	Mentions.
Angleterre[1]...........	141	22	29	15,60	20,57
France...............	26	8	5	30,77	19,23
Belgique.............	48	7	9	14,58	18,75
Zollverein et Allemagne septentrionale.......	100	6	7	6	7
Autriche.............	20	1	2	5	10
Russie...............	26	1	3	3,85	11,54
Espagne..............	16	1	»	6,25	
Portugal.............	9				
Suisse...............	5				
Hollande.............	8	»	6		
Norwége..............	1				
Sardaigne............	1				
Chine................	1				
TOTAUX.......	402	46	61		

[1] Le catalogue anglais ne compte que 113 numéros d'exposants; mais, comme plusieurs d'entre eux sont réunis sous un même nom, tels que le comité de Dundee, le comité de Bredport et celui de Barnsley, il en est résulté une augmentation de 28 noms dont nous avons dû tenir compte, puisque chacun des exposants a été examiné séparément, et que plusieurs d'entre eux ont été l'objet de distinctions individuelles.

On voit par le tableau comparatif qui précède que, si les Français sont entrés peu nombreux dans la lice, au moins ont-ils dignement soutenu l'honneur de l'industrie qu'ils représentent.

FIN.

XVe JURY.

INDUSTRIE DES CHÂLES
ET DES TISSUS MÉLANGÉS.

RAPPORT DE M. MAXIME GAUSSEN,

MEMBRE DU JURY CENTRAL DE FRANCE.

COMPOSITION DU XVe JURY.

MEMBRES.

MM. Charles Van Hoegaerden, membre de la chambre de commerce de Bruxelles, Président	Belgique.
J. R. Lavanchy, négociant en soieries à Londres, Vice-Président	Angleterre.
W. Clawburn, manufacturier	
Maxime Gaussen, membre du Jury central	France.
David Kemp, marchand de châles à Glasgow	Angleterre.
W. Kingsbury, manufacturier	États-Unis.
John Morgan, de Paisley	Angleterre.
Titus Salt, de Bradford	
Frédéric Schwann, de Huddersfield	
John H. Swift, négociant	États-Unis.
Sir Gardner Wilkinson	Turquie.

ASSOCIÉS.

Associé	Pays
MM. Frédéric Bernoville, membre du XXe Jury	France.
Georges Hairs, fabricant de châles à Londres	Angleterre.

PRÉLIMINAIRES HISTORIQUES.

La supériorité de nos châles, comparés aux différents produits similaires des autres nations, est tellement évidente, qu'un premier coup d'œil jeté sur l'Exposition universelle suffit pour la constater. On peut dire, avec orgueil, que nous sommes sans rivaux dans l'article riche, broché et imprimé. Si l'on nous objecte que les châles indiens l'emportent sur les nôtres au point de vue de l'étoffe, ce qui est vrai, nous répondrons que l'on fait en France le tissu spouliné aussi bien que les fabricants de cachemire, et que, si ce genre de fabrication ne s'est pas étendu chez nous, cela tient à une question toute matérielle : la différence immense du prix de la main-d'œuvre dans les deux pays et l'impossibilité, pour ainsi dire reconnue, de tisser le châle espouliné par des moyens mécaniques.

Les Orientaux, il faut l'avouer, ont été pendant longtemps nos maîtres dans l'art du dessin et du coloris appliqué à l'étoffe; c'est en les imitant que notre fabrication s'est développée : aussi avons-nous longtemps cherché à les copier plutôt qu'à créer un type qui nous appartînt. Mais on peut affirmer aujourd'hui, sans craindre de céder à un sentiment d'amour-propre national, que nous les avons dépassés depuis plusieurs années, sous ce rapport, et que, même lorsque nous voulons rester dans le type indien, nos beaux châles égalent les leurs par la richesse de la composition et par l'harmonie et la variété de leur coloris. Ajoutons que, dans le genre espouliné, qui ne se fait chez nous qu'exceptionnellement, nous pouvons montrer avec confiance des produits remarquables, qui ne pâlissent pas à côté des plus beaux châles de l'Inde.

L'industrie des châles brochés est née en France, il y a environ cinquante ans. Des écharpes en gaze de soie, fond toile, à bordures étroites, à palmes grêles, brochées en soie, d'une seule couleur, furent le point de départ de cette fabrication. Les matières qu'on employait alors étaient : le coton pour trame, la soie pour chaîne et pour broché. Plus tard, ces écharpes brochées à deux ou trois couleurs reçurent le nom de châles : elles étaient faites sur des métiers à la tire, et non découpées à l'envers.

Vers 1805 parurent dans le commerce les premiers châles

découpés : ils étaient tramés en laine sur chaîne soie et avaient de quatre à cinq couleurs brochées. L'emploi de ces couleurs dut nécessiter l'opération du découpage, et ce fut à cette époque que la nécessité de consolider le broché fit trouver ce jeu de lisses, mis en mouvement par les pieds du tisserand, qui constitue ce qu'on appelle le pas de liage. Alors le liage se faisait fond toile: ce procédé est sans doute le plus solide; mais, d'un autre côté, c'est celui qui avantage le moins le broché et qui le met le moins en relief, puisque la chaîne couvre la moitié du point formant la fleur.

En 1806, on commença à fabriquer des châles sur chaîne soie, tramés et brochés en laine. Ces nouveaux produits, beaucoup plus riches que les anciens, obligèrent à établir des métiers plus compliqués, et c'est réellement à partir de ce moment que la fabrique de châles acquit chez nous une grande importance.

Consacrons quelques lignes aux métiers à la tire, presque oubliés aujourd'hui en France, et qui reçurent, aux temps dont nous parlons, de notables améliorations. Les cassins, ou châssis du métier, ne contenaient d'abord que 400 poulies de 50 rangées, sur 8 de hauteur. En mettant deux fils en maillon et des lisses pour former le tissu et le liage de la fleur, il était impossible de faire des dessins qui eussent au delà de 12 à 15 centimètres de largeur. On trouva très-vite le moyen d'augmenter le nombre de ces poulies jusqu'à 1,200, afin de pouvoir imiter les nouveaux châles indiens, qui présentaient déjà des dessins d'une assez grande dimension; mais, comme ce nombre de 1,200 avait triplé la quantité de cordes à semples, il fallut mettre un tireur de plus au métier pour exécuter le travail. En dernière analyse, cette modification, qui était en elle-même un progrès, permit de faire des dessins aussi riches que ceux de l'Inde; mais elle vint compliquer les difficultés déjà assez grandes d'exécution. Cependant, rien n'arrêta l'élan de nos producteurs; vers le même temps parut une nouvelle amélioration très-importante, qui resta et fut appliquée plus tard au métier Jacquart : nous voulons parler de la double planchette à coulisses, que l'on enfourchait à retour, que l'on tendait à volonté d'un côté du châle, et à la dernière répétition, afin de faire des coins et des guirlandes qui, en se retournant, formaient le complément du dessin. On avait donc déjà fait de grands pas lorsque la mécanique Jacquart fut, en 1818, appliquée à la fabrication des châles, et finit peu à peu par renverser tout le système, déjà si habilement compris, du métier à la tire; mais, on le sait, l'inventeur de cet admirable instrument de travail n'avait eu en vue que la fabrication des étoffes de soie, rendant le dessin par fils et sans lisses. La mécanique Jacquart était destinée à remplacer les métiers à la Maugis, à la Falconne et à la Regnier, avec lesquels on fabriquait alors les lampas, les damas et autres étoffes du même genre.

Les premiers châles, que l'on peut appeler avec raison cachemires, avaient paru avant la belle invention de Jacquart : ces châles étaient fabriqués sur chaîne cachemire, tramés cachemire, et déjà on avait cherché à reproduire d'une façon plus exacte encore la contexture du tissu indien, dont l'usage se répandait de plus en plus en France. Pour arriver à ce résultat, on avait abandonné le travail fond toile et créé un sergé à l'imitation du travail cachemirien; mais, nous l'avons déjà dit, le métier à la tire présentait de grandes difficultés : les lanceurs étaient, pour ainsi dire, à la merci du tisseur. L'invention de Jacquart devait faire disparaître cet inconvénient : c'est ce qui engagea principalement les fabricants de châles à l'adopter en la perfectionnant.

Comme le modeste ouvrier lyonnais a laissé un nom immortel, il nous paraît convenable d'apprécier dans ce rapport le mérite réel de son invention.

Le cylindre de Vaucanson est, sans contredit, le point de départ de l'idée de Jacquart. Celui-ci en fit une pièce carrée et y adapta un chapelet sans fin de cartons, qui permettait d'exécuter des dessins d'une certaine dimension. Les premiers résultats de la mécanique nouvelle, outre la suppression du tireur, furent de rendre la levée des fils de chaînes plus régulière et plus exacte. Avec la jacquart, l'ouvrier peut à la fois régler la hauteur de la tire et, ce qui n'est pas moins important, accélérer, pour ainsi dire, à volonté, la vitesse du tissage; mais cette belle invention ne permettait encore de faire que des dessins assez étroits, et l'on ne pouvait, sans de grandes améliorations, l'appliquer à la reproduction des châles indiens, dont les compositions devenaient de plus en plus larges. Ajoutons qu'elle nécessitait l'emploi très-dispendieux d'une énorme quantité de cartons: aussi avait-on alors plus volontiers recours à la tire pour les grands dessins.

Deux nouvelles découvertes contribuèrent à généraliser l'usage de la jacquart: celle du nouvel enfourchement, qui quadrupla les moyens d'action de chaque aiguille, et celle du procédé appelé le déroulage. Cette dernière innovation supprima d'un seul coup la moitié des cartons nécessaires pour exécuter le tissage du dessin. Une modification importante compléta le métier Jacquart; il s'agit de la mécanique dite à double griffe. En appliquant ce nouveau système, et en mettant deux anneaux à chaque aiguille, de manière à faire fonctionner deux crochets par aiguille, on fit mouvoir simultanément deux corps de fourches.

Ainsi, pour résumer l'ensemble de ces perfectionnements, un ouvrier peut aujourd'hui mettre en action avec son pied une mécanique qui lui permet d'exécuter un dessin de 175 centimètres de largeur, faisant travailler généralement 6400 fils de chaîne, tandis qu'il faudrait huit mécaniques Jacquart primitives pour obtenir ce résultat. Et encore seraient-elles complétement impraticables, attendu que la résistance seule des griffes exigerait, pour être vaincue, une trop grande ce.

Maintenant, dans cet exposé historique de la mécanique Jacquart perfectionnée, de ce chef-d'œuvre qui a contribué à développer une foule d'industries et à créer tant de merveilles, il faudrait, pour être juste, citer les noms de tous les modestes et laborieux génies qui ont fécondé la magnifique idée du premier inventeur et, en la rendant pratique, lui ont donné l'importance qu'elle a désormais conquise dans le monde industriel.

Nous nous contenterons de citer quelques-uns des hommes qui ont le plus contribué au développement, à la prospérité de l'industrie châlière; et, pour procéder par ordre, nous dirons que M. Bellangé fut un de ceux à qui la fabrique de châles cachemires doit le plus. Ce hardi et ingénieux fabriçant consacra, on peut le dire, sa vie commerciale au progrès de son industrie. Le nom d'un dessinateur, qui mourut pauvre et obscur, doit trouver sa place ici : c'est celui de Eck, qui parvint le premier à imiter le croisé indien, par un encartage nouveau. Sa découverte a été le point de départ de la carte pointée briquetée de M. Deneirouse, le même qui est encore aujourd'hui à la tête de la maison portant son nom. C'est à M. Deneirouse que l'on doit d'heureuses tentatives pour naturaliser en France le travail espouliné. Après cela il est juste de constater que la mécanique d'armure est due aux essais plus ou moins ingénieux de plusieurs contre-maîtres et ouvriers intelligents, parmi lesquels on doit citer les noms de Bosche de Rostaing et de Pitiot. Le procédé mécanique actuel pour faire dérouler les cartons est l'œuvre d'un ouvrier resté inconnu; mais plusieurs moyens atteignant le même but, quoique moins simplement, avaient déjà été employés: celui de Ravier, chef d'atelier à Paris, mérite une mention particulière.

Bosche paraît avoir eu le premier l'idée de la mécanique brisée; mais la mécanique dite à double griffe, généralement employée aujourd'hui, appartient à M. Gaussen jeune. Nous pouvons donc dire hardiment que les créations de ce genre sont toutes françaises, et même que notre pays possède seul encore aujourd'hui le métier Jacquart perfectionné. Il reste, dit-on, beaucoup à faire. En effet, qui peut entrevoir les limites où s'arrêtera le génie industriel! Et, pour ne parler ici que d'une des principales et récentes tentatives de progrès, il y a lieu d'espérer qu'avant peu le carton, si coûteux, qui sert à reproduire le dessin sur l'étoffe, sera remplacé par un papier économique. Nous avons déjà plusieurs mécaniques, dites à papier, et nous avons pu mettre sous les yeux étonnés d'un de nos collègues du jury international un métier fonctionnant parfaitement avec ce nouveau système.

Nos rivaux, du reste, ne nous contestent pas notre supériorité dans la fabrication des châles. Les Anglais seuls cherchent à établir que cette industrie est née chez eux en même temps que chez nous; ils seraient tentés, si l'on en croit leurs prétentions, de réclamer la priorité. Nous croyons juste de reproduire les raisons alléguées par eux à ce propos.

Ils prétendent qu'en 1784 un M. Banow et l'alderman Watson, de Norwich, ville encore aujourd'hui centre d'une fabrication importante, tissèrent les premières écharpes à l'imitation de celles de l'Inde; seulement, nos voisins avouent que ces deux producteurs renoncèrent à cette fabrication, parce qu'ils employaient des procédés trop longs et trop coûteux.

Mais, toujours d'après eux, un M. John Harvey continua les essais de ce genre, en employant des chaînes en soie de Piémont et en faisant broder à la main les dessins destinés à couvrir l'étoffe. Ce serait vers 1805 qu'on aurait fabriqué en Écosse les premiers châles brochés: Paisley et Édimbourg auraient été les centres de cette production. Les moyens nous manquent pour contrôler le plus ou moins d'exactitude de ces assertions; mais, quoi qu'il en soit, il est certain qu'aujourd'hui nos mécaniques et nos montages de métiers sont plus perfectionnés que les leurs, et que, malgré la facilité qu'ils ont de se procurer chez nous de nouvelles jacquarts, la plupart de leurs métiers sont encore à corps simple. On nous a même assuré qu'ils n'emploient pas la mécanique d'armure, une de nos plus utiles inventions.

Quant aux Viennois, qui nous font aujourd'hui une concurrence très-sérieuse dans l'article bas prix, il est certain que les moyens mécaniques dont ils disposent ne sont pas non plus aussi perfectionnés que les nôtres. Ils ne possèdent que des enfourchements ordinaires, et la fabrication de leurs châles est loin d'être irréprochable.

Nous croyons devoir, maintenant, dire un mot sur une question qui peut avoir, dans l'avenir de l'industrie châlière, une grande importance. Il s'agit de l'emploi, plus ou moins étendu, que font les Anglais des moteurs mécaniques appliqués au tissage des étoffes. Cette application peut-elle faire supposer que, dans un temps plus ou moins éloigné, ils arriveront à tisser les châles brochés à la vapeur, comme on dit vulgairement? Il est difficile, sans doute, d'assigner des bornes au génie industriel ; mais, dans l'état actuel des choses, nous avons peine à admettre que l'on puisse en venir là. Des difficultés insurmontables paraissent s'y opposer. Ainsi, en admettant même que les essais ingénieux du battant lanceur finissent par pouvoir s'appliquer aux métiers à châles, le problème serait encore bien loin d'être résolu. Le tissage du châle exige des changements fréquents d'armures, et le déroulage des cartons, à chaque course, offrirait encore des difficultés mécaniques bien compliquées. Maintenant il faut souvent brocher des couleurs en dehors de celles qui marchent toujours, et souvent aussi teindre de petites parties de chaînes sur le métier, pour éviter les changements choquants de nuances dans les doubles fonds. Dans tous les cas, l'avantage ne serait pas, selon nous, en raison des obstacles à vaincre, et l'économie à réaliser serait peu importante. Le tissage du châle broché exigeant, pour ainsi dire, une surveillance continuelle, il faudra toujours un ouvrier attaché à chaque métier.

La seule découverte qui, selon les hommes pratiques, pourrait amener un changement complet dans la situation actuelle de l'article, serait un moyen de faire du tissage spouliné à l'aide d'un battant brocheur faisant marcher d'un seul coup tous les espoulins d'une course, et permettant, en conséquence, de faire fabriquer l'étoffe indienne à meilleur marché que dans le pays où elle a été créée. Ce problème, du reste, paraît hérissé de difficultés énormes, pour ne pas dire d'impossibilités. Nous sommes convaincu néanmoins que, s'il doit être en partie résolu, c'est la France qui aura l'honneur de la découverte. En effet, nous faisons déjà du spouliné par des procédés beaucoup plus expéditifs que dans l'Inde, et quelques-uns de nos inventeurs les plus habiles ne désespèrent pas d'arriver à l'importante solution dont nous venons de parler.

CHÂLES DE L'INDE.

L'exposition des châles et tissus indiens était riche et variée : on pouvait cependant regretter que la compagnie des Indes n'eût pas envoyé des produits plus remarquables comme richesse de dessin et comme effet général de coloris; la plupart de ses châles rachetaient pourtant ces défauts par la finesse du tissu et la perfection du travail. On y remarquait principalement un carré noir d'une réduction extraordinaire et un châle long blanc, genre dit bengale. Nous ne pensons pas que les Indiens aient jamais rien produit de plus parfait, comme fabrication. Il n'est pas douteux, pour celui qui a suivi depuis une vingtaine d'années la production cachemirienne, que les progrès constants de cette dernière ne doivent être attribués à l'influence européenne, et française surtout; le vieux génie indien est certainement stimulé, depuis longtemps, par notre goût si capricieux, si exigeant, qui use tout ce qu'il touche, et qui est insatiable de nouveautés.

A ce propos, il n'est peut-être pas sans intérêt de jeter un coup d'œil sur la consommation du châle de l'Inde en France : cette consommation peut être évaluée aujourd'hui, en moyenne, à quatre millions de francs. Jamais, du reste, on n'a porté chez nous autant de châles de l'Inde que dans ces dernières années. Le goût, ou plutôt l'entraînement de nos dames pour cet article est extraordinaire, et assez souvent injustifiable. Certes, un beau châle de l'Inde a un grand mérite, quand il joint à la richesse du dessin l'éclat, l'harmonie des couleurs et la perfection du tissu. Mais, pour un beau châle qui s'achète, que de pièces défectueuses, pleines de coutures, d'un mauvais coloris et d'un dessin grotesque, se payent encore un prix exorbitant, tant est grand le vieux prestige qui s'attache à ce produit lointain ! Cet engouement, peu justifiable quand il s'agit du châle de l'Inde médiocre, nuit beaucoup à la vente de nos châles riches, qui n'ont guère de débouchés que sur le marché national. Et cependant, pour des yeux non prévenus, le châle de l'Inde ordinaire ne peut supporter la comparaison avec le produit français d'une valeur moitié moindre.

Nous sommes amené naturellement à parler des tentatives qui ont été faites, à différentes reprises, en France pour créer la fabrication du châle espouliné, autrement dit travail indien. Dès l'origine de l'industrie châlière, on est parvenu à imiter complétement l'étoffe indienne. Presque tous les fabricants de châles riches ont fait des essais plus ou moins heureux dans ce genre; l'un d'eux même, M. Girard, a cherché longtemps, sans y réussir, à implanter chez nous cette fabrication. Cependant, il faut le dire, ce n'est que depuis quelques années que l'on a perfectionné d'une manière très-notable les moyens de fabriquer l'espouliné, et c'est, sans contredit, M. Deneirouse qui a été le plus loin dans cette voie. Eh bien, malgré les brillants succès obtenus par ce fabricant distingué, on ne peut encore songer à faire autre chose que des essais et des tours de force.

Nous l'avons déjà dit, la main-d'œuvre est trop élevée en France pour permettre une fabrication sérieuse de châles espoulinés, et malheureusement il n'est guère possible d'espérer que cette difficulté puisse être aplanie par l'emploi de moyens mécaniques. Quand on pense que la matière première n'entre pas pour un dixième dans le prix d'un châle, travail de l'Inde, et que l'ouvrier cachemirien ne gagne pas la cinquième partie de la journée de nos travailleurs, on comprend l'impossibilité pour nous de lutter avec les produits exotiques. Ajoutons qu'une femme n'achètera jamais un châle espouliné français au même prix qu'un châle indien, quelles que soient la régularité et la supériorité de la fabrication nationale.

C'est donc en résumé, selon toute apparence, une lacune industrielle qui, malheureusement, ne pourra être comblée.

CHÂLES BROCHÉS.

Si notre fabrique de châles n'a pas été représentée aussi complétement qu'elle aurait pu l'être à l'Exposition universelle, on peut dire néanmoins qu'elle a fait de grands efforts pour se maintenir dignement au rang élevé qu'elle a toujours occupé. Jamais, peut-être, le châle français n'avait réuni autant de richesse de dessin à une aussi grande perfection de tissage; en un mot, il a soutenu avec éclat sa supériorité incontestable. Sur une douzaine d'exposants qui représentaient cette belle industrie dans le Palais de cristal, nous avons obtenu une grande médaille, la seule accordée au tisseur, et sept médailles de prix. Ajoutons que, sans une décision du Conseil des présidents qui est venue modifier les jugements prononcés à deux reprises différentes dans le XVe jury et dans le IIIe groupe, nous aurions eu l'honneur de recevoir une grande médaille de plus.

Parmi les brillants produits exposés par la France, on remarquait, en première ligne, le beau châle espouliné à fleurs de la maison Deneirouse et Boisglavy; un châle à pivot de MM. Duché aîné et Cie, d'une finesse de réduction, et d'une perfection de travail qu'il est difficile d'atteindre, mais, à coup sûr, impossible de surpasser : ce châle est broché avec du n° 100 à 300 coups au pouce. On admirait aussi dans la même exposition un charmant châle long blanc, avec des doubles fonds ombrés formant galerie, jolie création pleine de grâce et de coquetterie.

Nous nous étendrions beaucoup trop si nous voulions citer toutes les pièces remarquables, exposées par MM. Gaussen jeune et Fargetton, Hébert, Boas, Lion frères, Chambellan, Bonfils-Michel, de Paris; Grillet aîné, Damiron, de Lyon. En un mot, pour ne rien oublier de méritant, il faudrait vraiment citer tous les producteurs qui ont pris part à ce mémorable concours.

Les expositions de nos rivaux anglais et écossais renfermaient des choses assez remarquables; mais, en général, on trouvait parmi leurs dessins peu de types leur appartenant en propre. Un seul fabricant de Norwich présentait deux châles d'un dessin assez neuf et assez original. Il faut dire que les fabricants anglais, qui pourraient le mieux rivaliser avec nous, sont à la tête de maisons d'une assez forte importance, embrassant dans leur cercle d'activité une grande quantité de produits : elles font à la fois le châle broché, imprimé, le tartan, l'écharpe, le crêpe façon de Chine, le gilet, la cravate, etc. Nous devons citer ici, en première ligne, la maison Robert Keer, de Paisley, Claburn et Son, de Norwich, Jean Morgan et Cie, de Paisley. En général, le grand mérite des maisons anglaises est de produire à très-bon marché. Le système de ces fabricants paraît être de ne faire supporter au produit, en raison des quantités considérables qu'ils livrent à la consommation, que des frais généraux et de créations très-réduits. Nous allons nous expliquer plus longuement à ce sujet à propos des producteurs viennois.

L'exposition autrichienne, qui nous offrait un grand assortiment de châles de divers genres, mérite une étude toute particulière, car ses produits tendent de plus en plus à nous enlever le marché américain. Leurs châles ne sont pas, il est vrai, aussi parfaits que les nôtres, dont ils offrent, en général, une copie presque servile, mais leurs prix sont d'un bon marché extraordinaire. Quelques-uns des produits exposés à Londres pouvaient rivaliser, il est vrai, avec nos châles ordinaires; mais il était facile de reconnaître que les cartes qui avaient servi à les confectionner sortaient des ateliers de nos meilleurs dessinateurs. Nous en avons eu, du reste, la preuve la plus complète; aussi ne devons-nous étudier l'exposition des châles viennois que sous le point de vue du bon marché; on peut évaluer à 30/25 p. o/o la différence qui existe entre leurs produits et les nôtres. Recherchons les causes de cet état de choses, et voyons si nous sommes en mesure d'indiquer un remède.

En premier lieu, la façon viennoise est beaucoup moins élevée que la nôtre: c'est là un fait acquis; puis, la laine est à un prix bien plus bas chez eux, c'est encore incontestable. Mais ces deux causes réunies ne suffiraient pas pour expliquer la différence énorme de prix qui existe entre les deux productions; il y en a évidemment d'autres : la principale tient à la manière dont les Viennois comprennent leur fabrication. Ces redoutables concurrents ont peu de frais de création, car ils ne font que nous copier, et ne copient que ce qui a déjà réussi chez nous, évitant ainsi des essais coûteux; de plus, ils fabriquent en général des masses du même dessin. Les marchés qu'ils approvisionnent ne sont pas très-difficiles à satisfaire au point de vue de la variété des genres. Enfin la plupart des fabricants viennois envoient leurs échantillons aux exporteurs, et ne travaillent que sur commissions. Ils ont parfaitement compris qu'avant tout le produit devait être à bon marché pour satisfaire les Américains, et ils se sont arrangés habilement afin d'arriver à ce but.

Il est évident que, chez nous, pour les articles de goût, les frais généraux et ceux dits de création entrent pour beaucoup trop dans la valeur du produit. Nous ne sommes pas, en général, d'assez grands producteurs; nous cherchons trop à faire de gros bénéfices, sauf à ne pas étendre nos affaires. Nos rivaux, au contraire, font beaucoup plus d'affaires avec moins de frais. Nous ne comprenons pas assez que, pour étendre la production, il faut faire bon marché, et s'adresser avant tout aux grandes consommations. Nonobstant, il restera toujours deux avantages à nos concurrents, la main-d'œuvre et la matière à bas prix. Le bon marché de leurs laines fait aussi que leurs châles, à réduction égale, sont plus doux que les nôtres, car les Viennois prodiguent pour ainsi dire la marchandise: ils ne *surfilent* jamais, selon l'expression consacrée; loin de là, nous avons vu à l'exposition des numéros 30 faits avec des peignés qui pourraient facilement faire des 60. Nous filons mieux qu'eux, c'est positif, mais nous sommes arrivés au point de trop tirer au numéro.

Maintenant examinons quels sont nos moyens d'action pour lutter fructueusement avec ces redoutables rivaux sur les marchés étrangers, et notamment sur celui de l'Amérique du Nord. Nous avons dit que les Viennois se bornaient à imiter nos dessins, et qu'aussitôt qu'un genre paraissait réussir, ils se procuraient les meilleurs modèles et nous copiaient d'ordinaire servilement. Il est donc possible d'avoir une certaine avance sur eux, surtout si nous nous organisons pour marcher, ce qu'on appelle, par saison. Il faudrait profiter sérieusement de notre position, et, puisque le marché national est protégé, faire supporter nos frais de création à la consommation intérieure; puis, fabriquer des masses à des bénéfices très-restreints, en vue de l'étranger. Il ne faut pas perdre de vue que les Anglais, dont la main-d'œuvre est au moins aussi élevée que la nôtre, et qui ont des frais de création souvent aussi coûteux, fabriquent à meilleur marché que nous.

Sans doute, les fabricants de châles riches ne peuvent entrer dans la voie que nous indiquons; la fabrication de ce genre est, pour ainsi dire, une chose d'art. On est obligé de réunir à grands frais des matériaux très-chers, de faire des frais de création énormes, et de ne pas reculer quelquefois devant de grands sacrifices. Combien de fabricants, en effet, ont dû abandonner des quantités de dessins chèrement exécutés, parce qu'une impulsion nouvelle faisait brusquement changer le genre, et que, sous peine d'être distancé, il fallait créer du neuf! De plus, les producteurs d'articles riches n'ont devant eux qu'une consommation assez restreinte, celle à peu près exclusive du marché national: en conséquence, chaque produit est surchargé de frais considérables, en raison du petit nombre de châles que l'on peut faire par dessin. Mais les fabricants d'articles courants, qui, pour la plupart, ont la façon à bien meilleur marché parce qu'ils ne travaillent pas à Paris, qui ne sont pas obligés de créer, et n'entrent dans un genre qu'après sa réussite certaine, sont dans une situation beaucoup plus favorable pour prendre la voie que nous venons d'indiquer. Nous ne pouvons que le répéter encore, les Anglais nous donnent l'exemple; comprenons plus largement les nécessités de la concurrence, et, à la faveur de notre goût traditionnel, de la perfection de nos moyens d'exécution, nous pouvons arriver à reconquérir notre ancienne position sur les marchés lointains.

En terminant ce qui est relatif au châle broché, nous mentionnerons seulement quelques fabrications de Berlin et de Schmiedeberg, en Silésie. Il y a sans doute des fabricants importants parmi ceux qui exposaient leurs produits dans la partie du Palais de cristal réservée au Zollverein; mais ces producteurs ne font que l'article inférieur et très-commun, sur chaîne soie et broché laine et coton. Nous n'avons pas vu, du reste, que les prix cotés sur le catalogue officiel fussent bien remarquables, sous le rapport du bon marché.

CHÂLES DITS *TARTANS*.

On désigne, sous le nom de tartans, un genre particulier de châles à grands carreaux, où la chaîne et la trame concourent alternativement à produire l'effet du dessin. Les Anglais ont, dans cet article, une supériorité incontestable; il faut ajouter que ce genre a pris naissance chez eux, et qu'une consommation intérieure très-considérable leur offre un puissant stimulant. Le tartan, comme chacun sait, est originaire d'Écosse, où l'on fabriquait de temps immémorial des écharpes à carreaux de couleurs très-variées qui servaient à distinguer entre eux les différents clans. Les Anglais ont imité d'abord exactement ces écharpes, et ont fait des châles dont l'aspect, quoiqu'un peu voyant et très-original, ne manquait pas d'une certaine harmonie de couleurs; depuis, ils ont varié à l'infini les dispositions premières des types écossais, et, dans ce genre de fabrication ils n'ont pas encore de rivaux sérieux. Un très-grand nombre de fabricants anglais et écossais avaient pris part au concours : aussi ont-ils obtenu quatre médailles de prix. On remarquait particulièrement les expositions de MM. R. et G. Lees, de Galashiels; J. et D. Paton, de Tillicontry; R. A. SANDERSON, de Galashieds; William CROSS, de Glasgow. Tous ces producteurs s'étaient distingués par la variété, l'harmonie des couleurs, l'éclat et la belle fabrication de leurs produits. Les tartans anglais sont, en général, très-moelleux et très-souples; la qualité des laines mises en œuvre est très-bien appropriée aux exigences de ce genre de tissu.

Une seule maison américaine avait exposé des tartans assez remarquables par la légèreté et la douceur de l'étoffe : ces produits appartenaient à une fabrique très-importante, celle de MM. LAWRENCE STONE et Cie. On pouvait leur reprocher de laisser trop dominer la teinte rouge; mais il est supposable que les exigences de la consommation locale imposent ce genre de coloris. Les tartans américains ont obtenu une médaille de prix.

Une autre médaille a été décernée à un fabricant allemand, M. J. C. VAN DER BEECK, de Dusseldorf, qui exposait des articles en laine qu'on pouvait classer parmi les tartans. Ces châles étaient d'un fort joli goût et se recommandaient par la modicité de leur prix.

Quant à la France, elle n'avait à l'Exposition universelle que des articles assez ordinaires en laine noire, dans les genres damassés, mais d'une très-bonne fabrication; ils appartenaient à la fabrique de Roubaix.

CHÂLES IMPRIMÉS.

L'impression sur étoffe, et notamment sur châles, constitue l'une de nos supériorités industrielles les plus incontestables. Cette industrie est très-ancienne. On a commencé par imprimer sur coton des genres simples destinés à la consommation des habitants de la campagne. Les fabriques d'Alsace ont excellé les premières dans ce genre de produit, et, après avoir longtemps exploité l'article primitif sur fond rouge et fond violet, avec noir et blanc, elles essayèrent avec succès des choses plus riches : les fonds bruns, les fonds verts lapis et les fonds bleus enluminés. On arriva ensuite aux fonds rouges enluminés, et, finalement, aux fonds blancs, à mi-fond enluminé, dont une fabrique bien connue, celle de Claye, près Paris, sut faire un article spécial.

Peu à peu, la consommation stimulant nos ingénieux producteurs, on chercha à imprimer sur d'autres tissus que le coton; puis on essaya d'imprimer sur mousseline laine, sur cachemire d'Écosse et sur barége.

La maison Depouilly passe avec raison pour avoir imprimé la première sur barége laine, et ce ne fut qu'en 1845 que M. Louis Chocqueel, fondant une fabrique d'impression qui existe encore aujourd'hui à la Briche, près Saint-Denis, parvint, par la nouveauté et l'élégance de ses dessins, par la perfection de sa fabrication, à donner un grand élan à cette industrie. En 1850-1851, l'habile producteur donna une nouvelle physionomie au châle imprimé en créant le barége satiné, et aujourd'hui ce brillant article tient le premier rang dans la consommation.

La fabrication de ce genre de châles s'est beaucoup développée depuis quelque temps, et l'Angleterre en consomme la plus grande partie; mais c'est aussi dans ce pays que se trouvent nos rivaux, ou plutôt nos imitateurs les plus redoutables; car, tout en achetant leurs tissus en France, les Anglais fabriquent à meilleur marché que nous. Ce fait, singulier en apparence, tient à une seule cause, selon nous, l'organisation industrielle du producteur anglais. La préoccupation constante de nos voisins, on le sait, est de produire sur une grande échelle, et de travailler en vue d'une large consommation. Les Anglais ne visent pas, en général, à la perfection du produit, et, dans l'industrie dont nous nous occupons, ils se bornent, comme les Viennois, à nous imiter et à nous copier, quelquefois servilement. S'agit-il de nous disputer le premier rang, comme dans le grand tournoi industriel du Palais de cristal, ils font alors exécuter des dessins par nos plus habiles artistes ou les attirent à grands frais chez eux.

Malgré toutes les craintes, plus ou moins fondées, qu'a fait naître ce genre de concurrence, consistant à essayer de nous battre avec nos propres armes, nous ne pensons pas, quant à nous, qu'il puisse en résulter un danger bien réel pour notre industrie; il nous semble que l'Angleterre ne pourra que très-difficilement naturaliser chez elle le goût et la puissance de création que nous possédons à un si haut degré. Ces facultés tiennent moins, en industrie surtout, à l'individu qu'au milieu dans lequel il vit et s'inspire. Qu'on nous permette, à ce propos, de rendre plus matériellement notre pensée: on peut bien transplanter un arbre, mais on ne peut transporter le sol et l'air qui donnent la saveur à ses fruits.

Revenons à notre sujet: l'Angleterre possède de très-grands imprimeurs; cela se comprend: elle a un marché national magnifique, et le goût du châle imprimé est général chez elle. Sa consommation intérieure est moins exigeante que la nôtre; aussi, encore une fois, ne cherche-t-elle pas la perfection; du reste, les Anglais achètent nos nouveautés au fur et à mesure qu'elles paraissent, les imitent avec économie, et fabriquent aussitôt des masses avec une rapidité d'exécution qui tient à l'organisation grandiose de leurs établissements. Nous devons dire encore, pour expliquer la supériorité de nos voisins dans la question de prix, que, par l'effet de circonstances particulières et qui cesseront avant peu, nous l'espérons, du moins, la main-d'œuvre est moins chère en Angleterre qu'en France dans la fabrication du châle imprimé. Quant aux moyens de production qu'emploient nos voisins, ce sont les mêmes que les nôtres, car ils se servent eux aussi de l'impression à la main pour les châles de hautes nouveautés. Jusqu'à présent ils n'ont pas cherché à utiliser pour ce genre de produits les ressources puissantes de leur génie mécanique; le problème, d'ailleurs, paraît bien difficile à résoudre.

En admirant les expositions de MM. Louis Chocqueel, Félix Chocqueel, Depouilly frères, Boiraux et Cie, Léon Godefroy, dans les genres riches, Gros-Odier, Roman et Cie, de Wesserling, Thierry Mieg, de Mulhouse, dans l'article bon marché, on peut dire avec vérité que nous sommes les maîtres des

Anglais dans l'art de l'impression. Nous l'avons déjà dit, quand il s'agit de créer ou de varier à l'infini les mille combinaisons du dessin et de la couleur, la France n'a pas de rivaux à craindre dans le monde entier; les impressions de Paris et de l'Alsace brillaient d'un éclat tel, au grand concours, qu'il ne pouvait y avoir d'hésitation dans la désignation des vainqueurs. On était vraiment fier de pouvoir conduire l'étranger dans les galeries où s'étalaient avec tant de supériorité nos magnifiques produits.

CHÂLES BRODÉS.

Nous brodons en France avec infiniment de supériorité et de goût : les broderies de Nancy exposées à Londres le prouvaient d'une manière évidente; mais nous sommes obligé de convenir que, dans l'article châle proprement dit, les Orientaux ont conservé, jusqu'à présent, la prééminence. Les Indiens et les Chinois exécutent, chacun dans leur genre, des travaux à l'aiguille qui peuvent nous servir de modèle. Dans l'Inde, la broderie tend, en général, à imiter le travail de l'espouliné : l'exposition indienne nous offrait des types très-parfaits dans ce genre. On remarquait particulièrement les broderies venues de Cachemire et de Délhy; rien de plus riche et d'un plus merveilleux effet que leurs châles brodés en or et en argent : ils donnent une haute idée du goût et de l'habileté de ceux qui les exécutent. Nous avons vu, entre autres pièces extraordinaires, un châle magnifique tout couvert de ces riches broderies, et qui avait coûté environ 7,000 francs. Plusieurs villes de l'Inde se livrent avec le plus grand succès à ce genre d'industrie.

Quant aux Chinois, tout le monde connaît leurs superbes produits nommés crêpes brodés; les habitants du Céleste-Empire sont toujours nos maîtres dans ce genre, que l'on a cherché depuis quelque temps à imiter chez nous. Nous n'avons pas vu de crêpes de Chine dans l'exposition chinoise proprement dite, mais une maison de détail de Londres en avait exposé plusieurs très-riches, brodés de différentes couleurs, et qui faisaient le plus grand honneur à l'habileté des Chinois. Les écrans brodés, qui figuraient dans la partie du Palais de cristal réservée à la Chine, se distinguaient par une finesse et une perfection de travail presque fabuleuses.

Il paraît difficile que nous puissions jamais lutter d'une manière avantageuse avec les Indiens et les Chinois dans l'article crêpe de Chine et châle brodé imitation cachemire. Nous ne pouvons que répéter ce qui a été dit relativement aux châles espoulinés : en admettant que notre goût et notre habileté parviennent à créer des choses aussi gracieuses de dessin et aussi parfaites de travail, la question du prix sera toujours en faveur de producteurs dont les ouvriers se contentent de gagner le cinquième de la journée du travailleur européen. Ajoutons que, dans la composition du dessin des Orientaux, il y a un cachet d'originalité, une manière de comprendre la fleur et l'ornement, et, si l'on peut s'exprimer ainsi, une couleur locale étrange qui séduit et fait accepter comme charmantes des choses que condamnerait le goût sévère de nos artistes.

L'exposition turque nous offrait également des pièces de broderie d'une grande originalité et d'un coloris très-harmonieux. Nous n'en parlerons ici que pour mémoire, puisque notre mission doit se borner à passer seulement en revue tout ce qui peut porter le nom de châle.

En terminant nos observations relatives à la broderie, nous devons citer quelques châles anglais brodés qui nous ont paru élégants et d'un genre assez neuf. Une maison de Vienne avait exposé aussi quelques articles dans ce genre qui méritent d'être signalés; nous en dirons autant de deux ou trois maisons françaises dont les châles brodés sur tissu cachemire imitaient heureusement le style des Chinois. D'autres pièces, travaillées dans le genre des broderies indiennes, prouvaient aussi notre goût et la souplesse de notre génie industriel.

CONCLUSION.

En jetant un coup d'œil sur l'ensemble des considérations dans lesquelles nous venons d'entrer, on verra tout d'abord deux grands faits se produire. Le premier, c'est que, dans presque tous les articles de goût et de luxe (nous ne parlons ici que du châle), la supériorité reste incontestablement à la France, soit qu'elle crée, soit qu'elle imite en perfectionnant. Son génie inventeur a fait des prodiges pour combler la différence que la main-d'œuvre met entre nos produits et ceux avec lesquels nous voulons lutter. Elle ne s'arrête, en un mot, que là où le problème mécanique paraît insoluble.

En ce qui concerne le côté économique de la question, on est forcé d'avouer que, si nous sommes d'habiles artistes, si nos créations peuvent défier le plus souvent les efforts de nos rivaux, il nous reste encore beaucoup à faire au point de vue de l'organisation industrielle. Certains pays, qui ne sont pas plus favorisés que nous, produisent à meilleur marché, et ce phénomène ne s'explique pas toujours par le bas prix de la matière première ou par le peu d'élévation du salaire.

On en trouverait plutôt la raison dans la manière d'établir les prix de revient et de comprendre les nécessités d'une large production. Les Anglais, surtout, pourraient souvent nous servir de modèles. On peut citer, à ce propos, un fait assez curieux : en France, l'article breveté est toujours très-cher; en Angleterre, au contraire, l'inventeur ne trouve des capitaux qu'à une condition, celle de pouvoir vendre l'objet privilégié à très-bon marché.

Il ne faudrait cependant pas conclure de ce qui précède que le consommateur d'outre-Manche profite beaucoup de cet état de choses, et que le produit anglais arrive toujours dans la consommation à plus bas prix que chez nous; ce serait une erreur, et nous nous hâtons d'expliquer pourquoi : c'est qu'il y a chez nos voisins un plus grand nombre d'intermédiaires entre le consommateur et le producteur. Par cette raison, tout est généralement meilleur marché en France. Mais, si l'Anglais paye cher, en revanche, l'étranger qui achète ses produits les obtient à très-bas prix. Aussi la puissance commerciale de l'Angleterre grandit-elle tous les jours.

Nous sommes loin de désespérer, cependant; nous connaissons parfaitement aujourd'hui le secret de sa force, et l'Exposition universelle nous a rendu un service immense en nous permettant de pénétrer à fond les moyens d'action de ce colosse industriel. Nous avons donc la confiance que, s'il nous est donné de jouir longtemps des bienfaits de la paix intérieure et extérieure, notre pays finira, en s'enrichissant de plus en plus, par comprendre aussi grandement que nos rivaux d'outre-Manche les exigences des vastes débouchés.

FIN.

TABLE DES MATIÈRES.

www.ingramcontent.com/pod-product-compliance
Lightning Source LLC
Chambersburg PA
CBHW060515220326
41599CB00022B/3331